Eisenbahndenkmalpflege
Préservation du patrimoine ferroviaire
Railway Heritage Preservation

Dokumentationsband zur internationalen Tagung
vom 23.–25. Juni 2022

SBB Fachstelle Denkmalpflege,
Lehrstuhl für Konstruktionserbe und
Denkmalpflege ETH Zürich (Hg.)

Schwabe Verlag

## Inhalt

13     Reto Bieli und Silke Langenberg
        Eisenbahndenkmalpflege International

19     Bärbel Schallow-Gröne und Toni Häfliger
        Die Fachtagung

### Block 1: Inventarisation und Forschungsberichte

### Inventarisation – Inventory-Taking – Inventorisation

32     Moderation Jan Capol, Text Bärbel Schallow-Gröne
        Das Panel – The Panel – Le panneau

**Nationale Inventare**

35     Pirjo Huvila
        Finnish Railway Heritage and Railway Parks

43     Miguel Loos
        Bahnhofsinventarisation in den Niederlanden –
        Methoden und Ergebnisse
        Interview 18.11.2023, Bärbel Schallow-Gröne

51     Bärbel Schallow-Gröne
        Das SBB-Inventar der schützenswerten Bauten
        und Anlagen (ISBA)

**Kommunales Inventar**

61     Jasmine Wohlwend Piai und Martina Jenzer
        Industriegleise, Wärterhäuschen und Remisen –
        Das SBB-Inventar der Stadt Zürich

**Linieninventar**

69     Michael Hascher
        Brücken an der Schwarzwaldbahn

77     Toni Häfliger und Marion Zahnd
        Das Streckeninventar der Gornergratbahn

**Bautypinventar**

89     Rolf Höhmann
        Grossbogenbrücken des späten 19. Jahrhunderts –
        Eine transnationale serielle Nominierung für das Welterbe

**Spezifische Inventarisationsaspekte: Landschaft**

97     Roland Tusch und Daniela Lehner
        Landschaft in der Eisenbahndenkmalpflege –
        Fragestellungen zu Vegetation und Topografie
        im Welterbe Semmeringeisenbahn

103 Mohammad Mohsenian
Landscape Visits of the World Registered Railways –
Case study: Trans-Iranian Railway

**Spezifische Inventarisationsaspekte: Kunst**
113 Gisela Vollmer
Die Schmetterlinge fliegen wieder

**Archiv und Digitalisierung von Inventardaten**
121 Martin Cordes
Fokus Archiv – Die Quellenlage in den Archiven der SBB
und die Bedeutung von Firmenarchiven bei der Erhaltung
technischer Kulturdenkmäler

131 Chahineze Slimani et Boussad Aiche
Inventaire général pour l'architecture ferroviaire en Algérie

141 Patricia Wanderley Ferreira-Lopes
Digitizing Railway Historical and Heritage Data – Outlining Possible
Guidelines for Future Inventory and Research in Andalusia

**Forschungsberichte – Research Reports – Rapports de Recherche**

150 Manuel Maissen
Das Panel – The Panel – Le panneau

153 Dorothea Rosenberg
Eisenbahnbauten der Nachkriegszeit – Normative
Bau- und Planungsmethoden der Deutschen Bundesbahn

163 Ömer Dabanli und Elif Özkazanç
Protecting Anatolian Railway Heritage – A Typological Study on
Historic Bridges of Samsun-Kalın Railway Line

173 Christina Krafczyk und Moritz Reinäcker
Eisenbahnbrücken - Denkmale im Netz – Ein Forschungsprojekt
zwischen Denkmalpflege und Ingenieurwissenschaften

181 Johanna Monka-Birkner
Stählerne Eisenbahnbrücken aus der Zeit der Hochmoderne –
Mit Beispielen aus dem Stadtgebiet Hannover

191 Hannah Franz et al.
Inventory Strategies for Historical French Metallic Train Sheds

199 Barbara Berger und Tobias Listl
Wasserturm zu Basel –
Zur Untersuchung von stillgelegten Bauwerken

## Block 2: Praxis – Practice – Pratique

### Instandsetzung – Maintenance – Remise

**208** Eduard Müller
Das Panel – The Panel – Le panneau

**211** Toni Häfliger
Eisenbahnen als Denkmale mit Zukunft –
Erhaltung, dem technischen Fortschritt verpflichtet

**219** Eugen Brühwiler
«Veredeln» als Ingenieurkonzept –
Erhaltung von genieteten Stahlbrücken

**227** Philipp Rück
Betrachtungen zur Lebensdauer von Mauerwerksbauten –
Natursteinmauerwerk im historischen Bestand der Eisenbahnen

**241** Florian Müller, Thomas Suter und Aldo Conti
Sanierung der Längshallen im HB Zürich

**249** Jakob Riediker
Eisenbahnbrücke über den Rhein Koblenz-Waldshut
Erhaltungsmassnahmen: aktueller Stand 2022

### Welterbe Instandsetzung

**257** Patrick Schicht
Leitfaden Semmeringbahn

**263** Thomas Lampl
Sanierung von vier Viadukten der Semmeringbahn

### Transformation – Transformation – Transformation

**270** Werner Lorenz
Das Panel – The Panel – Le panneau

**273** Borja Aróstegui Chapa
The Transformation of the Great European Stations – The Arrival of
the High-Speed Rail and its Impact on Railway Heritage

**283** Pauline Detavernier et Alexandrina Striffling-Marcu
La conception sérielle de la gare comme patrimoine transnational –
Fractionnement, adaptation, préservation ?

**293** Jürg Conzett
Transformation von Schutzbauten – Die neuen Galerien
bei Alp Grüm

## Umnutzung – Conversion – Réaffectation

303 Ruggero Tropeano
Das Panel – The Panel – Le panneau

307 Andrew Savage
Railway Heritage in the UK – History of the Railway Heritage Trust (RHT)

315 Besnik Emini
A Station Without a Railway - The Conversion of the Railway Station in Skopje

## Exkurs Arealentwicklung – Excursus Site Development – Digression sur le Développement des Sites

325 Andreas Vass
Das Panel – The Panel – Le panneau

329 Walter Engeler
Rechtliche Stellung von Bahndenkmälern in der Interessenabwägung

337 Lukas Bühlmann
Raumplanung und denkmalpflegerische Interessenabwägung

345 Matthias Fischer
Vom Zusammenspiel von Städtebau und Eisenbahn – Der Eisenbahnbau und seine Folgen für die Stadtentwicklung in St. Gallen

## Block 3 – Welterbe – World Heritage – Patrimoine mondial

354 Günter Dinhobl
Das Panel – The Panel – Le panneau

359 Benoît Dubosson
Une valeur universelle, exigence exceptionnelle

367 Vinita Srivastava
Where the Water Flows Fast and the Train is Slow – Urban Pressures and Railway Infrastructure Responses in the Mountain Railways of India

377 Günter Dinhobl
«...in sinnlosen verlängernden Serpentinen» Erfahrungen zur Semmeringeisenbahn als Welterbestätte

387 Christian Florin
Zwischen Denkmalpflege und Erneuerung – Probleme und Erfahrungen zur Albula-Bernina-Linie

397 Vahid Alighardashi und Seyed Mohammad Nikaeen
Trans-Iranian Railway – Technical and Engineering
Maintenance Experience

407 Hans Kordina
Planen und Bauen im Welterbegebiet

417 Christian Hanus
Die Donauuferbahn zwischen Entwicklung und Erhaltung –
Zur Situation im UNESCO-Welterbe «Kulturlandschaft Wachau»

425 Mohammad Hassan Talebian
Monument and Landscape Conservation of Trans-Iranian
Railway – Brief History and Description

**Abendvortrag – Evening Lecture – Conférence du soir**

437 Helmut Adelsberger
Der «Westbalkan-Transportkorridor» – Vom Habsburger und
Osmanischen Reich in die Zukunft


447 Autorenliste – List of Authors – Liste d'auteurs
457 Dank
459 Impressum

# Einleitung

# Introduction

# Introduction

# Eisenbahn-denkmalpflege International

Mit dem vorliegenden Tagungsband blicken wir auf die internationale Fachtagung zur Eisenbahndenkmalpflege zurück, die vom 23. bis 25. Juni 2022 an der ETH Zürich als gemeinsame Veranstaltung der SBB Fachstelle Denkmalpflege und der Professur für Konstruktionserbe und Denkmalpflege der ETH Zürich in Kooperation mit dem Bundesamt für Kultur sowie ICOMOS Suisse ausgerichtet wurde. Einen Rahmen der Fachtagung bildeten zudem die Jubiläen «175 Jahre Schweizer Bahnen» und «20 Jahre SBB Fachstelle Denkmalpflege» sowie das 2021 vorangegangene «Jahr der Schiene».

Die Eisenbahndenkmalpflege ist als junge Disziplin der Industriedenkmalpflege besonderen Herausforderungen unterworfen. Es stellen sich vielfältige und spezifische Fragen bezüglich der Inventarisationmethodik, der Denkmalwerte des Eisenbahnerbes und ihrer Vergleichshorizonte. Zudem erfordert der Betrieb des grosstechnischen Systems Bahn permanente Anpassungen an Sicherheitsnormen und sich wandelnde Nutzungsanforderungen mit Folgen für das bauliche und konstruktive Bahnerbe. Der Veränderungsdruck ist aber nicht allein systemimmanent, sondern wird auch durch gesellschaftspolitische Prozesse vorangetrieben: Städtebauliche Verdichtungen von Bahnarealen und Umnutzungen nicht mehr betriebsrelevanter Anlagen stellen nicht nur ökonomische Notwendigkeiten dar, sondern sind zugleich Ausdruck des gesellschaftlichen Willens gegen eine grossräumige Zersiedlung von Landschaftsflächen. In diesem dynamischen Aktionsfeld ist die Eisenbahndenkmalpflege eng eingebunden in öffentliche Ortsbild- und Landschaftsschutzinteressen sowie raumplanerische Prozesse. Der gesetzliche Auftrag der Eisenbahndenkmalpflege im Sinne eines bewahrenden Kulturverständnisses steht hierzu scheinbar im Widerspruch.

Wie kann es also gelingen, das bedeutende Kulturgut der Eisenbahnen mit seinen spezifischen Eigenarten zu erfassen, für künftige Generationen zu sichern und gleichzeitig den Anforderungen des im Betrieb stehenden technischen Systems Bahn sowie gesellschaftspolitischen Erfordernissen zu genügen?

Das Ziel der Fachtagung war von Beginn an nicht das Aufzeigen von Lösungen, sondern eine Auslegeordnung zu aktuellen Themen, Diskussionen und Herausforderungen der Eisenbahndenkmalpflege. Auf diese Weise sollte ein Überblick über die Bereiche Inventarisation, Praktische Denkmalpflege (Instandsetzung, Transformation und Umnutzung), Welterbe und Arealentwicklung als Grundlage für darauf aufbauende, vertiefende Studien gewonnen werden. Die im Tagungsband dokumentierten Beiträge und engagierten Diskussionen spiegeln dies in lebendiger Form wider.

Unser Dank gilt allen Autorinnen und Autoren aus dem In- und Ausland, die mit ihren Referaten und digitalen Präsentationen einen wichtigen Beitrag zur Entwicklung der theoretischen und praktischen Grundlagen sowie aktuellen Themen und Fragestellungen der internationalen Eisenbahndenkmalpflege geleistet haben. Unser besonderer Dank gilt Bärbel Schallow-Groene und Toni Häfliger, die das Projekt professionell und mit grosser Fachkenntnis geleitet haben, sowie Ivan Sterzinger für die aussergewöhnliche und zum Projekt passende Gestaltung des Buches.

Reto Bieli

Leiter Fachstelle
Denkmalpflege SBB

Silke Langenberg

Professorin für Konstruktionserbe
und Denkmalpflege
Institut für Denkmalpflege und
historische Bauforschung,
Institut für Technologie in der
Architektur, ETH Zürich

# International Railway Heritage Preservation

In these conference proceedings, we are reflecting on the international Railway Heritage Preservation Conference, held at ETH Zurich from 23 to 25 June 2022 as a joint event organised by the SBB Specialist Service for the Preservation of Historical Monuments and the Professorship for Construction Heritage and Preservation at ETH Zurich, in cooperation with the Federal Office of Culture and ICOMOS Suisse. The conference also coincided with the anniversaries of '175 Years of Swiss Railways' and '20 Years of the SBB Specialist Service for the Preservation of Historical Monuments', as well as the 'Year of Rail' the previous year in 2021.

As a young discipline within industrial heritage conservation, railway heritage preservation is subject to particular challenges. A variety of specific questions arise regarding the values associated with the railway and their comparative horizons. In addition, operating the large-scale railway system requires permanent adjustments to safety standards and changing usage requirements, which have consequences for the structural and constructional railway heritage. However, the pressure to adapt is not just inherent in the system; socio-political processes also act as a driving force. The urban densification of railway areas and the conversion of installations which are no longer necessary for operations are simultaneously economic necessities and an expression of a societal desire to prevent large-scale urban sprawl encroaching on the countryside. In this dynamic field of action, railway heritage preservation is closely tied to public interests in the protection of sites of interest and landscape conservation as well as spatial planning processes. The legal mandate of railway heritage conservation in terms of preserving an understanding of culture seems to contradict this.

How can we therefore succeed in grasping the important cultural asset that is the railway, together with its specific characteristics, safeguarding them for future generations, while at the same time meeting the requirements of the technical system of an operational railway and socio-political needs?

From the outset, the aim of the conference was not to offer solutions. It was instead a stock-taking exercise for current topics, discussions and challenges in railway heritage preservation. In other words, the aim was to gain an overview in the areas of inventory-taking, practical heritage conservation (repair, transformation and conversion), World Heritage and site development, as the basis upon which further in-depth studies can build. The contributions and engaging discussions documented in the conference volume reflect this in a vivid manner.

We would like to thank all the authors from Switzerland and abroad, whose lectures and digital presentations have made an important contribution to the development of theoretical and practical principles, as well as current topics and questions in international railway heritage preservation. Our special thanks go to Bärbel Schallow-Groene and Toni Häfliger, who managed the project with great professionalism and expertise, and to Ivan Sterzinger for the exceptional and fitting design of the book.

Reto Bieli

Head of the SBB Specialist
Service for the Preservation of
Historical Monuments

Silke Langenberg

Professor for Construction
Heritage and Preservation
Institute for Preservation and
Construction History
Institute for Technology in
Architecture ETH Zurich

# Préservation du patrimoine ferroviaire à l'échelle internationale

La publication du présent recueil est pour nous l'occasion de revenir sur la Conférence spécialisée sur la préservation du patrimoine ferroviaire qui s'est tenue du 23 au 25 juin 2022 à l'EPF de Zurich, à l'initiative du Service de la protection des monuments historiques des CFF et de la Chaire du patrimoine bâti et de la conservation des monuments historiques de l'EPF de Zurich, en coopération avec l'Office fédéral de la culture et ICOMOS Suisse. La conférence s'est notamment articulée autour des «105 ans de chemin de fer en Suisse», des «20 ans du Service de la protection des monuments historiques des CFF» et de l'«année européenne du rail», célébrée en 2021.

La préservation du patrimoine ferroviaire, discipline récente de la préservation du patrimoine industriel, fait face à des défis particuliers. Des questions diverses et spécifiques se posent quant aux valeurs liées aux chemins de fer et à leurs horizons de comparaison. En outre, l'exploitation du système ferroviaire à grande échelle nécessite des adaptations permanentes aux normes de sécurité et aux exigences changeantes en matière d'utilisation, ce qui a des conséquences sur le patrimoine ferroviaire (génie civil et constructions). Cependant, la pression exercée pour que les chemins de fer évoluent n'est pas juste inhérente au système; elle émane également des processus sociopolitiques. La densification urbaine des sites ferroviaires et la reconversion des installations devenues obsolètes ne sont pas uniquement des nécessités économiques, mais traduisent aussi une volonté sociale d'endiguer l'empiètement massif des villes sur les campagnes. Dans ce champ d'action dynamique, la préservation du patrimoine ferroviaire est étroitement liée aux intérêts publics de protection des sites construits et des paysages, ainsi qu'aux processus d'aménagement du territoire. La mission légale de préservation du patrimoine ferroviaire, qui repose sur une conception conservatrice du patrimoine culturel, semble en contradiction avec ce mouvement.

Comment parvenir à classer le chemin de fer et ses spécificités en tant que bien culturel important du patrimoine ferroviaire, comment le préserver pour les générations futures sans faillir aux exigences techniques du système ferroviaire en service et aux exigences sociopolitiques?

Dès le début, l'objectif de la conférence n'était pas de mettre en évidence des solutions, mais d'appréhender, par le biais d'un état des lieux, les thèmes, discussions et défis actuels en matière de préservation du patrimoine ferroviaire, c'est-à-dire d'avoir un aperçu des domaines «Inventaire», «Pratique» (remise en état, transformation et reconversion), «Patrimoine mondial» et «Développement des sites» qui serviront de base à des études plus approfondies. Les contributions documentées dans les actes de la conférence et les discussions engagées reflètent cette intention de manière vivante.

Merci à l'ensemble des autrices et auteurs de Suisse et de l'étranger qui, de par leurs exposés et présentations numériques, ont apporté une contribution essentielle au développement des bases théoriques et pratiques et au traitement des problématiques et thèmes actuels en relation avec la préservation mondiale du patrimoine ferroviaire. Nous remercions tout particulièrement Bärbel Schallow-Gröne et Toni Häfliger, qui ont mené le projet en faisant preuve d'un grand professionnalisme et d'une grande expertise, ainsi qu'Ivan Sterzinger pour la conception exceptionnelle du livre parfaitement adaptée au projet.

Reto Bieli

Responsable du Service
de la protection des monuments
historiques des CFF

Silke Langenberg

Professeur de patrimoine bâti
et de conservation des monuments
Institut pour la conservation des
monuments historiques et l'histoire
de la construction
Institut pour la technologie dans
l'architecture, EPFZ de Zurich

# Die Fachtagung

Die Eisenbahn gilt als eine der wichtigsten – im wahrsten Sinne des Wortes «bahnbrechenden» – Erfindungen des 19. Jahrhunderts und strahlt bis heute eine grosse Faszination aus. Sie revolutionierte die Fortbewegung in Zeit und Raum, war ein wesentlicher Baustein der Industrialisierung, liess die Menschen näher aneinanderrücken und entwickelte sich zum Schwungrad eines umfassenden gesellschaftlichen und wirtschaftlichen Wandels. Bis heute «bewegt» sie die Menschen in vielerlei Hinsicht und ist weltweit ein unverzichtbarer Bestandteil von Verkehrssystemen.

In ihrem geschlossenen, grenzüberschreitenden Netz treibt die Bahn aber nicht nur den Wandel voran, sie ist zugleich dem Wandel unterworfen. So setzte unmittelbar nach dem Ausbau des europäischen Bahnnetzes um 1900 eine kontinuierliche Anpassung an neueste ingenieurbauliche und technische Entwicklungen sowie an betriebliche Anforderungen der Funktionalität, Sicherheit und Wirtschaftlichkeit ein. Für die Eisenbahndenkmalpflege stellen diese spezifischen Rahmenbedingungen eine grosse Herausforderung dar.

Der vorliegende Tagungsband dokumentiert in den Blöcken Inventarisation, Denkmalpraxis und Welterbe das breite Themenspektrum der internationalen Beiträge zur Eisenbahndenkmalpflege anlässlich der Fachtagung vom 23. bis 25. Juni 2022 an der ETH Zürich.

## Themenüberblick

*Inventarisation*
Die Beiträge des Blocks «Inventarisation» verdeutlichen, dass für das grenzübergreifende, geschlossene System Eisenbahn mit seinem international vergleichbaren betriebsnotwendigen Objektbestand bislang keine einheitlichen Inventarisationsstandards bestehen und auch die grundsätzlichen Fragen über Bedeutungen und Werte aus unterschiedlichen Perspektiven gestellt werden. In diesem Sinne spiegeln sie eine gewisse Diversität in Bezug auf die Denkmalerfassung und Bewertung des Eisenbahnerbes oder werfen Schlaglichter auf einzelne, oftmals vernachlässigte Zeugniswerte.

In der Tendenz zeichnet sich in den Beiträgen aber auch die zunehmende Wahrnehmung von historischen Eisenbahnlinien mit ihrem Objektbestand als systemische Gesamtheit ab. Der Schutz solcher Linienkontexte erfordert beispielsweise auch die Erfassung und Bewertung von seriellen Objekten, von Anlagen und funktionalen Ensembles oder auch ihrer landschaftlichen Einbettung. Eine zukünftige Aufgabe wird darin bestehen, für die Eisenbahndenkmalpflege eine systematische Inventarisationsmethode mit spezifischen, auf den Bestand abgestimmten Bedeutungen und Werten zu formulieren.

Unabhängig davon zeigt die Inventarisation von Grossbogenbrücken im internationalen Kontext des Welterbes, dass darüber hinaus thematische Cluster von Spitzenobjekten im Sinne der Einzelobjektinventarisation besondere ingenieurbauliche und konstruktionsgeschichtliche Werte des Eisenbahnerbes akzentuieren können.

Ein Schlaglicht auf die Quellenlage und digitale Erfassungsmethoden der Inventarisation in verschiedenen Ländern werfen die Beiträge zu den verfügbaren Archivalien der SBB Historic und zur digitalen Erfassung in Algerien und Spanien.

*Forschung*
Die Beiträge des Panels «Forschung» bieten Einblicke in laufende Forschungsprojekte, die sich vertieft mit Fragestellungen zum Thema der Normierung oder zu einzelnen Bautypen in nationalen oder regionalen Kontexten auseinandersetzen. Sie dokumentieren an ausgesuchten Beispielen die Normierung von Planungs- und Herstellungsprozessen sowie die internationale Verbreitung ingenieurbaulichen Wissens und bahnspezifischer Typologien, aber auch die Auseinandersetzung mit Erfassungs-, Erhaltungs- und Dokumentationsansätzen.

*Denkmalpraxis*
Zentrale Themen des Praxisblocks sind Instandsetzungsmassnahmen, Transformationen sowie Umnutzungen des Eisenbahndenkmalbestands im Spannungsfeld zwischen Denkmalwerterhalt und systemspezifischem Veränderungsdruck. Hervorgehoben wurde die Bedeutung einer auf den Bestand abgestimmten Denkmalwertanalyse als Grundlage für weitere denkmalpflegerische Massnahmen.

Im Panel *Instandsetzung* fokussieren sich die Beiträge auf neuartige Ansätze für die denkmalgerechte Ertüchtigung von Ingenieurbauten am Beispiel von Brücken, aber auch auf die denkmalgerechte Instandsetzung von Mauerwerk sowie eines Bautyps am Beispiel der Perronhalle des HB Zürich. Zugleich wurden Leitlinien für eine zielorientierte und effiziente Arbeitsweise der Denkmalinstandsetzung thematisiert.

Beiträge im *Transformationspanel* verdeutlichen beispielhaft, dass die Anpassung des Eisenbahnerbes an aktuelle funktionale Anforderungen grundlegend für den Erhalt des Denkmalbestands von Bahnhöfen ist. Die bislang denkmaltheoretisch noch nicht geklärte Frage nach der kulturhistorischen Bedeutung der Norm- und Serienbauweise wirft in diesem Kontext ein Schlaglicht auf Transformationsmöglichkeiten mittels Modulstrukturen bzw. standardisierten Umwandlungen. Auch die Fragen, ob Reparaturen oder ein Teilersatz typologische Denkmalqualitäten besitzen können und welche inventarisationsmethodischen Anforderungen damit verbunden sind, wurden angesprochen.

Die vorgestellten Beispiele im Panel *Umnutzungen* zeigen, dass breite Möglichkeiten zur Nutzung nicht mehr bahnbetriebsnotwendiger Denkmalobjekte und -strukturen (z. B. Zufahrtsstrassen der Bauphase) bestehen und diese in unterschiedlichster Weise zum geschichtlichen Verständnis des Systems Eisenbahn beitragen können.

*Welterbe*
Die Beiträge zu den vier bislang in die Welterbeliste eingetragenen Bahnen[1] vermitteln einen Überblick über den Bestand und die unterschiedlichen Anstrengungen zu deren Erhalt, wozu auch die Sicherung des laufenden Betriebs und die Anpassung an technische Entwicklungen zählen. In dieser Hinsicht sind sie, wie andere Bahnen, dem Druck zwischen Erhaltung und Anpassung ausgesetzt. Eine besondere Herausforderung für die Welterbebahnen besteht darin, die hohen ingenieurtechnischen Anforderungen mit denjenigen des nationalen Denkmalschutzes und der Welterbekonvention in Einklang zu bringen.

Ein für die Welterbebahnen spezifisches Thema sind die Anstrengungen zum dauerhaften Erhalt des Welterbestatus im Sinne des «Outstanding Universal Value» (OUV). Insbesondere die Bewahrung von Authentizität und Integrität der heute noch kommerziell betriebenen Strecken, verbunden mit einer nachhaltigen Entwicklung werfen angesichts der weiteren und stetigen Nutzung für den Güter- und Personenverkehr Fragen auf und verlangen innovative und präzis definierte Lösungen.

*Praxis-Exkurs Arealwentwicklung*
Die Beiträge und Diskussionen dieser Sektion werfen ein Schlaglicht auf aktuelle rechtliche und raumplanerische Abwägungspraktiken von denkmalpflegerischen Interessen im Kontext grösserer Arealentwicklungen. Am Beispiel des Güter bahnhofs St. Gallen wurde die Bedeutung von Bahnarealen als gewachsenem Bestandteil von Stadtstrukturen thematisiert und das Entwicklungspotenzial unter Einbezug des denkmalwürdigen Eisenbahnbestands diskutiert.

Das Tagungsprogramm mit sämtlichen Vorträgen und Präsentationen ist für alle Interessierten auf der Website der Fachtagung in vollem Umfang abrufbar.[2] Dort finden sich auch einige wenige Beiträge, die nicht für die vorliegende Publikation verschriftlicht wurden. Anzumerken bleibt, dass die Beiträge die Forschungen, Erkenntnisse und Themen der jeweiligen Autorinnen und Autoren wiedergeben.

Herzlich danken möchten wir den Herausgebenden, die die Tagung überhaupt erst ermöglicht haben, sowie allen Autorinnen und Autoren sowie den Moderatoren für ihr grosses fachliches Engagement. Zu danken haben wir auch dem Bundesamt für Kultur (BAK), ICOMOS Suisse und SBB Historic für ihre Unterstützung als Projektpartner. Ein besonderer Dank gilt auch Peter König vom Bundesamt für Verkehr (BAV), Stefan Wülfert von der Eidgenössischen Kommission für Denkmalpflege (EKD) und Susanne Zenker von SBB Immobilien für ihre wertvollen Diskussionsbeiträge im Panel «Denkmalpflege und Arealentwicklung».

Nicht zuletzt möchten wir auch Barbara Buser (Baubüro in situ) und Barbara Zeleny (SBB Immobilien), Orkun Kasap (ETH), dem Büro Häusler + Weidmann, der Agentur DÜV, der Firma Onstage, der Firma Designline c/o ALRAS GmbH und den vielen Helferinnen und Helfern für ihren engagierten Beitrag zum Gelingen der Tagung ganz herzlich danken.[3]

Schliesslich gilt auch ein besonderer Dank dem Schwabe Verlag und dem Grafikbüro Huber-Sterzinger für die engagierte Umsetzung dieser Publikation.

Die Projektleitung

Dr. Bärbel Schallow-Gröne          Toni Häfliger

Anmerkungen

1 Dazu gehören die Semmeringeisenbahn, Österreich (eingetragen 1998), Darjeeling-Himalayan-Railway in Indien (eingetragen 1999) mit Erweiterungen (Nilgiri Mountain Railway – eingetragen 2005, und Kalka Shimla Railway – eingetragen 2008), Albula-Bernina-Strecke der Rhätischen Bahn, Schweiz (eingetragen 2008), und die Trans-Iranian Railway, Islamische Republik Iran (eingetragen 2021).
2 www.eisenbahndenkmalpflege.ch / www.railway-heritage.ch.
3 s. Dank

# Specialist Conference

The railway is considered one of the most important and groundbreaking inventions of the 19th century and continues to fascinate people to the present day. It revolutionised movement through time and space, became an essential building block of industrialisation, helped to bring people closer together and developed into the driving force behind extensive societal and economic change. To this day, it moves people in all sorts of different ways and is a crucial component of transport systems across the globe.

Within its cross-border self-contained network, however, rail does not just drive change – it is also subject to change itself. Thus, immediately after the expansion of the European railway network around 1900, the process of continuous adaptation to the latest technical and engineering developments, as well as to the operational requirements of functionality, safety and economic efficiency, began. These specific conditions represent a major challenge for the preservation of railway heritage.

These conference proceedings document the wide range of topics covered in the ‹Inventory Taking›, ‹Practice› and ‹World Heritage› blocks of the international contributions on railway heritage preservation at the conference held from 23 to 25 June 2022 at ETH Zurich.

## Overview of topics

*Inventory taking*

The contributions in the Inventory Taking block illustrate that, for the cross-border self-contained railway system with its internationally comparable stock of objects necessary for operations, there are currently no uniform inventory standards. They also demonstrate that fundamental questions regarding meanings and values can be posed from a variety of different perspectives. In this respect, they reflect a certain diversity with regard to the recording and evaluation of railway heritage and shed light on individual, often neglected, historical values.

However, there is an increasing tendency in the contributions to consider historic railway lines and their inventory of objects as a systemic whole. For example, the protection of such line-related contexts also requires that serial objects, installations and functional ensembles or the landscapes in which they are embedded also be recorded and evaluated. A future task will be to formulate a systematic method to inventory-taking for the preservation of railway heritage, with specific meanings and values tailored to the inventory.

Regardless of this, the inventory-taking of large arch bridges in the international context of World Heritage shows that thematic clusters of key objects in terms of individual object inventory-taking can also accentuate the special engineering and architectural-historical values of railway heritage.

The contributions regarding the available SBB Historic archival records and on digital recording in Algeria and Spain shed a light on sources and digital recording screens used in inventory-taking in various countries.

*Research*

The contributions of the ‹Research› panel offer insights into ongoing research projects which are providing an in-depth analysis of the issues relating to standardisation or individual building types in national or regional contexts. Using selected examples, they document the standardisation of planning and production processes, as well as the international dissemination of engineering knowledge and railway-specific typologies. They also examine in detail the approaches to recording, preservation and documentation.

*Heritage practice*

The key topics of the ‹Practice› block include repair measures, transformations and conversions of railway heritage objects at the crossroads between the preservation of heritage value and system-specific pressures to adapt. The importance of analysing the value of the existing heritage was emphasised as the basis for additional preservation measures.

The contributions in the ‹*Repair*› panel focus on innovative approaches to strengthen engineering structures in a manner sensitive to their heritage status, drawing on the examples of bridges, masonry structures and the platform hall building type. At the same time, guidelines for a goal-orientated and efficient approach to heritage repair were discussed.

The contributions in the ‹*Transformation*› panel clearly illustrate that the adaptation of railway heritage to current functional requirements is fundamental to the conservation of listed railway stations. In this context, the question of the cultural-historical significance of standardised and serial construction, which has not yet been settled in heritage theory, sheds light on possibilities for transformation by means of modular structures or standardised conversions. The questions of whether repairs or partial replacements can have typological heritage qualities and which methodological requirements for inventory-taking are associated with this were also discussed.

The examples presented in the ‹Conversion› panel reveal the broad range of possibilities for converting heritage objects and structures which are no longer required for railway operations (e. g. access roads from the construction phase) and that these can contribute to the historical understanding of the railway system in a variety of ways.

*World heritage*
The contributions on the four railways currently inscribed on the World Heritage List [1] provide an overview of the existing inventory and the various preservation efforts, including the safeguarding of ongoing operations and adaptations to technical developments. In this respect, they are subject to the same tensions as other railways: the need for conservation versus the pressure to adapt. A particular challenge for World Heritage railways, however, is reconciling high engineering requirements with those of national heritage protection and the World Heritage Convention.

One topic specific to World Heritage railways is the effort to permanently maintain World Heritage status in terms of «Outstanding Universal Value» (OUV). In particular, the preservation of the authenticity and integrity of routes which are still in commercial use today, combined with the issue of sustainable development, raises questions, in view of their continued and constant use for freight and passenger transport, and requires innovative and precisely defined solutions.

*Practical excursus: Site development*
The contributions and discussions in this section focus on current legal and spatial planning practices for weighing up heritage protection interests within the context of major site developments. Using the St. Gallen freight station as an example, the importance of railway areas as an established part of urban structures was addressed. The potential for development that takes railway stock worthy of heritage protection into account was also discussed.

The full conference programme with all lectures and presentations is available to all interested parties on the conference website.² It also contains a few contributions which were not written down for this publication. It should be noted that the contributions reflect the research, findings, and topics of their respective authors.

We would like to extend our sincerest thanks to the editors, who made the conference possible in the first place, as well as to all the authors and moderators for their great professional commitment. We would also like to thank the Federal Office of Culture (FOC), ICOMOS Suisse and SBB Historic for their support as project partners. A special thank you also goes to Peter König (FOT), Stefan Wülfert (FCMP) and Susanne Zenker (SBB Real Estate) for their valuable contributions to the discussion on the ‹Heritage Preservation and Site Development› panel.

Last but not least, we would like to thank Barbara Buser (Baubüro in situ) and Barbara Zeleny (SBB Real Estate), Orkun Kasap (ETH), the Häusler + Weidmann office, the DÜV agency, Onstage, Designline c/o ALRAS GmbH and the many helpers for their commitment and contribution to the success of the conference.³

A final special thank you goes to Schwabe Verlag and the Huber-Sterzinger graphic design office for the diligent production of this publication.


Project management

Dr. Bärbel Schallow-Gröne        Toni Häfliger


Literature

1  These include the Semmering Railway in Austria (listed in 1998), the Darjeeling Himalayan Railway in India (listed in 1999) and its extensions (the Nilgiri Mountain Railway – listed in 2005, and the Kalka Shimla Railway – listed in 2008), the Rhaetian Railway's Albula/Bernina line in Switzerland (listed in 2008), and the Trans-Iranian Railway in the Islamic Republic of Iran (listed in 2021).
2  www.eisenbahndenkmalpflege.ch / www.railway-heritage.ch.
3  See Imprint.

# La Conférence spécialisée

Considéré comme l'une des inventions les plus novatrices du XIXe siècle, le chemin de fer exerce encore aujourd'hui une grande fascination. Pilier essentiel de l'industrialisation, il a révolutionné les déplacements dans le temps et l'espace, a œuvré au rapprochement des personnes et est devenu la pierre angulaire d'un changement global, sociétal et économique. Jusqu'à ce jour, le chemin de fer «fait bouger» les personnes à bien des égards et constitue, à l'échelon international, une composante indispensable des systèmes de transport.

Dans son réseau fermé et transfrontalier, le chemin de fer est un moteur du changement, mais il est aussi dépendant de ce dernier. Aussi le réseau ferroviaire européen a-t-il été adapté en continu juste après son extension, vers 1900, afin de tenir compte des dernières évolutions techniques et relatives au génie civil, ainsi que des exigences d'exploitation concernant les fonctionnalités, la sécurité et la rentabilité. Pour la préservation du patrimoine ferroviaire, ces conditions-cadres spécifiques représentent un défi de taille.

Les présents actes de la conférence documentent, dans les blocs INVENTAIRE, PRATIQUE et PATRIMOINE MONDIAL, le large éventail de thèmes abordés dans les contributions internationales sur la préservation du patrimoine ferroviaire lors de la conférence qui s'est tenue du 23 au 25 juin 2022 à l'EPF de Zurich.

## Aperçu des différents thèmes

*Inventaire*
Les contributions du bloc INVENTAIRE montrent clairement qu'il n'existe pas encore de norme homogène pour l'inventorisation du système ferroviaire international et fermé, dont les objets nécessaires à l'exploitation sont comparables au niveau international, et que même les questions fondamentales sur les significations et les valeurs sont posées sous différentes perspectives. En ce sens, elles reflètent une certaine diversité de pratiques en matière de recensement du patrimoine et d'évaluation de l'héritage ferroviaire ou braquent les projecteurs sur des éléments souvent négligés ayant valeur de témoignage.

Mais, de plus en plus, la tendance qui se profile au travers des contributions consiste à appréhender les lignes de chemin de fer historiques et leurs objets comme des ensembles systémiques. La protection de ces ensembles requiert aussi le recensement et l'évaluation d'objets sériels, d'installations et de systèmes fonctionnels ou encore leur intégration dans le paysage. À l'avenir, il conviendra, pour la préserver le patrimoine ferroviaire, de définir une méthode d'inventorisation systématique assortie de significations et de valeurs spécifiques adaptées aux objets.

Indépendamment de cela, l'inventaire des grands ponts en arc, dans le contexte international du patrimoine mondial, montre qu'en outre, des regroupements thématiques d'objets exceptionnels, à savoir l'inventorisation d'objets individuels, sont susceptibles d'accentuer des valeurs spécifiques du patrimoine ferroviaire en matière d'ingénierie et d'histoire de la construction.

Les contributions relatives aux archives disponibles de CFF Historic et à la saisie numérique en Algérie et en Espagne mettent en lumière les sources disponibles et les masques de saisie numériques de l'inventorisation dans différents pays.

*Recherche*
Les contributions de ce panel donnent un aperçu des projets de recherche en cours qui examinent de manière approfondie les normes ou les différents types de construction dans des contextes nationaux ou régionaux. Elles documentent, à l'aide d'exemples choisis, la normalisation des processus de planification et de fabrication ainsi que la diffusion, à l'échelon international, des connaissances relatives au génie civil et aux typologies du domaine ferroviaire, ainsi que l'étude approfondie des approches en matière de recensement, de préservation et de documentation.

*Pratique*
Les mesures de remise en état, transformation et reconversion d'objets du patrimoine ferroviaire sont au cœur de ce bloc, où l'on oscille entre maintien de la valeur patrimoniale et pression spécifique au système pour faire évoluer le chemin de fer. L'importance de réaliser une analyse des valeurs patrimoniales adaptée aux objets avant de prendre d'autres mesures de préservation des monuments historiques a été soulignée.

Les contributions du panel *Remise en état* se concentrent sur de nouvelles approches respectueuses du patrimoine pour la conservation des ouvrages d'ingénierie comme les ponts, les murs et le type de construction Halle des quais.

Parallèlement, les lignes directrices d'une méthode de travail ciblée et efficace en matière de remise en état du patrimoine ont été abordées.

Les contributions proposées dans le cadre du bloc *Transformation* montrent de manière exemplaire que l'adaptation du patrimoine ferroviaire aux exigences fonctionnelles actuelles est déterminante pour la conservation du patrimoine des gares. Dans ce contexte, la question théorique, toujours non élucidée, de l'importance culturelle et historique de la conception normée et sérielle des monuments historiques met en lumière les possibilités de transformation au moyen de structures modulaires ou de transformations standardisées. Ont également été abordées les questions de savoir si les réparations ou remplacements partiels doivent se conformer aux qualités typologiques des monuments et quelles exigences relatives aux méthodes d'inventorisation y sont liées.

Les exemples présentés dans le cadre du panel *Reconversions* illustrent qu'il existe de nombreuses possibilités de réaffectation d'objets et structures classés qui ne sont plus nécessaires à l'exploitation ferroviaire (comme les voies d'accès utilisées pendant la phase de travaux) et qu'elles peuvent contribuer de différentes manières à comprendre l'histoire du système ferroviaire.

### *Patrimoine mondial*

Les contributions portant sur les quatre chemins de fer actuellement inscrits sur la liste du patrimoine mondial [1] donnent un aperçu de l'état des lieux et des différents efforts entrepris pour leur conservation, dont le maintien de l'exploitation et l'adaptation aux évolutions techniques. Ces chemins de fer, comme d'autres, sont soumis à des impératifs contradictoires entre conservation et adaptation. Un des défis majeurs pour les lignes classées au patrimoine mondial consiste à concilier les exigences élevées en matière de génie civil avec celles de la protection du patrimoine national et de la Convention du patrimoine mondial.

Les efforts entrepris par les lignes inscrites au patrimoine mondial pour garder durablement leur statut et maintenir leur «Outstanding Universal Value» (OUV) sont spécifiques à ces chemins de fer. La nécessité de préserver l'authenticité et l'intégrité des lignes toujours commercialisées aujourd'hui, à laquelle s'ajoutent les impératifs de développement durable, soulèvent des questions compte tenu de l'utilisation en continu des lignes pour les trafics voyageurs et marchandises et requièrent des solutions innovantes et précises.

### *Digression pratique – développement des sites*

Les contributions et discussions de cette section donnent un coup de projecteur sur les pratiques actuelles en matière de droit et d'aménagement du territoire pour la pondération des intérêts en matière de préservation du patrimoine, dans le contexte du développement des sites de grande envergure. L'exemple de la gare de marchandises de Saint-Gall a permis de thématiser l'importance des sites ferroviaires comme parties intégrantes des structures urbaines, et de débattre du potentiel de développement en tenant compte du patrimoine ferroviaire digne d'être classé.

Toutes les personnes intéressées peuvent accéder au programme de la conférence et à l'ensemble des exposés et présentations sur le site web idoine.[2] On y trouve également quelques contributions qui n'ont pas été intégrées à la présente publication. Il convient de noter que les articles reflètent les recherches, les enseignements et les thèmes des personnes qui les ont rédigés.

Nos remerciements vont tout spécialement aux personnes à l'initiative de cette conférence, ainsi qu'à l'ensemble des autrices et auteurs, animatrices et animateurs, pour leur engagement sans faille. Nous adressons également nos remerciements à l'Office fédéral de la culture (OFC), à ICOMOS Suisse et à CFF Historic pour leur soutien en tant que partenaires de projet. Nous sommes tout particulièrement reconnaissants à Peter König (OFT), Stefan Wülfert (CFMH) et Susanne Zenker (CFF Immobilier) pour leurs contributions précieuses à la discussion au sein du panel consacré à la préservation du patrimoine ferroviaire développement des sites.

Pour finir, nous remercions chaleureusement Barbara Buser (bureau de chantier sur place) et Barbara Zeleny (CFF Immobilier), Orkun Kasap (EPF), le bureau Häusler + Weidmann, l'agence DÜV, la société Onstage, la société Designline c/o ALRAS GmbH et toutes les personnes nous ayant apporté leur soutien. Un grand merci pour leur engagement et leur contribution à la réussite de la conférence![3]

Enfin, nous tenons à adresser nos remerciements à la maison d'édition Schwabe Verlag et à l'agence de design Huber-Sterzinger pour la mise en œuvre soigneuse de cette publication.

La direction de projet

Dr. Bärbel Schallow-Gröne        Toni Häfliger

Literature

1 En font partie: la ligne de chemin de fer autrichienne de Semmering (inscrite en 1998), les chemins de fer de montagne Darjeeling Himalayan Railway en Inde (inscrits en 1999) avec leurs extensions (Chemin de fer des montagnes Nilgiri, inscrit en 2005, et le Chemin de fer de Kalka à Shimla, inscrit en 2008), les Chemins de fer rhétiques dans le paysage de l'Albula et de la Bernina, en Suisse (inscrits en 2008), et le Trans-Iranian Railway, République islamique d'Iran (inscrit en 2021).
2 www.eisenbahndenkmalpflege.ch/www.railway-heritage.ch.
3 Cf. mentions légales.

# Inventarisation

# Inventory-Taking

# Inventorisation

Das Panel  Moderation Jan Capol
Text Bärbel Schallow-Gröne

Eine wesentliche Erkenntnis des Blocks Inventarisation ist, dass das Denkmalerbe des grenzüberschreitenden Systems Eisenbahn mit seinem vergleichbaren Anlagebestand bislang international auf keiner gemeinsamen bestandspezifischen, denkmaltheoretischen Grundlage inventarisiert wird. Wie die Beiträge zeigten, lag der Schwerpunkt der Eisenbahninventarisation lange Zeit auf der Einzelobjektbetrachtung, verlagerte sich aber in den letzten Jahren zunehmend auf historische Linienkontexte mit ihrem funktionsrelevanten Objekttypenbestand. Methodisch bedingt das Fehlen einer bestandspezifischen, denkmaltheoretischen Grundlage noch heute oftmals einen Rückgriff auf Erfassungs- und Würdigungskriterien der Einzelobjektinventarisation. Die damit verbundene Fokussierung auf das Einzigartige und Besondere wird dem Eisenbahnerbe mit seinem grossen Bestand an normierten und seriellen Bauten nur bedingt gerecht, beispielsweise bei der Betrachtung von Spitzenobjekten. Deutlich wurde, dass in Abgrenzung hierzu die Inventarisierung des systemischen Eisenbahn-Objektbestandes, bestehend aus Linien in ihrer landschaftlichen oder städtebaulichen Einbettung, linienprägenden Objekten, Ensembles, Anlagen und Einzelobjekten, spezifische Erfassungskriterien erfordert und komplexere Wertehorizonte eröffnet. Themen der von Jan Capol moderierten Paneldiskussion waren die rechtliche Verbindlichkeit der bestehenden nationalen Eisenbahninventare, der Stand der Eisenbahninventarisation in einzelnen Ländern, die spezifischen Herausforderungen und Grundlagen einer systematischen Eisenbahndenkmalinventarisation sowie die gesellschaftliche Bedeutung des Eisenbahnerbes.

Rechtlich zeigte sich im Hinblick auf die nationalen Eisenbahninventare (Finnland, Niederlande, Schweiz), dass die Inventarlisten die Grundlage für den Schutz des Eisenbahnerbes bieten, die Unterschutzstellung und der Schutzumfang aber mit den zuständigen Stellen ausgehandelt wird.

Deutlich wurde auch das international breite Spektrum bzw. das Nebeneinander von Inventarisierungskontexten, das von der Einzelobjektinventarisation (Spitzenwerken im Welterbekontext) über Gemeinde-, Kantons- und Linieninventare sowie nationale Inventare reicht. Diskussionsschwerpunkte bildeten die Fragen, wie sich die vielfach normierten und seriellen Bestandsobjekte heute im Linienkontext darstellen und wie dieser eisenbahnspezifische Objektbestand angemessen erfasst und gewürdigt werden kann. In diesem Zusammenhang wurde auch die historisch belegte, internationale Tätigkeit von Ingenieurbüros im Auftrag von Bahngesellschaften thematisiert.

Allgemeiner Konsens bestand darüber, dass die Sammlung und Verfügbarkeit der Eisenbahnarchivalien die Grundlage für eine systematische Erfassung des Eisenbahnerbes bilden. Eine zentrale Archivierung findet z. B. in Finnland, Grossbritannien und der Schweiz statt.

Befragungen zur gesellschaftlichen Bedeutung des Eisenbahnerbes wurden bislang in den Niederlanden durchgeführt. Hier stehen die historischen Bahnhöfe in der Beliebtheit der Kunden an erster Stelle.

The Panel  Moderation Jan Capol
Text Bärbel Schallow-Gröne

A key result of the Inventory-Taking Block was that the heritage of the cross-border railway system with its comparable stock of assets, has not yet been inventoried internationally on a common inventory-specific basis of monument heritage theory. As the contributions showed, the emphasis of railway inventory-taking has for a long time been on individual objects, though in recent years, the focus has increasingly shifted to historical line contexts with their functionally relevant object types. From a methodological point of view, the lack of an inventory-specific, theoretical basis of monument heritage still often requires recourse to the recording and assessment criteria of individual object inventories. The related focus on the unique and special only does limited justice to the railway heritage with its large inventory of standardised and serial buildings, for example, when considering major objects. It became clear that, in contrast to this, the inventory-taking of systemic railway objects, consisting of lines in their landscape or urban context, objects that characterise lines, ensembles, installations and individual objects, requires specific recording criteria and opens up more complex value horizons. Topics of the panel discussion moderated by Jan Capol included the legally binding nature of existing national railway inventories, the status of railway inventories in individual countries, the specific challenges and principles of systematic railway heritage inventories, and the social significance of railway heritage.

From a legal perspective, national railway inventories (Finland, Netherlands, Switzerland) have shown that inventory lists provide the foundation for railway heritage protection, but that protected status and the scope of protection are negotiated with the relevant authorities.

The broad international spectrum and the coexistence of inventory contexts also became clear, ranging from individual object inventories (outstanding works in the World Heritage context) to municipal, cantonal and line inventories as well as national inventories.

The discussion focused on the questions of how the often standardised and serial inventory objects are presented today within the context of railway lines and how this railway-specific object inventory can be appropriately recorded and recognised. The historically documented activities of engineering firms on behalf of railway companies were also discussed in this context.

There was a general consensus that the collection and availability of railway archives form the basis for a systematic recording of railway heritage. Centralised archiving takes place in several countries, including Finland, the UK, and Switzerland.

Surveys on the social significance of railway heritage have so far been carried out in the Netherlands. The surveys reveal that historic stations are the most popular with customers.

Le panneau

Moderation Jan Capol
Texte Bärbel Schallow-Gröne

L'une des principales conclusions du bloc Inventorisation est que le patrimoine du système ferroviaire transfrontalier, constitué d'installations comparables entre elles, n'a jusqu'à présent jamais été inventorié à l'échelle internationale sur la base de critères communs spécifiques aux installations existantes et tenant compte de la notion de monuments historiques. Comme l'ont montré les contributions, la priorité pour l'inventorisation du patrimoine ferroviaire a longtemps été mise sur les objets individuels. Ces dernières années, elle s'est toutefois déplacée de plus en plus vers les ensembles constitués par les lignes historiques et les types d'objets, indispensables à leur fonctionnement. D'un point de vue méthodologique, l'absence de base théorique spécifique aux monuments historiques implique souvent, aujourd'hui encore, le recours à des critères de saisie et d'appréciation utilisés pour l'inventorisation des objets individuels. La focalisation sur le caractère unique et particulier des objets ne rend que partiellement justice au patrimoine ferroviaire qui comprend de nombreuses constructions normalisées et sérielles, notamment lorsqu'il s'agit de considérer des objets exceptionnels. Il apparaît clairement que l'inventorisation du patrimoine ferroviaire systémique, composé de lignes intégrées au paysage naturel ou urbain, d'objets caractéristiques, d'ensembles, d'installations et d'objets individuels, exigeait des critères de saisie spécifiques ouvrant des horizons de valeurs plus complexes.

La discussion animée par Jan Capol est revenue sur le caractère juridique contraignant des actuels inventaires ferroviaires nationaux, l'état de l'inventaire dans différents pays, les défis et bases spécifiques d'un inventaire systématique du patrimoine ferroviaire et l'importance sociale de ce dernier.

Sur le plan juridique, on constate que les listes d'inventaire des patrimoines ferroviaires nationaux (en Finlande, aux Pays-Bas et en Suisse) sont le fondement de la protection de l'héritage ferroviaire, mais que la mise sous protection et l'étendue de cette protection sont négociées avec les organismes compétents.

La discussion a également mis en évidence qu'il existe à l'échelle internationale de très nombreux types d'inventaires, qui coexistent parfois, par exemple les inventaires d'objets individuels (ouvrages exceptionnels relevant du patrimoine mondial), les inventaires communaux, cantonaux, nationaux et les inventaires de lignes.

Deux questions prioritaires ont été abordées: comment l'existant souvent normalisé et sériel se présente-t-il aujourd'hui dans le contexte des lignes, et comment cet ensemble d'objets ferroviaires spécifiques peut-il être saisi et apprécié de manière appropriée? Pour y répondre, l'activité internationale historiquement prouvée de bureaux d'ingénieurs mandatés par les compagnies ferroviaires a également été examinée.

Un consensus général s'est dégagé sur le fait que la collecte et la disponibilité des archives ferroviaires posaient les bases nécessaires au recensement systématique du patrimoine ferroviaire. L'archivage centralisé est actuellement mis en œuvre, par exemple, en Finlande, en Grande-Bretagne et en Suisse.

À ce jour, seuls les Pays-Bas ont mené des enquêtes sur l'importance sociale du patrimoine ferroviaire. Les gares historiques sont les sites favoris de la clientèle.

# Finnish Railway Heritage and Railway Parks

Pirjo Huvila

The first Finnish railway line was opened in 1862 between Helsinki and Hämeenlinna. All the main railway lines, stations and railway parks were built rather fast. The lines to Tampere, Turku, Vaasa, Oulu, and Kuopio were ready in the 19th century, and west-east lines were taken into traffic in 1930. The railway park culture started in 1873 when the first gardener was employed by Finnish State Railways. The first plant nursery was built in 1874 at Hyvinkää. More than 500 railway parks and over 1000 planted railway areas were built, so that the State was the main gardener in Finland.

Finnish railway architecture's specialties are wooden timber frame railway stations and buildings as well as large railway park areas.

## Railway Heritage

Finland is geographically a large country and the main north line is over 1000 km, altogether 5800 km rail tracks. [Fig.1]

Finnish State Railways was a state-owned company. The railway architects designed over 6000 railway buildings including the Riihimäki-St. Petersburg line built in 1870. The Finnish railway architectural specialty is that nearly all the early station buildings were wooden timber frame houses due to the country of forests. In Europe the stations were built with stone or brick. Another specialty is that all the station areas had railway parks. The railway architects and gardeners designed all railway areas together.

Railway gardeners designed parks and created beautiful drawings in 1900 to 1920. Railway parks were essential in creating the entity consisting of the public park around the station building, the goods station, and a large housing and garden area for railway workers. The station area had ten to twenty wooden houses for different functions inside the green park and garden area. [Fig. 2]

One of the railway park functions was the public park as the corporate identity of the state-owned company and new public transport. The parks were landmarks in the scenery. The railway park was a placemaker indicating the station area with high trees and planted green in the railway line. Public parks were arenas for travellers, locals, and employees. The parks protected wooden buildings from fire sparks of steam engines as well as from wind and snow. Green parks give shadow and beauty for travellers and locals in addition to a good living area for the railway workers and employees. The worker's kitchen gardens with fruit trees and bushes inside the housing area were important up to the 1960s.

The railways influenced the society with architecture, parks, and the development of architectural periods. The structure, plants, and garden design of the parks were advanced. The kitchen gardens supported the self-sufficient economy of the railway workers in the sparsely populated and agricultural country. Further, the railway building style and parks gave examples for the locals.

### Protection of railway buildings in Finland

The railway heritage inventories started in the 1980s and lasted ten years. The Finnish Heritage Agency made inventories of the railway station areas built between 1862 and 1940. As a result, 80 station areas with railway parks were listed including over 800 railway buildings. For the protection of historic railway environments and buildings in 1998 the owners have signed the Railway Agreement addressing the protection of nationally significant historic railway environments and buildings. These station areas are now part of the cultural heritage sites of national significance (RKY 2009).

### Guide Books

The Finnish Heritage Agency and railway specialists wrote between 1990–2000 practical guidebooks on how to restore and repair railway buildings. The main aim was to help the new owners. The guidebooks describe the architecture of railway buildings in different construction periods and building history surveys. They convey the history for different building types: station buildings, houses of station managers and workers, railway guard houses, wooden railway buildings with their color concept, as well as parks and gardens of railway areas. [Fig. 3–4]

### Other inventories

*VR Group Ltd*
The former Finnish State Railways, has made many inventories of the most important stations when the restoration or town planning was actual. For Helsinki railway station, designed by architect Eliel Saarinen, four inventories have been made between 1996 and 2020. [Fig. 5] Inventories have also been made in Helsinki for the large Pasila workshop area which has been developed into a new modern housing environment around the seven protected railway workshop buildings. Some parks have been documented but more inventories should be made in future. [Fig. 6]

*Finnish Transport Infrastructure Agency (FTIA)*
The FTIA started cultural-historical inventories of the Finnish railway network in 2018. They have made reviews of the rail infrastructure and real estate assets from a cultural-historical perspective. The typical sites and objects include railway alignments, bridges and tunnels, station buildings and residential areas, railway guard houses and special landscape sites. Railway environment inventories along railway lines continue in the future.

*The Finnish Railway Museum's inventories*
National rolling stock inventory started in June 2022 and the project will last one year. The museum also makes emergency inventories as well as collects intangible railway heritage like railway work documentaries from Hyvinkää workshop area. In 2021 the museum had a citizen science programme to document the changes in railway station areas. The photos are stored into Finna.fi archive which brings together the archives in Finland. Railway heritage inventories have also been made by some towns, the Finnish Heritage Agency, and regional museums.

*National Urban Parks (NUPs)*
In Finland we had eleven National Urban Parks in 2022. Their aim is to preserve urban nature and built environment. They weave together the best parts of Finnish urban culture, nature, and urban life. They tell about history, park culture, urban nature, outdoor recreation events, architecture, and arts. More areas are under investigation to the NUP list in future. Railway parks are part of the National Urban Parks in Hämeenlinna, Porvoo, Savonlinna and Kokkola.

Railway parks 150 years, the anniversary 2023

Railway gardening started in 1873 when the first gardener was employed by Finnish State Railways. The first plant nursery was built in 1874 at Hyvinkää. State Railways created over 500 railway parks and over 1000 planted railway areas. The Finnish State Railways was the biggest park constructor and owner from 1863 to 1950. The parks were designed together by the railway gardeners and railway architects. The early railway gardeners were educated in Europe and followed the styles and trends of the time. The railway company had four plant nurseries where they developed plants suitable to the Finnish climate. The railway apple tree 'Malus Hyvingiensis' is one visible example, and it is nowadays the title tree of the Railways.

In the 1950s and 1960s the railway parks were the most elegant and beautiful. The railway gardening and local station personnel maintained the parks up to 1990, when the railway organisation was under big changes. The central office for gardening was closed and the gardening was downsized. Railway electrification, car traffic and parking, and the infra demand more space from parks and many changes influenced railway parks. Rationalisation, economic pressure, and a new rail policy focused on totally different emphasis which effected in the modern railway environments.

The research and documentation on the Railway Park Project was made in 2021 to 2022. During the railway park project over 70 park drawings were digitised for open access use in Finna.fi. Many future challenges and an acute need for new research were found: The next national inventory for the railway environments built in 1940 to 2020; more studies and information to be shared with the public and many landowners, public and private importance of local nature are the challenges for the 2020s.

Large green railway park areas are answers to all of these. Parks offer comfortable local green environment for people, animals, and biota. The best way to protect the railway park is to save it for next generations! Old historical parks, even 150 years old ones are a valuable cultural environment. It tells the history of the society and the public transport – railways.

How to make the railways green again?

**Deutsch**

Seit 1998 sind die Bahnhofareale in Finnland durch das Eisenbahnabkommen zwischen den Eignern, der finnischen Bahngesellschaft VR, dem finnischen Welterbeamt und dem Umweltministerium geschützt. Damit wurden 800 Gebäude und 80 Abstellgleisanlagen unter Denkmalschutz gestellt – zunächst auf nationaler, dann auch auf lokaler Ebene. Das typische finnische Bahnhofsgebäude ist ein Holzfachwerkhaus, sein Architekturstil reicht von der finnischen Romantik bis zum Jugendstil. Ein typisches Bahnhofareal umfasst zehn bis zwanzig Bahngebäude samt Gleisanlage.

**Français**

En 1998, un accord ferroviaire («Railway Agreement») signé entre les propriétaires, VR, l'agence finlandaise du patrimoine et le ministère de l'environnement entérinait la protection des zones de gare. 800 bâtiments et 80 parcs ferroviaires seraient désormais protégés. La protection s'entendait tout d'abord au niveau national avant de s'étendre au niveau local. La gare finlandaise typique est un bâtiment à ossature en bois qui arbore divers styles architecturaux allant du romantisme national à l'art nouveau. Une zone de gare traditionnelle comprend dix à vingt bâtiments entourés d'un parc.

**Notes**

1. Huvila, P., Nummela, L.: Rautatieasemapuistot Suomessa 2021. Tutkimus- ja dokumentointihanke. 2022. To be published in 2023.
2. Hämeenlinnan kaupunki, Kulttuuripalvelut Heiskanen, Luoto Oy: «Hämeenlinnan rautatieaseman puistoselvitys 2017». https://www.hameenlinna.fi/wp-content/uploads/2019/03/HML-Puistoselvitys-25.10-pieni-verkkoon.pdf.
3. Tyvelä, H., Virkki, K.: Kohti ennakoivaa rakennussuojelua. Valtakunnallisesti merkittävien kohteiden ohjelmallinen suojelu. In: Ympäristöministeriön raportteja 28 (2016). https://julkaisut.valtioneuvosto.fi/bitstream/handle/10024/78929/YMra_28_2016.pdf.
4. Guidebooks for Repairing Railway Buildings. Rautatierakennusten korjausohjeet:
   1 «Puurakennukset» (1997). https://www.museovirasto.fi/fi/palvelut-ja-ohjeet/julkaisut/korjauskortit.
   2 «Asemarakennus» (1999). https://www.museovirasto.fi/uploads/Arkisto-ja-kokoelmapalvelut/Julkaisut/rautatierak-korjohj1-puurakenn.pdf.
   3 «Asemapäällikön talo» (1997). https://www.museovirasto.fi/uploads/Tiedotteet_2018/Meista/Julkaisut/rautatierak-korjohj3-asemapaal.pdf.
   4 «Kaksoisvahtitupa» (1997). https://www.museovirasto.fi/uploads/Meista/Julkaisut/rautatierak-korjohj4-kaksoisva.pdf.
   5 «Yksinkertainen vahtitupa» (1997). https://www.museovirasto.fi/uploads/Arkisto-ja-kokoelmapalvelut/Julkaisut/rautatierak-korjohj5-yksinkert.pdf.
   6 «Väritysohjeet» (1998). https://www.museovirasto.fi/uploads/Arkisto-ja-kokoelmapalvelut/Julkaisut/varitysohjeet.pdf.
   7 «Asemien puisto ja pihat» (2005). https://www.museovirasto.fi/uploads/Tiedotteet_2018/Meista/Julkaisut/aseman-puisto-ja-pihat.pdf.
5. Suomen Valtionrautatiet 1862–1912: 1. Helsinki 1912.
6. Valtionrautatiet 1912–1937: 1 Osa. Helsinki 1937.
7. Valtionrautatiet 1912–1937: Suomen Rautateiden 75-vuotispäiväksi. 2 Osa. 2. p. Helsinki 1937.
8. Valtionrautatiet 1937–1962: Suomen Rautateiden 100-vuotispäiväksi Julkaissut Rautatiehallitus. Helsinki 1962.
9. Havu, M., Kulmala, L., Kolari, P., Vesala, T., Riikonen, A., Järvi, L.: Carbon sequestration potential of street tree plantings in Helsinki. In: Biogeosciences 19 (8) (2022) 2121–2143. https://doi.org/10.5194/bg-19-2121-2022.

**Abbreviations**

SRM = The Finnish Railway Museum https://rautatiemuseo.fi/en.
FTIA = The Finnish Transport Infrastructure Agency https://vayla.fi/en/frontpage.
VR = VR Group https://www.vrgroup.fi/en/.

**Image credits**

1. Huvila, P. Nummela, L. Rautatieasemapuistot Suomessa 2021. Tutkimus- ja dokumentointihanke. 2022. To be published in 2023.
2. Hämeenlinnan kaupunki, Kulttuuripalvelut Heiskanen, Luoto Oy. Hämeenlinnan rautatieaseman puistoselvitys 2017.
3. Guide books for Repairing Railway Buildings. Rautatierakennusten korjausohjeet: 4 Kaksoisvahtitupa (1997).
4. Guide books for Repairing Railway Buildings. Rautatierakennusten korjausohjeet: 4 Kaksoisvahtitupa (1997).
5. Valtionrautatiet 1912–1937: 1 Osa. Helsinki 1937.
6. Kulttuuriympäristöpalvelut Heiskanen, Luoto Oy: Hämeenlinnan rautatieaseman puistoselvitys 2017, p. 32.

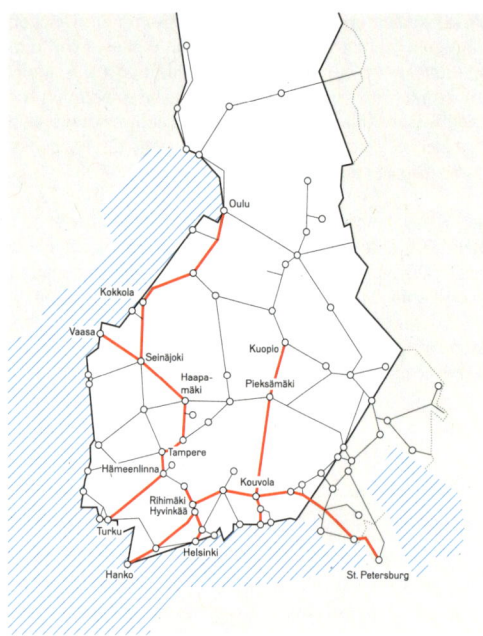
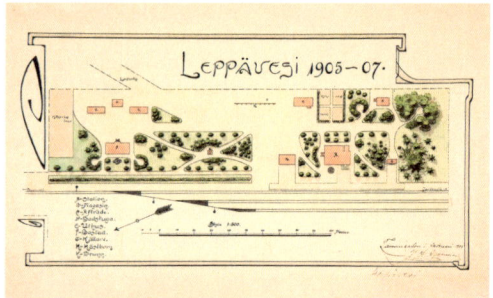

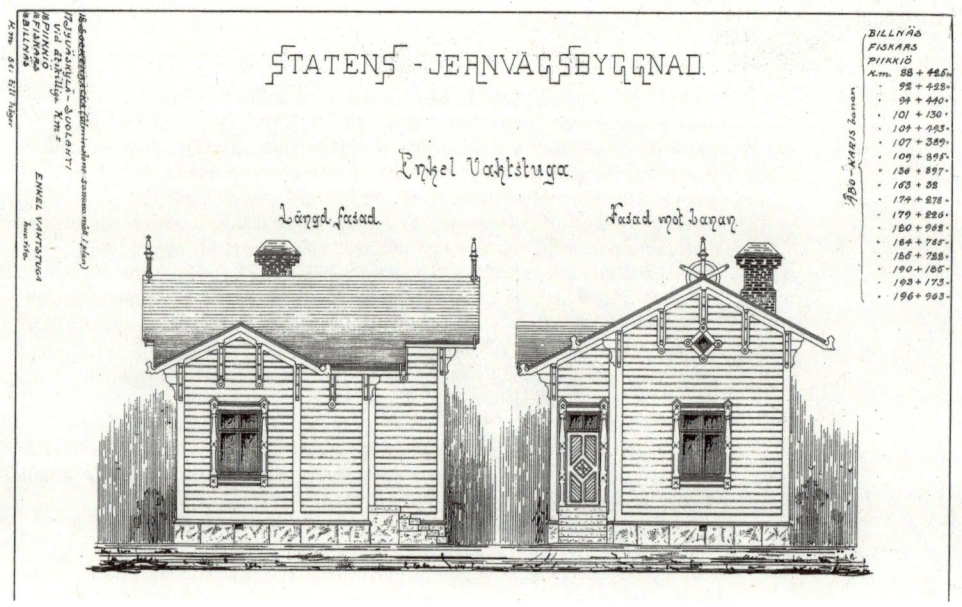

| | | | |
|---|---|---|---|
| Fig. 1 | Finnish railway network construction:<br>1862 Helsinki - Hämeenlinna<br>1870 Rihimäki - St. Petersburg<br>1873 Hanko - Hyvinkää<br>1876 Hämeenlinna - Tampere - Turku<br>1883 Tampere - Seinäjoki - Vaasa<br>1886 Seinäjoki - Oulu. | Fig. 2<br><br>Fig. 3–4 | Leppävesi 1905–07 railway park, J.K. Kornmann.<br><br>Guide books for Railway buildings Guard House and Wooden station. |

Fig. 5　　Helsinki railway station (1919), designed by architect Eliel Saarinen.

Fig. 6　　Hämeenlinna Railway station park layout and park avenue in 1960s.

# Bahnhofs- inventarisation in den Niederlanden – Methoden und Ergebnisse

Miguel Loos (ML) im Interview mit
Bärbel Schallow-Gröne (BSG) (28.11.2023)

Als «Inhouse-Gestaltungsberater» der niederländischen Bahnbetriebe NS und Pro-Rail, hat das Bureau Spoorbouwmeester im vergangenen Jahrzehnt umfassend zur Inventarisierung und Beschreibung von kulturhistorisch wertvollen Bahnhofsbauten beigetragen.

BSG — Was war der Anlass für die Inventarisierung des Eisenbahnerbes in den Niederlanden?

ML — Das staatliche Eisenbahnunternehmen der Niederlande wurde 1995 in die Gesellschaften Nederlandse Spoorwegen (NS, Personenverkehr und -bahnhöfe, Wartung) und ProRail (Eisenbahnnetz) aufgesplittet. Da mit dem Splitting alle internen Planungsabteilungen aufgelöst wurden, kam es auf Betreiben beider Gesellschaften zur Gründung des Bureau Spoorbouwmeester. Dieses ist seither für die Sicherung der integralen Gestaltungsqualität im Eisenbahnsektor zuständig. Zugleich hatte das Bureau von Beginn an die Aufgabe das «Spoorbeeld» zu entwickeln, verwalten und fördern. «Spoorbeeld» beschreibt das Design und die Designpolitik des Eisenbahnsektors und dient der Schaffung einer erkennbaren Eisenbahnidentität. Es wurde aus der Überzeugung geschaffen, dass so das Vertrauen in die Bahn und die Identifikation der Reisenden mit der Bahn positiv beeinflusst werden kann. Die Auswahl und Inventarisation von den national kulturhistorisch bedeutenden Bahnhöfen wurde dem Bureau Spoorbouwmeester 2006 übertragen. Anlass waren u. a. permanente Genehmigungsverzögerungen für Umbauten durch die Denkmalschutzbehörden. Diese ergaben sich daraus, dass die Bahn die Genehmigungen meist nicht bahnhofs- sondern themenspezifisch nach Programmen anfragte. Das Bureau Spoorbouwmeester sollte helfen, Einzelfallentscheidungen und langwierige Diskussionen mit den Denkmalschutzbehörden über schützenswerte Objekte durch die vertiefte Kenntnis des Bahnhofsbestands zu vermeiden.

BSG — Wie stellte sich die Ausgangslage dar?

ML — In den 1960/80er Jahren gab es in den Niederlanden wenig Verständnis für den Bestand der alten Bahnhöfe. Als Folge wurde sehr viel abgerissen. Ein gesellschaftliches, wertschätzendes Umdenken fand erst in den 1990er Jahren statt. Die Extreme zu dieser Zeit waren kleine Bahnhöfe mit viel Leerstand, bei denen sich Fragen zu Abbruch, Umbau, Umnutzung oder Verkauf stellten, sowie mittlere und grössere Bahnhöfe, die Fragen zur Instandhaltung, Kommerzialisierung oder zu Kapazitätsanpassungen aufwarfen. Eine gute Analyse des schützenswerten Bahnhofsbestands sollte den Handlungsrahmen abstecken und die Genehmigungsplanung mit der Denkmalschutzbehörde vereinfachen. Heute zeigen Umfragen, dass die denkmalgeschützten Bahnhöfe den höchsten Score in der niederländischen Kundenzufriedenheit haben.

Die Inventarisierung erfolgte teilweise aus einer Art Amnesie heraus. Viel Archivmaterial war bei der Privatisierung der Entwurfsabteilungen abhanden gekommen, die Entstehungs- und Umgestaltungshistorie von vielen Bahnhöfen war undeutlich oder gar unbekannt. In einer Rückbesinnung auf den Besitz sollte Ordnung geschaffen werden. Anfänglich war nicht klar, was aus der spezifischen Architekturhistorie von Bedeutung war. Ist ein kleiner denkmalgeschützter Bahnhof[1] wichtig oder nicht, gibt es noch andere davon? Was ist für den Umgang mit Typenbauten erforderlich? Wie verhält es sich mit den Bauten aus der Nachkriegszeit? Die Ambition war, nicht alles zu restaurieren, sondern auch denkmalfördernd oder denkmalrespektierend gleichzeitig zu entwickeln. Es ging nicht um einen Dornröschenschlaf, sondern um die Frage, wie man den Nutzwert als Bahnhof weiterentwickeln, für den Bahnkunden interessant und für die Bahnnutzung wertvoll machen kann.

BSG — Wir sprechen immer von Bahnhöfen – welche Objekttypen zählten zur Auswahl?

ML — In erster Linie ging es darum, kundenbezogene Bahnhofsgebäude anzuschauen. Eine Ausnahme bildeten die Grenzbahnhöfe mit Lokremisen, Güterumschlagsplätzen, Zollgebäuden, Stellwerken, Zugreparaturanlagen (...), die weiträumig analysiert wurden – sofern der Bestand noch vorhanden war. Als Folge fokussierte sich die Analyse auf Aufnahmegebäude mit ihren direkten Nebengebäuden. Das war im Nachhinein betrachtet vielleicht ein blinder Fleck, da Stellwerke und Brücken im engeren Kontext keine Beachtung fanden. Grundsätzlich werden aber Kunstbauten im lokalen Kontext von Denkmalbehörden erfasst und relativ gut geschützt. Der Bestand ist in den Niederlanden überschaubar, da die meisten Linien ebenerdig bzw. auf Dämmen gebaut wurden. Es gibt wenige Unterführungen und keine Tunnel, dafür aber grosse Brücken (Rheindelta, Maas) zumeist aus der Nachkriegszeit.

BSG — In welchen Schritten fand die Inventarisierung statt?

ML — In zwei Schritten. In einem ersten Schritt befassten sich zwei externe architekturhistorische Büros (2006 bis 2007) mit den Vor- und Nachkriegsbahnhöfen. Es ging aber auch darum, die Bahnhöfe insgesamt im Netz zu verorten – wo ist was? warum? Aus einem Bestand von ca. 400 Bahnhöfen wurden 89 Vorkriegsbahnhöfe, 45 davon mit Denkmalstatus, und 159 Nachkriegsbahnhöfe in einer ersten Longlist ausgewählt.

Neben der Inventarisierung stellten sich die Fragen: Was ist wirklich von kulturhistorischer Bedeutung für heutige Bahnhofsplanungen? Wo ist Raum für Verkauf, Abbruch und Transformation? Auf der einen Seite wollte man den kulturhistorischen Wert eingrenzen und deutlicher definieren, auf der anderen Seite mehr Freiheiten gewinnen zum Beispiel für einen Umbau oder sogar Abbruch. Während der Untersuchung hat sich herausgestellt, dass die Wertschätzung sehr viel höher war, als man dachte, und je mehr man über den Bahnhofsbestand wusste, desto höher war auch das interne Verständnis und die Wertschätzung bei den Geschäftsleitungen. Dies hat dem ursprünglichen Ziel geholfen und die Bewegungsfreiheit war im Endeffekt vermutlich gar nicht mehr so wichtig.

Abschliessend erfolgte der Schritt von der Long- zur Shortlist. In Zusammenarbeit mit dem Bureau Spoorbouwmeester wurde die Auswahl von 50 national bedeutsamen Bahnhöfe der Vor- und Nachkriegszeit getroffen. Sie sind in der Publikation «De Collectie» (2009) veröffentlicht.

In einem zweiten Schritt wurden die 50 Bahnhöfe zwischen 2010 und 2015 vertieft kulturhistorisch analysiert und als Grundlage für die Arbeit am «Spoorbeeld» genutzt.

BSG — Nach welchen Kriterien wurden die 50 national bedeutenden Vor- und Nachkriegsbahnhöfe ausgewählt und inventarisiert?

ML — Der Auftrag lautete, holt uns aus der Gesamtheit der 400 Bahnhöfe die national wichtigsten heraus. Die Bahn wird sich für ihre Erhaltung einsetzen. Das bedeutete auch, nicht jeder schützenswerte Bahnhof findet Aufnahme in die Auswahl, da z. B. ein Bahnhof in einem kleinen Dorf oder ein Bahnhof einer Normbaureihe im nationalen Kontext weniger wichtig sein kann.

Die Auswahl von Bahnhöfen aus der Vor- und Nachkriegszeit richtete sich nach Bahngesellschaften, Standardtypen, Architekten und den ursprünglichen privaten Bahnlinien der Gründerjahre. Der Denkmalschutz war keine zwingende Voraussetzung. Besondere Beachtung fanden bedeutende Bahnarchitekten und die Bedeutung des konkreten Bahnhofsgebäudes in ihrem Œuvre. Von einigen bedeutenden Baumeistern sind durch Abriss nur noch wenige Bahnhofsbauten erhalten. Aus einer Longlist von 60 bis 70 Bahnhöfen ergab sich schliesslich eine Shortlist von 50 Bahnhöfen. Zu diesen zählten auch einige wichtige, noch nicht geschützte Nachkriegsbahnhöfe. Ihr Wert für die Unternehmensgeschichte wurde erst im Laufe der Untersuchung deutlich. Aber auch in der Shortlist der 50 «Collectiestations» nicht berücksichtigte, denkmalgeschützte Bahnhöfe erfahren heute bei Entwicklungen besondere Beachtung und Schutz. Die Inventarisierung strahlt dadurch indirekt auf den gesamten Bahnhofsbestand aus.

Als Ergebnis der Analysen publizierte der Spoorbouwmeester ein Coffee-table book für die Allgemeinheit. Die Zahl 50 war eine Setzung.

BSG — Was waren die Kriterien und das Ziel der vertieften Detailanalyse zwischen 2010 und 2015?

ML — Es handelt sich um eine vertiefte kulturhistorische Analyse der 50 Vorkriegs- und Nachkriegsbahnhöfe aus der «Collectie» durch verschiedene externe, spezialisierte Büros. Die inhaltlichen Untersuchungsleitlinien der Detailanalysen wurden vorab mit dem Bureau Spoorbouwmeester abgestimmt. Untersucht wurden die Bahnhöfe im historischen und urbanen Kontext, in Bezug auf das

Bahnareal, die Trassenentwicklung der ursprünglichen Linienbetreiber und im Hinblick auf die architektonischen Qualitäten.

Am Ende der Analyse stand eine Bewertungszeichnung mit einer differenzierten Darstellung schützenswerter und nicht schützenswerter Substanz bzw. schützenswerter und nicht schützenswerter Räume sowie Empfehlungen zum Umgang.

Die inhaltliche Redaktion der Detailuntersuchungen führte das Bureau Spoorbouwmeester im Sinne der Leitlinien durch. Seit 2016 sind die Ergebnisse auf der unserer Website «spoorbeeld.nl» digital aufgeschaltet und im Archiv des nationalen Instituts für Denkmalschutz hinterlegt. Sie wurden Teil der Gestaltungsrichtlinien von «Spoorbeeld».

Die Vorgehensweise konnte als Leitfaden für Umbauten aller denkmalgeschützten Bahnhöfe ausgeweitet werden. Einige untersuchte Bahnhöfe sind sogar erst nach der Analyse unter Denkmalschutz gestellt worden.

BSG — Wozu dienen die Studien?

ML — Die Studien werden für Umbauten, Renovierungen, Instandsetzungen und Restaurierungen herangezogen. Im Umgang mit Bahnhofsentwicklungen gibt es auf dieser Grundlage zwei Varianten:

Variante 1 versucht, dem Denkmal restaurativ weitgehend gerecht zu werden, aber auch den neuen Nutzungen genügend Spielraum zu lassen.

Variante 2 entwickelt das Objekt weiter, geht dabei nicht komplett in der Bauzeit zurück, d. h., bestimmte Merkmale werden wiederhergestellt, andere zurückgebaut. So wird beispielsweise auf gewachsene Kapazitäts- und Nutzungsanforderungen Rücksicht genommen, die «DNA» des Gebäudes aber gleichzeitig gestärkt. Im Weiterbauen nähert man sich der ursprünglichen Architektur, durchaus mit grossen Änderungen und nicht immer im umfassend restaurativen Sinne.

Der Bahnhof Amsterdam Amstel ist ein gutes Beispiel für die 2. Variante: die gewachsenen Funktionsänderungen blieben erhalten, wurden aber teilweise architektonisch besser integriert. Nachträglich eingefügte und qualitativ minderwertige Fassaden und Beleuchtung ersetzte man durch bessere Lösungen. Durch Farbanalysen und die Restaurierung von monumentaler Wandkunst versuchte man aber, die ursprüngliche DNA des Gebäudes zu stärken.

BSG — Eingriffe in denkmalwerte Substanz sind also möglich?

ML — Massgeblich ist für uns, die kulturhistorisch wertvolle Nutzung des Gebäudetypus im Kern zu stärken – ein Bahnhof sollte ein Bahnhof bleiben – wenn Denkmalschutz der Nutzung im Wege steht, ist etwas nicht in Ordnung. Das bedeutet, dass man sich auch schweren Herzens und nach gründlicher Abwägung von gewissen Dingen verabschieden muss. Die Veränderung sollte so adäquat wie möglich sein, sie muss sich aber nicht immer unbedingt zu 100 Prozent am historischen Bestand orientieren. Es kann auch eine neue Schicht mit modernen Eingriffen entstehen, die sich bewusst dem historischen Kontext stellt – nicht unbedingt im Kontrast.

BSG — Was ist die Haltung des Denkmalschutzes zu dieser Praxis?

ML — Das ist für Bahnhofsprojekte mittlerweile allgemeiner Konsens. Auch die nationale Denkmalschutzbehörde vertritt die Auffassung, dass es im kulturhistorischen Kontext wichtig ist, die ursprüngliche Nutzung des Gebäudes so lange wie möglich zu gewährleisten und den Nutzungsänderungen den Raum zu geben, die im Kern eine Nutzungsfortsetzung ermöglichen. Das ist wichtiger als die Bausubstanz – mit anderen Worten, das Nutzungshistorische ist wichtiger als das Bauhistorische.

Die Eingriffstiefe wird dabei möglichst minimiert. Es findet aber eine Abwägung zwischen Funktionalität, Nutzen und materialgebundenem Wert statt: Deshalb wird in einem ersten Schritt eine kulturhistorische, nicht bauhistorische Analyse vorgenommen. Für die Sanierung oder Restaurierung erfolgen erst anschliessend bauhistorische Analysen. In der Praxis wird die Ausseninstandsetzung sehr substanzschonend vorgenommen, während in den Gebäuden Umbauten möglich sind. Ob es sich dabei um eine Bahnnutzung oder Umnutzung handelt, hängt primär vom Mehrwert für den Bahnkunden ab.

Insgesamt ist es der niederländische Duktus, dass man im Umgang mit kulturhistorisch relevanter Bausubstanz nicht zu starr oder dogmatisch sein sollte, um die Wirtschaftlichkeit und damit auch die Einkünfte um ein Gebäude langfristig erhalten zu können. Dafür braucht es die Nutzung, und die ist im Idealfall originalgetreu: eine Bahnhofsnutzung.

BSG — Was ist der nächste Schritt?

ML — Im nächsten Schritt sollen die Infrastrukturobjekte analysiert werden. Die denkmalgeschützten Objekte sind schon aufgenommen, es gibt aber noch keinen Überblick oder eine Analyse über die wichtigsten Objekte.

Da die Gewährung von Geldern für Investitionen und Subventionen für Bahnhofsgebäude in den Niederlanden stark an der Kundenzufriedenheit gemessen wird, ist bei dieser Objektgruppe der wirtschaftliche Nutzen in erster Instanz leider deutlich geringer als bei den Bahnhofsobjekten.

| | |
|---|---|
| English | As the in-house design consultant for Dutch railway companies NS and ProRail, over the last decade, Bureau Spoorbouwmeester has made an extensive contribution to the inventory-taking and specification of station buildings with cultural-historical value. This process was approached systematically over successive steps in order to secure the architectural and cultural-historical value of the railway stations over the long term. The methods and results will be outlined in the presentation: 1. General overview of Dutch rail history 2. Initial general inventory-taking of the entire historical and modern station portfolio, conducted by external architectural and building historians 3. Creation of an initial long list with the subsequent selection of 50 stations to make up a station collection 4. Publication of the station collection and anchoring of its special importance in asset management 5. Definition of generic analysis standards in preparation for the development of station-specific cultural-historical studies 6. Development of the cultural-historical studies into all protected stations (the station collection) 7. All studies made accessible digitally on www.spoorbeeld.nl 8. Integration of the studies into standard asset management and station development 9. Explanation of the «spatial quality framework» design method. |
| Français | En sa qualité de «conseiller interne en aménagement» des entreprises ferroviaires néerlandaises NS et ProRail, le Bureau Spoorbouwmeester a largement contribué au cours de la dernière décennie à l'inventaire et à la description des bâtiments de gare présentant une valeur culturelle et historique. Ce processus a été effectué systématiquement, par étapes successives, afin de garantir à long terme la valeur architecturale et culturelle des gares. Les méthodes employées et les résultats obtenus sont présentés dans la contribution: 1. Rétrospective globale de l'histoire des chemins de fer néerlandais 2. Premier inventaire général de l'ensemble des gares historiques et modernes par des historien·ne·s externes de l'architecture et des constructions 3. Établissement d'une liste initiale suivie d'une sélection de 50 gares afin de définir un «recueil de gares» 4. Publication du «recueil de gares» et ancrage de la valeur particulière dans la gestion des actifs 5. Définition de standards d'analyse génériques aux fins de l'élaboration d'études historiques spécifiques aux gares 6. Élaboration des études historiques pour toutes les gares classées et les «gares du recueil» 7. Mise à disposition sous forme électronique de toutes les études sur le site www.spoorbeeld.nl 8. Intégration des études dans la gestion régulière des actifs et le développement des gares 9. Explication de la méthode de conception «Cadre de la qualité spatiale». |

| | | |
|---|---|---|
| Anmerkungen | 1 | In den Niederlanden werden Denkmale auf drei Niveaus klassifiziert: Gemeindedenkmal, Provinzialdenkmal, Nationales Denkmal. |
| Abbildungsnachweis | 1 | Nederlandse Spoorwegen, Het Utrechts Archief, lizenziert unter CC0 1.0 (https://commons.wikimedia.org/wiki/File:HUA-150045-Gezicht_op_het_N.S.-station_Amsterdam_Amstel_te_Amsterdam.jpg). |
| | 2 | A. J. van der Wal, Rijksdienst voor het Cultureel Erfgoed, lizenziert unter CC BY-SA 4.0 (https://commons.wikimedia.org/wiki/File:Voorgevel_-_Groningen_-_20093407_-_RCE.jpg). |
| | 3 | Apdency, Public Domain (https://commons.wikimedia.org/wiki/File:Station_Syntus_Doetinchem.jpg). |
| | 4 | Nederlandse Spoorwegen, Het Utrechts Archief, lizenziert unter CC0 1.0 (https://commons.wikimedia.org/wiki/File:HUA-150394-Gezicht_op_het_N.S.-station_Heemstede-Aerdenhout_te_Heemstede.jpg). |
| | 5 | Schaik, W.P.F.M. van (Nederlandse Spoorwegen), Het Utrechts Archief, lizenziert unter CC0 1.0 (https://commons.wikimedia.org/wiki/File:HUA-164380-Gezicht_op_het_N.S.-station_Naarden-Bussum_te_Bussum.jpg). |
| | 6 | Mark Ahsmann, lizenziert unter CC BY-SA 4.0 (https://commons.wikimedia.org/wiki/File:20150316_Almere_271.JPG). |
| | 7 | Gerard Dukker, Rijksdienst voor het Cultureel Erfgoed, lizenziert unter CC BY-SA 4.0 (https://commons.wikimedia.org/wiki/File:Voorgevel_-_Haarlem_-_20095921_-_RCE.jpg). |

| | | | |
|---|---|---|---|
| Abb. 1 | Blick auf den Bahnhof Amsterdam Amstel (Foto: 1953). | Abb. 2 | Groningen Station, Vorderseite (Foto: 1974). |
| Abb. 3 | Doetinchem Station (Foto: 2010). | Abb. 4 | Heemstede-Aerdenhout Station (Foto: 1965). |
| Abb. 5 | Bussum Station (Foto: 1955). | Abb. 6 | Almere Centrum (Foto: ca. 2015). |
| Abb. 7 | Haarlem Station (Foto: 1977). | | |

# Das SBB-Inventar der schützenswerten Bauten und Anlagen (ISBA)

Bärbel Schallow-Gröne

Als eine der revolutionärsten Erfindungen des 19. Jahrhunderts veränderte die Eisenbahn in kürzester Zeit die Welt. Ausgehend von George Stephensons dampfbetriebener Eisenbahnstrecke zwischen Stockton und Darlington (1825) begann in Grossbritannien ihr unaufhaltsamer Siegeszug. Unternehmer und Geldgeber erkannten rasch das wirtschaftliche Potenzial des neuartigen Verkehrs- und Transportmittels. So sprang das «Eisenbahnfieber» in kürzester Zeit auf den europäischen Kontinent über, wo sich über Ländergrenzen hinweg ein Eisenbahnnetz mit einer spezialisierten Infrastruktur ausbildete.[1] Möglich war dies auf der Grundlage eines ausgeprägten Wissens- und Technologietransfers, der die Verkehrs- und Betriebsfunktionen des Gesamtsystems über Ländergrenzen hinaus ermöglichte.[2]

In der Schweiz setzte der Eisenbahnbau im Vergleich zu anderen europäischen Ländern nach 1847 relativ spät ein. Zwar wurden bereits in den 1830er-Jahren Bahnprojekte insbesondere durch Basler und Zürcher Wirtschaftskreise angeregt, diese scheiterten aber zunächst an den Partikularinteressen der im lockeren Staatenbund vereinigten Kantone sowie den Sonderbundswirren (1845–1847). So endete auch die erste zwischen Zürich und Basel projektierte Bahnlinie der Schweizerischen Nordbahn im Jahr 1847 nach nur 23 km aufgrund von Konzessionsstreitigkeiten in Baden.[3]

Erst die Verfassung der bundesstaatlichen Vereinigung der Schweizerischen Kantone schuf 1848 die Grundlage für die wirtschaftliche Einheit der Schweiz. Das Eisenbahngesetz von 1852 übertrug zunächst den Kantonen die Konzessionierung sowie den Bau und den Betrieb der Eisenbahnen. Auf dieser Basis entwickelte sich nach 1852 ein Privatbahnnetz, dessen Ausbau durch einen hemmungslosen Konkurrenzkampf um Linienkonzessionen massiv vorangetrieben wurde. Die Finanzierung der Bahnlinien erfolgte über Privatkapital sowie

Beteiligungen von begünstigten Gemeinden und Kantonen, was zu profitorientierten Planungen zwang. Mit dem zweiten Eisenbahngesetz von 1872 übernahm der Bund die Zuständigkeit für das Bahnwesen. Im Deutsch-Französischen Krieg (1870/71) hatte sich zuvor gezeigt, dass das private Eisenbahnwesen den wirtschaftlichen und militärischen Bedürfnissen nicht genügte.[4]

Der Ausbau des schweizerischen Eisenbahnnetzes war im Wesentlichen wie auch die Eisenbahnnetze anderer europäischer Länder bis 1914 abgeschlossen. Zwischen 1902 und 1908 wurden die grössten schweizerischen Privatbahngesellschaften schliesslich in den Schweizerischen Bundesbahnen (SBB) verstaatlicht.[5]

Wie überall in Europa erlangte die Eisenbahn in der Schweiz grosse Bedeutung als Motor der Industrialisierung, des wirtschaftlichen und sozialen Wandels sowie des ingenieurbaulichen und technischen Fortschritts. Unbestritten ist auch der prägende Einfluss der raumgreifenden Bahnanlagen auf das kulturlandschaftliche Bild sowie die orts- und städtebauliche Entwicklung. Die Eisenbahn ermöglichte eine neue Mobilität, liess Dörfer, Städte sowie Metropolen im In- und Ausland enger zusammenrücken. Der Tourismus- und Ausflugsverkehr keimte ebenso wie der alltägliche Personen- und Pendlerverkehr auf. Güter konnten nun erstmalig in grossem Umfang über weite Distanzen und Ländergrenzen auf dem Landweg transportiert werden. Die Eröffnung der Gotthardlinie als kürzeste alpenquerende Verbindung zwischen Nordwest- und Südeuropa wurde 1882 entsprechend als «völkerverbindendes Ereignis» gefeiert. [Abb. 1]

Wie aber stellt sich der Bestand nach annähernd 175 Jahren schweizerischer Bahngeschichte dar? Lassen sich die vielschichtigen Zeugniswerte des Verkehrssystems Eisenbahn mit den klassischen Inventarisationskriterien bewahren und schützen oder braucht es zusätzliche, eisenbahnspezifische Selektions- und Bewertungskriterien?

## Das schweizerische Bahnerbe seit 1847

Die Betriebs- und Verkehrsfunktionen des schweizerischen Eisenbahnnetzes erforderten in den vergangenen 175 Jahren permanent Um- und Neubauten, Instandsetzungen, Transformationen und Umnutzungen, um Nutzungsanforderungen wie Funktionsfähigkeit, Sicherheit und Wirtschaftlichkeit genügen zu können. Anthony Coulls bezeichnete das Wesen des Systems Eisenbahn treffenderweise als «continuity through change».[6] In diesem Sinn zeugt das überkommene Eisenbahn-Kulturerbe der SBB heute mit einer Vielzahl schützenswerter Linien und ihrem Objektbestand von der geschichtlichen Entwicklung sowie Bedeutung des Verkehrssystems Eisenbahn.

*Linien und Objektbestand*
Anders als in anderen europäischen Ländern gibt es in der Schweiz bislang kaum stillgelegte Linien. Bis in die 1860er-Jahre waren die Hauptlinien weitgehend umgesetzt und der Beschluss zum Bau der Gotthardlinie gefasst. Im Norden bestanden Anschlüsse an das Eisenbahnnetz des benachbarten Auslandes, zudem gab es Verbindungen zwischen den grösseren Städten und frühen Industriezentren beispielsweise des Zürcher Oberlandes. Eine Verdichtung durch Nebenlinien setzte nach 1870 ein, ebenso wie der Bau der Bergbahnen.[7] Auch kleinere Ortschaften erhielten nun Anschluss an das Eisenbahnnetz.[8, Abb. 2]

Bis heute zeichnen sich an den Linienführungen und deren Objektbestand verschiedene Phasen des Eisenbahnlinienbaus ab. Frühe Linien wie die Rheinfalllinie (1856) verlaufen entsprechend den Trassierungsgrundsätzen der Eisenbahnfrühzeit weitgehend geradlinig, zeigen weite Kurvenradien und geringe Steigungen. Wie zeitgenössisch von Eisenbahnexperten empfohlen, folgen sie dem Verlauf von Flüssen und Poststrassen, weshalb zu ihrem Bau nur wenige Kunstbauten notwendig waren.[9] Spätere Linien wie die Gotthardlinie (1882) dokumentieren im Vergleich die rasante Entwicklung des Linienbaus mit grossen Steigungen und engeren Kurvenradien. Tunnel, Brücken und grossflächige Stützbauwerke ermöglichten nun kühne Linienführungen. Viele dieser Kunstbauten wurden kostensparend als sogenannte Normbauten errichtet und zeugen noch heute vom historischen Linienverlauf und der oftmals landschaftsprägenden Gestaltung der Linie. Der Pioniergeist der Zeit brachte nun auch ingenieurbauliche Meisterwerke wie den Gotthardtunnel und die erstmalig für den Bau einer Gebirgsbahn umgesetzten Kehrtunnel hervor.

Von der Entwicklung der spezifischen Verkehrs- und Betriebsfunktionen einer Linie zeugen aktuell noch zahlreiche architektonische und funktionale Ensembles wie beispielsweise Bahnhofsensembles, Werkstätten, Rangier-, Güter- und Grenzbahnhöfe, aber auch Anlagen wie Kraft- und Unterwerke. Darüber hinaus bilden Bahnhöfe in vielen Fällen erkennbar den Ausgangspunkt der städtischen Quartierentwicklung oder kulturraumprägender Areale.

Die Einzelobjekte konstituieren in ihrer Gesamtheit einen eisenbahnspezifischen Kanon funktionaler Objekttypen, die zusammen mit den Linien eine systemische, dem Verkehr und Betrieb dienende Sachgemeinschaft ausprägen.[10] Nicht selten spiegeln die Hoch- und Ingenieurbauten zeitgenössische architektonische Strömungen oder ingenieurbauliche Entwicklungen in der Schweiz wider oder nehmen eine Vorreiterrolle für diese ein. [Abb. 3]

*Eisenbahnspezifische Bestandsbeispiele: Normbauten*
Spezifisch für den Linienobjektbestand in der Privatbahn- und frühen SBB-Zeit sind die sogenannten Normbauten. Es handelt sich bei diesen sowohl um Hoch- als auch um Kunstbauten, die aus wirtschaftlichen Gründen basierend auf einem sogenannten Normbauplan seriell an einer Linie oder auch an mehreren Linien einer Bahngesellschaft gebaut wurden.[11]

Heute sind intakte Normbaureihen nur in seltenen Fällen an einer Linie, aber oftmals an verschiedenen Linien im ehemaligen Netz der Privatbahngesellschaften erhalten. So finden sich beispielsweise Normbauten verschiedener Klassen von Aufnahmegebäuden und Güterschuppen nach Plänen des NOB-Chefarchitekten Gustav Wülfke von 1891 an den Linien Etzwilen – Schaffhausen (1895) und Zürich – Rapperswil (1894). Ein Beispiel für Normbauten der frühen SBB-Zeit stellen die Kabelbuden der Gotthardlinie (1919–1922) nach Plänen von Alfred Ramseyer dar, von denen nur noch ein Teilbestand überliefert ist. Kabelbuden dienten dem Schutz der zusammengeführten Kabelenden eines Abschnitts der elektrischen Streckensicherung und nahmen das Streckentelefon auf. Ursprünglich reihten sie sich, bedingt durch die Kabellänge, in dichter Abfolge entlang der Linie. Heute sind vom einstigen Bestand der rund 60 Kabelbuden noch ca. die Hälfte überliefert. [Abb. 4a–b]

Aber nicht nur Hoch- sondern auch Ingenieurbauten wie beispielsweise Tunnelportale, kleinere Brücken (Durchlässe, Unter- und Überführungen) sowie Stützbauwerke wurden nach Normplänen gebaut. In ihren bauzeitlichen Ausprägungen zeugen sie als serielle Elemente von der ursprünglichen Linienführung und linienprägenden Gestaltung. [Abb. 5a–b]

# Das Inventar der schützenswerten Bauten und Anlagen (ISBA)

Seit 2016 wird im SBB-Inventar der schützenswerten Bauten und Anlagen (ISBA) erstmalig schweizweit das Eisenbahnerbe der SBB systematisch erfasst und bewertet. Die rechtliche Grundlage hierfür bildet Art. 3 des Bundesgesetzes über den Natur- und Heimatschutz (NHG) der Schweiz. Dieses verpflichtet den Bund, seine Anstalten und Betriebe zur Schonung und, wo das allgemeine Interesse an ihnen überwiegt, zur ungeschmälerten Erhaltung von Kulturdenkmälern. Eine Klassierung der Objekte im Sinne einer nationalen, regionalen und lokalen Bedeutung wird gemäss Art. 4 des NHG vorgenommen. Ein Gremium ausgewählter Fachexpert:innen, zu denen Delegierte der EKD, ENHK, KSD, BAK, SBB sowie unabhängige Experten zählen, ist mit der Qualitätssicherung beauftragt. Die Inventareinstufungen werden mit dem Fachgremium und den Kantonen abgestimmt. Der Beschluss des Inventars erfolgt in letzter Instanz im STASS, dem die Direktorin des Bundesamtes für Kultur und die Geschäftsleitung der SBB angehören.

Da Linien mit ihrem Objektbestand eine systemische, dem Verkehr und Betrieb dienende Einheit der Eisenbahn bilden, verfolgt das ISBA methodisch einen Inventarisationsansatz, der den Objektbestand im geschichtlichen Linienkontext als linienprägende Objekte, Ensembles, Anlagen und Einzelobjekte differenziert erfasst. Die schweizweite Erfassung erlaubt eine vergleichende Würdigung des Bestands auf nationaler Ebene, die im kantonalen oder kommunalen Rahmen nicht umsetzbar ist. Dies ist sinnvoll, um verkehrs-, wirtschafts-, sozial- und kulturhistorische Kontexte des Bahnnetzes der Schweiz erfassen und bewerten zu können. Das ISBA geht damit methodisch über die Einzelobjektinventarisation hinaus und hebt sich zugleich von älteren Gattungsinventaren ab.

Die Datenbasis des ISBA besteht aus einer GIS-referenzierten Datenbank. In einer ersten Triage wurden ca. 5500 denkmalverdächtige Objekte an ca. 90 Linien identifiziert. Die Ergebnisse der wissenschaftlichen Inventarisation und Bewertung[12] werden in Erfassungsmasken für Linien, Linienobjekte, Ensembles, Anlagen und Einzelobjekte gespeichert und sind mit Bildern und Plänen über den Bearbeitungslayer des ISBA-GIS abrufbar. Die Datenbank ermöglicht zudem das Filtern von Objekten nach verschiedenen Kriterien wie Bauzeit, Bautypus, Bahngesellschaft usw. auf einer objekt- und/oder linienbezogenen sowie gesamtschweizerischen Vergleichsebene.

*Herausforderungen: Beispiel serieller Objektbestand*
Der systemische Charakter der Eisenbahn stellt die Eisenbahndenkmalpflege vor besondere Herausforderungen, da das Instrumentarium zur Erfassung und zum Erhalt des Eisenbahnerbes im Wesentlichen aus der denkmalpflegerischen Einzelobjektbetrachtung stammt. In der Praxis resultierte hieraus bislang eine weit verbreitete Fokussierung auf architektonisch wertvolle Aufnahmegebäude oder bedeutende Brückenbauwerke. Die Feststellung der Denkmalwürdigkeit basiert dabei auf Kriterien, die auf den Schutz des Einzigartigen, Besonderen, Exemplarischen und oftmals ästhetisch Ansprechenden in seiner bedeutsam bewerteten Substanz abzielen.[13] Thomas Will formulierte dies 2020 in der anschaulichen Formel «Die Preisgabe der Vielen ist Voraussetzung für den Schutz der Wenigen».[14] Dieser Ansatz der Einzelobjektinventarisation ist aber nur bedingt auf Linien als kulturräumliche Streckendenkmäler mit ihrem systemisch-funktionalen Bestand anwendbar. Insbesondere serielle Elemente, deren Normbaucharakter und linienprägende Zeugniswerte strukturell nur in Reihen ablesbar sind, können so nicht bewahrt werden.

Einen vielversprechenden Inventarisationsansatz für Streckendenkmäler mit ihren besonderen Herausforderungen formuliert die ICOMOS-Charta der Kulturstrassen (2008).[15] Sie bietet mit der neu konstituierten Denkmalkategorie der «Kulturstrasse» theoretische und methodische Ansätze, die auch auf den Inventartyp «Eisenbahnlinie» anwendbar sind. Von Bedeutung ist in diesem Zusammenhang, dass sich das hierin erweiterte Konzept des Kulturerbes auf das Flächendenkmal «Kulturstrasse» als Gesamtheit aller konstituierenden immateriellen und materiellen Elemente bezieht. Die immateriellen Elemente werden als sinn- und bedeutungsstiftend für die Gesamtheit der konkreten materiellen Elemente betrachtet. Der Wert der einzelnen Elemente beruht auf der gemeinsamen vielschichtigen Bedeutung für das Ganze.[16]

In Anlehnung hieran können schützenswerte Bahnlinien mit ihrem Objektbestand als komplexe Gesamtheiten immaterieller und materieller Zeugniswerte erfasst und bewertet werden. Neben denkmalwürdigen Einzelobjekten, Ensembles und Anlagen erscheinen damit auch linienbaugeschichtliche Elemente mit geringen Objektqualitäten erhaltenswert, um bedeutende Bauphasen in ihrer Ablesbarkeit zu bewahren. In den Fokus rücken so auch serielle Normbau-Objektgruppen wie z. B. Stützbauwerke, Unter- und Überführungen sowie Tunnelportale, die den bauzeitlichen Linienverlauf und das Linienbild einer wichtigen Bauphase substanziell gleichartig prägen, aber als Einzelobjekte im Sinne der Einzelobjektinventarisation in der Regel nicht denkmalwert sind. Methodische Überlegungen im ISBA gehen dahin, diese Objekte an schützenswerten Linien als sogenannte «Linienobjekte» in ihren bildhaft prägenden Eigenschaften zu bewahren.

## Fazit

Der systemische Charakter der Eisenbahn stellt die Eisenbahndenkmalpflege als junge Denkmalkategorie der Industriedenkmalpflege vor besondere Herausforderungen. Notwendig ist, wie am Beispiel serieller Objekte gezeigt wurde, eine Fortschreibung klassischer denkmalpflegerischer Grundsätze, um den schützenswerten Bestand des bedeutsamen Kulturerbes Eisenbahn mit seinen vielschichtigen Denkmalwerten in angemessener Weise an künftige Generationen weitergeben zu können.

Da es sich um ein grenzüberschreitendes, geschlossenes Verkehrssystem mit einem vergleichbaren Objektbestand für die Verkehrs- und Betriebsfunktionen handelt, wäre zum Schutz und Erhalt des Denkmalbestands eine internationale Verständigung über Fragen der Eisenbahndenkmalpflege wünschenswert.

English

Heritage preservation of transport-related monuments is a relatively young branch of industrial heritage preservation. Thus far, there have not been any uniform, systematic approaches to recording and evaluating heritage sites that do justice to the specific historical value of the current «historic railway line» system. In practice, this often led to an isolated approach to heritage inventory-taking, divorced from the historic context of the line and the object portfolio as a whole. The SBB inventory of structures and installations worthy of protection [ISBA], which is currently in development, aims to record, research, and evaluate SBB lines that are worth protecting, with their inventory of objects and their ensembles, in line with scientific standards. To do justice to the multi-faceted historical value of the dynamic railway system, this inventory is based on the methods of the ICOMOS Charter on Cultural Routes (2008). Historical rail lines are inventoried accordingly as a total of material elements that are worthy of protection, in conjunction with the historical value of the line or the rail operation system. This methodical approach has a significant impact on the value horizon. For example, groups of objects which can be associated with historically significant construction phases or the development of the line gain importance. The inventory approach is to be discussed as part of the stock-taking exercise.

Français

Les monuments du secteur des transports constituent une branche relativement récente de la conservation du patrimoine industriel. Il n'existe pas d'approches systématiques uniformes pour le recensement et l'évaluation des monuments historiques qui tiennent compte des valeurs de témoignage spécifiques des «lignes ferroviaires historiques» en service. Dans la pratique, cela donne souvent lieu à un inventaire isolé des monuments, sans prise en compte du contexte de la ligne historique et de l'ensemble des objets. L'inventaire des constructions et installations dignes d'être protégées des CFF [ISBA], en cours d'élaboration, recense, analyse et évalue les lignes des CFF dignes d'être classées, ainsi que leurs objets et ensembles, selon des standards scientifiques. Afin de tenir compte des multiples valeurs de témoignage du système dynamique que représente le chemin de fer, cet inventaire s'appuie méthodiquement sur la charte ICOMOS des itinéraires culturels (2008). Les lignes ferroviaires historiques sont donc inventoriées comme un ensemble d'éléments matériels dignes d'être classés, en lien avec leurs valeurs de témoignage historique ou celles du système d'exploitation ferroviaire. Cette méthodologie a des répercussions importantes sur les valeurs considérées. Ainsi, les groupes d'objets qui permettent d'identifier des phases de construction historiquement importantes ou le développement de la ligne gagnent en importance. L'approche de l'inventaire sera soumise à discussion aux fins d'un état des lieux.

Anmerkungen

1. Landesamt für Denkmalpflege Hessen (Hg.): Kulturdenkmäler in Hessen. Eisenbahn in Hessen. Teil 1: Eisenbahngeschichte und Baugattungen 1829–1899.Wiesbaden 2005, S. 15 f. Die erste 1825 in Betrieb genommene Eisenbahnstrecke zwischen Stockton und Darlington diente als dampfbetriebene Grubenbahn dem Transport von Kohle zwischen der Grube und Nordseehäfen.
2. Bärtschi, Hans-Peter, Dubler, Anne-Marie: Eisenbahnen. In: Historisches Lexikon der Schweiz (HLS), 11.2.2015. «2. Die Bauperiode 1850–1870», https://hls-dhs-dss.ch/de/articles/007961/2015-02-11/ (zuletzt aufgerufen: 3.1.2024).
3. Eidgenössisches Amt für Verkehr (Hg.): Ein Jahrhundert Schweizer Bahnen 1847–1947. Jubiläumswerk des Eidgenössischen Post- und Eisenbahndepartementes in fünf Bänden. Frauenfeld 1947–1964; Bauer, Hans: Die Geschichte der Schweizerischen Eisenbahnen. In: ebd., Bd. 1, S. 17 ff., 23; Welti, Oskar: Zürich-Baden, die Wiege der schweizerischen Eisenbahnen. Ein Tagebuch über die Entstehungsgeschichte der ersten Schweizerbahn 1836–1847. Zürich 1946, S. 91; Bärtschi, Dubler (2015) (wie Anm. 2), 1. Anfänge.
4. Bärtschi, Dubler (2015) (wie Anm. 2), 1. Anfänge und 3. Die Bauperiode 1870–1900.
5. Ein Jahrhundert Schweizer Bahnen 1847–1947 (1947–1964) (wie Anm. 3), Bd. 1: S. 50 ff., 66, 108 ff., 133 ff. Bärtschi, Dubler (2015) (wie Anm. 2), 4. Konsolidierung 1900–1950.
6. Coulls, Anthony: Railways as World Heritage Sites. Paris ICOMOS 1999, S. 7.
7. Haefeli, Ueli: Mobilität im Alltag in der Schweiz seit dem 19. Jahrhundert. Unterwegs sein können, wollen, müssen. (Verkehrsgeschichte Schweiz, Bd. 4.) Zürich 2022, S. 64.
8. Treichler, Hans P.: Bahn-Saga. 150 Jahre Schweizer Bahnen. Zürich 1996, S. 36; Ein Jahrhundert Schweizer Bahnen 1847–1947 (1947–1964) (wie Anm. 3), Bd. 1: S. 119.
9. Labhardt, Eugen: Einleitung. In: Ein Jahrhundert Schweizer Bahnen 1847–1947 (1947–1964) (wie Anm. 3), Bd. 2: S. 3 und 5.
10. Hierzu zählen variierend je nach Linie v. a. Aufnahmegebäude, Güterschuppen, Dienstgebäude, Lokremisen, Stellwerke, Trafotürme, Werkstattgebäude, Bahnwärterhäuser und -buden, Unterkunftsgebäude, Rangierbuden, Badehäuser, Milch- und Rottenküchen, Abortgebäude, Kabelbuden, Brücken, Tunnel und Tunnelportale, Durchlässe, Unter- und Überführungen, Bahnhofshallen, Perrondächer, Wassertürme und -kräne sowie Stützbauwerke, aber auch technische Objekte wie Drehscheiben, Kräne und Brückenwaagen.
11. In der Regel wurden Aufnahmegebäude, Güterschuppen, Abortgebäude, Lokremisen, Stellwerke, Bahnwärterhäuser und -buden, Kabelbuden, Tunnelportale, Durchlässe, Unter- und Überführungen und Stützbauwerke nach sogenannten Normbauplänen erstellt.
12. Kriterien zur Feststellung der Denkmalfähig- und würdigkeit entsprechen den internationalen wissenschaftlichen Standards.
13. Scheuermann, Ingrid, Meier, Hans-Rudolf: Die Sprache der Objekte und das Sprechen über sie. Ein Ausblick, S. 265 ff. In: Eckardt, Frank, Meier, Hans-Rudolf, Scheuermann, Ingrid, Sonne, Wolfgang (Hg.): Welche Denkmale welcher Moderne? Berlin 2017, S. 263–271.
14. Will, Thomas: Die Kunst des Bewahrens. Berlin 2020, S. 11.
15. Internationales ICOMOS Komitee für Kulturstraßen (CIIC): Die ICOMOS-Charta der Kulturstraßen (2008). Ratifiziert durch die 16. Generalversammlung von ICOMOS, Québec (Kanada), 4. Oktober 2008.
16. Ebd., S. 3.

Abbildungsnachweis

1. Cavadini, Adriano, Michels, Sergio, Viscontini, Fabrizio: Die Gotthardbahn. Zürich 2018, S. 123.
2. Grafik nach Bärtschi, Hans-Peter, Dubler, Anne-Marie: Eisenbahnen. In: Historisches Lexikon der Schweiz (HLS), Version vom 11.02.2015.
3. SBB Fachstelle für Denkmalpflege.
4–5. SBB Dokumentation DPF, internes Archiv.

Abb. 1 Das Jugendstil-Plakat der Gotthardbahn vom 1. Juni 1900 mit Fahrplan (Gabriele Chaittone) vermittelt anschaulich den internationalen Netzzusammenhang. Die Bedeutung der Gotthardbahn als Bindeglied des nord- und südeuropäischen Eisenbahnnetzes ist besonders betont.

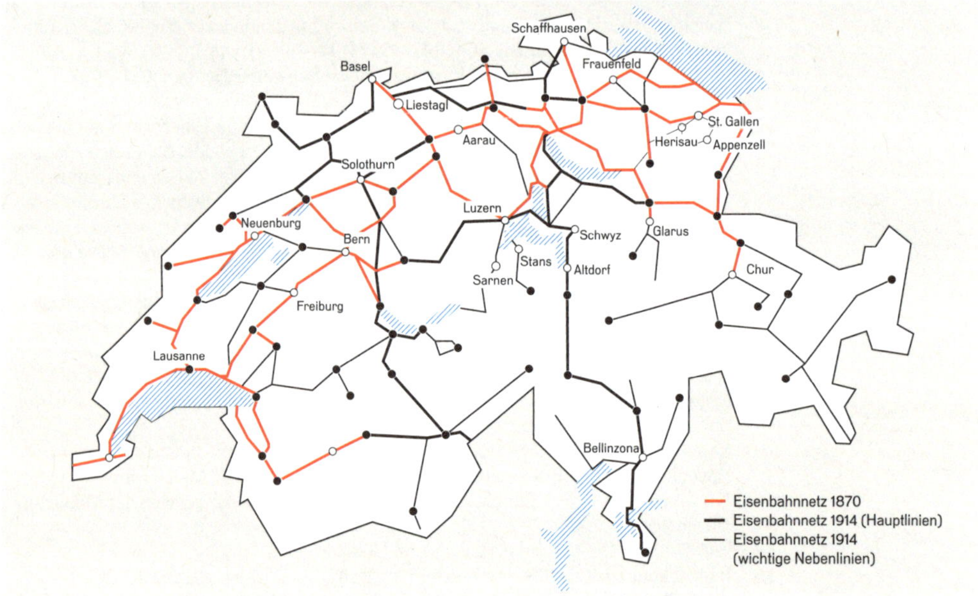

Abb. 2 Die Entwicklung des Schweizerischen Eisenbahnnetzes bis 1914 (Grafik nach Bärtschi/Dubler 2015).

Abb. 3 Objektbeispiele (Fotos: SBB Fachstelle für Denkmalpflege).

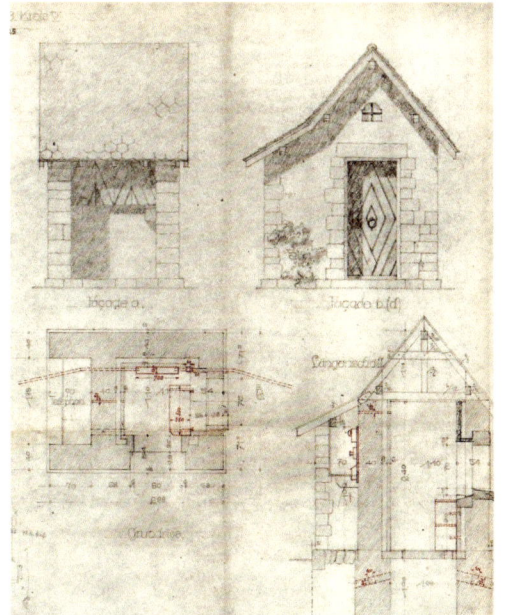
4a

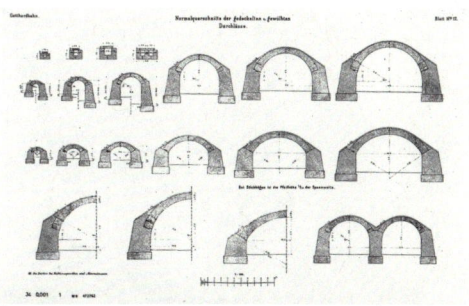
5a

5b

4b

Abb. 4a  Normplan Kabelbude (1918) nach einem Entwurf von Peter Ramseyer (1884–1957), Architekt und Leiter der Hochbauabteilung, im Dienst der SBB 1918–1950.

Abb. 4b  Gut erhaltene Kabebude 23q in Gurtnellen ohne technische Ausstattung. Heute wird die Kabelbude als Relaisraum genutzt.

Abb. 5a  Normalquerschnitte der Gotthardbahn für gedeckelte und gewölbte Durchlässe (o.J., nach 1872).

Abb. 5b  Durchlass unteres Mätteli (1882) in Gurtnellen.

# Industriegleise, Wärterhäuschen und Remisen

Das SBB-Inventar der Stadt Zürich
Jasmine Wohlwend Piai und Martina Jenzer

Eine Konstante in der Geschichte von Bahninfrastrukturen besteht in ihrer stetigen Veränderung. Die an das gesamte System des öffentlichen Schienenverkehrs gestellten Anforderungen und dessen Betrieb bringen immer wieder technische und räumliche Anpassungen mit sich. Das gilt auch für Strecken und Bauten der Schweizerischen Bundesbahnen (SBB) auf dem Stadtgebiet von Zürich. Bei zahlreichen Bauten nimmt heute aufgrund der zunehmenden Verkehrsleistung der Nutzungsdruck zu. Andere Bauten hingegen werden von der SBB nicht mehr benötigt. 2016 kommunizierte die SBB, dass grosse Areale in bester Lage in Zukunft nicht mehr benötigt werden. Die Stadt Zürich und die SBB einigten sich auf eine gemeinsame Strategie für die Areale der Lokremise G an der Neugasse und der Hauptwerkstätten in Altstetten. Ziel war deren Transformation in lebendige Stadtteile. Weil kaum denkmalpflegerische Grundlagen zu diesen Gebieten vorlagen, beschlossen die Stadt und der Kanton Zürich in Zusammenarbeit mit der SBB im Jahr 2018, ein umfassendes Denkmalinventar der Bahnanlagen auf dem Stadtgebiet von Zürich zu erstellen. Dieses sollte alle Bahnanlagen der SBB und ihrer Vorgängergesellschaften auf dem ganzen Stadtgebiet beinhalten. Die Erfassung sämtlicher Objekte entlang der Bahnlinien ermöglichte eine Gesamtsicht auf die reiche Eisenbahngeschichte der Stadt. Der Blick auf den gesamtschweizerischen Kontext zeigt, welche entscheidende Rolle die Bahn in der Siedlungsentwicklung von Stadt und Kanton Zürich gespielt hat.

Die Entwicklung Zürichs zur grössten Stadt der Schweiz ab der zweiten Hälfte des 19. Jahrhunderts steht in engem Zusammenhang mit der Geschichte der Eisenbahn. Entsprechend nachhaltig hat diese das Stadtbild in weiten Teilen der Stadt geprägt. Als 1847 mit der Inbetriebnahme der «Spanisch-Brötli-Bahn» der Bahnhof eröffnet wurde, befand sich dieser noch ausserhalb des eigentlichen Siedlungsgebietes der Stadt. Eisenbahnbau und Städtebau bedingten sich jedoch gegenseitig stark. Unter Stadtingenieur Arnold Bürkli wurde ab den 1860er-Jahren die Stadt regelrecht umgebaut, so dass der Bahnhof ins Stadtgefüge eingebunden wurde. Lediglich zwei Jahrzehnte nach seiner Erbauung wurde der erste Zürcher Bahnhof jedoch bereits wieder ersetzt. Nach Plänen von Jakob Friedrich Wanner entstand ab 1865 die mächtige Bahnhofshalle. Schon um 1900 waren die meisten Linien erstellt und führten vom heute zentral gelegenen Hauptbahnhof aus und über das grosse Gleisfeld meist oberirdisch in alle Himmelsrichtungen, nach Baden, Winterthur, Zug, Luzern oder Rapperswil. 1969 kam die Käferberglinie hinzu, bevor dann alle Streckenausbauten ab 1989 und bis zuletzt 2014 (Durchmesserlinie) unterirdisch erfolgten. [Abb. 1]

Der Streckenverlauf mit seinen Gleisen, Bahndämmen, Viadukten und Brücken bestimmte so insbesondere im ausgehenden 19. Jahrhundert die Entwicklung der in starkem Wachstum begriffenen Stadt Zürich. [Abb. 2] Oberirdisch geführte Strecken mit Fahrleitungen, Schranken und Passerellen prägten das Stadtbild entscheidend. Sie schaffen noch heute Quartiergrenzen und bestimmen teilweise den Verkehrsfluss der Stadt. Die Tieferlegung der linksufrigen Seebahn war der wohl grösste bahnbauliche Eingriff im Siedlungsgebiet der Schweiz: Nebst Tunnelbauten und dem Bahneinschnitt waren die Verlegung der Sihl, der Abbruch dutzender Bauten und der Neubau der Bahnhöfe Enge und Wiedikon notwendig. [Abb. 3] Als zuverlässiges Transportmittel war die Bahn gleichzeitig ein Wirtschaftstreiber. Die Erschliessung von Gebieten in und vor der damaligen Stadt mit Industriegleisen wie beispielsweise im heutigen Industriequartier förderte die Ansiedlung von industriellen Betrieben. Grosse Fabrikanlagen profitierten vom Güterumschlag über die Gleise, und schwere Industrieerzeugnisse konnten neu in grossen Mengen nach ganz Europa verschickt werden. Die Bahn brachte auf dem Stadtgebiet bis 1982 die Erbauung von 13 Bahnhöfen, wovon manche in einer dynamischen Entwicklung bereits nach wenigen Jahrzehnten wieder ersetzt wurden. Sie sind heute wichtige Gebäude im Stadtraum und vielfältig in ihren Typologien und Dimensionen. [Abb. 4] Grosse Flächen im Stadtgebiet nehmen schliesslich die verschiedenen Werkstätten ein, welche die SBB für den Unterhalt ihrer Infrastrukturen erstellten – so die Lokremisen Neugasse, das Depot F und die Hauptwerkstätten. Manche dieser Infrastrukturbauten wie das Unterwerk Seebach oder das Hauptstellwerk sind aufwendig gestaltet. Betrieb und Wartung der Infrastrukturen brachten immer wieder auch neue Berufe hervor. So erzählen einige Bauten noch heute von den Lebensumständen der damals vorwiegend männlichen Arbeiter und Bahnwärter, aber auch der oftmals weiblichen Barrierenwärterinnen. [Abb. 5] Technische Infrastrukturbauten sind oft unauffällig, aber ingenieurstechnisch von Bedeutung. Manche Bautechniken haben heute Seltenheitswert.

Die zur Gewährleistung einer gewissen historischen Distanz sinnvolle zeitliche Grenze für die Betrachtung der Objekte wurde auf das Jahr 1985 festgelegt. So erfasste die erste Bestandsaufnahme über 400 Objekte. Basierend auf Besichtigungen sowie Literatur- und Archivrecherchen konnte für viele dieser Objekte ein Schutzverdacht ausgeschlossen werden. Die Denkmalpflege-Fachstellen von Stadt und Kanton Zürich überprüften schliesslich eine mögliche Schutzwürdigkeit der verbliebenen Objekte. Basis bildeten dabei immer die Kriterien für eine wichtige Zeugenschaft gemäss § 203 Abs. 1 lit. c des Zürcher Planungs- und Baugesetzes. Die Objekte waren Gegenstand mehrerer Evaluationsrunden mit internen und externen Fachleuten und wurden von den zuständigen Fachstellen von Stadt und Kanton gemeinsam beurteilt. Gleichzeitig wurden die Objekte bezüglich ihrer Bedeutung für den kommunalen Kontext oder darüber hinaus eingestuft und entsprechend auch in der Zuständigkeit entweder der

Stadt Zürich oder aber dem Kanton Zürich zugeteilt. So konnte das Amt für Raumentwicklung des Kantons Zürich schliesslich Anfang 2022 eine Inventarliste von insgesamt 105 Objekten von überkommunaler Bedeutung, die in 23 Ensembles zusammengefasst wurden, festsetzen. Im Herbst desselben Jahres folgte die Festsetzung von weiteren 30 Objekten (14 Ensembles) von kommunaler Bedeutung durch den Stadtrat. Diese Objekte und Ensembles werden in einer umfassenden Publikation beschrieben und gewürdigt.[1]

Das Inventarisationsprojekt hat sich in vielerlei Hinsicht gelohnt. Es fasst die historischen Grundlagen über die lokale Bahnbaugeschichte zusammen und setzt sie in den Kontext der heutigen Stadt. Die enge Kooperation der beiden zuständigen Fachstellen hat sich in Bezug auf die SBB-Objekte als sinnvoll erwiesen und bringt im Resultat auch für die Eigentümerschaften Klarheit über den Status der Objekte sowie die Zuständigkeit der denkmalpflegerischen Betreuung. Das Projekt hat unser Auge geschärft für die Beurteilung von Kunst- und Ingenieursbauten, bei denen technik- und verkehrshistorische Aspekte oft mindestens so stark zu gewichten waren wie die städtebauliche oder baukünstlerische Bedeutung. Im Gegensatz zu den repräsentativen Bahnhofsgebäuden waren diese bisher kaum im Inventar vertreten. So sind Typenbauten und sich über weite Strecken wiederholende Standardlösungen - beispielsweise für den Bau von Bachdurchlässen oder Brückenbauten - oft unauffällige Objekte ohne hohen architektonischen Anspruch. In einem nationalen Gesamtkontext sind sie aber interessante Zeugen der Bahninfrastruktur. Und auch einfache Elemente wie Stützmauern, Unterführungen oder Industriegleise sind oft stadtbildprägend. Gemeinsam erzählen sie als Relikte von früheren Streckenverläufen und nutzungstechnischen Zusammenhängen einer funktionierenden Stadt.

Als Einzelobjekte oder in Ensembles gruppiert bildet die differenzierte und vielfältige Auswahl der neu inventarisierten SBB-Objekte die Geschichte des Bahnbaus und seine engen Zusammenhänge mit der Entwicklung der Stadt ab. Sie sichert damit wertvolle Anlagen und Bauten für die Zukunft.

English

The buildings and installations of SBB and its predecessor companies still characterise the cityscape of Zurich today. As a driver of urban development, the railway is inextricably linked to the emergence of the modern metropolitan area of Zurich in a multitude of ways: railway buildings characterise the landscape and residential development, and also act as an economic engine. Structures such as bridges, dams and walls chronicle the achievements of engineering and many buildings have remained important urban landmarks in the city to this day. The railways also created new professions that only a few scholars of railway history will remember today. For numerous buildings, utilisation pressure is growing due to the increasing traffic volume of SBB; other buildings are no longer required by SBB, and so large railway areas in the city area are being converted. This fact poses great challenges for heritage preservation in the city and canton of Zurich. In 2018, in its capacity as owner of the infrastructure, SBB agreed with the City and the Canton to work together on creating an inventory of the buildings and installations in the urban area. Following a complete inventory, the heritage bodies for the City and the Canton coordinated several rounds of joint evaluation together with the SBB Specialist Service for the Preservation of Historical Monuments, including the involvement of external experts as well as the responsible commissions for heritage preservation. The aim was to determine which objects had important historical value in terms of the building and planning law of the canton of Zurich. In 2020, the Office for Spatial Development of the Canton of Zurich identified 105 objects of supra-municipal importance. The City Council of Zurich then included a further 30 objects of municipal importance in the inventory. This inventory of SBB objects in Zurich now enables the public and private property owners to have the greatest possible legal and planning certainty. At the same time, it represents an important instrument for the heritage preservation of surviving relics of an important part of the city's history.

Français

Les bâtiments ou autres ouvrages des CFF et des sociétés qui les ont précédés marquent aujourd'hui encore le paysage de la ville de Zurich. En tant que moteur du développement urbain, le chemin de fer est indissociable de la création de l'espace métropolitain actuel de Zurich, et ce à plusieurs niveaux: les constructions ferroviaires ne marquent pas seulement le paysage et le développement urbanistique, mais agissent également comme un moteur économique. Les installations, telles que les ponts, les remblais et les murs témoignent des performances techniques des ingénieurs et de nombreux bâtiments sont, jusqu'à aujourd'hui, d'importants repères urbains dans la ville. En outre, le chemin de fer a créé de nouveaux métiers dont seuls quelques vestiges de l'histoire ferroviaire rappellent aujourd'hui l'existence. En raison de l'augmentation des prestations de transport des CFF, la question de l'utilisation de nombreux bâtiments se pose de plus en plus, tandis que d'autres bâtiments ne sont plus utilisés par les CFF, ce qui conduit à une réaffectation de vastes sites ferroviaires dans la zone urbaine. Cette situation place les services de conservation des monuments historiques de la ville et du canton de Zurich devant de grands défis. En 2018, les CFF, en tant que propriétaires, se sont mis d'accord avec la ville et le canton pour collaborer dans le cadre de l'inventaire des bâtiments ou autres ouvrages dans la zone urbaine. Après un état des lieux complet, les services de conservation des monuments historiques de la ville et du canton ont examiné, lors de plusieurs séances conjointes avec le service de conservation des monuments historiques des CFF et le concours de spécialistes externes ainsi que des commissions compétentes en matière de conservation des monuments historiques, les objets qui avaient une valeur de témoignage importante au sens de la loi sur les constructions et l'aménagement du territoire du canton de Zurich. En 2020, l'Office du développement territorial du canton de Zurich a défini 105 objets d'importance supracommunale. Le conseil municipal de Zurich a ensuite inscrit 30 autres objets d'importance communale dans l'inventaire. Grâce à cet inventaire des objets CFF à Zurich, les propriétaires fonciers publics et privés concernés bénéficient désormais d'une sécurité juridique et de planification maximale. Il constitue en même temps un instrument important pour la conservation de ces témoignages d'une partie importante de l'histoire de la ville.

| | | |
|---|---|---|
| Anmerkungen | 1 | Stadt Zürich, Amt für Städtebau (Hg.): SBB Objekte Stadt Zürich. Inventarergänzung 2020, E-Publikation Zürich 2020, zugänglich unter Stadt Zürich: https://www.stadt-zuerich.ch/hbd/de/index/staedtebau/archaeo_denkmal/denkmal/inventar/sbb-objekte.html (zuletzt aufgerufen: 27.1.2023). |
| Abbildungsnachweis | 1 | Amt für Städtebau 2020. |
| | 2 | Farblithografie ca. 1907, Baugeschichtliches Archiv der Stadt Zürich, Sign. BAZ_079267. |
| | 3 | Fotografie Photoglob 1925. Zürich Altstadt, Baugeschichtliches Archiv der Stadt Zürich, Sign. BAZ_100676. |
| | 4 | Fotografie ca. 1920. Zürich-Wiedikon, Baugeschichtliches Archiv der Stadt Zürich, Sign. BAZ_096779. |
| | 5 | Baugeschichtliches Archiv der Stadt Zürich, Sign. HAL_014364. |

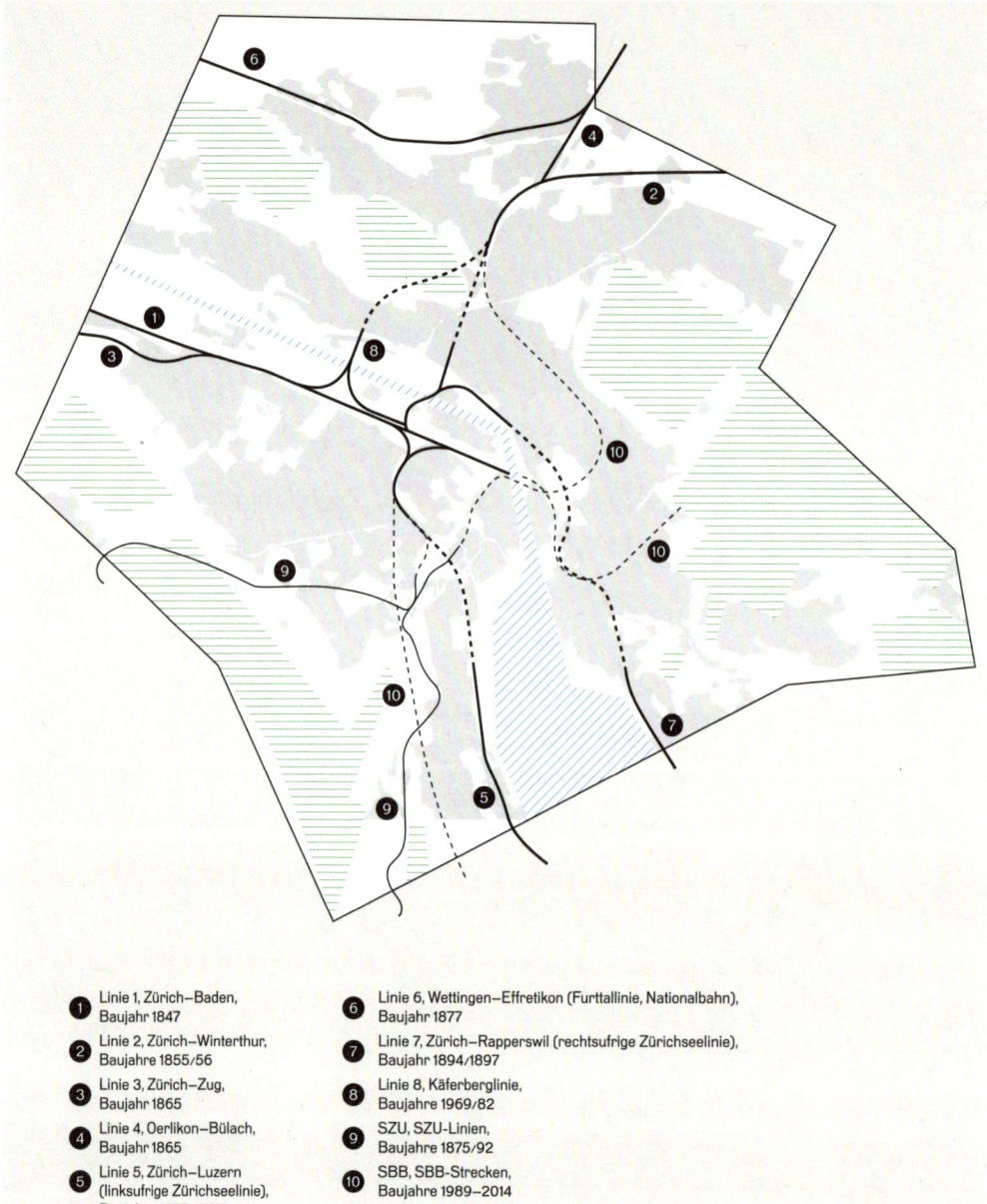

- ① Linie 1, Zürich–Baden, Baujahr 1847
- ② Linie 2, Zürich–Winterthur, Baujahre 1855/56
- ③ Linie 3, Zürich–Zug, Baujahr 1865
- ④ Linie 4, Oerlikon–Bülach, Baujahr 1865
- ⑤ Linie 5, Zürich–Luzern (linksufrige Zürichseelinie), Baujahre 1875/1927
- ⑥ Linie 6, Wettingen–Effretikon (Furttallinie, Nationalbahn), Baujahr 1877
- ⑦ Linie 7, Zürich–Rapperswil (rechtsufrige Zürichseelinie), Baujahr 1894/1897
- ⑧ Linie 8, Käferberglinie, Baujahre 1969/82
- ⑨ SZU, SZU-Linien, Baujahre 1875/92
- ⑩ SBB, SBB-Strecken, Baujahre 1989–2014

1

Abb. 1  Der Streckenplan der Stadt Zürich zeigt, wie stark die Bahnlinien das heutige Stadtgebiet prägen. Streckenplan der Stadt Zürich 2020.

Abb. 2  Der Viadukt zieht sich durch damals noch wenig besiedeltes Gebiet. Im Vordergrund ist die Brauerei Löwenbräu im Industriequartier dargestellt und in der linken Bildhälfte ist mittig der Bahnhof gut zu erkennen. Vogelschau mit Eisenbahnviaduk (Farblithografie: ca. 1907).

Abb. 3 Der Umbau der linksufrigen Zürichseebahn bringt einen riesigen Stadtumbau inklusive Verlegung der Sihl mit sich. Eisenbahnbrücke über den alten Lauf, Überfall Eisenbahntunnel im neuen Lauf (Foto: ca. 1925).

Abb. 4 Bahnhof Oerlikon (1913), Architekt Jakob Friedrich Wanner (Foto: 2020).

Abb. 5 Bahnwärterinnen am Bahnübergang Schimmelstrasse (linksufrige Zürichseebahn), Zürich-Wiedikon (Foto: ca. 1920).

Kommunales Inventar

# Brücken an der Schwarzwaldbahn

Michael Hascher

Der Umgang mit Brücken an denkmalgeschützten Eisenbahnstrecken ist ein Ausschnitt aus der Praxis der Eisenbahndenkmalpflege in Baden-Württemberg. Dieser wird hier am Beispiel der badischen Schwarzwaldbahn vorgestellt, die 2013 als Kulturdenkmal erkannt wurde. Voran ging 2012 eine Dokumentation, aus der die meisten Bilder stammen.[1]

Durch die Denkmaleigenschaft der Strecke sind auch 143 Eisenbahnbrücken denkmalgeschützt. Bei einigen von ihnen fanden in den letzten Jahren Massnahmen statt, Der vorliegende Beitrag ist auch das Ergebnis jahrelanger Zusammenarbeit mit der Deutschen Bahn AG. Den Herren Hugle, Barho, Salgmann sowie Frau Ettling möchte ich für die konstruktiven Gespräche danken. Es geht dabei immer darum, die unterschiedlichen Aufgaben, die Eisenbahngesellschaften und staatliche Denkmalpflege zu einem für beide Seiten tragbaren Ergebnis zusammenzubringen.

Das hier vorgestellte Prinzip des Umgangs mit Brücken als Teil der Denkmalpflege von Eisenbahnstrecken findet in ganz Baden-Württemberg Anwendung. Der Beitrag baut auf bereits publizierten Grundsätzen des Umgangs mit denkmalgeschützten Brücken auf.[2]

## Die Schwarzwaldbahn

Als badische Schwarzwaldbahn wird die Eisenbahnstrecke 4250 Offenburg-Triberg-Villingen-Donaueschingen-Singen (km 0 bis 149.1) bezeichnet, die 1864 bis 1873 nach Planentwürfen von Robert Gerwig (1820–1885) zunächst eingleisig ausgeführt, dann 1921 im zweigleisigen Ausbau vollendet wurde. Die Denkmalbegründung geht auf ihre Bedeutung für Technikgeschichte und Ingenieurwesen ein und spricht dabei unter anderem folgende Punkte an:

1. Die badische Schwarzwaldbahn ist im deutschen Hauptbahnnetz eine der wenigen zweispurig angelegten Bergstrecken. Interessant ist der Vergleich zu Bahnen anderer Länder: Die Semmeringbahn war 1854 innovativ, weil ihre Trassierung Täler «ausfuhr» und so stärkere Steigungen vermied. Bei der Brennerbahn (1867) wurden zwei Täler ausgefahren und durch einen Tunnel verbunden. Die Schwarzwaldbahn entwickelte das Prinzip durch das Einführen von Kehrtunneln weiter. Die von Gerwig entwickelte Neuerung der doppelten Schleife unter Mitbenutzung zweier Täler ermöglichte eine Trassierung, die auf einem deutlich kürzeren Abstand (Luftlinie) zwischen Steigungsbeginn im Tal und Scheitelpunkt die erforderliche Höhe erreichte. Wichtig war, dass der Steigungswiderstand und der Kurvenwiderstand auf der gesamten Strecke konstant blieben. Bei grösseren Krümmungsradien ist eine grössere Steigung vorhanden als bei kleineren Krümmungsradien, damit der gesamte Zugförderungswiderstand konstant bleibt (Steigungswiderstand + Kurvenwiderstand = Gesamtzugförderungswiderstand). Das Prinzip der Doppelschleifen wandten auch spätere Gebirgsbahnen in Europa und Amerika an.

2. Die Schwarzwaldbahn besteht aus mehreren Streckenabschnitten mit verschiedenen landschaftlichen und geologischen Gegebenheiten, die an den planenden Ingenieur unterschiedliche technische Herausforderungen stellten. Von Offenburg bis Hausach führt die Strecke durch das flache untere Kinzigtal. Hier waren keine besonderen Kunstbauten erforderlich. Ab Hausach wird im Gutachtal durch grosse Steigungen Höhe gewonnen, ab Hornberg folgen dann die grossen Kehrschleifen mit ihren vielen Tunneln, bis der Sommerautunnel als Scheiteltunnel erreicht ist. Der Höhenunterschied zwischen Hornberg und Sommerau beträgt 448 m. Er wurde mit einer durchgängigen Steigung von maximal 1:50 (20 ‰) und Gleisradien von 300 m bewältigt. Um die Gefahr von Murgängen, Bergrutschen, Steinschlag, Schneeverwehungen etc. zu vermeiden, wurden möglichst wenige Brücken errichtet und die Strecke durch 37 zweigleisig befahrbare Tunnel geführt. Auf dem Streckenabschnitt Hornberg-Sommerau verlaufen 45 Prozent der Strecke durch Tunnel. Ab St. Georgen ist die Streckenführung durch das Brigach- und das obere Donautal wieder einfacher, durch den Hattinger Tunnel wird dann die Baar-Ebene durchfahren und Singen erreicht.[3]

Der Denkmalwert der Strecke hängt zu nicht unerheblichem Teil am Aspekt der Trassierung, aber selbstverständlich spiegelt sich die facettenreiche Kulturgeschichte der Schwarzwaldbahn auch in Bauten wie beispielsweise Bahnhöfen, Stellwerken oder Bahnwärterhäusern, die sogar früher ins Blickfeld der Denkmalpflege rückten als die Strecke selbst. Alle Teile bilden zusammen eine Sachgesamtheit im Sinne des DSchG Baden-Württemberg.

*Die Trassierung*
Das Spektrum der Bauwerke, die diese Trasse tragen, ist beim ersten Glasträger-Tunnel gut zu erkennen: Auf der einen Seite gibt es Bauwerke, die weitgehend aus der ersten Bauphase in den 1870er Jahren stammen (hier der Eisenbergtunnel von 1872) [Abb. 1], auf der anderen Seite praktisch neue Bauwerke wie die Stahlbeton-Stützwand (leider ohne genaue Datierung). Die Bauten tragen in unterschiedlichem Masse zum Denkmalwert der Sachgesamtheit bei und werden dementsprechend auch unterschiedlich behandelt.

*Differenzierung des Umgangs am Beispiel der Brücken*

Am Beispiel der Brücken wird diese differenzierte Bewertung, die auch eine *intensive Kommunikation* mit der DBAG erfordert, deutlich: Das Viadukt in Hornberg gehört zu den Bauwerken, die den Denkmalwert der Schwarzwaldbahn mit konstituieren. [Abb. 2] Diese Brücke wird behandelt wie ein Einzeldenkmal, es geht um den maximalen Erhalt.

Die Frage, welchen Beitrag ein Bauwerk zum Denkmalwert leistet, hängt dabei nicht nur, aber auch an typologischen Argumenten: Bestimmte Bauarten wie zum Beispiel kleine Gewölbebrücken sind typisch für die jeweilige Bauzeit einer Strecke. An der Schwarzwaldbahn sind einige solcher Brücken erhalten. Der Erhalt solcher Brücken im Kontext einer ohnehin als historisch wahrgenommenen Strecke ist vergleichsweise einfacher, als solche kleinen, eher unscheinbaren Brücken als Einzeldenkmale zu erhalten. Die grösseren Brücken wurden in den 1870er-Jahren meist als Gitterfachwerkträger aus Stahl errichtet, so auch in Hornberg. Der aus den Jahren 1924/25 stammende Ersatzneubau dort repräsentiert eine typische Entwicklung bei durch Gebirge führenden Hauptbahnen des 19. Jahrhunderts: Auch an der Gotthardbahn wurden später eiserne Brücken durch Massivbrücken ersetzt.[4]

Abbildung 3 zeigt eine Brücke, die nur wenig zur Denkmaleigenschaft der Sachgesamtheit beiträgt.[Abb. 3] Ihr Überbau ist als «Walzträger in Beton» (WiB) ausgeführt. Immerhin belegen die Widerlager aus bossierten Natursteinen noch den Alterswert.[5] Hier genügen beim Umgang geringere Anforderungen (siehe 4). Um zu klären, welcher Weg zu beschreiten ist, fragt die DB heute viel früher beim LAD nach, nicht erst im Genehmigungsverfahren, wenn denkmalpflegerische Belange nur noch zu Bauverzögerung führen können. Die Tagung Eisenbahndenkmalpflege trug 2022 zur weiteren Intensivierung der Gespräche zwischen DBAG und Denkmalpflege in Deutschland bei.

*Vereinfachter Umgang*

Bei der Brücke in Hausach wurde 1909 der ursprüngliche Überbau durch eine WiB-Konstruktion ersetzt. Eine solche Konstruktion ist aus typologischen Gründen nur interessant, wenn sie vor 1900 errichtet worden, also zu den Anfängen der Entwicklung zu zählen wäre.

Im vorliegenden Fall wurde dagegen als Erhaltungsziel ein Zustand formuliert, den Abbildung 4 repräsentiert. [Abb. 4] An dieser ebenfalls in Hausach liegenden Brücke wurden schon 2003, also bevor die Strecke als Denkmal erkannt wurde, der Überbau erneuert und die Widerlager so saniert, dass der Alterswert des Bauwerks, der im bossierten Natursteinmauerwerk steckt, erhalten blieb.

*Gemeinsame Sanierung*

Ein Beispiel einer denkmalgerechten Sanierung einer Brücke ist die Nagoldbrücke in Unterreichenbach, die allerdings auf einer anderen Strecke (4850, Nagoldtalbahn) liegt. [Abb. 5] Es handelt sich um einen Fachwerkträger von 1874 mit einer an den Schwedlerträger angelehnten Konstruktion, also um ein sehr seltenes und technikhistorisch sehr wertvolles Exemplar.[6]

Erhalten werden sollen hier Widerlager und Überbau. Das wurde schon seit Längerem kommuniziert. Nachdem sich herausgestellt hat, dass es nicht mit einer einfachen Instandhaltungsmassnahme getan ist, hat die DB nun einen Gutachter beauftragt, der sich noch einmal vertieft mit dem Bauwerk auseinandersetzt. Nach dem ersten Termin versuchen DBAG, Gutachter und LAD nun gemeinsam herauszufinden, wo durch Reparaturen oder den Austausch von Profilen das Bauwerk so gestärkt werden kann, dass es weitere mindestens 25 Jahre dem Verkehr dienen kann.

## Zusammenfassung

Für die Eisenbahndenkmalpflege in Baden-Württemberg sind vier Aspekte wesentlich:

*Typologischer Ansatz und Streckendenkmale*
Wesentlich für die Bewertung von Einzelbauten ist erstens, ob sie zu denkmalgeschützten Strecken gehören und welchen Beitrag sie dazu leisten. Zweitens spielt eine Rolle, ob es sich um typische Bauwerke und dabei wiederum um Anfangs- oder Endglieder oder gar Höhepunkte dieser Bautypen handelt.
Relativ viele der 143 Brücken der Schwarzwaldbahn sind der Bauart «Walzträger in Beton» zuzurechnen und tragen daher nur wenig zum Denkmalwert bei. Umgekehrt stützen auf anderen Strecken wie der Nagoldbahn seltene und typologisch hochwertige Bauten wie die Brücke Unterreichenbach den Denkmalwert der Sachgesamtheit.

*Intensive Kommunikation*
Um im Einzelfall zu klären, wie mit den Bauwerken umzugehen ist, müssen Eisenbahninfrastrukturunternehmen und staatliche Denkmalpflege stärker kommunizieren. In vielen Fällen ist die Antwort auf Anfragen schlicht, dass keine denkmalpflegerischen Belange vorliegen. In anderen Fällen geht es aber darum, die wertvollen Objekte instand zu halten oder eben denkmalgerecht zu sanieren.

*Handlungsspielräume: Beide Seiten müssen ihre Handlungsspielräume ausnutzen*
Das ist eben nur möglich, wenn beide Seiten wissen, dass auch die jeweils andere Seite ihre Handlungsspielräume zugunsten des Denkmals ausnützt.

*Vereinfachter Umgang*
Dazu gehört seitens der staatlichen Denkmalpflege auch das Angebot eines vereinfachten Umgangs für weniger wertvolle Bestandteile, die dem Eisenbahninfrastrukturunternehmen wiederum den Umgang mit der denkmalgeschützten Strecke erleichtern.

Innerhalb der staatlichen Denkmalpflege bedeutet diese Strategie die Konzentration der Ressourcen auf Objekte, die eine intensive Betreuung auch wert sind, ohne den Wert der Strecke als Sachgesamtheit aus den Augen zu verlieren.

English    There are various reasons why a bridge may be a heritage monument in the eyes of the heritage protection laws. One reason is that they form part of a protected railway line. Considering this case is a good opportunity to shed light on particular elements of the broad and multi-faceted area of railway heritage. Primarily, the question is about distinctions between heritage value, on the one hand, and how to approach protected railway bridges in practice, on the other. The presentation focuses on the Black Forest Railway as a common thread: the entire line of this railway is a cultural monument in accordance with section 2 of the Baden-Württemberg states law on the protection of cultural heritage. One important aspect of its heritage character was the train path layout with constant traction resistance. This is also true of the 143 bridges that no longer date from the time of construction (1864–73, double track 1921), but instead were partially or wholly rebuilt later. Other bridges still largely date from the time of construction. The presentation explains how – taking into account constructive criteria – the heritage value of the bridges is assessed within this spectrum and how work with Deutsche Bahn AG is conducted when managing them. In the past ten years, this work has focused on rather different priorities compared to the better-known DBU railway bridge project.

Français    Pour différentes raisons, les ponts peuvent constituer des monuments au sens de la législation sur la protection des monuments. C'est le cas, par exemple, lorsqu'ils font partie de lignes ferroviaires classées. L'analyse de ce cas de figure permet d'apporter un éclairage intéressant sur certains aspects de la «préservation du patrimoine ferroviaire», un vaste thème aux multiples facettes. À cet égard, il s'agit principalement de différencier la valeur patrimoniale et l'utilisation dans la pratique des ponts ferroviaires classés. La contribution s'appuie sur la ligne du Schwarzwaldbahn, qui constitue dans son intégralité un monument culturel au sens du paragraphe 2 de la loi sur la protection des monuments du Bade-Wurtemberg. Celle-ci doit son classement essentiellement à son tracé avec résistance constante à la traction et aux 143 ponts qui ne sont pas les ponts originaux (construits en 1864–1873, passage à deux voies en 1921), mais qui ont été rénovés totalement ou en partie. D'autres ponts originaux ont été conservés en grande partie. La contribution décrit la méthode employée pour estimer la valeur patrimoniale des ponts – à l'aune de critères de construction – et la collaboration avec la Deutsche Bahn AG concernant leur utilisation. Au cours des dix dernières années, cette collaboration a fixé des priorités quelque peu différentes de celles du projet plus connu DBU portant sur les ponts ferroviaires.

Anmerkungen    1    Regierungspräsidium Stuttgart, Landesamt für Denkmalpflege, Dienstsitz Esslingen, Quellensammlung zur Technikgeschichte: Fotodokumentation Schwarzwaldbahn. Dokumentarische Zuarbeiten für die Denkmalausweisung der Badischen Schwarzwaldbahn. Bearbeitet im Auftrag des RP Freiburg (Referat Denkmalpflege) vom Büro für Industriearchäologie. Bearbeiter: Hellmann, Mathias, Höhmann, Rolf. Darmstadt 2012. Die Dokumentation kann bei berechtigtem Interesse in Esslingen eingesehen werden. Die Denkmalbegrundung hat Folkhard Cremer verfasst, die technikhistorischen Abschnitte hat der Autor beraten. Zum weiteren kulturhistorischen Kontext vgl. Cremer, Folkhard: Wie die Eisenbahn den Schwarzwald veranderte. Die Bedeutung der Schwarzwaldbahn fur Sozial-, Wirtschafts-, Technik-, Verkehrs- und Tourismusgeschichte. In: Denkmalpflege in Baden-Wurttemberg 43 (3) (2014) 185–190.
2    Hascher, Michael: Eisenbahnbrücken in der Denkmalpflege. Grundthesen, Einführung in das Thema. In: Erhalten historischer Bauwerke e. V. (Hg.): Historische Eisenbahnbrücken. Stuttgart 2019, S. 25–39; Hascher, Michael, Kuban, Sabine: Brückendenkmalpflege – Erfahrungen aus Baden-Württemberg. In: Curbach, Manfred, Marx, Steffen (Hg.): 31. Dresdner Brückenbausymposium. Dresden 2022, S. 121–138.
3    Vgl. Landesamt für Denkmalpflege, Denkmalinformationssystem ADAB, Begründungstext, 2013 (zuletzt aufgerufen: 10.1.2023). Zu Gerwig: Boeyng, Ulrich: Badische Köpfe: Robert Gerwig. In: Badische Heimat 100 (2020) 25–40, 314–324.
4    Keim, Wilhelm: Der Umbau des Hornberger Talübergangs bei km 42,3 der Schwarzwaldbahn. In: Die Bautechnik 5 (12) (1927) 141–161; Anonym: Das einzige Viadukt der badischen Schwarzwaldbahn. In: Der Eisenbahningenieur 1 (2014) 82.
5    Alterswert: im Kommentar Heinz Strobl et al.: Denkmalschutzgesetz für Baden-Württemberg. Kommentar und Vorschriftensammlung. 4., überarb. Aufl. Stuttgart 2018, Erl. § 2, Rn. 24, v. a. S. 94; zur Sachgesamtheit Erl. § 2, Rn. 12.
6    Boeyng, Ulrich: Aus der Technikgeschichte des 19. Jahrhunderts: die Eisenbahnbrücken von Unterreichenbach und Langenargen. In: Denkmalpflege in Baden-Württemberg 45 (2) (2016) 116–120. Zur Typologie vgl. ders.: Eiserne Eisenbahnbrücken in Baden-Württemberg: Erfassung des historischen Bestandes bis 1920 und Beitrag zur Beurteilung der technikgeschichtlichen Bedeutung. Stuttgart 1995.

Abbildungsnachweis    1–4    Rolf Höhmann, Büro für Industriearchäologie.
5    Landesamt für Denkmalpflege im RP Stuttgart, Andreas Dubslaff.

| Abb. 1 | Eisenbergtunnel (Foto: Rolf Höhmann). | Abb. 2 | Hornberger Viadukt (Foto: Rolf Höhmann). |
| Abb. 3 | Brücke in Hausach mit WiB-Überbau, Strecken-km 31 (Foto: Rolf Höhmann). | Abb. 4 | WiB-Brücke in Hausach, Strecken-km 30 (Foto: Rolf Höhmann). |

5

Abb. 5　　Nagoldbrücke in Unterreichenbach
　　　　　(Foto: Andreas Dubslaff).

# Das Streckeninventar der Gornergratbahn

Toni Häfliger und Marion Zahnd

Im letzten Viertel des 19. Jahrhunderts übertreffen sich Unternehmer, Investoren, Ingenieure und Techniker mit Projekten, Plänen und Konzessionsgesuchen. Immer wieder werden neue, aufwendigere und aufsehenerregende Eisenbahnlinien ins Auge gefasst. Je höher der Berg, desto imposanter die Fernsicht – je aussergewöhnlicher die Projekte, desto lukrativer die Gewinnaussichten. Jedes herausragende Bergbahnprojekt stachelt andere Unternehmer an, weckt Gelüste und schürt Neid in anderen Regionen. Die Schweiz wird in dieser Zeit endgültig vom Bergbahn-Fieber erfasst. Drei Hochalpen-Projekte sorgen für weltweites Aufsehen: zuerst die Gornergratbahn (Baubeginn 1896, Eröffnung 1898) und die Jungfraubahn (Baubeginn 1896, Eröffnung 1912). Einen endgültigen Triumph der Technik über die Natur hätte ein weiteres Projekt bringen sollen: die nicht ausgeführte Matterhornbahn mit der Endstation auf rund 4500 m Höhe.

1891 wurde die Brig-Visp-Zermatt-Bahn eröffnet, womit sich Zermatt mit dem bestehenden und noch im Ausbau befindlichen Bahnnetz in der übrigen Schweiz verbinden konnte. Bereits ab 1890 bestanden Ideen und Bestrebungen, mit Bahnen den Gornergrat und gleichzeitig das Matterhorn zu erschliessen. Ein 1890 erarbeitetes Projekt sah vor, dies mittels verschiedener Teilstrecken mit Zubringerbahn und Standseilbahnen herzustellen:[1] Einerseits eine Verlängerung der Brig-Visp-Zermatt-Bahn bis zum Weiler «Zum See» zum Fuss von Steilrampen. Von daher eine Drahtseilbahn auf die Riffelalp und von dort eine Zahnradbahn bis zum Gornergrat.

Die erwähnte, erste Projektierung des Unternehmers Leo Heer-Bétrix[2] und des Ingenieurs Xaver Imfeld[3] für eine Verbindung Zermatt – Gornergrat hätte sich aus drei komplett verschiedenen Bahnsystemen zusammengesetzt. Diese Schwachstelle wurde von Xaver Imfeld erkannt: In einem zweiten, überarbeiteten

Projekt von 1895 übernahm er offensichtlich Elemente der ebenfalls im Planungsstadium stehenden Jungfraubahn. Die Idee war kein zweimaliges Umsteigen mehr, sondern eine (heute bestehende) Direktverbindung von Zermatt per Zahnradbahn auf den Gornergrat. Die Konzentration der (finanziellen) Kräfte auf ein solches Projekt samt Einsatz modernster Elektrolokomotiven brachte die schliesslich umsetzbare und praktikable Lösung. Der GornergratbahnGesellschaft gelang es, mit der Gemeinde Zermatt einen Kaufvertrag für das Betriebsgelände abzuschliessen: Gegen eine Pauschalentschädigung von 100'000 Franken bekam das Unternehmen «den Grund und Boden für die Bahnanlagen, dazu die Kraft des Findelbaches [für die Stromerzeugung] zu Eigentum». Mit diesem Entscheid war der zukunftsweisende elektrische Betrieb für die Gornergratbahn gesichert.[4]

Ein weiteres Projekt des Jahres 1900 hätte Zinal im Val d'Anniviers mit Zermatt mittels einer anspruchsvollen Bahnverbindung und über einen Scheiteltunnel unter dem Obergabelhorn verbinden sollen. Zinal wäre dabei über eine Bergbahn ab Sierre erschlossen worden. Das Vorhaben kam nie zur Ausführung, dokumentiert aber die damalige Euphorie und den Unternehmergeist. Ebenso wurde anno 1905 auf das Projekt einer Matterhornbahn – nach einem erneuten Anlauf – verzichtet.[5] Interessant ist weiter, dass die Bewohner des Saas-Tales eine zum damaligen Zeitpunkt diskutierte Bahnerschliessung vom Tal her grundsätzlich ablehnten.

## Bau und Betrieb

Die Konzession für den Bau wurde 1892 erteilt. Der Bau der Bahn (gemäss dem geänderten Projekt) wurde durch das Bieler Unternehmen Haag & Greulich übernommen und zwischen 1896 und 1898 umgesetzt. In dieser nur zweijährigen Bauzeit, die in Anbetracht der Höhenlage bzw. der kurzen Intervalle zwischen Schneeschmelze und erneutem Wintereinbruch beeindruckt, erfolgte die Eröffnung der Bahn am 20. August 1898. Mehr als 2400 Arbeiter, vorwiegend Italiener, waren am Bau beteiligt, teilweise gleichzeitig um die 1000. In Baujournalen der ersten Direktoren und Projektleiter ist vermerkt, dass die Leistung der Arbeiter auf Rotenboden (aufgrund der Höhe von 2700 m.ü.M.) nur noch die Hälfte derer im Tal betrug – auf dem Gornergrat scheinbar sogar vollends nachliess. Der von der Bauleitung umsichtig eingesetzten ärztlichen Betreuung ist zu verdanken, dass die Arbeiten in den grossen Höhenlagen ohne Unterbrechungen durchgeführt werden konnten.[6]

    Der schwierigste Teil des Trassebaus lag zwischen Zermatt und Riffelalp. Neben einer Brücke über die Vispa war auch eine 90 m lange Brücke über die Findelbachschlucht erforderlich. Aus Zeitnot wurde auf die geplanten steinernen Rundbogen verzichtet und ein eisernes Fachwerk über zwei 48 m hohe, gemauerten Pfeiler gespannt. Innerhalb der ersten vier Kilometer wurden vier noch in Betrieb befindliche Tunnel verschiedener Länge gebaut.[7]

    Für die von Beginn an geplante Elektrifizierung wurde – im Rahmen eines Variantenstudiums – das «System Drehstrom» gewählt, das mit zwei parallelen Fahrleitungen operiert. Für die Stromerzeugung und -versorgung erstellte die Gornergratbahn ein eigenes Kraftwerk mit Wasserfassung, Druckleitungen und Turbinenhalle im Gebiet Findelbach. Die Planung und Erstellung der elektrischen Anlage erfolgte durch die Firma Brown, Boveri & Cie. in Baden. Für die Traktion wurde die Gleisanlage mit dem Zahnstangensystem von Ingenieur Roman Abt ausgestattet.

Bei Eröffnung der Bahn 1898 lag die Endstation noch rund 70 Höhenmeter unterhalb des Gornergrates. Mit einer Verlängerung der Strecke um rund 310 m wurde anno 1909 die heutige Lage der Bergstation auf 3089 m.ü.M. erreicht, womit der charakteristische, elegant geschwungene Bahndamm des letzten Streckenteils, und mit der Erstellung der markanten, historisierenden Bauten der Bergstation und des – nicht zur Gornergratbahn gehörenden – Hotels die prägende Baugruppe am Horizont entstand. Bis ca. 1942 konnte die Bahn bis zur Gipfelstation nur im Sommer betrieben werden. Ab 1928/1929 erfolgte ein Winterbetrieb bis Riffelboden, ab 1938/1939 bis Riffelberg. In den Jahren 1939 bis 1942 erfolgte der Bau der anspruchsvollen 770 m langen Riffelbordgalerie, womit der lawinengefährdete Hang des Riffelbords durchquert und ein durchgehender Betrieb auch im Winter sichergestellt werden konnte.

## Das Inventar[8]
### Technische Daten der Anlage

| | |
|---|---|
| Betriebslänge: | 9339 m (97.3 % Steigungs- und 2.7 % Horizontalstrecke), ab 1909 |
| Höhenunterschied: | 1485 m, ab 1909 |
| Spurbreite: | 1000 mm; Zahnstangensystem Abt (durchgehend, auch im Bereich der Depot-Anlagen) |
| Ausgangspunkt: | Zermatt, gegenüber Bahnhof Visp-Zermatt-Bahn, 1604 m.ü.M. |
| Bergstation: | Gornergrat 3089 m.ü.M (ab Juni 1909) |
| Mittlere Steigung: | 157 ‰ |
| Maximale Steigung: | 200 ‰ |
| Kurvenradius | 80 m (minimal) |
| Betriebssystem: | Drehstrom 750 V 50 Hz |
| Linienführung: | Triangulierte Trassenlage mit Kunstbauten / Stützbauwerken |

Ein eisenbahnhistorisches Streckeninventar beschreibt und bewertet die Gesamtanlage, die damit verbundenen Streckenabschnitte oder Ensembles und zuletzt auch die Einzelobjekte. Damit entsteht ein Blick auf die inneren Zusammenhänge und Besonderheiten der Anlage. Der Charakter einer Bahnanlage wird geprägt durch die konzeptionelle Struktur, die Summe und Abfolge der Anlagen entlang einer Strecke. Dazu gehört insbesondere die Trassenanlage, ebenso die Ingenieurbauten, Gebäude, Tunnel und Brücken oder technische Einrichtungen. In diesem Komplex können einzelne Abschnitte oder Objekte in Bezug auf ihre Qualität herausragen und eine besondere Bedeutung für die Wirkung und Eigenart der Bahnanlage besitzen. Qualitäten lassen sich nur im Vergleich bestimmen. Daher wurden eine Gesamtaufnahme und Übersicht über alle relevanten Objekte der Bahnanlage vorgenommen, um im Zusammenhang mit der Entwicklung und dem Unterhalt richtige, praxisnahe und verhältnismässige denkmalpflegerische Massnahmen vorschlagen und entwickeln zu können.

Im Rahmen des Inventares sind – mit Beschrieben, Fotos, Archiv- und Situationsangaben – erfasst:

- drei Streckenabschnitte (unterer, mittlerer, oberer Abschnitt)
- acht Ensembles (Station Zermatt, Kraftwerk Findelbach, Station Findelbach, Station Riffelalp, Dienst- und Servicehalt Riffelboden, Station Riffelberg, Station Rotenboden, Station Gornergrat)
- 136 Einzelobjekte (Gebäude, Brücken, Stützbauwerke, Werkstätten, Tunnel, Galerien, Kraftwerk- und Nebenanlagen).

Damit steht der Unternehmung wie den Behörden eine Beurteilungsgrundlage für den Fall von Projektvorhaben zur Verfügung.

Nicht im Inventar erfasst sind Schienen, Weichen, Signal- und Fahrleitungsanlagen sowie das Rollmaterial. Sie werden im Rahmen dieser Inventarisation als eisenbahntechnisches und betriebliches «Verbrauchsmaterial» angesehen. Im Einzelfall können solche Einrichtungen besondere (ggf. museale) und für das Image der Bahn wichtige Bedeutung besitzen. Nicht besonders erfasst sind zudem Perronanlagen und Bahnübergänge.

Die Erstellung der Gornergratbahn steht im Zusammenhang mit der eisenbahntechnischen Euphorie der zweiten Hälfte des 19. Jahrhunderts, die in der Schweiz einerseits ein dichtes – teilweise alpenquerendes – Bahnnetz, andererseits aus touristischen Motiven auch zahlreiche schienengebundene Bergbahnen entstehen liess. Die Gornergratbahn steht damit in einer Reihe qualifizierter Leistungen dieses Zeitraums, wie insbesondere die Arth-Rigi-Bahn (1875; Bergstation auf 1752 m.ü.M.), die Pilatusbahn (1889; Bergstation auf 2073 m.ü.M), die Brienz-Rothorn-Bahn (1892; Bergstation auf 2244 m.ü.M.), die Schynige Platte-Bahn (1893; Bergstation auf 1967 m.ü.M.), die Jungfraubahn (1896–1912; Bergstation auf 3454 m.ü.M.).

Bergbahnen wurden in der zweiten Hälfte des 19. Jahrhunderts oder um die Jahrhundertwende auch im Ausland, vor allem in Frankreich und Österreich gebaut. Aufgrund der geografischen Verhältnisse war die Schweiz im Bau von Bergbahnen führend. Pionierleistungen des Auslandes finden sich unter anderem im Bereich der Gebirgsbahnen (z. B. der Semmeringbahn 1848–1854).[9] Die Gornergratbahn – mit dem Baujahr von 1898 und der ergänzenden Verlängerung von 1909 auf die Höhe von 3089 m.ü.M. – ist neben der Jungfraubahn die zweithöchste Bergbahn in Europa. Sie führt ins Zentrum der hochalpinen Gebirgswelt. Die Bahnanlage ist das Resultat einer eindrücklichen bau- und vermessungstechnischen Leistung in hochalpiner Landschaft. Sie durchquert vom Talgrund her verschiedene geografische bzw. landschaftliche wie geologische Zonen; somit von einer alpinen, bewaldeten Lage im Tal über die Baumgrenze hinweg in eine offene, begrünte Alpsituation bis ins karge, hochalpine, durch Geröll und Fels geprägte Gelände. Die Anlage ist unter Ausnützung der topografischen Verhältnisse geschickt und präzise so ins Gelände gelegt, dass bei möglichst konstanter Steigung ein Minimum an Kunstbauten erforderlich ist. Hervorzuheben sind die charakteristischen und zahlreichen Stützbauwerke in Trockenbauweise, das damit präzise gegen die Umgebung abgegrenzte Trassee, einige aus dem Fels roh ausgebrochene Tunnel und die langgezogene und landschaftsprägende Riffelbordgalerie für den Schutz gegen Schnee und Lawinen und schliesslich die markante Silhouette der Bergstation.[10]

Die Gornergratbahn ist eine bauliche Grossleistung: Bemerkenswert ist vorab die Erstellung der Anlage innert zwei Jahren, wobei aufgrund der Witterung nicht das gesamte Jahr gebaut werden konnte. Sie ist – neben der Jungfraubahn – die einzige, derartige Anlage in der Schweiz (bzw. als Hochgebirgsbahn auch in Europa), die von Anfang an auf ein elektrisches Betriebssystem setzte. Aufgrund ihrer bahn- und ingenieurtechnischen Kennwerte sowie im Vergleich des nationalen wie internationalen Umfeldes handelt es sich um eine Anlage von hoher Bedeutung. Die von Anfang an vollständig bestehende Elektrifizierung war für eine Bergbahn in diesem Kontext und Umfang eine weitsichtige Pionierleistung.[11]

Die 1898 eigens erbaute Kraftwerksanlage ist nicht mehr in Betrieb und auch nicht mehr im Eigentum der Gornergratbahn. Der nötige Bahnstrom wird heute aus dem öffentlichen Versorgungsnetz bezogen. Die vorhandenen, teilweise noch intakten Anlagen (Turbinenhaus mit Turbinenanlage, Schieberhaus, Wasserkanäle, Diensthäuser) lassen jedoch die originale Struktur noch sehr gut erkennen.

English    The Gornergrat Railway entered operation in 1898 and is the second highest rail-bound mountain railway in Europe after the Jungfrau Railway, which went into operation in stages between 1896 and 1912. The approximately 9.4-kilometre-long route leads from the valley station in Zermatt (1604 metres above sea level), situated directly next to terminus station of the Visp – Zermatt Railway, up to the Gornergrat at an altitude of 3000 metres, where visitors can experience an impressive all-round view of the glacial Alpine world around Monte Rosa and the Matterhorn. The construction of the Gornergrat Railway is a consequence of the explosion of railway euphoria that took place particularly in the second half of the 19th century, which led to the emergence of a dense railway network in Switzerland – some of which crossed the Alps – as well as numerous rail-bound mountain railways for tourism purposes. The Gornergrat Railway is the result of an impressive achievement of construction and surveying in a high Alpine landscape. The precise train path routing is particularly notable, crossing various natural and geological zones from the wooded high valley to barren high Alpine areas. The system is cleverly laid out in such a way that minimal artificial structures are required with the most regular incline possible. The railway system generated its own traction current from the very start. In connection with the planned replacement of a bridge structure dating back to the construction of the railway, the authorising body requested that an inventory be drawn up. The historical railway line inventory that was then developed provides a general overview of this railway system, divided into three line sections, eight ensembles and 136 individual objects, and contains aims and suggestions for managing the inventory.

Français    Le chemin de fer du Gornergrat, mis en service en 1898, est le deuxième plus haut chemin de fer à crémaillère d'Europe, juste après le chemin de fer de la Jungfrau, mis en service par étapes entre 1896 et 1912. La ligne d'environ 9.4 km relie la station de Zermatt (1604 m d'altitude) – située juste à côté de la station terminale du chemin de fer Viège – Zermatt – au Gornergrat, à plus de 3000 m d'altitude, où l'on peut profiter d'une vue panoramique impressionnante sur les Alpes et les glaciers autour du mont Rose et du Cervin. La construction du chemin de fer du Gornergrat s'inscrit dans le contexte de l'euphorie en matière de technique ferroviaire, en particulier dans la seconde moitié du XIXe siècle, qui a vu naître en Suisse, d'une part, un réseau ferroviaire dense – en partie transalpin – et d'autre part, pour des raisons touristiques, de nombreux chemins de fer de montagne sur rails. Le chemin de fer du Gornergrat est le résultat d'une véritable prouesse en matière de technique de construction et de mensuration dans des reliefs alpins. La précision du tracé, qui traverse différentes zones naturelles et géologiques, de la haute vallée boisée aux hautes Alpes dénudées est particulièrement remarquable. Son ancrage judicieux dans la topographie avec une pente aussi régulière que possible permet de réduire le nombre d'ouvrages d'art nécessaire. Dès le début, l'installation ferroviaire disposait de sa propre production de courant de traction. Dans le cadre du remplacement d'un pont datant de l'époque de la construction du chemin de fer, l'autorité chargée de l'approbation a exigé la réalisation d'un inventaire. L'inventaire des lignes ferroviaires historiques élaboré par la suite offre une vue d'ensemble de l'installation ferroviaire, répartie en trois tronçons, huit ensembles et 136 objets individuels, et contient des objectifs et des propositions concernant l'utilisation du bâti.

| | | |
|---|---|---|
| Anmerkungen | 1 | Schild, Heinz: Visionäre Bahnprojekte. Die Schweiz im Aufbruch. S. 176, Zürich 2013. |
| | 2 | Leo Heer-Bétrix (1835–1890), Buchdrucker und Unternehmer aus Biel. War bereits am Projekt der Visp-Zermatt-Bahn sowie am Projekt der Jungfraubahn beteiligt. |
| | 3 | Xaver Imfeld (1853–1909), Ingenieur, Panorama-Zeichner; Kartograf aus Luzern, galt als der «berühmteste Ingenieur-Topograf» der damaligen Zeit. |
| | 4 | Schild (2013) (wie Anm. 1), S. 180. |
| | 5 | Ebd., S. 150. |
| | 6 | Ebd., S. 180. |
| | 7 | Gesässtunnel (40m); Brehfluestunnel (58m); Kalter Brunnen-Tunnel (18m); Landtunnel (200m). |
| | 8 | Angaben aus dem Inventarbericht der Autoren, 2019. Im Zusammenhang mit dem Ersatz der noch aus der Bauzeit der Strecke stammenden Getwingbrücke verlangte die Genehmigungsbehörde die Durchführung einer Inventarisation. |
| | 9 | Im Gegensatz zu Bergbahnen sind Gebirgsbahnen Verbindungsstrecken im Schienennetz, die topografisch schwieriges Gelände durchqueren (z. B. am Gotthard, Lötschberg, Bernina-Massiv, Vorarlberg). |
| | 10 | Wovon nur ein Teil direkt zur Bahnanlage gehört. |
| | 11 | Die Chemin de fer du Salève im französischen Departement Haute-Savoie war die erste elektrische Zahnradbahn überhaupt. Sie wurde 1892 eröffnet und 1937/1938 wieder vollständig abgebrochen. Sie führte in einer Läng6–8 von 9 km auf eine Höhe von 1140 m.ü.M. Sie verwendete ebenfalls das Zahnradsystem Abt, bezog den Strom jedoch aus einer seitlich angeordneten Stromschiene. |
| Abbildungsnachweis | 1 | David Gubler. |
| | 2–4 | Daniel Furrer. |
| | 5 | Toni Häfliger. |
| | 6–8 | Daniel Furrer. |
| | 9 | Inventardokumentation Gornergratbahn. |
| | 10 | Inventar Gornergratbahn, Scan Historische Postkarte um 1910. |
| | 11 | ETH-Bildarchiv online (ETH-Bibliothek). |
| | 12 | https://de.wikipedia.org/wiki/Gornergratbahn#/media/Datei:Gornergrat-bahn_mit_Matterhorn_um_1900.jpg. |
| | 13 | Historische Postkarte;https://www.kartenplanet.ch/schweiz/wallis/14088/som-met-du-gornergrat-et-le-monte-rosa. |
| | 14 | https://de.wikipedia.org/wiki/Gornergratbahn#/media/Datei:Bahnhof_Zermatt_1900.jpg. |
| | 15 | Inventar Gornergratbahn/ Staatsarchiv des Kantons Wallis. |
| | 16 | Foto: Museum für Gestaltung Zürich, Plakatsammlung, ZHdK; Bibliothèque publique de Neuchâtel; ©Bibliothèque de Neuchâtel. |

Abb. 1  Erst ab 1942 war der Winterbetrieb durchgehend bis Gornergrat möglich (Foto: David Gubler).

Abb. 2  1985/86 wurde die seit 1909 bestehende Dammkonstruktion auf Gornergrat auf Doppelspur erweitert (Foto: Daniel Furrer).

| Abb. 3 | Ansicht Gleisdamm vor Bergstation (Foto: Daniel Furrer). |
|---|---|
| Abb. 5 | Die Trasse wird durch präzis gesetzte Randabschlüsse begrenzt (Foto: Toni Häfliger). |
| Abb. 7 | Seit 1898 Sommerbetrieb bis Bergstation (Foto: Daniel Furrer). |
| Abb. 8 | Findelbachbrücke; Markantes Einzelobjekt (Foto: Daniel Furrer). |
| Abb. 4 | Riffelbordgalerie, erbaut 1939–1941. Ermöglichte den Winterbetrieb bis Gornergrat (Foto: Daniel Furrer). |
| Abb. 6 | Präzise angeordnete Stützbauwerke in Natursteinmauerwerk (weitgehend in Trockenbauweise) – charakterisieren die Strecke (Foto: Daniel Furrer). |
| Abb. 9 | Muster Inventarblatt (Erste Seite mit Übersicht). |

Linieninventar

10

11

12

13

14

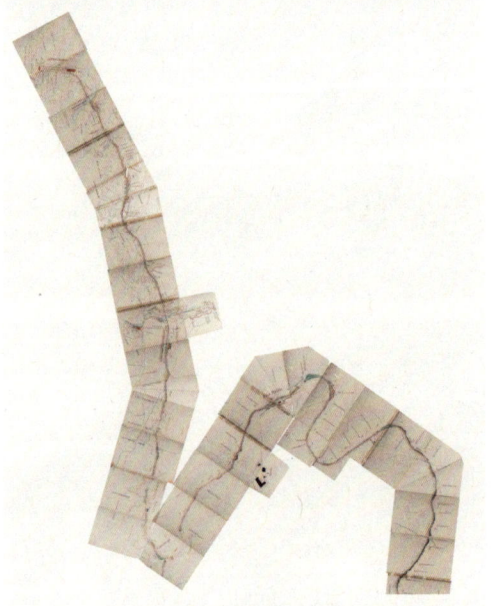
15

| | | | | |
|---|---|---|---|---|
| Abb. 10 | Bergstation mit Hotel Kulm, um 1910. | | Abb. 11 | Findelbachbrücke, um 1905. |
| Abb. 12 | Streckenbild oberhalb Findelbach, um 1900. | | Abb. 13 | Um 1909 erfolgte die Verlängerung des Trasses um rund 310m von der ehemals rund 70 m tiefer gelegenen Bergstation zur deren heutigen Lage (Kolorierte Postkarte o.J.). |
| Abb. 14 | Talstation Zermatt, um 1900. | | | |
| | | | Abb. 15 | Original des Streckenplanes von 1899 (Ausschnitt). |

Abb. 16  Werbeplakat (Lithographie: Eric de Coulon 1928).

# Grossbogenbrücken des späten 19. Jahrhunderts

Eine transnationale serielle Nominierung für das Welterbe
Rolf Höhmann

Wie werden Objekte für einen Welterbeantrag ausgewählt? Basiert die Auswahl auf Zufall oder umfangreichen Inventaren? Die Welterbeliste ist per Definition der UNESCO ein elitäres Projekt: Stätten mit ausserordentlichem universellen Wert, die für die Geschichte der Menschheit besondere Bedeutung haben. An dieser Stelle soll es nicht um das Antragswesen für die Welterbeliste gehen, sondern entsprechend des Themas dieses Tagungsabschnittes um Inventare und Studien als Grundlage einer fundierten Auswahl.

In der Frühzeit der Welterbenominierungen gab es an herausragenden Objekten keinen Mangel, die Beispiele Venedig oder der Kaiserpalast in Peking sind sicher unumstritten, andere Einträge erscheinen aus heutiger Sicht manchmal zufällig. Bei inzwischen über eintausend eingetragenen Welterbestätten wird die Auswahl aber schwieriger, was auch die zunehmend kritischeren Prüfungen, die umfangreichen Antragsdossiers und vor allem die anhaltende Kritik an nicht ausgewogener thematischer und geografischer Verteilung der Welterbestätten zeigt. Die Bauten der Moderne sowie der Technik und Industrie werden ausdrücklich als Defizite benannt.

Wollte man die Auswahlkriterien der Welterbelistennominierungen kategorisieren, könnte man vereinfacht vier Grundtypen nennen:

1. Ältestes, grösstes, längstes, bedeutendstes usw. als Kriterien, die zu Anfang der Konvention schnell erfüllt werden konnten.
2. Lobbyismus – vor allem in Bezug auf Religion, Zugehörigkeit und Vereinnahmung. Als Beispiele seien hier der Tempelberg in Jerusalem und Objekte kolonialer Herkunft genannt.

3. Thematische Studien – die UNESCO und ihre beratende Organisation ICOMOS bemühen sich um Studien zu bestimmten Themenbereichen, die als Inventare mit Vorschlägen für die Weiterentwicklung der Welterbeliste gelten können.
4. Auswahlprozesse in Untersuchungen, Tagungen und in Experten-Beiräten.

Ein Beispiel für die erste Kategorie, «grösstes, längstes, bedeutendstes» Brückenbauwerk, ist die im Jahr 2015 in die Liste aufgenommene Forth Railway Bridge.[Abb.1] Unter allen Fachleuten bestand kein Zweifel daran, dass es sich um den bedeutendsten Eisenbahnbrückenbau der zweiten Hälfte des 19. Jahrhunderts handelt. Die Länge der Brücke und ihre Spannweiten blieben bis 1919 unübertroffen.

Für den Bereich der Eisenbahnen und der ihnen zugehörigen modernen Brücken lagen schon früh thematische Studien als dritte Auswahlstrategie vor. 1996 veröffentlichte TICCIH (The International Committee for the Conservation of the Industrial Heritage) als beratende NGO im Auftrag von ICOMOS den «Context for World Heritage Bridges», verfasst vom inzwischen verstorbenen Eric DeLony. Er war Leiter des Historic American Engineering Record, in dem frühe Ingenieurbauwerke in den USA dokumentiert wurden. Der Fokus lag deshalb geografisch und sprachlich bedingt zunächst auf Beispielen aus den USA und dem englischen Commonwealth. Über den Austausch auf den TICCIH Konferenzen konnten aber auch viele kontinentaleuropäische Brücken eingebracht werden. Die verwendete Kategorisierung und Einordnung insbesondere der Eisen- und Stahlbrücken aus der Zeit der Industrialisierung sind aus heutiger Sicht nicht immer nachvollziehbar und schlüssig.

Drei Jahre später entstand auf Grundlage einer wissenschaftlichen Konferenz des im englischen Eisenbahnmuseum in York angesiedelten «Institute of Railway Studies» die ebenfalls von TICCIH initiierte Studie «Railways as World Heritage Sites» von Anthony Coulls. Im Ergebnis wurden dabei acht Bahnsysteme als welterbewürdig benannt:

1. Moscow Underground / Russia
2. Semmering Railway / Austria
3. Baltimore & Ohio Railway / USA
4. Great Zig Zag Railway / Australia
5. Darjeeling Himalayan Railway / India
6. Liverpool and Manchester Railway / UK
7. Great Western Railway / UK
8. Shinkansen System / Japan

Die Semmeringbahn war bereits in die Welterbeliste aufgenommen, ebenfalls die Darjeelingbahn zusammen mit der Kalka-Shimla- und der Nilgiri-Bahn als «Mountain Railways of India». An den ausgewählten Beispielen in den USA und dem Vereinigten Königreich ist die Problematik erkennbar, die bei der Nominierung grösserer Bahnsysteme besteht. Unbestritten waren Liverpool and Manchester Railway, Great Western Railway, und Baltimore & Ohio Railway sehr bedeutend für die Entwicklung der Eisenbahnen, (aber) als heute noch betriebene Systeme sind sie laufend Reparaturen, Erneuerungen und tiefgreifenden Umbauten unterworfen, so dass sie die von der UNESCO geforderte Authentizität und Integrität nicht mehr erfüllen können. Noch mehr gilt dies für das relativ junge Shinkansen-System, das ebenso anhaltenden Modernisierungen unterliegt.

Die Zahl der Eisenbahnen auf der Welterbeliste ist seither nur um zwei weitere Eintragungen gewachsen – 2008 mit der Albula- und Berninabahn sowie der

Transiranischen Bahn, die für manchen überraschend 2021 eingetragen wurde. Auf den Tentativlisten der Länder finden sich ein Lokdepot in Chile, die Cerdagne-Bahn in Frankreich und die Erweiterung der Mountain Railways of India um die Matheran- und die Kangra-Valley-Bahn.

Zu allen diesen Eisenbahnsystemen und -linien gehören immer Ingenieurbauwerke und dabei vor allem Brücken, wie z. B. die mehrstöckigen Viadukte der Semmeringbahn und das Landwasserviadukt der Albulabahn. Daher liegt es nahe, Brücken als Einzelobjekte auf ihre Tauglichkeit als Welterbe zu prüfen. Auf der Welterbeliste finden sich bereits zahlreiche Brücken. Aus der Zeit der Industrialisierung sind allerdings neben der Forth Bridge nur die Ironbridge und das Pontcysyllte Aqueduct – beide Teile grösserer Stätten – und die Schwebefähre in Bilbao vertreten. Auf den Tentativlisten finden sich neben Steinbogenbrücken die Salginatobelbrücke und die Brooklynbridge in New York. In der Studie von Eric DeLony werden für die Neuzeit die sich überschneidenden Kategorien «Eisenbahn-Viadukte und Trestlebrücken» sowie «Stahlbrücken» aufgeführt. Darunter befinden sich auch drei Brücken der nachfolgend beschriebenen Auswahl.

Das Projekt zur Beantragung der sechs Grossbogenbrücken entstand aus dem zunächst gescheiterten Versuch, die Müngstener Brücke als Einzelobjekt für die bundesrepublikanische Tentativliste zu nominieren. In der Ablehnung der Jury im Jahr 2012 wurde empfohlen, vergleichbare Brücken zu ermitteln und möglicherweise in einen transnationalen Antrag einzubringen. Neben der thematischen Studie wurden dazu in der Literatur, durch Konsultation mit Kollegen vor allem aus dem Bereich der Konstruktionsgeschichte und in internationalen Tagungen und Konferenzen Vergleichsobjekte diskutiert und erforscht. Parallel wurden unter Berücksichtigung der Beispiele die Auswahlkriterien definiert:

- Grosse Eisenbahn-Bogenbrücken
- Jeweils grösste Spannweite (> 150 m) im Land/Kontinent
- Bedeutende Weiterentwicklung bei Statik und Materialeinsatz
- Verbindungslinien zwischen Ingenieuren und Firmen
- Freier Vorbau
- Bauzeit zwischen 1875 und 1900
- Internationale Vergleichsanalyse gemäss UNESCO Operational Guidelines

Die Geschichte der ausgewählten grossen eisernen und stählernen Bogenbrücken begann 1875 mit der Maria-Pia-Brücke in Porto, bei der Gustave Eiffel und sein Ingenieur Théophile Seyrig erstmals ihre Erfahrungen und Fähigkeiten im Bau von schmiedeeisernen Fachwerkbrücken mit einer Bogenkonstruktion kombinierten.[Abb. 2] Bogentragwerke in Stein waren seit Jahrtausenden bekannt und bewährt, Eisenfachwerk und freier Vorbau für die Fa. Eiffel Routine. Die guten Produktionsmöglichkeiten ihrer Werkstatt führten zu einer neuen eindrucksvollen Lösung mit einer Rekord-Spannweite von 160 m. Eiffel wurde daraufhin verpflichtet, in Frankreich noch grösser zu bauen, der Viaduc de Garabit übertraf die Vorgängerin um fünf Meter Spannweite.[Abb. 3] Seyrig hatte sich zwischenzeitlich von Eiffel getrennt, um seine eigene Brücke in Porto zu bauen, die sich durch eine abgehängte Fahrbahn und weiter vergrösserter Spannweite deutlich unterscheidet. Es handelt sich nicht um eine reine Eisenbahnbrücke, sie wurde zunächst von der Strassenbahn und wird heute von der Metro genutzt.

Erst während der Diskussionen unter den Experten wurde bekannt, dass auch in Italien eine bisher wenig beachtete und bekannte grosse Bogenbrücke existiert,

Bautypinventar

die von dem nach Italien ausgewanderten Schweizer Ingenieur Jules Röthlisberger entworfen wurde: Die Ponte San Michele über die Adda mit 150 m Spannweite zeigt mit ihrer doppelten Nutzung als Eisenbahn- und Strassenbrücke eine weitere Besonderheit auf. Die Müngstener Brücke, von der die Nominierung ausging, war ein nationales deutsches Prestigeprojekt, mit dem man deutschen Ingenieurgeist nachweisen wollte, vor allem im Vergleich zu Eiffels Bauten. Die Spannweite übertraf zwar nicht die von Seyrigs Ponte Dom Luis I. in Porto, war aber trotz der höheren Belastung durch zwei Gleise vergleichbar elegant und nutzte neue Erkenntnisse der Statik.[Abb. 4] Als Endpunkt der Entwicklung kann der Viaduc du Viaur gelten, der Elemente der Grossbogenbrücken mit der Auslegerkonstruktion der 1890 fertiggestellten Forth Bridge kombinierte und mit 220 m Spannweite eine neue Dimension erreichte.[Abb. 5]

Beim Studium dieser Auswahl stellten sich weitere interessante Aspekte heraus: Die Entwicklung der Grossbogenbrücken fand in einem relativ kurzen Zeitabschnitt und in einer begrenzten Region statt. Zwischen 1875 und etwa 1900 wurden die wesentlichen Grundlagen bei der Materialwahl (vom Schmiedeeisen zum Stahl), der Berechnungsmethoden und der Bauausführung entwickelt. Die seinerzeit führende Industrienation Grossbritannien war dabei nicht beteiligt, Brücken wurden dort weiter als Mischkonstruktionen entwickelt. In den USA und Australien (Sydney Harbour Bridge) wurden erst um 1920 vergleichbare Grossbrücken als «hybride» Konstruktionen erbaut.

Ein bisher vernachlässigter und noch nicht tiefer untersuchter Aspekt sind die Verbindungslinien zwischen den Ingenieuren und Baufirmen der beteiligten Nationen. Dies betrifft die Entwicklung der Berechnungsmethoden und der Statik, bei der die ETH Zürich und ihr Professor Karl Cullmann eine herausragende Rolle spielte – einige der beteiligten Ingenieure waren seine Schüler. Der Austausch zwischen diesen Fachleuten war trotz allen Wettbewerbs über Grenzen hinweg durch Veröffentlichungen, Reisen, Abwerbungen und wechselnden Auftraggeber und Firmen sehr intensiv. Ähnliches gilt wahrscheinlich für die beteiligten Firmen, so dass hier durchaus von einem frühen gesamteuropäischen Projekt gesprochen werden kann.

Die Nominierung der Grossbogenbrücken des 19. Jahrhunderts als transnationaler serieller Antrag liegt dem Auswahlkomitee für nationale Tentativlistenanträge der Bundesrepublik Deutschland vor, eine Entscheidung soll im Jahr 2023 erfolgen.

English

Railway heritage has so far been included in the World Heritage List in various forms: as major linear transport systems, such as the Semmering Railway, or as access railways for mountain regions and tourism, such as Albula and Bernina, and the Indian Mountain Railways. The aspect of «railways and landscape» was always taken into account in this context. Individual railway objects also appear in the tentative lists of various countries; however, so far, only the Firth of Forth Bridge in Scotland – which is undoubtedly unique and has outstanding universal value in terms of the UNESCO Convention – has been included on the World Heritage List. As part of the ongoing tentative list for Germany, there are currently two initiatives to nominate railway bridge structures. The federal state of Saxony proposes the Göltzsch Viaduct. Ten years ago, the state of North Rhine-Westphalia tried to include the Müngsten Bridge in the Federal Republic's tentative list of the time; the expert jury, however, asked them to look for similar bridges around the world and, if possible, include the bridge in a transnational serial application. Six European bridges now make up this series of great iron and steel arch bridges, built to similar dimensions during the last quarter of the 19th century in the context of a type of peaceful competition: first the Ponte Maria Pia by Eiffel, located in Porto, and then his Garabit Viaduct in France. The Ponte Dom Luis I in Porto was designed by a colleague of Eiffel, while the Ponte San Michele in Lombardy was designed by the Swiss-born engineer, Jules Röthlisberger. The Müngsten Bridge can be considered a response to these constructions from the German architects of the time. The Viaduc de Viaur in France represents an end point to this development phase around the turn of the century. When researching the history of these bridges, the discovery of countless links between the architects, engineers and construction companies raised particular interest: communication over the borders of the nations involved appeared to be easy and this attests to an early phase in European collaboration.

Français

Actuellement, les monuments ferroviaires sont classés au patrimoine mondial sous différentes formes: en tant que grandes installations de transport linéaires comme la ligne du chemin de fer du Semmering et en tant que lignes de desserte de régions de montagne et touristiques comme l'Albula et la Bernina et les chemins de fer de montagne en Inde. À cet égard, l'aspect «chemin de fer et paysage» a été systématiquement pris en compte. Les listes indicatives de différents pays contiennent également des objets ferroviaires. Toutefois, jusqu'à présent, seul le pont du Forth en Écosse, dont le caractère unique est incontestable et qui possède une valeur universelle exceptionnelle au sens de la convention de l'UNESCO, a été inscrit sur la liste du patrimoine mondial. Dans le cadre de la procédure en cours des listes indicatives, deux initiatives de nomination de ponts ferroviaires émanent de l'Allemagne. Le Land de Saxe propose le pont de la vallée du Göltzsch. Il y a dix ans, le Land de Rhénanie-du-Nord-Westphalie avait déjà voulu inscrire le viaduc de Müngsten sur la liste indicative de la République fédérale, mais le jury d'experts lui avait demandé de rechercher des ponts comparables au niveau international et de les intégrer, le cas échéant, dans une demande sérielle transnationale. Six ponts européens forment désormais cette série de grands ponts en arc, en fer et en acier, qui ont été construits dans le dernier quart du XIXe siècle dans des dimensions similaires et dans le cadre d'une compétition pacifique: le premier fut le pont Maria Pia construit par Gustave Eiffel à Porto, puis son viaduc de Garabit en France. Le pont Louis 1er à Porto a été conçu par un disciple de Gustave Eiffel, le pont San Michele en Lombardie par l'ingénieur Jules Röthlisberger, originaire de Suisse. Le viaduc de Müngsten peut être considéré comme la réponse des ingénieurs allemands à ces réalisations. Le Viaduc de Viaur en France a constitué le point final de cette évolution au tournant du siècle. La recherche historique sur ces ponts a mis au jour les nombreuses interconnexions entre les concepteurs, les ingénieurs et les entreprises de construction, qui communiquaient manifestement sans problème par-delà les frontières des nations concernées, et qui témoignent d'une coopération européenne précoce.

Abbildungsnachweis  1–5  Rolf Höhmann, Copyright beim Autor.

1

2

Abb. 1  Forth Railway Bridge (Foto: Rolf Höhmann 2015).

Abb. 2  Fabrikschild von Eiffel an der Maria Pia Brücke, Porto (Foto: Rolf Höhmann 1990).

3

4

5

| Abb. 3 | Viaduc du Garabit (Foto: Rolf Höhmann 1991). | Abb. 5 | Viaduc du Viaur (Foto: Rolf Höhmann 2019). |

Abb. 4   Ponte Dom Luis I, Porto (Foto: Rolf Höhmann 1990).

# Landschaft in der Eisenbahndenkmalpflege

Fragestellungen zu Vegetation und Topografie im Welterbe Semmeringeisenbahn
Roland Tusch und Daniela Lehner

In der Landschaft wird unser vielfältiges Kultur- und Naturerbe sichtbar. Ständiger Wandel und Veränderung charakterisieren die Landschaft. Das Verständnis von Landschaft hat sich vom Idealbild einer Szenerie entfernt. Heute verstehen wir Landschaft als komplexes System, das durch natürliche Prozesse und menschliche Eingriffe gleichermassen geprägt wird. Hier treffen geografische, politische, territoriale, ökonomische, soziale, ethnologische, planerische, philosophische und ästhetische Aspekte und Bedeutungen aufeinander.[1]

Verkehrswege wie Eisenbahnen überformen die Landschaft und werden zu deren integralen Bestandteilen. «Dämme, Einschnitte, Brücken müssen aus der Landschaft heraus entwickelt oder bewusst als neue Elemente in die Landschaft gesetzt werden. [...] Der Umgang mit diesen scheinbar nebensächlichen Dingen ist entscheidend. Letztlich werden sie alle Teile unseres Erlebnisraumes, Teil unserer Landschaft.»[2] Die Landschaft «besteht nicht mehr aus Restflächen zwischen den Infrastrukturen, sondern bildet zusammen mit den integrierten Infrastrukturbauten ein Ganzes»[3, Abb.1]

Eisenbahnen sind Teil der industrialisierten Landschaft. Anthony Coulls zählt sie zu den wichtigsten industriellen Stätten, die es auch wert sind, als Welterbe ausgewiesen zu werden. Er beschreibt Eisenbahnen als soziotechnische Systeme und appelliert für eine ganzheitliche Betrachtung, die auch den breiteren historischen Kontext ihrer Entwicklung berücksichtigt. Das Streben nach Modernisierung und Effizienzsteigerung charakterisiert die Entwicklungsgeschichte der Eisenbahn.[4] Kontinuierlicher Wandel und Weiterentwicklung sind typisch für die Landschaft im Allgemeinen und für Eisenbahnlandschaften im Besonderen.

## Topografie und Vegetation

Topografie und Vegetation konstituieren den Landschaftsraum, in den Eisenbahnen eingeschrieben werden. Planung und Entwurf von Trassen und Kunstbauten erfordern die Auseinandersetzung mit den Grundzügen der Landschaft.[5] Durch den Bau von Eisenbahnen wird die Landschaft in grossem Umfang gestört, verändert und umgestaltet.[6] Sie greifen in den Landschaftsraum ein und ordnen ihn neu. Die Bewältigung der Topografie ist für den Bahnbau eine zentrale Herausforderung. Dabei hat das Prinzip, zwei Punkte in der Landschaft entlang einer möglichst ebenen und geraden Linie miteinander zu verbinden, bis heute Gültigkeit. Je anspruchsvoller die Topografie ist, desto aufwendiger ist die Integration der Bahntrasse in die Landschaft. Carl Ritter von Ghega beschrieb die Herausforderung der Planung der Semmeringbahn: «Bei den Vorstudien zur Entwerfung der Pläne spielt aber die durch wiederholte Begehungen gewonnene praktische Anschauung des Terrains, insoferne eine wichtige, ich möchte sagen die wichtigste Rolle, als diese im Vereine mit einer vor- und beiläufigen Ermittlung der Linie auf dem Felde die Grundlage zu deren wirklichen Aussteckung und zu den übrigen technischen Operationen bildet.»[7] Für den Bau der Semmeringbahn nutzte Ghega die künstliche Längenentwicklung der Strecke und konnte so die Steigungen moderat halten. Mit minimalen Kurvenradien und maximalen Steigungen misst sich die Bahntrasse an der Topografie, die mit Einschnitten, Aufschüttungen, Tunneln und Viadukten ergänzt wurde. Die anspruchsvolle Gestaltung der Kunstbauten bereichert die Landschaft und ermöglicht eine neue Form ästhetischer Landschaftswahrnehmung aus dem fahrenden Zug. Durch die Trassierung der Bahn erfuhr der Semmering eine komplexe lineare Prägung. [Abb. 2]

Die Semmeringbahn führte einen neuen Massstab in die Landschaft ein. Zu Baubeginn veränderten grossflächige Rodungen schlagartig den Landschaftsraum. Nach der Bauzeit wurden die gewaltigen Schüttkegel aus dem Ausbruchmaterial der Tunnel von Gehölzen überwachsen und traten in den Hintergrund. In Beschreibungen wurde nun die harmonische Integration der Bahntrasse in die Landschaft als Resultat der sorgfältigen Trassierung hervorgehoben. Seit Mitte des 19. Jahrhunderts bildet die Bahntrasse eine stabile Konstante im Landschaftsraum Semmering, während der durch Vegetation konstituierte Raum schnelleren Veränderungen unterliegt. Durch Wachstum, forst- und landwirtschaftliche Pflege und Bewirtschaftung befindet sich der Landschaftsraum in kontinuierlichem Wandel. [Abb. 3a–b]

## Dynamik der Modernisierung

Auch die Anforderungen des sicheren Bahnbetriebs hinterlassen immer wieder ihre Spuren in der Landschaft. Die ersten hundert Jahre fuhr man im Dampfbetrieb über den Semmering. Um Waldbrände durch den Funkenflug der Lokomotiven zu vermeiden, hielt man beidseits der Bahn einen breiten Brandschutzstreifen von Gehölzen frei. Ende der 1950er Jahre wurde die Strecke elektrifiziert. Heute wird nur noch ein schmaler Korridor von Gehölzen freigehalten, um Sturmschäden an der Fahrleitung durch entwurzelte Bäume zu verhindern.

1998 wurde die Semmeringbahn als erste Bahnstrecke der Welt zum UNESCO Welterbe erklärt. Seither gewinnt der Tourismus in der Region wieder an Bedeutung. Durch das Ausholzen und Freistellen der Kunstbauten öffnet man ausgewählte Blicke auf die Ikonen der Semmeringbahn. Diese Veränderung gibt

Zeugnis über die zeitgenössische kulturelle Wertschätzung des historischen Bahnbauwerks. Abb. 4a–b

Seit 2012 befindet sich der Semmering in einer neuen Phase der Modernisierung. Der Ausbau des transeuropäischen Verkehrsnetzes erfordert den Bau des Semmering-Basistunnels. In Gloggnitz und Mürzzuschlag trifft die Neubaustrecke auf das UNESCO Welterbe der historischen Bahnstrecke. Besonders die grossen topografischen Veränderungen im Umfeld der Tunnelportale erfordern eine sorgfältige gestalterische Bearbeitung. Ein Gestaltungsbeirat begleitet die Einbindung des Bahnbauwerks in den Landschaftsraum. Die Neubaustrecke und das historische Bahndenkmal sollen sich zukünftig als Geschwisterpaar selbstverständlich ergänzen.[8]

## Spezifische Lösungen für Eisenbahnlandschaften

Landschaft unterliegt natürlichen Prozessen von Wachstum und Verfall ebenso wie menschlichen Eingriffen. Bahntrassen prägen sich in den Raum ein und sind integrale Bestandteile der Landschaft. Natürliche Prozesse, technische Erneuerung und Modernisierung charakterisieren Eisenbahnlandschaften.

Die Eisenbahndenkmalpflege ist gefordert, neue Konzepte zu entwickeln, die die prozessuale Dynamik der Landschaft ebenso berücksichtigen, wie die Modernisierungsdynamik der Eisenbahn. Welche Rolle spielt die Topografie vor dem Bau der Bahn für das Denkmal? Wie ist die durch den Bahnbau gestaltete Topografie zu bewerten? Wie geht die Denkmalpflege mit topografischen Veränderungen, die im Zuge von Modernisierungen der Bahn entstanden sind, um? Auch der Umgang mit der dynamischen Entwicklung der Vegetation erfordert spezifische denkmalpflegerische Konzepte. Die gestalterischen Möglichkeiten von Landschaftspflege und Forstwirtschaft sind zu nutzen und können als Potenziale für die lebendige Entwicklung des Denkmals verstanden werden. Anforderungen an den sicheren Betrieb und Bedürfnisse nach freier Sicht aus der Bahn und auf die Kunstbauten sind im Rahmen der Denkmalpflege als Gestaltungsaufgaben wahrzunehmen. Eisenbahndenkmäler können und sollen nicht als statisches Bild eines beliebigen Zustandes konserviert werden, sondern sind durch kulturelles Handeln verantwortungsvoll weiterzuentwickeln. Dabei gilt es, eine kontinuierliche Veränderung zuzulassen und ein bewusstes Gestalten dieser Prozesse anzustreben.

English

The train path routing for a railway changes the landscape on a major scale. At the beginning of the construction of the railways, areas are cleared, and the topography is modelled and the foundations prepared with embankments and trenches. A unique infrastructural landscape was created on the Semmering Railway in the mid-19th century when the foundations were supplemented with impressive engineering structures. In the first years of operation, passengers were presented with a bare landscape, characterised by scree and mounds of debris from the construction site. Over time, the forests reclaimed the landscape. At the time of steam-powered trains, a corridor was kept free of wood to protect against fire. Once the line was electrified, this corridor was also reforested. Today, tourists demand unobstructed views of the viaducts, galleries, and tunnel portals, and so visual axes are cleared. How are these phases of landscape change to be classified in the context of heritage preservation? The modernisation dynamics of railway monuments and the procedural dynamics of the landscape pose equal challenges for railway heritage preservation. Appropriate landscape conservation measures must be developed to accompany the modernisation of the railways and to be understood as cultural contributions to the development of a continuous historical process. The contribution discusses the landscape aspects of topography and vegetation of railways. The different historical phases of the Semmering Railway, from its construction to the building of the new base tunnel, serve as examples. This helps to highlight current issues in the landscape context of railway monument preservation.

Français

Le tracé des chemins de fer modifie considérablement le paysage. La construction de voies ferrées commence par des défrichements. La topographie est modelée par des remblais et des déblais, et l'infrastructure préparée. Au milieu du XIXe siècle, le chemin de fer du Semmering a vu naître un paysage d'infrastructure unique en son genre via l'ajout d'ouvrages d'art impressionnants à l'infrastructure. Durant les premières années d'exploitation, les voyageurs découvraient un paysage dénudé, jalonné d'éboulis et de cônes de déjection du chantier. Au fil des années, le paysage s'est reboisé. À l'époque de l'exploitation à vapeur, un corridor non boisé servait à protéger la ligne ferroviaire des incendies. Après l'électrification de la ligne, ce corridor a également été reboisé. Aujourd'hui, des axes visuels sont dégagés pour permettre aux touristes de disposer d'une vue sur les viaducs, galeries et portails de tunnels. Comment situer ces phases de transformation du paysage dans le contexte de la conservation du patrimoine? La dynamique de modernisation des monuments historiques ferroviaires et la dynamique processuelle du paysage posent autant de défis à la conservation des monuments historiques ferroviaires. Des mesures appropriées d'entretien du paysage doivent être développées pour accompagner la modernisation du chemin de fer et s'entendre comme des contributions culturelles au développement d'un processus historique continu. La contribution traite des aspects paysagers de la topographie et de la végétation des chemins de fer. Elle s'appuie pour ce faire sur les différentes phases historiques du chemin de fer du Semmering, de sa construction à celle du nouveau tunnel de base. Elle vise ainsi à mettre en évidence des problématiques actuelles dans le contexte paysager de la conservation du patrimoine ferroviaire.

Anmerkungen

1 Kühne, Olaf: Distinktion – Macht – Landschaft: Zur sozialen Definition von Landschaft. Wiesbaden 2008, S. 13.
2 Weinzierl, Wolfgang: Trassenplanung von Anfang an, S. 28. In: Garten + Landschaft 5 (Verkehr) (1997) 27–28.
3 Burkhalter, Marianne; Sumi, Christian: Einführung, S. 14. In: Burkhalter, Marianne; Sumi, Christian (Hg.): Der Gotthard: landscape, myths, technology, Zürich 2016, S. 13–15.
4 Coulls, Anthony, Divall, Collin Michael: Railways as World Heritage Sites. Paris 1999, S. 24.
5 Ebd., S. 5.
6 Weinzierl (1997) (wie Anm. 2), S. 27.
7 Hvattum, Mari: The Man Who Loved Views: C. A. Pihl and the Making of the Modern Landscape, S. 117. In: Hvattum, Mari, Brenna, Brita, Elvebakk, Beate, Kampevold Larsen, Janike (Hg.): Routes, Roads and Landscapes. Surrey 2011, S. 113–124.
8 Ghega, Carl Ritter von: Malerischer Atlas der Eisenbahn über den Semmering. Wien 1854, S. 16.
9 Häfliger, Toni, ICOMOS: «Report on the Semmering Railway (Austria) Mission 20–23 April, 2010», S. 16, https://whc.unesco.org/document/127353 (zuletzt aufgerufen: 13.12.2022).

Abbildungsnachweis

1 Library of Congress: LC-DIG-ppmsc-09599. Anmerkung: Abrufbar unter: https://commons.wikimedia.org/wiki/File:Semmering-09599u.jpg (zuletzt aufgerufen: 09.01.2023). «The author of this image from Switzerland is unknown, and the image was published at least 70 years ago. It is therefore in the public domain in Switzerland by virtue of Art. 31 of the Swiss Copyright Act».
2 BEV - Bundesamt für Eich- und Vermessungswesen, CC BY 4.0, https://creativecommons.org/licenses/by/4.0/deed.de, Bearbeitung Roland Tusch.
3a–b Foto 3a: Archiv Technisches Museum Wien, Inv.Nr. EA-000816-07. Foto 3b: Österreichische Nationalbibliothek, Zitierlink: http://data.onb.ac.at/AKON/AK046_330.
4a–b Foto 4a: Roland Tusch 2008. Foto 4b: Dominik Rosner 2022.

Abb. 1　　Wagnergraben-Viadukt/Jägergraben, Ansichtskarte um 1900, Eisenbahn als integraler Bestandteil der Landschaft.

Abb. 3a–b　Kalte-Rinne-Viadukt, links 1871, rechts 1928, die zunehmende Bewaldung der Schüttkegel relativiert die Dimension der Eingriffe in die Landschaft.

Abb. 2　　Integration der Bahnlinie in die Topografie des Semmering.

Abb. 4a–b　Weinzettelwand-Galerie. 4a 2008 (Foto: Roland Tusch 2008). 4b 2022, das Freistellen der Kunstbauten folgt touristischen Erwartungen (Foto: Dominik Rosner 2022).

Spezifische Inventorisationsaspekte: Landschaft

# Landscape Visits of the World Registered Railways

Case Study: Trans-Iranian Railway
Mohammad Mohsenian

Beyond its main function as a transportation system, the railway has always been a tourist attraction, and today, in view of its two hundred years of history, the equipment and structures related to the railway are considered part of the industrial heritage. The registration of four railway routes in the UNESCO World Heritage List has drawn additional attention to this aspect of the railway. This has in turn increased the responsibility of the relevant authorities to respond to this attention which is actually outside the scope of the activities defined for the railway as a transportation system. In this article I will first discuss the reasons why the railway is attractive to the general public, and based on that, I will have a look at the best way to visit and use this attraction, and holding this point of view, introduce a part of the Trans-Iranian Railway which is eligible for this purpose.

## Why are railways attractive to many?

The attractiveness of the railways can be considered in several ways. Structures, technical equipment, and rolling stock, as industrial heritage, are of interest to those keen on this field, and based on this attraction and the need to respond to the enthusiasm of the audience, various railway museums have been formed. But the railway has a special attraction that cannot be easily described. An attraction that draws the attention of non-specialists too. It seems that the best way to understand this fascination is to use theories of landscape aesthetics. It can largely explain the reason for this fascination.[1] Chart one shows the criteria of landscape aesthetics.

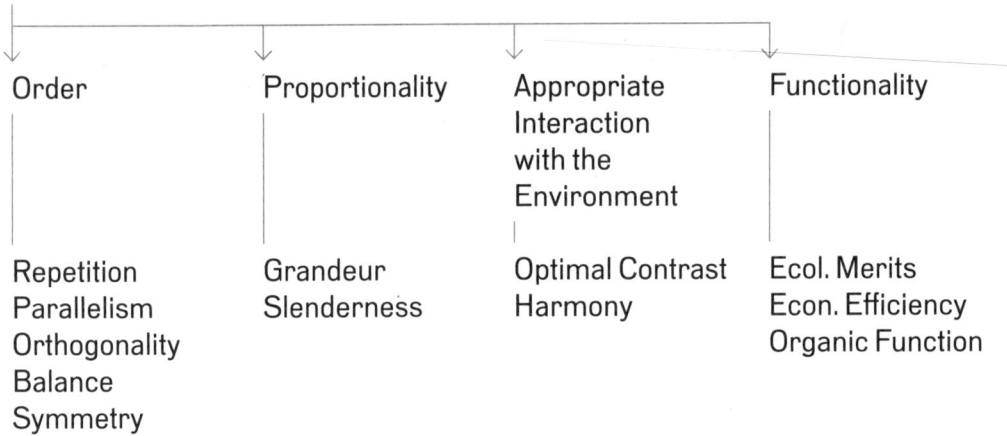

## Order

Order has always been identified as one of the beauty factors. It should be noted that order is not necessarily synonymous with simplicity, and complex subjects can be understood orderly if the human mind can recognise certain patterns. The five components of repetition, parallelism, orthogonality, balance, and symmetry lead to the understanding of order by the human mind. Repetition, parallelism, and orthogonality can be observed at their highest level in the two parallel rails and sleepers of a railway track and that's why they are common subjects of photography. These three components can be found in railway buildings and structures.

Symmetry and balance are other components of order that can be seen especially in bridges, tunnel openings, and structures such as galleries and walls.

## Proportionality

Proportion is one of the factors that make a piece of work look beautiful, and elongation is known as one of the indicators of proportionality in structures which means that narrow and elongated structures look beautiful. Viaducts are great examples proving this idea.

## Appropriate interaction with environment

Proper interaction with the surrounding environment is an important factor in creating beauty. This interaction does not necessarily mean being in harmony with the environment. In some cases, being in conflict with the environment, based on correct and creative thinking, can lead to proper interaction. In the case of the railway the multiple arcs of the railway line to coordinate with different terrains are considered to be examples of proper interaction with the environment. Interestingly, sometimes the opposite, that is, seeing the straight path of the railway going through uneven terrains, can attract attention. On a small scale, this interaction can be seen in the trenches and on a larger scale, it can be seen in the successive passage of the line through the bridges, tunnels, and trenches in the mountainous areas. Additionally, in most cases the desired interaction can be observed in railway bridges, tunnel entrances, and walls.

## Functionality

This indicator is one of the cognitive factors effective in understanding the beauty of a piece of work. In other words, being aware of the desired function and good use of a piece of work makes it look beautiful. In addition to the much better performance of railway transportation from an environmental and safety point of view (which are very significant), an important feature distinguishing a railway from a road is the performance of the components of the railway system as a single organ. Unlike the road, where the traffic flows without each vehicle being controlled, in a railway route, even the empty railway line is considered a part of a planned whole and it is constantly cared for and monitored, and like a living being, any change in one part of the path can have an immediate effect on other parts of the system. Here, the viewer is actually faced with a living and integrated being, and this gives the railway a wonderful charm.

### What is the best way to discover the attraction of the railways?

Railway museums, including buildings, technical equipment, and rolling stock, play an important role in responding to enthusiasts, but the attractiveness of railways, especially to the general public, goes beyond the limited museum space. In other words, according to what was said about the indicators of the attractiveness of the landscape, seeing a railway track in a natural environment with all its components, including buildings, two parallel rails and sleepers, bridges, tunnels, walls, and the train that moves on it, is what engages the audience with the magic of the railway. Using scheduled or tourist trains is a common way to visit railway tracks, but visitors on these trains, even if equipped with panoramic windows or roofless carriages, enjoy the train tracks more than the railway landscape. To visit the railway landscape, it should be possible to see the route from points that are in the right position and the right distance from the railway. The authorities of the world registered railways have an important responsibility in this regard, and it is necessary to provide appropriate facilities for the audience to better understand the routes under their management. To this end, various measures must be taken:

1. Identifying the most attractive places along the railway, based on its natural, technical, or historical factors.
2. Proper access to identified points which can be reached by car, bicycle, or on foot, depending on the location.
3. Providing the point-related information by installing signs, maps, websites, and applications.

### The special situation of the Trans-Iranian Railway

Trans-Iranian Railway is the fourth world registered railway. Starting from a height of -28 m on the shores of the Caspian Sea in the north, it crosses the Alborz and Zagros Mountain Ranges and climbs twice to an altitude of 2200 m and finally reaches the level of the open seas on the coast of the Persian Gulf in the south. [Fig.1]

The engineering solutions used to solve the challenges of crossing these two mountain ranges have led to the creation of one of the most beautiful railways in the world and it is obvious that viewing its landscape is very attractive. In the northern part, the existence of the Tehran-Firoozkooh highway which too crosses the Alborz Mountain Range, has provided a very good opportunity to see the landscape of the railway, but in the southern part of the railway which crosses the Zagros Mountain Range, there is no such road and for this reason, it is not easy to see the railway landscape in this part. But in this section, there is a very important potential to provide a dedicated route for visiting the railway landscape which could make it an exceptional example in the world.

# Rehabilitation plan of a railway access road in Zagros

After the city of Dorud, the railway route moves towards the valley of Dez River and then directly enters the Zagros Mountain Range and goes southwards. After 135 km, at Shahbazan Station, it leaves the mountains. This section of the Trans-Iranian Railway was considered the most impassable section of the project in the 1930s and to build it, 139 tunnels and galleries with a total length of 55 km have been built, which is equivalent to 41 per cent of the total route! Prior to the construction of the railway, this route was not a place of residence or even a human passage and for this reason it was necessary to build an access road to the route before the construction of the railway. Fortunately, after nearly ninety years, the traces of this road can still be seen in the Zagros Mountain Range and along the railway. This road has exceptional potential to be used as a railway landscape visiting route. Some of the features of this road are:

*Minimum distance from the rails*
The road is built at the shortest possible distance from the railway and provides a very good access and view to the railway landscape.

*A relic of the project implementation period*
Since it was built to support the construction of the railway, traces of the accommodation camps of workers working on the construction of the railway can still be seen next to the road. They are an important part of the history of the construction of the Trans-Iranian Railway. The construction of the road was very challenging. At first, the road was built to a width of two meters and with the transfer of technical equipment, the width of the road was expanded to four meters.[2] In some parts, half-tunnels were built to take the road through the rocky cliffs, a number of pile and suspension bridges were built to cross the valleys and rivers. A number of cable transmission systems also provided the connection between the road and the railway. In general, it should be said that the road has technically significant features that, even independently of the railway, is an attractive site to visit. [Fig.2a–e]

*The natural attractions of the route*
The railway and its access road in the Zagros Mountain Range move along the valley of Dez River and go through the sparse oak forests and altogether manifest the beauty and attractiveness of the pristine and untouched nature in different seasons. Several unique natural attractions can be seen in close proximity to this road that were discovered ninety years ago due to the access created to this area. Iran cave barb (*Garra typhlops*), a blind fishcave and Luristan Newt (*Neurergus kaiseri*), a salamander living in the Zagros Mountains, two exclusive species of this region and globally famous, are among these cases.

*International face*
Trans-Iranian Railway is a unique example of international partnership. The Iranian government's haste to build the railway as quickly as possible, the poor state of the European companies and their manpower as a result of the 1929 Wall Street crisis, and the ready-to-pay budget for construction in Iran attracted many companies and individuals from various European countries.[3] A manifestation of this international partnership can be seen on the road as ten different companies from eight countries contributed in this 150 km section. Additionally, other companies and nationals from several European countries worked as subcontractors in the same sector. [Fig. 3] The graves of a number of workers who died during the project can still be seen along the road, who due to the transportation problems were buried in the construction site.

In addition, only three years after the route was opened, Iran was occupied by the Allies, and the Trans-Iranian Railway as part of the Persian Corridor played an important role in sending ammunition and supplies to the Eastern European front and eventually in defeating the Nazi.[4, Fig.4]

## Current situation

The construction of the railway led to the formation of small population centres along the valley of Dez River. During the constructions, and over more than eighty years of operation, gradually, as the population grew, some of these areas became small towns and villages along the railway. They do not have a powerful economic situation. Rehabilitation of the railway access road can play an important role in the economy of these areas through the expansion of tourism.

Deutsch    Für gewöhnlich kommen Bahnliebhaber in Eisenbahnmuseen und Touristenzügen auf ihre Kosten. Die reizvollste und umfassendste Seite der Eisenbahn als Touristenattraktion ist jedoch die Bahnlandschaft mit allem, was dazu gehört: Schienenwege, Brücken, Tunnel, Galerien, Gebäude und natürlich der Zug, der durch diese Szenerie fährt. Daher sollten Besichtigungsmöglichkeiten entlang von Bahnstrecken gefördert werden. Dies lässt sich erreichen, indem geeignete Routen mit Informationsangeboten für Autos, Velos und Fussgänger angelegt werden. Die Informationen können in Form von Landkarten, Apps und Infotafeln bereitgestellt werden, die angeben, von wo aus sich die Bahn gut beobachten lässt. Bei allen Welterbe-Bahnstrecken bestehen Routen mit der geeigneten Infrastruktur für solche Besichtigungen. Einige wurden schon entsprechend aufbereitet, doch besteht noch grosses Potenzial. Die Transiranische Eisenbahn verfolgt diesbezüglich einen vielversprechenden Ansatz. Im südlichen Teil der Strecke liegt als Überrest aus der Bauphase der Bahnstrecke eine 90 Jahre alte Zufahrtstrasse. Diese befindet sich in der Kern- und Pufferzone der Welterberegion in unmittelbarer Nähe zum Bahntrasse und Sicherung kann sie, selbst ein Teil der Bahnbaugeschichte, eigens für die Besichtigung der Bahnlandschaft dienen. Darüber hinaus kann die Bevölkerung vor Ort dank der zusätzlichen Einnahmen auf eine weitere gute Zukunft mit der Bahn hoffen. Und schliesslich stellt dies auch einen Beitrag zum Fortbestand der als Welterbe anerkannten Bahnstrecke dar.

Français    Les musées ferroviaires et les trains touristiques constituent des réponses familières aux demandes des amateurs de chemins de fer. Cependant, ce sont l'environnement immédiat des lignes et tous ses composants, tels que les voies parallèles, les ponts, les tunnels, les galeries, les bâtiments et, bien sûr, le train qui les parcourt, qui en constituent les éléments les plus attractifs et les plus caractéristiques. Par conséquent, l'accès à ces potentiels lieux de visite longeant les lignes de chemin de fer devrait être facilité. L'aménagement de différents types d'itinéraires pour véhicules, vélos et piétons et la mise à disposition des informations utiles peuvent y concourir. Ces informations peuvent être présentées sur des cartes, applications et panneaux de signalisation spécifiques identifiant les emplacements qui offrent une vue dégagée sur la ligne. Toutes les lignes inscrites au patrimoine mondial sont bordées d'itinéraires dotés des infrastructures adaptées à ce type de visite. Jusqu'à présent, quelques itinéraires ont été aménagés à cette fin, mais nous sommes encore loin de l'objectif. Les chemins de fer transiraniens offrent de réelles perspectives à cet égard. Une route de service de 90 ans parsemée de vestiges datant de la construction du chemin de fer parcourt la région méridionale. Elle est située au plus près de la ligne de chemin de fer, au cœur et dans la zone tampon du secteur d'inscription. Sa remise en état et sa sécurisation permettront la mise en place d'un itinéraire privé autorisant la visite du paysage ferroviaire qui fait lui-même partie de l'histoire de la construction du chemin de fer. Par ailleurs, on est également en droit de s'attendre à ce que les revenus ainsi générés aient un effet positif sur la communauté locale vivant à proximité de la ligne de chemin de fer. Et ainsi, la préservation de l'itinéraire inscrit au patrimoine mondial sera assurée.

Notes
1 Tamannaee, Mina, Tabatabaian, Maryam: Aesthetics of Dams and Landscape Enhancement. In: Manzar 7 (30) (2015) 14–21.
2 Bahman, Parviz: Temporary Roads. In: Ministry of Roads: Iran Trans Railway. Tehran 1938, p. 74. (original text in Persian).
3 Saxild, Jørgen: En dansk Ingeniørs Erindringer. København 1971, p. 47.

Image credits
1 UNESCO, 2021.
2a–e Author`s archive.
3 Author`s archive.
4 US library of congress.

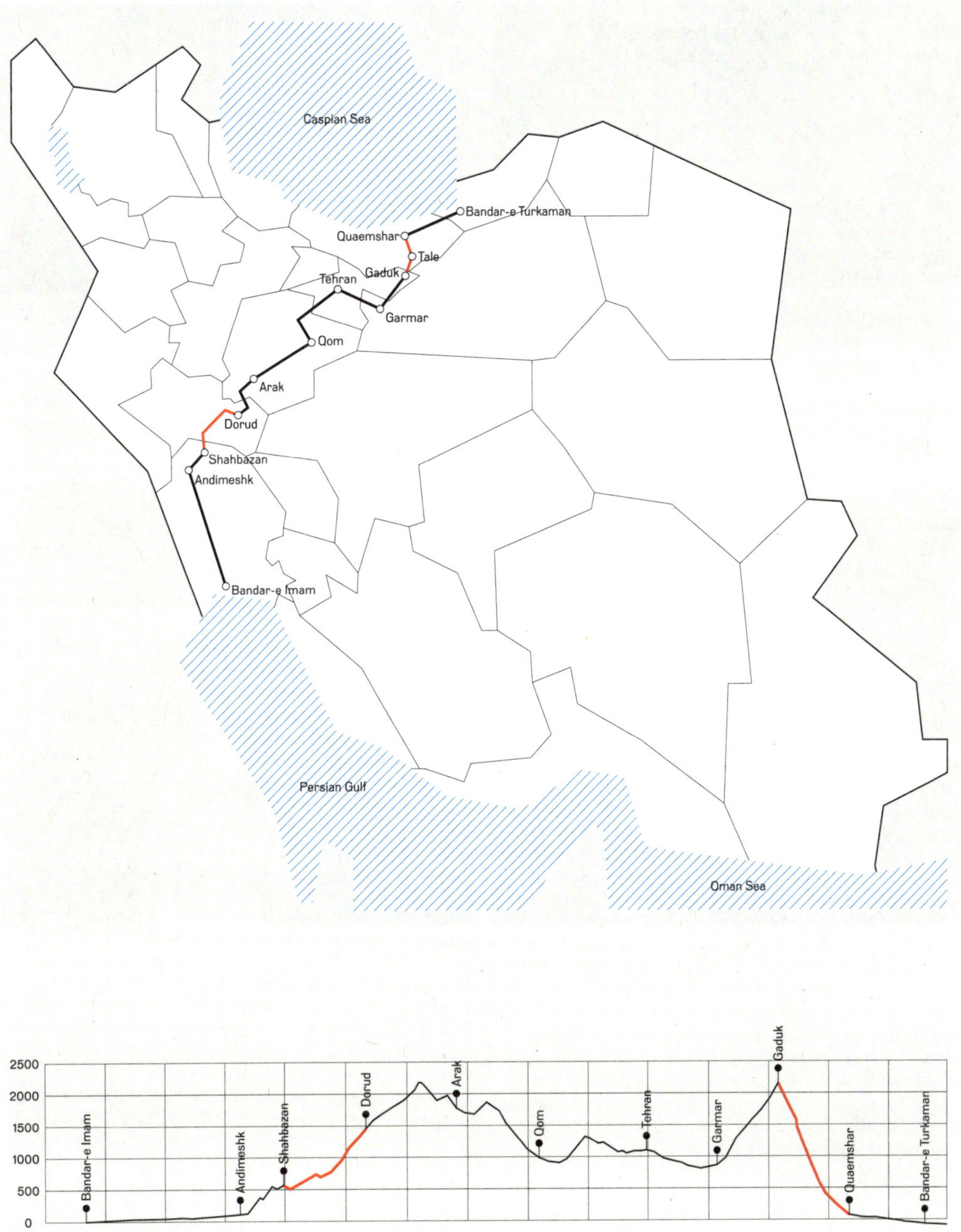

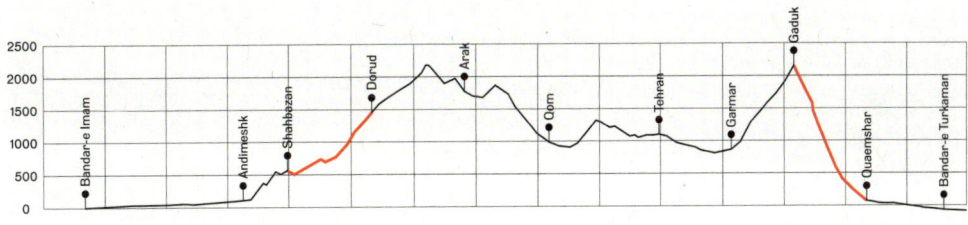

Fig. 1  General Plan and General Section of the Trans Iranian Railway 2021.

Spezifische Inventorisationsaspekte: Landschaft 109

Fig. 2a  The British company NMK's plate on retaining wall by the access road, Lot six of the southern part.

Fig. 2b  Camp and technical support buildings during the construction, Lot six of the southern part.

Fig. 2c  Graveyard of Italian workers, Lot three of the southern part.

Fig. 2d  The workers' camp, Lot three of the southern part.

Fig. 2e  Suspension bridge over Dez river, Lot five of the southern part.

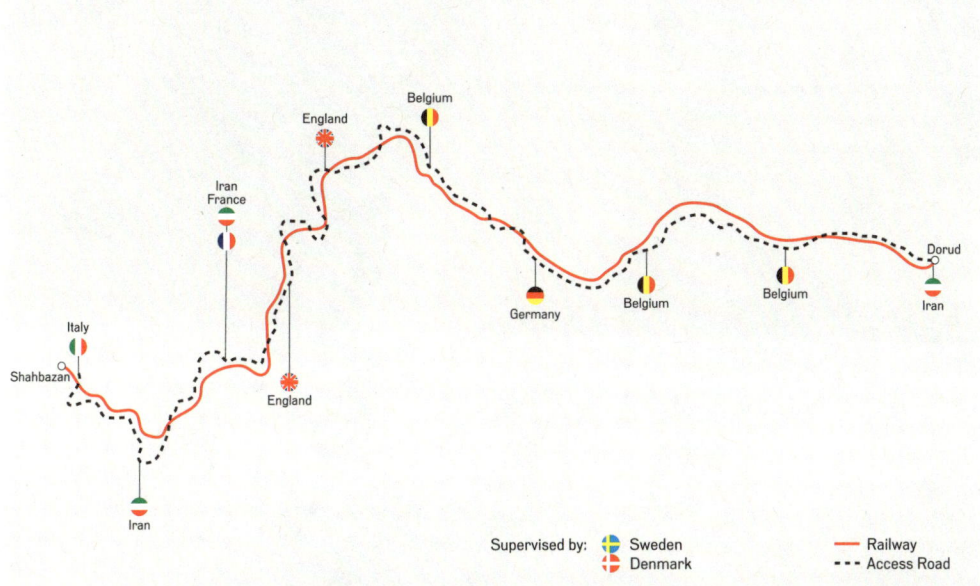

Fig. 3    Variation of construction companies' nationalities, from Dorud to Shahbazan.

Fig. 4    Schematic photo of the occupation of the Trans Iranian railway in World War II; An American Sergeant railroader lighting the cigarette of two Russian forces as they stand before a German-made engine being used to haul supplies for Russia. The sign on the engine shows that it was built at the Krupp works in Essen.

Spezifische Inventorisationsaspekte: Landschaft

# Die Schmetterlinge fliegen wieder ...

Das ‹Verdecken› von Kunst im öffentlichen Bahnhof als
Zeichen für die Überformung einer ganzen Region
Gisela Vollmer

*«Befreiung. Lange war das Wandbild des Künstlers Alex Walter Diggelmann im Bahnhof Mürren von einem Werbeplakat verdeckt. Jetzt wurde es von einer Gruppe prominenter Mürren-Fans wieder sichtbar gemacht.»*

Dies schrieb Alexander Sury am 20. Juni 2020 im «Bund».[1] Bei dem Plakat handelte es sich um eine Werbetafel der Jungfraubahn («Top of Europe») von 2008. Abb.1–3

*«Über die Medien haben wir von der erfreulichen Wiederentdeckung des Wandbildes von Alex Walter Diggelmann erfahren. In der Einschätzung des Berner Heimatschutzes ist das Wandbild ein bedeutendes Element der baukulturellen Gesinnung, unter der der qualitätsvolle Bahnhof Mürren entstanden ist. Bautechnisch gehen wir davon aus, dass das Wandbild beim vorgesehenen Umbau des Bahnhofs problemlos am Ort erhalten werden kann. Im Hinblick auf die gestalterische Aufwertung, die der Bahnhof durch verschiedene Massnahmen des Umbaus erfährt, empfehlen wir, das Wandbild als Gewinn für alle Gäste wieder in alter Pracht sichtbar zu lassen. Freundliche Grüsse Silvia Kappeler, Präsidentin, Berner Heimatschutz, Region Interlaken-Oberhasli».*[2]

## Der Bahnhof Mürren

Ende der 1950er/Anfang der 1960er Jahre kommen mit der Sanierung der Hotels auch die Kurortplanungen in ‹Mode›. So entsteht 1960 die Kurortplanung für Mürren von Architekt Rudolf Werder. Der damalige Kurdirektor von Mürren, Erwin A. Sautter, erklärt dazu:

> «schliesslich werden Ruhebänke und Abfallkörbe in die kurörtliche Landschaft dirigiert, womit sich der Kurverein für seine Tätigkeit bunte Denkmäler setzt. Aber in welchem kurörtlichen Tätigkeitsprogramm wird die Planung, die Bodenpolitik, die Spekulation mit der touristischen Zukunft stipuliert?»

Und weiter:

> «Da kommt die Kurorterneuerung von aussen, gleichsam unangemeldet und oft auch unerwünscht durch die Hintertür. Es ist eine kalte Verstädterung, die da in vielen Wintersportplätzen um sich greift: das Appartementhaus mit Eigentums- oder ‹Sportwohnungen›. Komfort ist da ein farbloses Wort geworden. Luxus ist schon mehr gebräuchlich. Soziologen meinen, dass das Angeben der Reizfaktor Nummer 1 des modernen Tourismus und dessen Randerscheinungen sei.» [2]

Für die Erschliessung des Schilthorns standen ursprünglich zwei Varianten zur Diskussion: Die Erschliessung über die Verlängerung der Mürrenbahn oder die neue über Gimmelwald. Rückblickend kann davon ausgegangen werden, dass die Kurortplanung und der Neubau des Bahnhofs Mürren wahrscheinlich im Zusammenhang mit dem geplanten Neubau der Schilthornbahn stand.

Das Wandbild malte Alex Walter Diggelmann 1966 für den Neubau des Bahnhofs Mürren der Bahn Lauterbrunnen Mürren (BLM).[Abb. 1] Der Neubau entstand zwischen 1962 und 1965 als Teil eines neuen touristischen Konzepts für Mürren.[Abb. 4] Die Anlage nach einem Entwurf von Emmi und Peter Lanzrain (Thun) ist denkmalpflegerisch als erhaltenswert eingestuft und ein wichtiger Beitrag für die baukulturelle Tourismusentwicklung des Berner Oberlands. Im Bauinventar der kantonalen Denkmalpflege wird das Stationsgebäude folgendermassen beschrieben:

> «Steinquaderverkleideter Betonbau mit Flachdach. Zweigeschossiger Baukörper mit Personenhalle im OG und darunter liegender Zugabfertigungshalle. Schlichter, streng funktionaler Bau, der durch die Kargheit der Baumaterialien besticht. Besonders evident wird dies an der S-Fassade durch die Kombination von Glasbausteinen und Steinquaderverblendung. Die grosszügige Halle mit aufgesetztem Oberlicht wird durch den mittenzentrierten, verglasten Eingangsbereich mit Vordach betreten. Die talseitige O-Fassade ist grosszügig verglast, im UG fast vollständig durch Glasbausteinflächen, im OG durch Glas-fassade im Eingangsbereich. Zeittypischer Bahnhofbau in nahezu originalem Zustand.» [3]

## Das Wandbild «Schmetterlinge, Blumen und Schneesterne»

Bei der Ankunft in Mürren begegneten die Tourist*innen einem Wandbild von Alex Walter Diggelmann. Dessen Bild mit seinen Blumen und Schmetterlingen nimmt den Flowerpower der 68er Jahre vorweg. Rund 50 Jahre später montiert die Bahneigentümerin des Bahnhofs auf das Bild ein Plakat «Top of Europe», ein Werbeplakat für das Jungfraujoch, das mit Mürren nichts zu tun hat.[Abb. 2] Der Bahnhof, als Gesamtkunstwerk, im Sinne touristischer Werbung der 60er Jahre verliert damit seine Einmaligkeit und Ortsbezogenheit.[Abb. 5] Die Kunst im öffentlichen Raum wird zum Platzhalter für ein Werbeplakat, das für einen Gipfel auf der anderen Talseite wirbt. Eine Besetzung von öffentlichem Raum, die auch an anderen Orten sichtbar wird und Bahnhöfe zu anonymen Orten macht.

### Der Künstler

Alex Walter Diggelmann (*geb. 1902 in Unterseen, Kanton Bern; gest.1987 in Zürich) gilt als einer der legendären Gebrauchsgrafiker der Schweiz, der 1972 das Ehrenbürgerrecht von Unterseen erhielt. Er entwarf die Medaillen, die bis heute bei den Ski-Weltmeisterschaften der FIS vergeben werden, die Siegestrophäe des UEFA Pokals und auch das Plakat für die erste Skiweltmeisterschaft in Slalom, Abfahrt und Kombination, die 1931 in Mürren stattfand – «Die Renntage der Kanonen». Während er sich mit dem Plakat auf den Aufbruch in den Alpen in das Tourismuszeitalter des alpinen Sports, der wenigen guten Sportlern zur Verfügung steht, konzentriert, suggeriert das Wandbild das Neue der 1950er und 1960er Jahre, nämlich den Sommertourismus, der den Winter hinter sich lässt. Es sind Blumen und Schmetterlinge, die vermarktet werden. Die Schweizer Bevölkerung und auch die ausländischen Gäste sollen im Sommer in die Alpen kommen, ganz ohne Anstrengungen.[Abb. 6] Mit diesem Blick ist das Wandbild ein wichtiger Zeitzeuge des Mürrener Marketings der 1960er Jahre.

> *«Der künstlerischen Ausstattung schweizerischer Bahnhöfe in Form von Gemälden ist bis anhin wenig Beachtung geschenkt worden. Dies zu Unrecht, kommt ihnen doch neben der kunsthistorischen auch eine bedeutende kulturhistorische Bedeutung zu.»*[4]

Die «Befreiung» des Bildes durch eine Gruppe Mürrenfans fand schlussendlich auch die Zustimmung der Bahneigentümerin. Die Jungfraubahnen haben sich entschlossen, das Bild bei der Sanierung zu erhalten!

English　　The BLM station in Mürren was built between 1962 and 1966 as part of a new tourism initiative for Mürren. The facility – built by Emmi and Peter Lanzrain (Thun) – is classified as worthy of conservation and represents an important contribution to the development of tourism in the Bernese Oberland. When arriving in Mürren, tourists used to encounter a mural by Alex Walter Diggelmann, which through its flowers and butterflies anticipated the flower power of the 1960s. Some 50 years later, the owner of the station displayed a «Top of Europe» poster over the image; an advertising board for the Jungfraujoch, which has nothing to do with Mürren. The station as a total work of art (Gesamtkunstwerk) of the 1960s lost its uniqueness and its location-specificity due to tourism advertising. Art in public space became a placeholder for an advertising board that appears throughout Switzerland and the region. An occupation of public space that is also visible in other places and turns train stations into anonymous spaces. Moreover, the «liberation» of the mural by a group of Mürren enthusiasts led to a criminal complaint. Jungfrau Railways have now decided to preserve the mural! Other Baukultur aspects that should be very important for these locations are however missing from the ongoing redevelopment.

Français　　La gare de Mürren du BLM, construite entre 1962 et 1966, faisait partie d'un nouveau concept touristique pour la ville. L'installation, que l'on doit à Emmi et Peter Lanzrain de Thoune, est considérée comme digne d'être préservée du point de vue de la conservation des monuments historiques. Elle contribue sensiblement au développement du tourisme architectural de l'Oberland bernois. En arrivant à Mürren, les touristes étaient accueillis par une peinture murale d'Alex Walter Diggelmann, laquelle, avec ses fleurs et ses papillons, anticipait le Flower Power des années 1968. Un demi-siècle plus tard, la propriétaire de la gare recouvre le tableau avec une affiche publicitaire pour le Jungfraujoch «Top of Europe», sans lien avec Mürren. La gare en tant qu'ensemble artistique relatif à la publicité touristique des années 1960 perd ainsi son caractère unique et son lien avec le lieu. L'art dans l'espace public devient un espace réservé pour une affiche publicitaire présente dans toute la région et la Suisse. Une occupation de l'espace public que l'on constate également dans d'autres lieux et qui transforme les gares en lieux anonymes. La «libération» de l'image par un groupe de soutien de Mürren a donné lieu à une plainte pénale. Les aspects culturels architecturaux, qui seraient très importants pour ces lieux, voire l'art dans l'espace public, ne figurent pas à l'ordre du jour de la rénovation en cours.

Anmerkungen
1 Sury, Alexander: Die Schmetterlinge fliegen wieder. In: Der Bund 20.6.2020.
2 Silvia Kappeler an Gisela Vollmer, E-Mail vom 29.07.2020.
3 Bauinventar der kantonalen Denkmalpflege Bern.
4 Neininger, Therese: Gemälde in und aus schweizerischen Bahnhöfen. Master of Advanced Studies MAS, Denkmalpflege und Umnutzung, Berner Fachhochschule Burgdorf, Architektur, Holz und Bau. Hilterfingen 2008.

Abbildungsnachweis
1 Foto Gisela Vollmer.
2–3 Hede Blöchlinger Vuichard.
4 Sammlung Blaser Siebold, Foto 1966.
5 Aus: Das WERK 49 (7) (1962) 241.
6 Sammlung E.A. Sautter-Hewitt, Foto 1964.

Abb. 1  Das Wandbild von Alex Walter Diggelmann nach der Befreiung (Foto: Gisela Vollmer).

Abb. 2  Demontage der Werbetafel der Jungfraubahn (Foto: Hede Blöchlinger Vuichard).

Abb. 3  14.06.2020, Befreier des Wandbildes von 1966 (Foto: Hede Blöchlinger Vuichard).

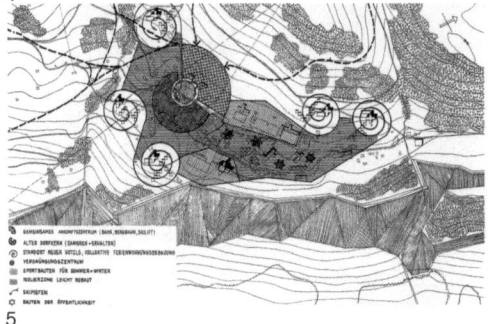

Abb. 4 Der Bahnhof Mürren nach dem Umbau (Foto:1966).

Abb. 5 Kurortplanung Mürren 1960, Architekt Rudolf Werder (Bern).

Abb. 6 Kurdirektor Erwin A. Sautter (1954–1966, 2.v.l.) überreicht dem Duke of Edinburgh das Tächi Abzeichen in Mürren (Foto: 1964).

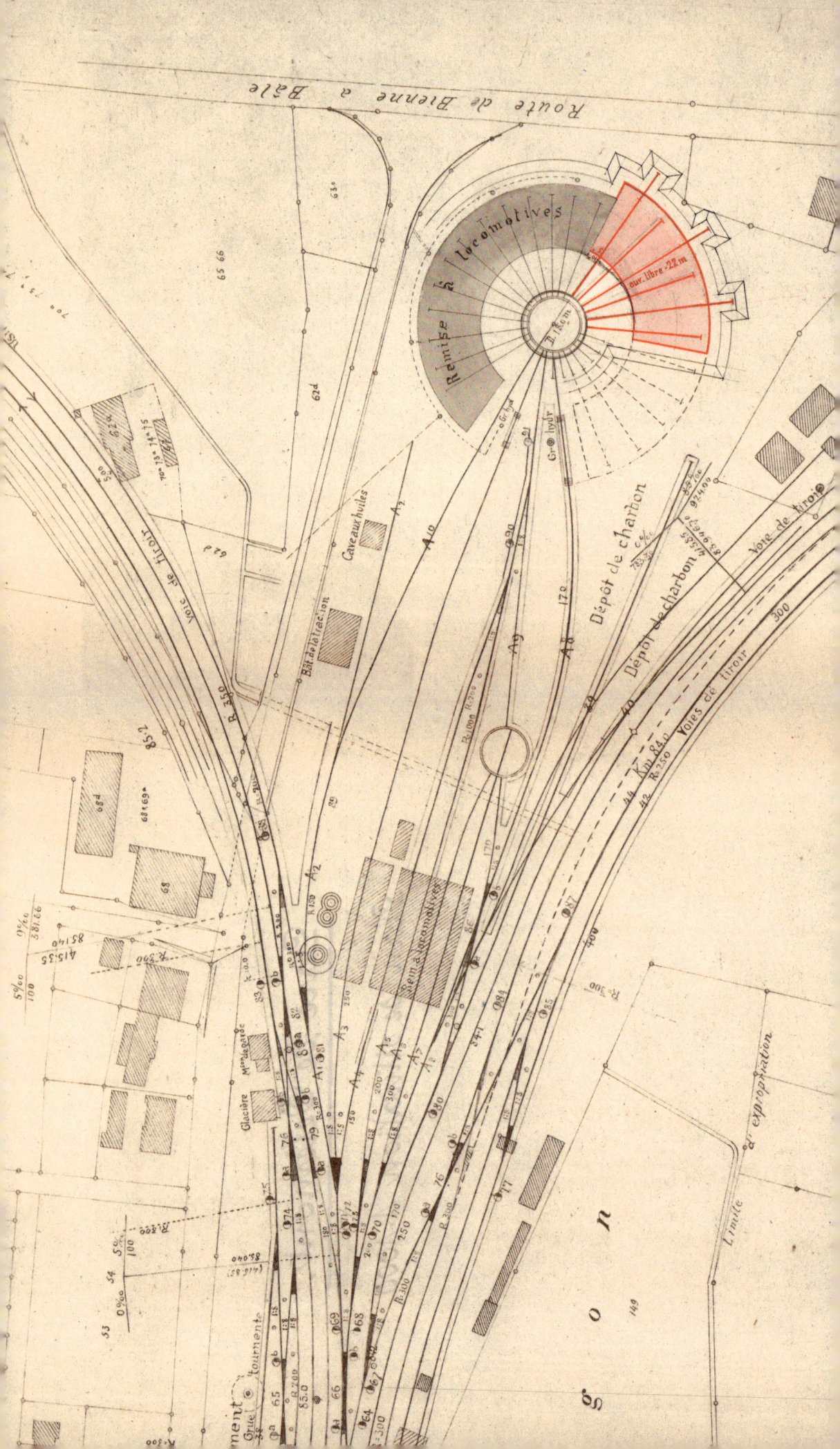

# Fokus Archiv

Die Quellenlage in den Archiven der SBB und die Bedeutung von Firmenarchiven bei der Erhaltung technischer Kulturdenkmäler
Martin Cordes

Der Begriff des «technischen Kulturdenkmals» umfasst heute nicht mehr ausschliesslich Baudenkmäler, sondern auch die entsprechenden Infrastrukturen, technischen Einrichtungen und historischen Verkehrsmittel. Es liegt auf der Hand, dass für Erhaltung und Betrieb technischer Kulturdenkmäler eine umfassende Dokumentation unerlässlich ist. Informationen zur Entstehung, zum Gebrauch und zu Veränderungen während des Betriebs bilden die Grundlage für die Strategien zu Restaurierung, Erhaltung und Weiterbetrieb. Hier sind die Archive gefragt. Die in ihnen überlieferten Akten, Pläne, Fotografien oder audiovisuellen Dokumente geben im besten Falle Aufschluss über den Entstehungszusammenhang, über Bauweise und Ursprungszustand sowie über die Veränderungen, die das technische Kulturgut in der Zeit des aktiven Gebrauchs durchgemacht hat. Die Voraussetzungen, dass eine entsprechende Dokumentation tatsächlich vorhanden ist, sind allerdings in vielen Fällen schlecht. Während Unterlagen aus der Bau- oder Entstehungszeit noch am Ehesten existieren, sind die Dokumente über die Veränderungen im Laufe des Betriebs wesentlich schwerer zu lokalisieren und zu beschaffen. Es liegt in der Natur der technischen Kulturgüter, dass Herstellung, Betrieb und Unterhalt zumeist in unterschiedlichen Händen liegen. Entsprechend verstreut sind auch möglicherweise erhaltene Dokumente. Und selbst wenn Unterlagen vorhanden sind, müssen sie sorgfältig auf ihre Aussagekraft hin geprüft werden. Nur selten lässt sich beispielsweise an Plänen, Kostenvoranschlägen oder Werkverträgen ersehen, ob die darin vorgesehenen Arbeiten auch tatsächlich so ausgeführt wurden. Der Abgleich mit anderen Quellen, z. B. zeitgenössischen Fotografien, ist daher unerlässlich.

Im Folgenden soll die diesbezügliche Quellenlage in den Archiven der SBB dargestellt werden. Anschliessend folgen zwei Beispiele aus der Praxis, in denen die

Quellen zur Dokumentation eines eisenbahnhistorischen Baudenkmals und einer historischen Lokomotive vorgestellt werden. Dabei wird auch auf die besonderen Herausforderungen bezüglich der Quelleninterpretation eingegangen.

## Archiv und Quellenlage bei der SBB

Verantwortlich für das historische Archivmaterial der SBB ist die Stiftung Historisches Erbe der SBB, kurz: SBB Historic. Die im Jahr 2001 ins Leben gerufene Stiftung führt auch das Konzernarchiv der SBB AG.[1] Da die SBB vor Gründung der Stiftung kein Zentralarchiv führte, fand die Archivierung der Bestände in den einzelnen Organisationseinheiten statt. Entsprechend unterschiedlich war die Qualität der nach Stiftungsgründung zusammengeführten Bestände. Insbesondere die historischen Archive aus der Zeit der privaten Bahngesellschaften vor Gründung der SBB (1902) wurden jedoch von den Kreisdirektionen früh als wichtige historische Unterlagen erkannt und – soweit vorhanden – entsprechend gepflegt. So erstellte die Kreisdirektion II schon 1942 ein Verzeichnis der historischen Gotthardbahn-Dokumente.[2] Der umfangreichste Teil des Archivs stammt aus der Zeit der SBB als Staatsbetrieb (1902–1998). Bis zur Gründung von SBB Historic wurden diese Akten teils bei der Generaldirektion in Bern, teils bei den Kreisdirektionen in Lausanne, Luzern und Zürich aufbewahrt. Darüber hinaus existierten (und existieren) weitere, teils umfangreiche Aktenbestände in verschiedenen Organisationseinheiten, bei SBB Cargo und in den Hauptwerkstätten der SBB. Die Lokalisierung, Zusammenführung und Erschliessung dieser dezentral aufbewahrten Unterlagen bleibt eine der grossen Herausforderungen des Archivs. Entsprechend der unterschiedlichen Provenienzen enthält das Archiv bei SBB Historic folgende Bestände:[3]

- Archive von Privat- und Vorgängerbahnen der SBB
- Archiv der Schweizerischen Bundesbahnen SBB (Regiebetrieb 1902–1998)
  - Generaldirektion
  - Kreisdirektionen I–III
  - Hauptwerkstätten
  - Dezentrale Archive einzelner Organisationseinheiten
- Konzernarchiv der SBB AG (ab 1999)
- Ergänzend zu diesen «offiziellen» Aktenfonds sind umfangreiche Bestände aus Firmen- und Privatarchiven sowie Nachlässen vorhanden.

Das Archiv ist zudem nach Quellengattungen (Archivalienarten) gegliedert:

- Aktenarchiv
- Planarchiv
  - SBB (Katasterpläne, Strecken, Hochbau, Ingenieurbau, Rollmaterial)
  - Schweizerische Lokomotiv- und Maschinenfabrik SLM
- Fotoarchiv
  - Vorgängerbahnen
  - SBB (Fotodienst der Generaldirektion, Kreisarchive, Werkstätten, Media Center der SBB AG)
  - Firmen (z. B. Schweizerische Lokomotiv- und Maschinenfabrik SLM, Schweizerische Industrie-Gesellschaft SIG, AlpTransit Gotthard AG ATG, etc.)
  - Privatarchive und Nachlässe
- Audiovisuelles Archiv (Film-, Video- und Tondokumente)

Bezüglich der Aufteilung nach Archivalienarten ist allerdings zu beachten, dass der Übergang zwischen Akten- und Planarchiv fliessend ist: Die im Aktenarchiv vorhandenen Baudossiers enthalten zumeist auch das entsprechende Planmaterial. Zudem sei darauf hingewiesen, dass umfangreiche Bestände des Fotoarchivs auf Wikimedia Commons zur freien Nutzung zur Verfügung stehen.[4]

### Praxisbeispiel I: Die Rotonde in Delémont, ein eisenbahnhistorisches Baudenkmal

Die Kreissegmentremise auf dem Bahnareal in Delémont (Kanton Jura) wurde in den Jahren 1889/90 erstellt.[5] Bauherr war die damalige Jura-Bern-Luzern-Bahn, die allerdings schon auf den 1. Januar 1890 mit anderen Bahnen zur Jura-Simplon-Bahn, einer der fünf Vorgängerbahnen der heutigen SBB, fusionierte.[6] Die Unterlagen zum Bau finden sich daher in den Aktenbeständen der SBB Vorgängerbahnen, die – zumindest teilweise – an die spätere SBB übergingen und damit ins Archiv von SBB Historic gelangten.[7] Das entsprechende Dossier enthält u. a. den ausführlichen Vertrag zwischen der Bauherrschaft und dem Bauunternehmen Otto Frey, Delémont und Biel. Für die Baudokumentation nützlich ist der detaillierte Kostenvoranschlag, [Abb.1] der die einzelnen Arbeitsschritte und die verwendeten Materialien auflistet. Eine besondere Bedeutung kommt dem eisernen Dachstuhl zu, da der Einsatz von Eisenkonstruktionen in Bauten des 19. Jahrhunderts unüblich war. Die Eisenkonstruktion wurde von den Brückenbauwerkstätten Probst, Chappuis & Wolf, Bern und Nidau geliefert. [Abb.2]

Die erhaltenen Pläne geben Aufschluss über die ungewöhnliche Konstruktion. Fassadenansichten des Gebäudes, Grundrisse und ein Situationsplan sind ebenfalls Bestandteil des Dossiers. Durch diese – hier nur in Auszügen wiedergegebenen – Dokumente ist der Bau und der Ursprungszustand der Rotonde gut dokumentiert. Ein Abgleich der Pläne mit dem heutigen Erscheinungsbild macht aber deutlich, dass in der über 100jährigen Geschichte des Bauwerks einige Veränderungen der Bausubstanz vorgenommen wurden. Aufschlüsse darüber finden sich in den Bauakten der Generaldirektion der SBB.[8] Der Bestand enthält eine umfangreiche Akte zu einem Vergrösserungsprojekt von 1907. Der ursprüngliche Bau soll um sechs Stände erweitert werden, zudem sollen drei Stände mit längeren Gleisen ausgestattet werden. [Abb.3]

Der dazugehörige ausführliche Kostenvoranschlag weist Baukosten in Höhe von CHF 145'000 aus. Doch auch hier weicht der heutige Zustand von den Plänen stark ab, es bedarf daher eines weiteren Aktenstudiums. Die Auflösung bieten schliesslich die Direktionsprotokolle aus dem Aktenbestand des Generalsekretariats der SBB. Dort ist festgehalten, dass die projektierte Vergrösserung nicht ausgeführt werden soll. Die Begründung für die Nichtgenehmigung des Projekts zeugt von Weitsicht: Neben den hohen Kosten wurde vor allem damit argumentiert, dass die Eignung von halbrunden Lokomotivremisen für den elektrischen Betrieb noch nicht ausreichend geprüft worden sei.[9] Das heutige Gesicht erhielt der Rundschuppen durch einen Umbau von 1928, der wiederum in den Bauakten dokumentiert ist.[10] Von dem ursprünglichen grossen Umbauplan ist nur noch die Verlängerung der Stände 12 und 13 und die Ausrüstung derselben mit elektrischen Fahrleitungen übriggeblieben.

## Praxisbeispiel II: Die Gotthardlokomotive Be 4/6 als rollendes technisches Kulturgut

Die Erfahrung der Kohlenknappheit während des Ersten Weltkriegs und die damit verbundenen Einschränkungen im Bahnbetrieb beschleunigten die Elektrifizierung des Bahnnetzes in der Schweiz. Bereits 1916 fiel der Entscheid für die Elektrifizierung der Gotthardstrecke. Unverzüglich bestellte die SBB verschiedene Prototypen elektrischer Lokomotiven bei der Schweizerischen Lokomotiv- und Maschinenfabrik SLM, die die mechanischen Teile fertigte, sowie der Maschinenfabrik Oerlikon (MFO) und Brown Boveri & Cie (BBC), die die elektrische Ausrüstung lieferten. Die Elektrifikation der Strecke machte aber so rasche Fortschritte, dass die SBB bereits Serienlokomotiven bestellen musste, bevor die Erprobung der verschiedenen Prototypen abgeschlossen war. Eine dieser Lokomotiven war die Be 4/6, die von SLM und BBC gebaut wurde. Abb. 4 Zwischen 1919 und 1923 wurden insgesamt 40 Exemplare dieses Typs für die SBB gebaut. Die Maschine mit den grossen Triebrädern und dem Kastenaufbau wurde damit die erste klassische Gotthardlokomotive.

Während die technikhistorischen Baudenkmäler schon seit Längerem im Fokus der denkmalpflegerischen Fachstellen stehen, hat sich das denkmalpflegerische Interesse an den bis heute erhaltenen historischen Schienenfahrzeugen erst langsam ausgebildet. Immerhin liegt seit 2005 mit der «Charta von Riga» der European Federation of Museum & Tourist Railways FEDECRAIL ein Leitfaden für den Umgang mit solchen Fahrzeugen vor.[11] In der Schweiz hat sich glücklicherweise das technische Archiv der Schweizerischen Lokomotiv- und Maschinenfabrik SLM erhalten. Die SLM fertigte zwischen 1873 und 1998 fast 5700 Lokomotiven, darunter die meisten der in der Schweiz betriebsfähig erhaltenen historischen Triebfahrzeuge. So kann für die Be 4/6 auf eine Fülle von Unterlagen zurückgegriffen werden, die die Entwicklung und den Bau der Maschinen dokumentieren. Am Anfang stehen die Verträge und das Pflichtenheft, das wichtige Informationen über die von den Lokomotiven zu erfüllenden Anforderungen enthält. Der Vertrag zwischen der SLM als Lieferantin des mechanischen Teils und der BBC für die elektrische Ausrüstung gibt Aufschluss darüber, in welchem Archiv-Fundus gegebenenfalls nach Informationen und Plänen gesucht werden muss. Weitere Informationen, Berechnungen, etc. sind im entsprechenden Aktenbuch versammelt, das auch den während der Produktionsphase angefallenen Schriftverkehr zu technischen Fragen enthält. Die für Erhalt und Weiterbetrieb von historischen Fahrzeugen wichtigste Quellengattung bilden sicher die technischen Zeichnungen. In den Zeichnungsateliers der Firmen entstanden pro Auftrag hunderte von teils grossformatigen Zeichnungen, die sowohl die Gesamtschau oder ganze Baugruppen wie auch kleinste Details abbilden. Abb. 5

Diesen Zeichnungen und den darauf angegebenen Vermassungen kommt auch insofern eine hohe Bedeutung zu, als der Nachweis erbracht werden muss, dass mit den alten Konstruktionen ein sicherer Betrieb gewährleistet werden kann. Solche Nachweise bedingen aber das Wissen über Originalmasse, Toleranzen und Messgrössen. Hier zeigt sich die Beschränkung der Archive der Herstellerfirmen: Die Zeichnungen dokumentieren jeweils nur den Zustand der Ablieferung an den Besteller. Für die Dokumentation späterer Veränderungen – seien sie technischer oder rein optischer Natur – muss auf andere Bestände zurückgegriffen werden. Werkstattunterlagen sind aber nur in sehr geringem Masse vorhanden, soweit – bei kleineren Veränderungen – solche überhaupt angefertigt wurden. Hier können teilweise Fotografien helfen. Die Fabrikbilder

beschränken sich dabei jedoch häufig auf – teils retuschierte – «Lokomotivportraits», die für Werbung und hauseigene Publikationen eingesetzt wurden. [Abb. 4]
Für Fotos aus dem Betrieb sind daher private Fotobestände eine wichtige Quelle. Diese zeigen oft nicht nur spezielle betriebliche Situationen, sondern auch technische Details, die in den «offiziellen» Fabrikfotos nur selten dargestellt sind. Bei einer wichtigen Frage allerdings geben die (Schwarzweiss-)Fotos aus der Entstehungszeit solch früher rollender Kulturdenkmäler keinen endgültigen Aufschluss: bei der genauen Bestimmung der Originalfarbe. Da die RAL-Palette erstmals 1927 erschien,[12] helfen die in den früheren Dokumenten gelegentlich auftretenden Farbbezeichnungen («dunkelgrün», «braun») weder den Restauratoren noch den zahlreichen Modellbauern.

| | |
|---|---|
| English | If cultural assets of railway engineering are not only to be presented in museums, but also communicated actively as a part of industrial and economic history, it is desirable that the objects are maintained in a usable condition and can be used for their purpose. To maintain and operate technical cultural assets to this level, comprehensive documentation is indispensable. Information about the initial development, use and any modifications carried out during operation form the basis for the strategy of restoration, maintenance, and continued operation. That is where archives come in. In the best-case scenario, the files, plans, photographs, and audiovisual documents stored in the archives provide information about the development context of an object, how it was constructed and its original condition, as well as any changes made to the cultural asset during the time it was in active use. The particular importance that companies' archives can have on maintenance and continued operation is to be illustrated using examples of historical railway installations and historical traction units. |
| Français | Pour que le patrimoine ferroviaire ne soit pas seulement présenté dans un cadre muséal, mais également transmis activement comme une partie de l'histoire industrielle et économique, il convient de maintenir les objets dans un état praticable aux fins initialement prévues. Cette conservation et exploitation du patrimoine culturel technique exige une documentation exhaustive. Les informations sur la construction, l'utilisation et les modifications pendant l'exploitation servent de base aux stratégies de restauration, de conservation et de maintien de l'exploitation. À cet égard, les archives jouent un rôle important. Les dossiers, plans, photographies ou documents audiovisuels conservés fournissent, dans l'idéal, des informations sur le contexte et le mode de construction, l'état d'origine ainsi que les modifications du patrimoine culturel technique à l'époque de son utilisation active. À partir d'exemples d'installations ferroviaires et de véhicules moteurs historiques, la contribution montre l'importance particulière que peuvent revêtir les archives des entreprises dans le cadre de la conservation et du maintien de l'exploitation. |

Anmerkungen

1. Zu Beständen und Aufgaben von SBB Historic vgl.: Cordes, Martin: Gotthardvertrag und Krokodil: Quellen zum Bahnland Schweiz bei SBB Historic. In: Archiv und Wirtschaft 48 (3) (2015) 123–130.
2. SBB Kreisdirektion II (Hg.): Katalog historischer Gotthardbahn-Dokumente. Luzern 1942. SBB Historic, Bibliothek, Signatur SBB 12.1368.
3. Zur Gliederung des Archivs siehe: www.sbbarchiv.ch/archivplansuche.aspx (zuletzt aufgerufen: 3.1.2023).
4. https://commons.wikimedia.org/wiki/Category:SBB_Historic (zuletzt aufgerufen: 3.1.2023).
5. Vgl.: Holenstein, Karl, Fischer, Markus: Bahnareal Delémont. (SBB Fachstelle für Denkmalschutzfragen, Kurzinventar DPFL DOK 016.) Bern 2011, S. 77 f.
6. https://www.bahndaten.ch/content/bahnen-detail/99/jura-simplon (zuletzt aufgerufen: 3.1.2023).
7. Archiv SBB Historic, Signatur VGB_GEM_CFFLS_13_010_17.
8. Archiv SBB Historic, Signatur GD_BAU_SBBBAU1_232_09.
9. Archiv SBB Historic, Signatur GD_GS_SBB15_008.
10. Archiv SBB Historic, Signatur GD_BAU_SBBBAU1_237_13.
11. FEDECRAIL: Die Charta von Riga, 2005, https://fedecrail.org/about-fedecrail/the-riga-charter (zuletzt aufgerufen: 3.1.2023).
12. www.ral.de/seit-90-jahren-die-weltweite-sprache-der-farben (zuletzt aufgerufen am 3.1.2023).

Abbildungsnachweis 1–5 SBB Historic.

Devis — Kostenanschlag

Jura-Bern-Luzern-Bahn

| No. | Désignation des objets<br>Bezeichnung der Gegenstände | Espèce de mesure<br>Massgattung | Quantités<br>Mengen | Prix d'unité<br>Einheitspreise | Produits — Beträge<br>Partiels<br>Einzeln | Totaux<br>Im Ganzen |
|---|---|---|---|---|---|---|
| | Gare de Delémont. | | | | | |
| | Etablissement d'une rotonde à locomotives, y compris la voie d'accès et le pont tournant. | | | | | |
| | Dessin No 1451 | | | | | |
| | Devis | | | | | |
| | A. Travaux d'infrastructure. | | | | | |
| | I Terrassements. | | | | | |
| 1 | Remblai pour la voie d'accès, pour le pont tournant et pour la rotonde. Charge, transport, décharge et régalage du matériel. Le cube du déblai des fondations est déduit. | m³ | 4900 | 1.20 | | 5880.– |
| | Ce travail sera exécuté par l'équipe | | | | | |
| | II Ballastage. | | | | | |
| 2 | Charge, transport, décharge et régalage du ballast pour la voie d'accès, les voies en éventail et les amorces correspondantes | m³ | 430 | 2.50 | | 1075.– |

1

2

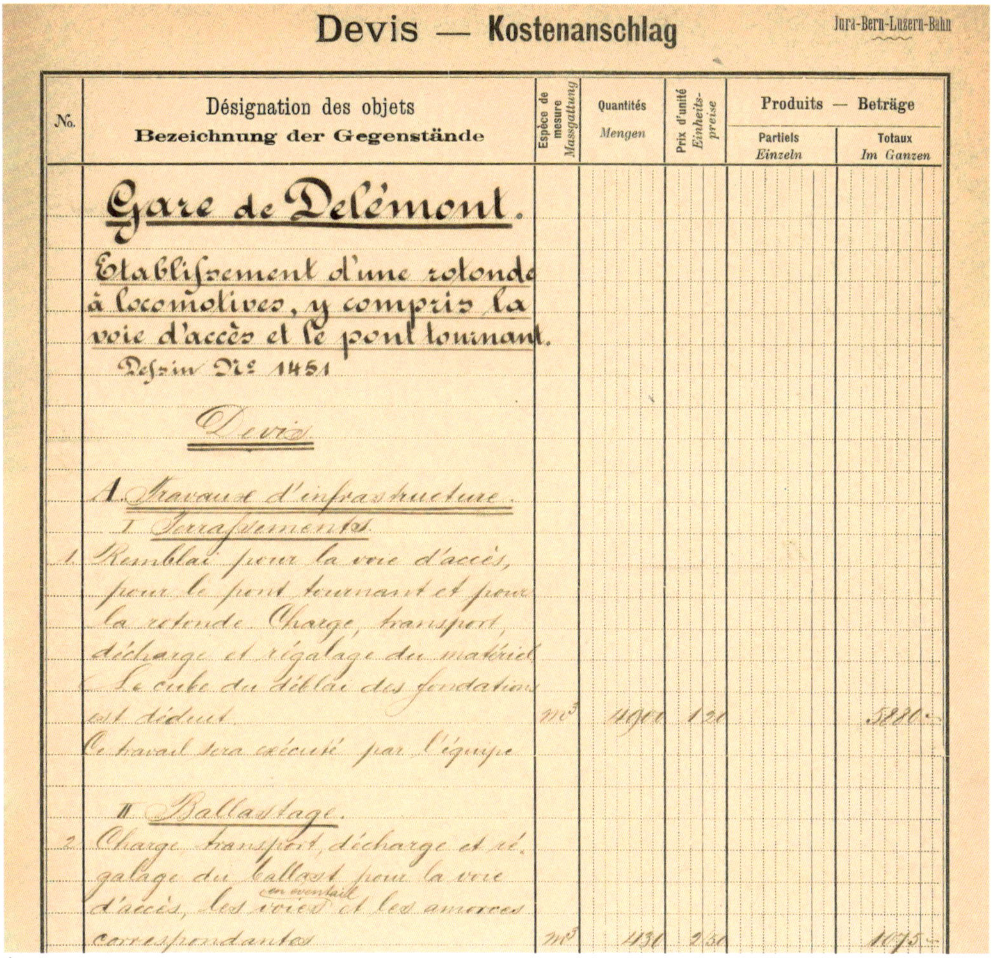

Abb. 1 Kostenvoranschlag für den Bau der Rotonde (Ausschnitt), 1889.

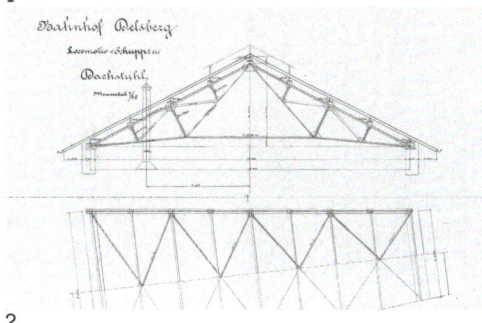

Abb. 2 Konstruktionszeichnung des eisernen Dachstuhls, 1889.

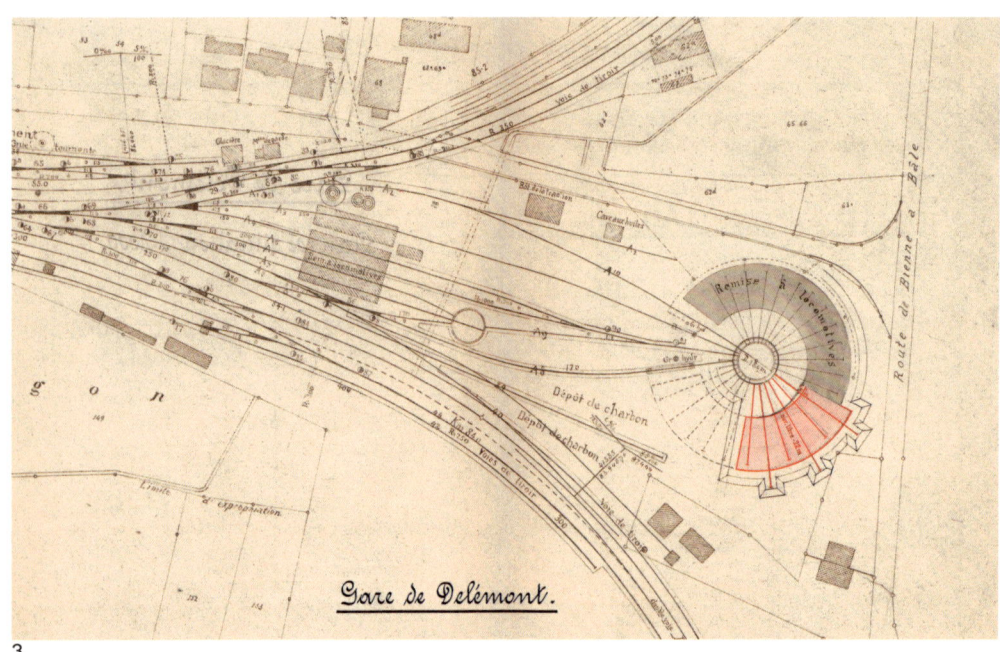

3

Abb. 3　Situationsplan des nicht ausgeführten Erweiterungsprojekts, 1907.

4

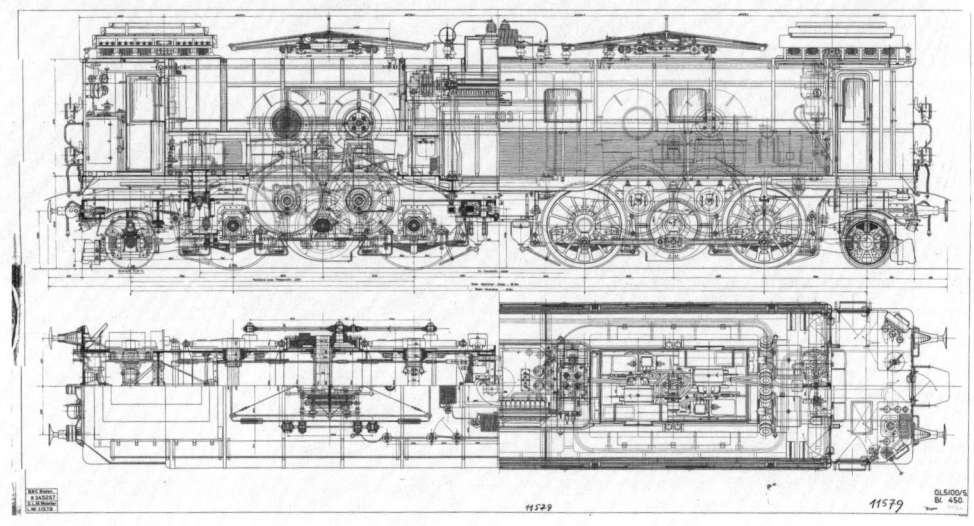

5

Abb. 4 Be 4/6 der SLM aus einem Album, mit Originalbeschriftung (Retuschierte Werksfotographie: ca. 1923).

Abb. 5 Zusammenstellungszeichnung der SLM für Lokomotive Be 4/6, 1919.

Archiv und Digitalisierung

# Inventaire général pour l'architecture ferroviaire en Algérie

Chahineze Slimani et Boussad Aiche

Introduit en Algérie à partir de 1857 par la colonisation française, le chemin de fer a donné lieu à la construction de nombreuses lignes ferroviaires ainsi qu'à des gares et ouvrages d'art qui font aujourd'hui la richesse du réseau ferroviaire. Bien que ce patrimoine peine aujourd'hui à être sauvegardé et reconnu en tant que tel, il n'en demeure pas moins un témoignage de l'histoire de l'architecture, de l'art des ingénieurs et des progrès techniques.

Parmi les représentations nombreuses du chemin de fer nous nous intéressons dans le cadre de ce travail aux gares ferroviaires communément appelées par les cheminots «Bâtiments Voyageurs» qui constituent l'image emblématique des gares, mais aussi aux ouvrages d'art ferroviaire.
Dans une perspective de patrimonialisation, notre communication souhaite principalement aborder les modalités de création d'une base de données numérisée et géoréférencée, pour l'inventaire de l'architecture ferroviaire en Algérie.

Notre base de données est organisée sous forme de fiches d'inventaire simplifiées, inspirées du «Programme Patrimoine» réalisé dans le cadre du programme d'appui à la protection et la valorisation du patrimoine culturel Algérien, dans le cadre de la coopération entre l'Algérie et l'Union Européenne.[1] Une convention a été signée par les deux parties et a rassemblé des experts Algériens et Européens.[2]

Ces fiches permettent dans un premier temps l'identification et la connaissance des biens culturels selon un processus en trois niveaux et servant de socle aux politiques patrimoniales en Algérie:

*Niveau 1: Fiche de recensement.*
Sélection des champs élémentaires pour l'identification des biens culturels immobiliers non protégés.

*Niveau 2: Fiche de pré-inventaire.*
Sélection des champs nécessaires et suffisants pour une première identification de la valeur culturelle des biens immobiliers non protégés (critères actuellement applicables aux dossiers d'inscription à l'inventaire supplémentaire et au classement).

*Niveau 3: Fiche d'inventaire.*
Sélection des champs standardisés intégrant des critères de gestion minimum ajoutés aux critères d'identification. Ce niveau permet la conservation et la gestion des biens immobiliers protégés. Sur la base de cette dernière nos fiches simplifiées seront rédigées de manière à rassembler les informations nécessaires à l'architecture ferroviaire.

Les tableaux d'inventaire seront intégrés dans une base de données à l'aide d'un logiciel de représentation spatiale, le Q-GIS, un système de géoréférencement cartographique libre d'accès. Cette base de données est alimentée grâce à l'exploitation des documents archivistiques du centre d'archives de la société nationale des transports ferroviaires (SNTF) d'Alger et du centre d'archive de la cité de l'architecture et du patrimoine en France (inventaires d'archives d'architectes en ligne), ainsi que leur croisement avec les investigations sur terrain. Elle fait référence ainsi à un ensemble cartographique rassemblant la région de l'Ouest Algérien, de l'Institut National de Cartographie et de Télédétection, INCT. Fig. 1

Création d'une base de données informatiques géoréférencées

Notre inventaire numérisé, il s'agit essentiellement de rédiger des fiches d'inventaire de chaque spécimen d'étude (gare et ouvrage d'art) ensuite de numériser la ligne ferroviaire en se basant sur les cartes topographiques rassemblées de la région Ouest-Algérien, avec identification géoréférencée de l'ensemble carte topographique, bâtiments voyageurs, viaducs et ponts par le biais du logiciel Q-GIS.

Cette base de données est structurée selon les étapes suivante:.

1. *Préparation des données*
   L'une des étapes primordiales préalable à la création de la base de données était: le fonds documentaire qui permet: (a) de rassembler des cartes topographiques (INCT), permettant de localiser la ligne ferroviaire du cas d'étude par identification et repérage des points d'appui sous le logiciel Q-GIS; (b) d'identifier des spécimens d'étude le long de la ligne ferroviaire; (c) de rédiger des tables Excel, contenant les informations techniques, historiques et architecturales des spécimens d'étude ainsi que leurs coordonnées géographiques; (d) de rédiger des fiches d'inventaire simplifiées, qui se présentent sous forme des tableaux. Le tableau d'inventaire simplifié est composé de neuf rubriques incluses dans des cases horizontales comportant les informations nécessaires sur chaque spécimen d'étude comme suit:

   1. DÉSIGNATION ET FONCTION
   2. LOCALISATION
   3. NATURE JURIDIQUE ET RÉGIME DE PROTECTION
   4. DESCRIPTION

5. HISTORIQUE
6. ÉTAT DE CONSERVATION ET MESURES DE SAUVEGARDE
7. SIGNIFICATION ET IMPORTANCE CULTURELLE
8. DOCUMENTATION
9. PHOTOGRAPHIES

Chaque rubrique est l'intitulé d'un champ, chaque champ comporte un lexique sous forme de mots clés insérés dans des cases verticales, qui, en réponse à ce lexique, rédige le contenu du champ.

La préparation des données se considère étape primordiale dans l'élaboration de la base de données. Elle se base sur un travail mixte: de récolte documentaire, archivistique consistant à rassembler un maximum d'informations concernant la typologie des bâtiments voyageurs de l'architecture ferroviaire et d'un travail sur le terrain qui consiste en la recherche complémentaire pour mieux comprendre et interpréter les informations trouvées, ou éventuellement afin de vérifier certaines informations.

2. *Géoréférencement cartographique*
Le croisement des sources documentaires et du travail in situ nous permettra de compléter nos fiches d'inventaire synthétisées. Ces fiches d'inventaire synthétisées, sont inspirées du programme patrimoine élaboré entre 2012 et 2019, par le ministère de la culture Algérien et l'UE. Fig. 2

Le processus de géoréférencement applique sur l'ensemble des cartes scannées (couche raster) un emplacement spatial en lui attribuant des coordonnées géographiques en relation avec l'endroit réel de chaque portion géographique sur la carte et en leur appliquant des paramètres de transformation suivant un système de coordonnés de référence prédéfinis (S.C.R).

Le travail s'effectue sous le logiciel Q-GIS, libre de droit, afin de géoréférencer le fond de carte sous un système universel.

Le géoréférencement des cartes permet leurs assemblage automatique formant une ligne ferroviaire continue.

3. *Numérisation des données*
Il s'agit de manipuler à l'aide des outils de dessins du logiciel Q-GIS, pour digitaliser toutes les informations sur les cartes (les limites des wilayas et communes, les tronçons de la ligne ferroviaire, les bâtiments voyageurs des gares, l'emplacement des ouvrages d'art).

Cette numérisation servira à établir une base de données en Shape File sous forme de couches rassemblant Géométrie + Table (La table comporte les informations de chaque attribut).

4. *Traitement des données*
Il s'agit de choisir la symbologie et le mode de représentation voulus à matérialiser dans le produit final. Cela comporte une analyse thématique et des calculs afin de faciliter le traitement des données numérisée.

Cette phase comporte ainsi les différentes jointures sur le fond de carte géoréférencée et numérisée avec d'autres documents comme pièce jointe à l'instar des tables Excel et les fiches d'inventaire qui s'ouvre en double clic sur le bâtiment sélectionné. Si la jointure est faite correctement le logiciel sauvegarde le chemin d'enregistrement du fichier joint et le mémorise pour une éventuelle ouverture.

Il est nécessaire de garder le même emplacement des fichiers joints à la table attributaire. [Fig. 3]

## 5. *Mise en place d'une base de données géoréférencée*

L'ensemble des opérations précédentes permet le montage du produit final, une base de données structurée et organisée offrant: (1) la mise en place d'un inventaire numérisé, de l'architecture ferroviaire concernant les gares et ouvrages d'art; (2) l'accès documentaire facile à l'ensemble des spécimens d'étude un par un, par simple indication; (3) la réalisation des cartes géoréférencées des différentes couches composant la base de données; (4) l'analyse thématique par choix d'information à travers les outils du logiciel. [Fig. 4]

### Ligne ferroviaire Oran – Frontière du Maroc

Cet outil structure l'ensemble documentaire et permet la création des actions guidant le passage entre les données spatiales et géographiques avec les fiches d'inventaire. Nous évoquons cette manipulation à travers quelques gares et ouvrages d'art de la ligne Oran – Frontière du Maroc, se situant à l'Ouest Algérien. Un travail d'identification dans la phase de préparation des données a permis d'inventorier 30 gares et 347 ouvrages d'art (viaducs, ponts, tunnels, aqueducs), le long de la ligne Oran – Frontière marocaine. [Fig. 5–13]

### Conclusion

La réalisation du projet de chemin de fer dès les premières années de la conquête, a conduit à l'apparition d'un renouveau architectural qui marque l'introduction de l'architecture ferroviaire distinguée par l'emblématique Bâtiments Voyageurs de la gare. Ce dernier participe à retracer l'histoire de chemin de fer, l'art et l'ingéniosité des maitres d'œuvres, tout en représentant une partie de l'histoire de chaque ville desservie, marquant une identité, porteuse d'une symbolique politique de l'époque. Ces bâtiments voyageurs des gares expriment le pouvoir de devenir un élément de patrimoine culturel algérien et doivent bénéficier d'une inscription à l'inventaire afin de profiter des différentes actions de protection et de sauvegarde.

La méthodologie de l'inventaire complétée par le système d'information géographique que nous avons mis en place, offre la possibilité d'alimenter une base documentaire structurée permettant la construction d'un outil de sensibilisation pour une meilleure connaissance patrimoniale, afin de sauver de l'oubli les gares et ouvrages d'art ferroviaire riches en histoire et dignes d'être reconnus comme patrimoine national, voir international. Cet outil participe à un premier inventaire du patrimoine ferroviaire en Algérie, qui s'insère dans une double perspective de connaissance et de reconnaissance. Une méthode qui pourra s'élargir au patrimoine culturel général.

Deutsch    Die Eisenbahn wurde ab 1857 durch die französische Kolonialisierung in Algerien eingeführt und führte zum Bau zahlreicher Eisenbahnlinien sowie von Bahnhöfen und Kunstwerken, die heute den Reichtum des Eisenbahnnetzes ausmachen. Auch wenn dieses Erbe heute nur schwer geschützt und als solches anerkannt wird, bleibt es dennoch ein Zeugnis der Geschichte der Architektur, der Ingenieurskunst und des technischen Fortschritts.

Aus der Perspektive der Patrimonialisierung möchte der Beitrag die Modalitäten zur Erstellung einer digitalisierten und georeferenzierten Datenbank für die Inventarisierung der Eisenbahnarchitektur in Algerien vorstellen. Die Datenbank orientiert sich am «Programm Kulturerbe», das im Rahmen des Programms zur Unterstützung des Schutzes und der Aufwertung des algerischen Kulturerbes im Rahmen der Zusammenarbeit zwischen Algerien und der Europäischen Union erstellt wurde. Gespeist wird die Datenbank durch die Auswertung von Archivdokumenten des Archivzentrums der nationalen Eisenbahngesellschaft (SNTF) in Algier und des Archivzentrums der Cité de l'Architecture et du Patrimoine in Frankreich (Online-Inventare von Architektenarchiven) sowie deren Abgleich mit Feldforschungen. Sie verweist auch auf eine kartografische Sammlung der Region Westalgerien des Institut National de Cartographie et de Télédétection, INCT (Nationales Institut für Kartografie und Fernerkundung).

English    The railway was introduced in Algeria in 1857 as a result of French colonisation and led to the construction of numerous railway lines, stations, and works of art, which today make up the wealth of the railway network. Even if this heritage is difficult to protect and recognise today, it remains a testimony to the history of architecture, engineering, and technological progress.

From the perspective of patrimonialisation, this article aims to present the procedures for creating a digitised and geo-referenced database for the inventory of railway architecture in Algeria. The database is based on the «Cultural Heritage Programme», which was created as part of the programme to support the protection and enhancement of Algerian cultural heritage within the framework of cooperation between Algeria and the European Union. The database is fed by the analysis of archive documents from the archive centre of the National Railway Company (SNTF) in Algiers and the archive centre of the Cité de l'Architecture et du Patrimoine in France (online inventories of architectural archives) and their comparison with field research. It also refers to a cartographic collection of the Western Algeria region of the Institut National de Cartographie et de Télédétection, INCT (National Institute of Cartography and Remote Sensing).

Notes
1 Programme d'appui à la protection et valorisation du patrimoine culturel en Algérie, ministre de la culture, composante 1 du programme patrimoine. Renforcer la méthodologie de l'inventaire socle de toute politique patrimoniale (Mai 2019).
2 Parmi ces experts, Dr Boussad AICHE, qui dirige ma thèse aujourd'hui a lui aussi collaboré à ce travail sur l'inventaire.

Crédit d'images
1 Les chemins de fer algeriens de l'etat;http://alger-roi.fr.
2 Fiche d'inventaire, composante 1 du programme patrimoine, Chahineze Slimani.
3–4 Chahineze Slimani.
5 Archive SNTF, Alger, Algérie.
6 «http://www.judaicalgeria.com».
7 Archive numérisée SNTF Alger.
8 Carte postale 1905, Wikipedia domaine public.
9 Panorama paradisiaque d' El Ourit (Photo: Abderrahmane Djelfaoui d'archives).
10 Archive numérisée SNTF Alger, carte postale collection gay montaner.
11 Archive numérisée SNTF Alger.
12 Fotograf unbekannt, Public Domain
(https://commons.wikimedia.org/wiki/File:Oran_La_Gare.jpg).
13 Carte postale, Collec Online.

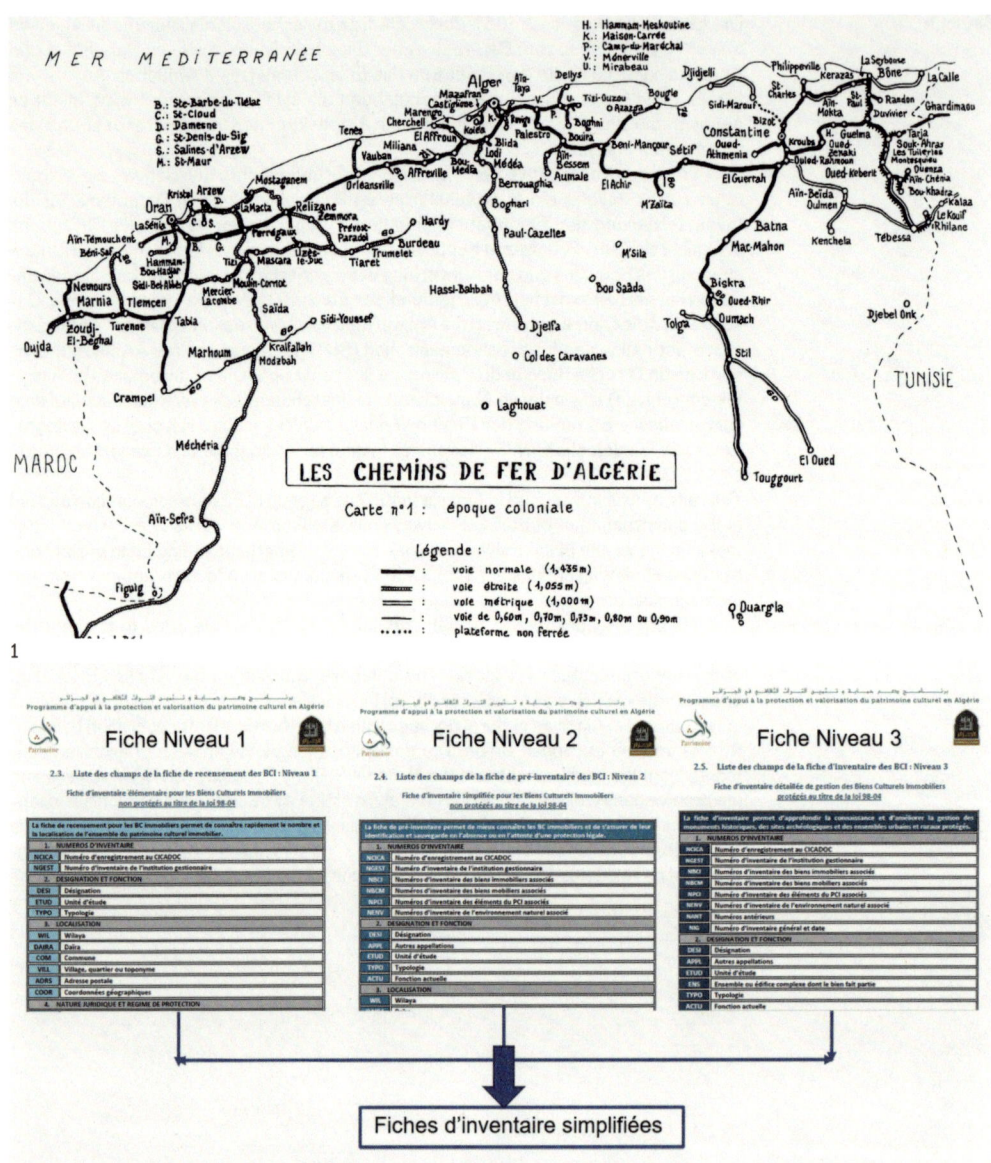

Fig. 1   Réseaux du chemin de fer algérien vers 1942 (époque coloniale).

Fig. 2   Fiches d'inventaires simplifiées.

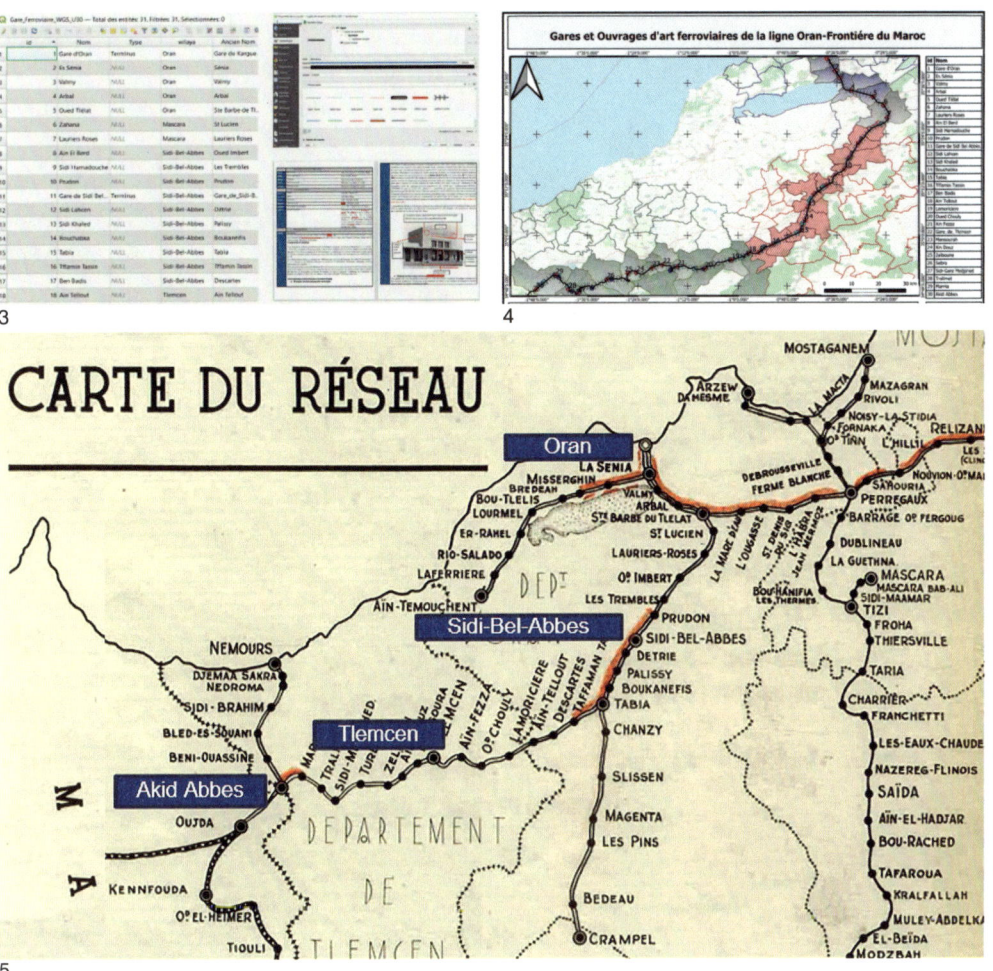

Fig. 3 Table attribuaire.
Fig. 4 Gares et ouvrages d'art ferroviares de la ligne Oran-Frontiére du Maroc.
Fig. 5 Ligne ferroviaire Oran – F du Maroc.

| | | | |
|---|---|---|---|
| Fig. 6 | Gare d'Alger. | Fig. 7 | Gare de Annaba. |
| Fig. 8 | Pont des cascades (Wilaya de Tlemcen). | Fig. 9 | Pont des cascades (Wilaya de Tlemcen). |
| Fig. 10 | Viaduc d'El Kantara (Wilaya de Biskra). | | |
| Fig. 11 | Gare de Skikd. | | |

Fig. 12   Gare d'Oran.

Fig. 13   Pont des gorges de la Chiffra
         (entre Wilaya de Bilda).

Archiv und Digitalisierung

# Digitizing Railway Historical and Heritage Data

Outlining Possible Guidelines for Future Inventory and Research in Andalusia
Patricia Wanderley Ferreira-Lopes

Railway heritage encompasses a wide range of elements and relations, both tangible and intangible, which demand a series of actions: from the identification, documentation, and analysis of the assets to their treatment and intervention. In the last decade, the field of Digital Cultural Heritage has countless digital tools for documentation, analysis, visualisation, and communication, which have led to the production and availability of an enormous amount of digital data. Documenting, analysing, and managing such a large volume of information using traditional tools and methods is extremely difficult, and even more so if we take into account the different disciplines involved. It is of utmost importance to ensure that the documentation data is structured and standardised to guarantee and facilitate its accessibility, interoperability, and reuse.

Normally, scientific communities and researchers produce datasets according to the object of study and objectives to be achieved, resulting in different database models and approaches that are generally not very interoperable and communicable with each other. In this sense, it is important to highlight that the way of managing and documenting heritage information is usually guided by the main domain or the main disciplines in which work is being done on those specific assets at that time.[1] For example, in an administrative institution responsible for documenting immovable heritage, there are different typologies of assets that are registered by the Documentation department of the Institution through specific cataloguing systems. As an example, we have the Management and Information System of the Cultural Assets of Andalusia, MOSAICO, created by the Council of Culture of the government of Andalusia and implemented in 2011,[2] which in its system prescribes a series of fields that can be used to record the information of each asset, such as name of the property, other alternative name of the asset, typology, brief historical description, brief description of the asset, location, activity related to the asset, etc. Fig. 1a–c

However, in an increasingly multidisciplinary research environment, it is imperative to develop a knowledge environment that facilitates «communication» between data from different disciplines in order to ensure greater usability, accessibility, sustainability, and interoperability. The data sets generated in the field of cultural heritage are the result of the work of different scientific disciplines (biology, chemistry, geography, archaeology, history, anthropology, architecture, urban planning, etc.) and face different problems, among others: heterogeneity of typology and size of data; imprecision and/or lack of data; scarce standardisation.[3] In this vein, this study aims to design a conceptual model for railway heritage documentation. Doing so, the data and the data model could communicate across disciplines, communities, and studies.

Before going deeper into the data model, we must know and understand what a model is. A model could be understood as a way to represent part of a reality, what we understand by a certain domain, which in our specific case is restricted to the railway heritage. It is also important to take into consideration that this «abstraction» will be given according to one or several points of view. And these points of view will determine which types of information are included or not in the model. On the other hand, we must also understand that a model entails a representation, a framework that we build in order to represent the reality we are working on. In the previous example, we have cited the record of a MOSAIC asset, that is a model too – we have there a structure that defines the fields that represent the elements, the relationships between those structures and the rules that define the structure itself and its validation.

Unfortunately, the heritage documentation faces particular kinds of problems when it comes to model knowledge and information. This is because we faced two realities in railway heritage documentation: (1) The team or researcher do not know precisely what they want to create a new model for (or what kinds of analysis they want to conduct); (2) The kinds and types of information cannot usually be anticipated fully.

In this study we will highlight some aspects related to the standardisation of the conceptual model (with a symbolic structure made up of objects/entities, attributes, and relations) for the documentation of railway heritage. For this purpose, we will present as an example the advances in the case of the Andalusian railway heritage. To achieve this, four specific objectives (SO) are envisioned:

1. Identify the particular needs and issues for documenting railway heritage. For this purpose, an in-depth diagnosis of the existing records in the digital guide of the IAPH was carried out.[4]
2. Create an open, easily accessible, interoperable, and reusable data model for railway heritage documentation. For this purpose, the FAIR data principles and the particularities of the railway heritage were taken into account.
3. Generate new knowledge about the railway heritage. Once we have the model, it would be easier to communicate with other data from other assets and domains, and thus increase its knowledge.
4. Communicate and disseminate the results of the project.

Unlike relational database, the knowledge graph model represents objects and its relations, a network in which relations are as important as the objects/elements themselves. The main objective here, besides standardisation and communication between disciplines, is to document the railway heritage in a model that can be read and understood by humans and machines. [Fig. 2]

## Methodology

Adopting the Andalusian Railway Heritage case-study approach, the project is based on both primary and secondary data source. The methodology includes seven phases: M1) Analyse the current documentation system (MOSAICO and Digital Guide) and make a survey of the existing records. M2) Study and select conceptual models, standards, and controlled vocabulary in order to register heritage information. For controlled vocabulary, we already have the IAPH's thesaurus that relates its terms using taxonomy and semantic relationship.[5] M3) Model design and testing. To implement the knowledge graph model for our initial pilot project, we started using the CIDOC CRM conceptual model as its main pillar. M4) Assessment and adjustment. M5) Publish the model and results in open access and interoperable format (e. g. .RDF and .CSV). [Fig. 3]

## Discussion and conclusion

This paper presents our approach to better identify and document railway heritage in Andalusia. It summarises the overview of the project, its objectives, and methodology. Also, it briefly introduces our conceptual model for railway documentation which is the first output of this research, it presents illustrative examples of conceptual analysis and tagging of the empirical evidence.

Some discussion points need to be highlighted: (1) Geoentities. In Railway we will have polygon, line, polyline, and points. Entities must have temporal properties that can change over time (both attributes and spatial properties can change over time). (2) The use of the graph model instead of relational DBMS allows more flexibility but also makes it more difficult to convert to GIS format and visualisation. (3) Maybe CIDOC does not cover all the needs of railway documentation. One possible solution is to use CIDOC as the main base and create supplementary classes and subclasses.

Our initial results so far indicate that railway heritage knowledge could be transformed through our better understanding of digital curation of information process. In the next stage of the project, we plan to expand the model as a framework for a formal representation of the information identified in the primary and secondary sources.

Deutsch

Das Eisenbahnerbe umfasst eine grosse Bandbreite an materiellen und immateriellen Elementen und Beziehungen, die verschiedene Massnahmen von der Identifizierung und Dokumentation über die Analyse bis zur Bearbeitung und zu Eingriffen an Bestandteilen erfordern. Dieses komplexe Netzwerk mit herkömmlichen Methoden zu dokumentieren und zu analysieren, ist äusserst schwierig und wird noch aufwendiger, wenn alle betroffenen Disziplinen einbezogen werden. Daher ist es sehr wichtig, diese dokumentierte Information sichtbar und materiell fassbar zu machen, da sowohl Information als auch Materialität Wissensquellen darstellen. Dieses Wissen nützt jedoch wenig, wenn die Datensammlung nicht vollständig strukturiert ist, was ihre Zugänglichkeit, Interoperabilität und Weiterverwendung gewährleistet. In diesem Vortrag werden die folgenden Aspekte behandelt: Wie sind Geschichts- und Kulturerbedaten aus dem Bahnbereich zu dokumentieren? Welche Standards oder Daten- und Metadaten-Begriffsmodelle (CIDOC-CRM, Dublin Core, Arches, OntoME usw.) sind zu verwenden? Wie können historisch-geografische Informationssysteme (HGIS) die Dokumentation und Erforschung des Eisenbahnerbes vereinfachen? Ausserdem wird die Fallstudie eines aktuellen Forschungsprojekts zum andalusischen Bahngedächtnis und -erbe vorgestellt. Erörtert werden die angetroffenen Probleme, die dem Publikum sicherlich von anderen Fallstudien bekannt sind, sowie mögliche Lösungsansätze. Dabei werden die FAIR-Grundsätze für Forschungsdaten und die Besonderheiten des Eisenbahnerbes berücksichtigt.

Français

Le patrimoine ferroviaire couvre une grande diversité d'éléments et d'interactions, tant matériels qu'immatériels, qui requièrent une série de mesures, de la phase d'identification et de documentation au traitement et aux interventions pratiquées sur ses composants en passant par la phase d'analyse. Documenter et analyser cet entrelacs complexe d'éléments avec des méthodes traditionnelles relève de la gageure, davantage encore si l'on considère chaque discipline qui opère en son sein. En ce sens, il est essentiel de rendre ces informations / cette documentation visibles et d'en reconnaître le caractère matériel, puisque l'information et la matérialité constituent toutes deux des sources du savoir. Pourtant, ce savoir peut être mis en péril lorsque les données sont dépourvues d'une structure intégrale qui en garantit l'accès aisé, l'interopérabilité et la réutilisation. Le présent article soulève la question de la documentation du patrimoine et des données historiques des chemins de fer. Quelles sont les normes et / ou modèles conceptuels de données ou de métadonnées (CIDOC-CRM, Dublin Core, Arches, OntoME, etc.) à utiliser? Comment le HGIS est-il censé faciliter la documentation et la recherche sur le patrimoine ferroviaire? Nous rendrons compte dans cet article d'une recherche en cours qui étudie le cas spécifique de la mémoire et du patrimoine des chemins de fer andalous. Nous présenterons une vue d'ensemble des problèmes que nous avons relevés, susceptibles de rappeler d'autres études de cas, et explorerons de potentielles solutions qui tiendront compte des principes FAIR en matière de données et des particularités du patrimoine ferroviaire.

| | | | |
|---|---|---|---|
| Notes | | 1 | Bruseker, George, Carboni, Nicola, Guillem, Anaïs: Cultural heritage data management: the role of formal ontology and CIDOC CRM. In: Matthew, L. Vincent et al.(Hg.): Heritage and Archaeology in the Digital Age. E-Book 2017, S. 93–131. |
| | | 2 | Torrejón, Juan Antonio Arenillas et al.: El Patrimonio Cultural de la campiña sevillana en el sistema de gestión e información de los Bienes Culturales (Mosaico). In: Cuadernos de los Amigos de los Museos de Osuna 14 (2012) 107–113. |
| | | 3 | Vassallo, Valentina, Felicetti, Achille: Towards an ontological cross-disciplinary solution for multidisciplinary data: VI-SEEM data management and the FAIR principles. In: International Journal on Digital Libraries 22 (3) (2021) 297–307; Ferreira-Lopes, Patricia: Modelos digitales de información-SIG y Grafos-aplicados en el patrimonio: la fábrica edilicia en el antiguo reino de Sevilla en el tránsito a la edad moderna. Sevilla 2018. |
| | | 4 | Ferreira-Lopes, Patricia: Exploring Andalusian industrial heritage through data science: Breaking down the gaps and concerns to visualise opportunities. In: Revista Conservar Patrimonio (in press) 2023. |
| | | 5 | IAPH. Tesauro Guía Digital. https://guiadigital.iaph.es/tesauro-patrimonio-historico-andalucia (accessed: 2.1.2023). |
| Image credits | 1a–b | | Patricia Wanderley Ferreira Lopes. |
| | 1c | | Digital Guide IAPH. Available at https://guiadigital.iaph.es/bien/inmueble/9614/cadiz/jerez-de-la-frontera/estacion-de-renfe, accessed: 30.09.2024. |
| | 2–3 | | Patricia Wanderley Ferreira Lopes. |

1a

1b

1c

| Fig. 1a | Plaza de Armas Railway Station (Photo: Patricia Wanderley Ferreira Lopes 2023). |
| --- | --- |
| Fig. 1b | Railway Station of Jerez de la Frontera, Cadiz (Photo: Patricia Wanderley Ferreira Lopes 2022). |
| Fig. 1c | Screenshot of the Digital Guide of Andalusian Cultural Heritage Platform. It shows the record for the Railway Station of Jerez de la Frontera, Cadiz. The information disseminated in the Guide comes from the IAPH's MOSAICO management system. |

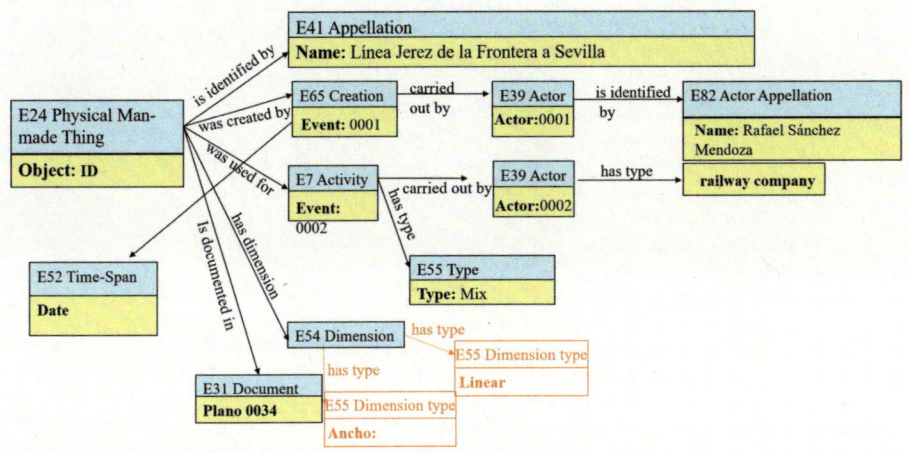

2

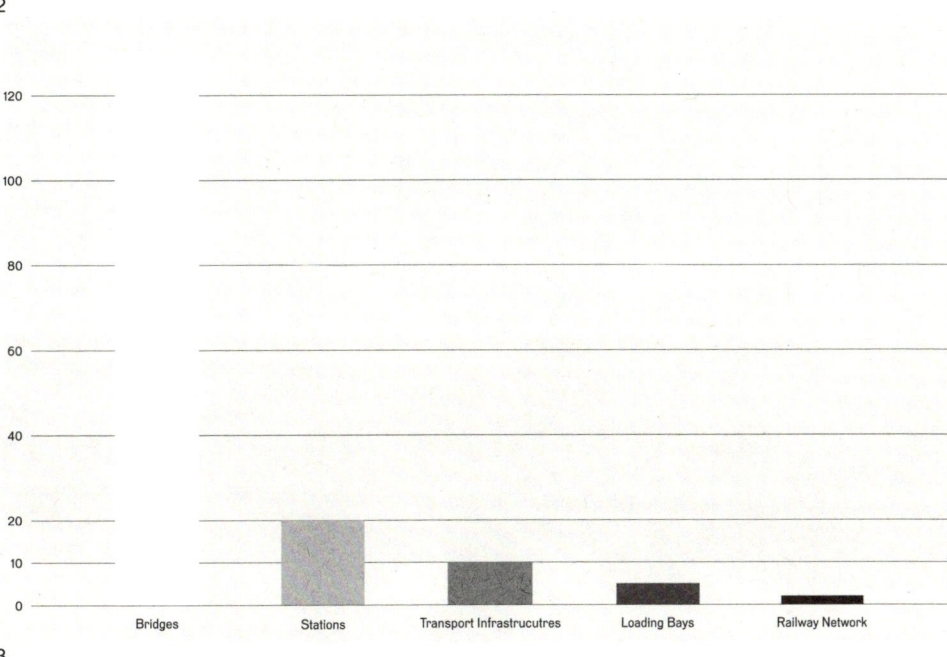

3

Fig. 2  Example of the knowledge graph model for railway data.

Fig. 3  The number of records per type in the Railway sector found in the Digital Guide to the Cultural Heritage of Andalusia.

# Forschungsberichte

# Research Reports

# Rapports de Recherche

Das Panel   Moderation und Text
            Manuel Maissen

Die Eisenbahn birgt ein schier unerschöpfliches Potenzial für Forschungsprojekte in sich: Von der Auseinandersetzung mit bedeutsamen sozialhistorischen Phänomenen, der richtungsweisenden Entwicklung von Infrastrukturen und Landschaften oder den unzähligen ingenieurtechnischen Fortschritten und Umwälzungen – kaum ein anderes Konzept hat den Verlauf und die Geschichte der letzten zwei Jahrhunderte so mitbestimmt wie die Eisenbahn. Ihr Siegeszug im 19. Jahrhundert korrelierte mit dem Aufkommen neuer Materialien und beschleunigte die Entwicklung technischer Verfahren für deren Anwendung. Zentral war dabei zuerst das namensgebende Eisen, das den Auftakt für exakt berechnete und dadurch materialsparende Ingenieurkonstruktionen im Brücken-, Strecken- oder Gebäudebau legte.

Die Erforschung der Geschichte der Eisenbahn ist so facettenreich wie wichtig, denn durch die fortwährende Benutzung ist besonders ihr gebautes Erbe einer kontinuierlichen Veränderung unterworfen. Der physische Bestand der Eisenbahn musste sich dabei von Anfang an Neuerungen und Korrekturen anpassen, die sich sowohl durch den Gebrauch als auch durch technischen Fortschritt aufdrängten. Ein grösseres Transportaufkommen und schwerere Eisenbahnkompositionen verlangten bereits früh nach einer Verstärkung der bestehenden Brücken und Viadukte, die spätere Elektrifizierung der Strecken brachte noch tiefgreifendere Modifikationen im gesamten Bestand. Diese nötigen Anpassungen an die gegebenen Anforderungen waren und sind eine signifikante Gefahr für den Bestand, da viele Objekte grundlegend verändert oder gleich ganz durch Neubauten ersetzt wurden. Die Geschichte der Eisenbahn ist somit auch eine Geschichte des Verlustes, deren Aufarbeitung und eingehende Erforschung für den künftigen Umgang mit ihrem und verwandtem kulturellen Erbe von entscheidender Bedeutung ist.

Die Eisenbahn überwand Grenzen, ihr Fortschritt förderte den Austausch und die Zusammenarbeit ebenso wie er durch sie determiniert wurde. Manche Irritationen, Diskrepanzen und Unklarheiten sowie deren dadurch verursachte Gefahren und Herausforderungen sind deshalb nicht auf nationale Räume beschränkt, sondern stellen in einem gewissen Mass eine übergeordnete Bedrohung des Bestands dar. Die zeitliche, regionale und thematische Diversität der Forschungsberichte an der Fachtagung Eisenbahndenkmalpflege bot somit die seltene Gelegenheit, unterschiedliche Aspekte im Hinblick auf den zukünftigen Umgang mit solchen Objekten in einem internationalen und interdisziplinären Rahmen zu diskutieren. Die nun folgenden schriftlichen Ausarbeitungen dieser Beiträge begleiten die Entwicklung der Eisenbahn von ihren frühesten Anfängen bis in die Moderne, erkunden Planungs-, Konstruktions- und Ausführungstechniken, erörtern dabei ikonische Bauwerke und werfen Licht auf weniger bekannte.

Im Fokus der ausgewählten Beiträge steht jeweils der denkmalpflegerische Umgang mit diesen Monumenten, wozu bestehende Strategien diskutiert und neue Ideen skizziert werden. Diese gewähren nicht nur Einblicke in laufende Forschungsprojekte, sondern durch die Fokussierung auf charakteristische Objekte auch wertvolle Überlegungen und Erkenntnisse zur Bewertung seltener oder ungewöhnlicher Bestände. Für eine effiziente Inventarisierung und nachhaltige Denkmalpflege sind die nun folgenden Aufsätze somit von grossem Interesse und führen hoffentlich beim Fachpublikum zu einer fundierten Auseinandersetzung mit den Themen, Objekten und Ideen, aber auch mit den weiteren Projekten der jungen Forscherinnen und Forscher.

The Panel   Moderation and text
            Manuel Maissen

The railway harbours an almost boundless potential for research projects: from the examination of important socio-historical phenomena and the pioneering development of infrastructure and landscapes to the numerous upheavals and advances in engineering – hardly any other idea has influenced the course of history over the past two centuries as much as the railway. The golden era of railways in the 19th century came at the same time as the emergence of new materials and accelerated the development of technical processes for its application. Iron initially played a central role in the railway industry, paving the way for precisely calculated, material-saving engineering structures, such as bridges, railway lines, and buildings.

Research on the history of the railway is as multifaceted as it is important, particularly because its built heritage is in constant use and therefore subject to continued change. From the outset, the physical inventory of the railway had to adapt to innovations and corrective adjustments imposed by both use and technical progress. Increased transport volumes and heavier railway compositions meant that existing bridges and viaducts had to be reinforced at an early stage, while the later electrification of the lines brought even more far-reaching modifications to the entire inventory. These necessary adaptations to the given requirements were and remain a significant threat to the existing inventory, as many objects have been fundamentally altered or completely replaced by new structures. The history of the railway is therefore also a history of loss. The reappraisal and thorough exploration of this history is critically important for the future handling of its cultural heritage and related areas.

The railway transcended borders and its progress promoted exchange and cooperation as much as it determined them. Some of the confusion, discrepancies, and ambiguities – and the dangers and challenges caused as a result – is therefore not limited to national borders but instead represents an overarching threat to the inventory. The temporal, regional and thematic diversity of the research reports presented at the Railway Heritage Preservation Conference provided a rare opportunity to discuss different aspects of the future management of such objects within an international and interdisciplinary context. The following written contributions pursue the development of the railway from its earliest beginnings to the modern age, exploring planning, construction, and execution techniques, discussing iconic structures and shedding light on lesser-known ones too.

Each of the selected contributions focuses on the treatment of these monuments with regard to heritage preservation; existing strategies are discussed and new ideas are outlined. The contributions not only offer insights into ongoing research projects but also, by focusing on characteristic objects, present valuable reflections and findings for the evaluation of rare or unusual assets. The following papers are of great interest for efficient inventorisation and sustainable heritage preservation and will hopefully lead to a well-founded discussion of the topics, objects, and ideas, but also of the young researchers' other projects, among the audience of specialists.

Le panneau

Moderation et texte
Manuel Maissen

Le chemin de fer alimente une source de sujets quasiment intarissable pour les projets de recherche. Il permet d'étudier des phénomènes sociohistoriques significatifs, le développement précurseur d'infrastructures et de paysages, ainsi que les innombrables progrès et bouleversements de l'ingénierie. Rares sont les concepts qui ont autant influencé le cours et l'histoire de ces deux derniers siècles. Le triomphe du chemin de fer au XIXe siècle, porté entre autres par l'émergence de nouveaux matériaux, a accéléré le développement de procédés techniques innovants. Le fer, premier élément décisif qui a d'ailleurs donné son nom au nouveau mode de transport, a marqué l'avènement d'ouvrages d'ingénierie planifiés avec précision, et donc économes en matériaux, dans le domaine de la construction des ponts, de lignes ferroviaires et de bâtiments.

L'étude de l'histoire du chemin de fer est aussi variée qu'importante. Du fait de l'utilisation permanente du réseau ferré, le patrimoine bâti du chemin de fer est soumis à des modifications constantes. Dès le début, le patrimoine physique a dû s'adapter aux innovations et aux corrections imposées par l'usage et le progrès technique. L'augmentation du volume de transport et du poids des compositions ferroviaires a exigé très tôt un renforcement des ponts et viaducs, et l'électrification ultérieure des lignes a entraîné des modifications encore plus profondes de l'ensemble des installations existantes. Ces adaptations nécessaires pour tenir compte de l'évolution des exigences constituent aujourd'hui encore un risque notable, puisque de nombreux objets doivent être radicalement transformés ou remplacés par de nouvelles constructions. L'histoire du chemin de fer est donc également une histoire de disparitions dont le traitement et l'étude approfondie sont d'une importance capitale pour la gestion de l'héritage culturel du chemin de fer et de domaines apparentés.

Le chemin de fer a franchi les frontières et son évolution a favorisé les échanges ainsi que la coopération qui, à leur tour, n'ont pas manqué de le façonner. Certaines irritations, divergences et ambiguïtés, ainsi que les dangers et les défis qui en résultent, ne se limitent donc pas aux espaces nationaux, mais font, dans une certaine mesure, peser une menace d'ordre supérieur sur l'existant. La diversité temporelle, régionale et thématique des rapports de recherche présentés lors de la conférence spécialisée sur la préservation du patrimoine ferroviaire a ainsi été l'occasion rare de discuter de différents aspects de la gestion future de tels objets dans un cadre international et interdisciplinaire. Les versions écrites de ces contributions, présentées ci-après, retracent le développement du chemin de fer de ses débuts jusqu'à l'ère moderne, explorent les techniques de planification, de construction et d'exécution, reviennent sur des ouvrages emblématiques et mettent en lumière des réalisations moins connues.

Les contributions sélectionnées portent essentiellement sur la conservation de ces monuments, examinent les stratégies en place et esquissent de nouvelles pistes. Elles donnent un aperçu de projets de recherche en cours et permettent, via l'examen approfondi d'objets caractéristiques, d'initier des réflexions et de réunir des connaissances précieuses sur l'évaluation d'objets rares ou inhabituels. Les exposés ci-après revêtent donc un intérêt majeur pour une inventorisation efficace et une conservation durable des monuments historiques. Nous espérons qu'ils inciteront le public spécialisé à mener une réflexion approfondie sur les thèmes, les objets et les concepts abordés, mais aussi sur les autres projets des jeunes chercheuses et chercheurs.

DORTMUND HBF

# Eisenbahnbauten der Nachkriegszeit

Normative Bau- und Planungsmethoden der Deutschen Bundesbahn
Dorothea Rosenberg

Die Eisenbahnbauten der Nachkriegszeit prägen unsere Städte und ihre Peripherie. Mit diesen Gebäuden, insbesondere den Fallbeispielen der Empfangsgebäude und Stellwerke im Zeitraum 1950 bis 1980, befasst sich das Forschungsprojekt «Normative Bau- und Planungsmethoden der Deutschen Bundesbahn». Das Promotionsthema wird an der BTU Cottbus-Senftenberg von Prof. Dr.-Ing. Hans-Christoph Thiel vom Lehrstuhl für Eisenbahnwesen betreut.

Gemäss einer Bestandsaufnahme von 1948 sind 20 Prozent des Gebäudebestands der Deutschen Reichsbahn zerstört worden.[1] Nach erstem behelfsmässigen Wiederaufbau entstanden 1950 bis 1980 zahlreiche Neubauten: Empfangsgebäude,[2] Stellwerke, Werkstatthallen, Büro-, Sozial- und Wohnungsbauten.[3] Die fotografischen Dokumentationen von 1945 der Bahnhöfe Kiel [Abb. 1] und Schweinfurt [Abb. 2] verdeutlichen die Zerstörung im Bereich der Empfangsgebäude.

Das Forschungsvorhaben betrachtet die Normierung des Planungs- und Herstellungsprozesses von Hochbauten der Deutschen Bundesbahn. Als idealtypische Fallbeispiele werden die Empfangsgebäude und Stellwerke untersucht. Beispielhaft zu benennen sind das neue Empfangsgebäude des Kölner Hauptbahnhofes von 1957 [Abb. 3] und das Stellwerk im Dortmunder Hauptbahnhof von 1976. [Abb. 4] Anhand der Datenanalyse aus Archivalien und von eigenen empirischen Studien für die Fallbeispiele wird untersucht, ob die Deutsche Bundesbahn standardisierte Bau- und Planungsmethoden angewendet hat. Es wird geprüft, inwieweit im Zeitraum 1950 bis 1980 neue Gebäudetypen entstanden und welche Erkenntnisse auf die heutige Situation im Eisenbahnhochbau übertragen werden können.

Schon zu Beginn des Eisenbahnhochbaus wurden Bautypen und Grundrissschemata entwickelt, wie z. B. die Grundrisstypen von Gottfried von Neureuther im Jahr 1848.[Abb. 5] Im Untersuchungszeitraum im Jahr 1964 beschlossen die Hochbaudezernenten der Deutschen Bundesbahn im Rahmen eines Treffens die Typisierung von Einzelbauteilen, bautechnischen Details und kleinerer Bauten. Das Bundesbahnzentralamt in München erhielt den Auftrag, Muster und Regelpläne zu verschiedenen Gebäudetypen zu sammeln und zu prüfen.[4] Einen solchen Musterplan stellt die Ansicht des Stellwerks im Bahnhof Denzlingen nach Richtzeichnung des Bundesbahnzentralamtes München dar.[Abb. 6]

Theodor Dierksmeyer, der Chefarchitekt der Deutschen Bundesbahn, ermutigt seine Mitarbeiter, neue Bau- und Planungsmethoden zu prüfen, möchte gleichzeitig aber nicht die gestalterische Freiheit durch Vorgaben wie z. B. ein Stützenraster einschränken.[5]

1969 wird unter der Leitung des Hochbaudezernenten Werner Tschiesche das Bausystem Variomonta entwickelt.[6] Dieses wird von den Dreier Werken in Dortmund vorgefertigt und weist ein Raster von 1.25 m auf.[Abb. 7] Das Bausystem wird für temporäre und langfristige Bauformen und Kleinstbauten genutzt, wie Wartehäuschen, Fahrdienstleitergebäude, kleinere Sozialgebäude, Fahrkartenausgaben, Kleinststellwerke, Einbauten in Werkstatthallen, Werkmeisterhäuschen, Treppenaufgänge und Kioske. Durch die Vorfertigung im Werk können Planungs- und Bauzeit verringert werden. Letztendlich setzt sich das Bausystem Variomonta aufgrund höherer Baukosten gegenüber herkömmlichen Baumethoden und niedriger Lebensdauer der Bauteile nicht langfristig durch.[7]

Die Datenanalyse zu den Empfangsgebäuden zeigt, dass zahlreiche Verfügungen einen neuen Typ des Empfangsgebäudes mitbestimmen, z. B. Verfügungen zur Arbeitsplatzgestaltung von Fahrkartenverkaufsstellen und der Einmannbetrieb bei kleinen Empfangsgebäuden.[8] Primäres Ziel ist die Kostenreduzierung. Die Dienstvorschrift 851 fasst diese Verfügungen des Hochbaus zusammen. Auch das Logo und eine einheitliche Beschriftung tragen zur Entwicklung der Corporate Identity der Empfangsgebäude der DB bei.[9]

Die empirische Untersuchung von 271 Empfangsgebäuden aus dem Zeitraum 1950 bis 1980[10] weist darauf hin, dass diese überwiegend eingeschossig, mit Flachdach und in Massivbauweise, hauptsächlich in traditioneller Bauart in Mauerwerksbau ausgeführt sind. Nur 20 Prozent der Gebäude weisen ein Stützenraster auf, das teilweise nur auf die transparente Eingangshalle begrenzt ist. Ein Beispiel ist das Empfangsgebäude in Goch.[Abb. 8] Nur wenige der kleineren Bahnhöfe der heutigen Kategorien 3–7, wie der Bahnhof Goch, stehen unter Denkmalschutz.

Im Zeitraum 1950 bis 1980 entsteht ein neuer Gebäudetyp. Bausysteme und Fertigteilbauweisen setzen sich nicht durch, ausser bei den Ausstattungsgegenständen wie Vitrinen und Bestuhlung. Bei den Empfangsgebäuden werden den Architekten hauptsächlich Planungsgrundsätze durch Verfügungen zur Kosteneinsparung vorgegeben. Diese Vorgaben lassen dem Hochbauplaner jedoch gestalterische Spielräume.

Das Ergebnis der Recherche bei den Stellwerken zeigt, dass 1965 eine eigene Richtlinie DV 844 A,B,C für den Bau von Relaisstellwerken[11] eingeführt wird. Spezieller Fokus ist das Stellwerk SpDr 60 mit Muster- und Regelplänen. Insgesamt werden acht Stellwerkstypen vom kleineren Stellwerk[Abb. 9] bis zum Zentralstellwerk[Abb. 10] vorgestellt. Das Zentralstellwerk in München stimmt mit den Vorgaben in Grundriss und Ansichten überein. Ähnlich einem Raumbuch werden für jeden Raum in der Richtlinie bautechnische Vorgaben gemacht. Für die Kanzel beziehungsweise den Bedienraum stehen in der Richtlinie DV 844 verschiedene Detailzeichnungen zur Verfügung [Abb. 11] Acht verschiedene Details sind zur baukonstruktiven Lösung des Bedienraumes mit Variationen der Innen- und Aussenneigungen der Fenster und verschiedenen Lösungen des Sonnenschutzes angegeben.[12]

Aus der empirischen Untersuchung der Stellwerke[13] geht hervor, dass diese überwiegend mit Flachdach, mit Kanzel, zwei- bis dreigeschossig und in Massivbauweise hergestellt werden. Auch die Stellwerke werden hauptsächlich in traditioneller Bauweise in Mauerwerksbau errichtet. Fertigteile kommen nur selten zum Einsatz. Die Planungszeit verkürzt sich durch die Planungsvorgaben.
    Einige Stellwerke werden in Serien von zwei bis drei identischen Gebäuden geplant und gebaut, so die Stellwerke in Backnang und Böblingen. Auch als Modellbausatz kann man diese in Miniatur kaufen.

Normative Bau- und Planungsvorgaben haben anhand von Verfügungen, Richtlinien und Richtzeichnungen des Bundesbahnzentralamtes wesentlich dazu beigetragen, dass für die Fallbeispiele der Empfangsgebäude und Stellwerke neue Gebäudetypen entstehen. Zur Umsetzung eines Bausystems oder von bundesweiten Fertigteilbauweisen hat die Deutsche Bundesbahn jedoch nicht genügend finanzielle Mittel bereitgestellt. Lediglich im Bereich der Ausstattung werden Fertigteilbauweisen eingesetzt, z. B. bei den Aushangvitrinen.
    Die Deutsche Bahn AG sollte, ähnlich wie das Bundesbahnzentralamt der Deutschen Bundesbahn in München, eine zentrale Abteilung gründen. Diese wäre verantwortlich für die Archivierung von Muster- und Regelplänen und die Umsetzung von übergeordneten Sanierungskonzepten.
    Ein flexibles Bausystem analog zu dem Bausystem «Variomonta» könnte der DB AG helfen, Kleinstbauten schneller zu realisieren und Planungskosten zu sparen. In diesem Zusammenhang könnten auch moderne Technologien wie 3D-Druck zum Einsatz kommen.

Viele Hochbauten der Deutschen Bundesbahn weisen aktuell einen Sanierungsrückstand auf. Derzeit ist die Deutsche Bahn AG eher bemüht, den Abriss der Gebäude zu organisieren. Häufig scheitert dieser Abriss an der Finanzierung. Auch die kleineren Empfangsgebäude und Stellwerke stellen ein Kulturgut deutscher Eisenbahngeschichte dar und sollten in Zukunft mehr Wertschätzung erhalten.

English     Railway buildings from the post-war period still receive little attention and are rarely considered from the perspective of heritage protection. The attempts of Deutsche Bundesbahn to standardise the planning and manufacturing processes for building constructions in the decades following World War II have been examined as part of a research project. This analysis of ideal-typical railway buildings, such as the entrance building and the infrastructure installations for signal boxes, is intended to reveal whether the regulations of the railway industry influenced the building construction activities of Deutsche Bundesbahn, to what extent the application of standardisation to the area of building construction was successful, and to what extent the findings of the research can be applied to future repair measures for railway buildings. The buildings investigated are of interest from the perspective of architectural history, construction, and heritage preservation and are also currently highly topical due to the numerous renovation measures. Other railway companies can learn from the successes and failures of earlier efforts by German Federal Railways and draw conclusions relevant to the future implementation of normative planning and construction methods. Moreover, a long-term view of construction history may also support the forward-looking planning and maintenance of railway buildings.

Français     Les constructions ferroviaires de l'après-guerre sont peu considérées et rarement analysées sous l'angle de la protection des monuments. Les tentatives de la Deutsche Bundesbahn de normaliser le processus de planification et de construction des bâtiments dans les premières décennies de l'après-guerre ont été examinées dans le cadre d'un projet de recherche. L'analyse de bâtiments ferroviaires typiques, tels que des bâtiments d'accueil et des infrastructures de postes d'enclenchement, vise à déceler si les réglementations ferroviaires ont influencé les activités de construction de bâtiments de la Deutsche Bundesbahn, dans quelle mesure l'application de la normalisation au secteur de la construction de bâtiments a été un succès et si les résultats des études peuvent être appliqués aux futures mesures de remise en état des constructions ferroviaires. Les constructions analysées présentent un intérêt en matière d'histoire de l'architecture, de construction et de conservation du patrimoine et sont d'une grande actualité en raison des nombreuses mesures de rénovation. D'autres compagnies ferroviaires pourraient s'inspirer des succès et des échecs des tentatives de la Deutsche Bundesbahn et en tirer des conclusions pour la mise en œuvre à l'avenir de méthodes normatives de planification et de construction. En outre, l'analyse à long terme de la tradition architecturale pourrait soutenir la planification et la maintenance anticipatives des constructions ferroviaires.

Anmerkungen
1 Vgl. Kurze, Johannes: Zehn Jahre Wiederaufbau bei der Deutschen Bundesbahn 1945–1955. Frankfurt am Main 1955, S. 37.
2 Vgl. Schack, Martin: Neue Bahnhöfe. Die Empfangsgebäude der Deutschen Bundesbahn 1948–1977. Berlin 2004, S. 7–8.
3 Vgl. Kubinszki, Mihály: Architektur am Schienenstrang. Hallen, Schuppen, Stellwerke. Architekturgeschichte der Eisenbahnzweckbauten. Stuttgart 1990, S. 4.
4 Vgl. Deutsche Bundesbahn (Hg.): Niederschrift über die Arbeitstagung der Baudezernenten der Deutschen Bundesbahn vom 30.6. bis 2.7.1964 in Hannover und Bremen. In: Magazin der DGEG an der Universität Dortmund (EGM 17410q) (1964) S. 10.
5 Vgl. Dierksmeier, Theodor, Deutsche Bundesbahn (Hg.): 25 Jahre Hochbau bei der DB. Bonn 1962, S. 177.
6 Vgl. Tschiesche, Werner: Neuartige Bausysteme für industriell vorgefertigte Kleinbauten im Eisenbahnhochbau. In: Eisenbahntechnische Rundschau 6 (1969) 229–230.
7 Ebd., S. 238 f.
8 Vgl. Deutsche Bundesbahn: DV 851, Sammlung von Verfügungen für den Hochbau, personal- und bauwirtschaftlich rationale Grundriss-Gestaltung der Empfangsgebäude (Ein-Mann-Dienst). Ohne Ort 1962, S. 632.
9 Vgl. Deutsche Bundesbahn: DV 851, Sammlung von Verfügungen für den Hochbau, Beschriftung der Bahnanlagen; Namen und Wegweiser auf den Bahnhöfen. Ohne Ort 1962, S. 1505.
10 Vgl. eigene Untersuchung Empfangsgebäude 1950–1980, 1.7.2022.
11 Vgl. Deutsche Bundesbahn: Dienstvorschrift 844 A, B, C Richtlinien für den Bau von Dr-Stellwerksgebäuden. München 1965, S. 2.
12 Vgl. ebd., S. 10.
13 Vgl. eigene Untersuchung, Stellwerke 1950–1980, 1.7.2022.

Abbildungsnachweis
1 Kiel Hauptbahnhof, 1945, DB Museum Nürnberg, Signatur: 2018.001857.
2 Schweinfurt Hauptbahnhof, 1945, DB Museum Nürnberg, Signatur: 2019.001841.
3 Köln Hauptbahnhof, 1957, DB Museum Nürnberg, Signatur: MF-2102-KN1263P.
4 Zentralstellwerk Hauptbahnhof Dortmund, 1976, DB Museum Nürnberg, Signatur: MF-2108-EN2917-1.
5 Schema der Bahnhofstypen von von Neureuther, 1848, Münchener Stadt Museum (Hg.), Gottfried von Neureuther 1811–1887, Verlag Karl M. Lipp, München 1978, S.36.
6 Richtzeichnungen des Bundesbahnzentralamtes, Stellwerk Bahnhof Denzlingen,1979, Generallandesarchiv Karlsruhe, 421 01-2611, Erläuterungsbericht, zum Bahnhof Denzlingen, Karlsruhe.16.11.1979. S.1–4.
7 Systembau Variomonta-Standardtypen der Baureihe A, Landesarchiv NRW Abteilung Rheinland, Bestand: BR_1200 Signatur:03833 DinA0.
8 Ansichten Bahnhof Goch, 1956, Planarchiv DB Station&Service AG, Nr. 198420.
9 Ansicht und Grundriss eines kleineren Stellwerks, Deutsche Bundesbahn, Dienstvorschrift 844 A, B, C Richtlinien für den Bau von Dr-Stellwerksgebäuden, 1965, S. 43.
10 Ansichten und Grundrisse eines Zentralstellwerkes, Deutsche Bundesbahn, Dienstvorschrift 844 A, B, C Richtlinien für den Bau von Dr-Stellwerksgebäuden, 1965, S. 55.
11 Detail Bedienraum mit Kragplatte, Deutsche Bundesbahn, Dienstvorschrift 844 A, B, C Richtlinien für den Bau von Dr-Stellwerksgebäuden, 1965, S. 30.

Abb. 1   Kiel Hauptbahnhof, 1945.

Abb. 2   Schweinfurt Hauptbahnhof, 1945.

3

4

Abb. 3  Köln Hauptbahnhof, 1957.

Abb. 4  Zentralstellwerk Hauptbahnhof Dortmund, 1976.

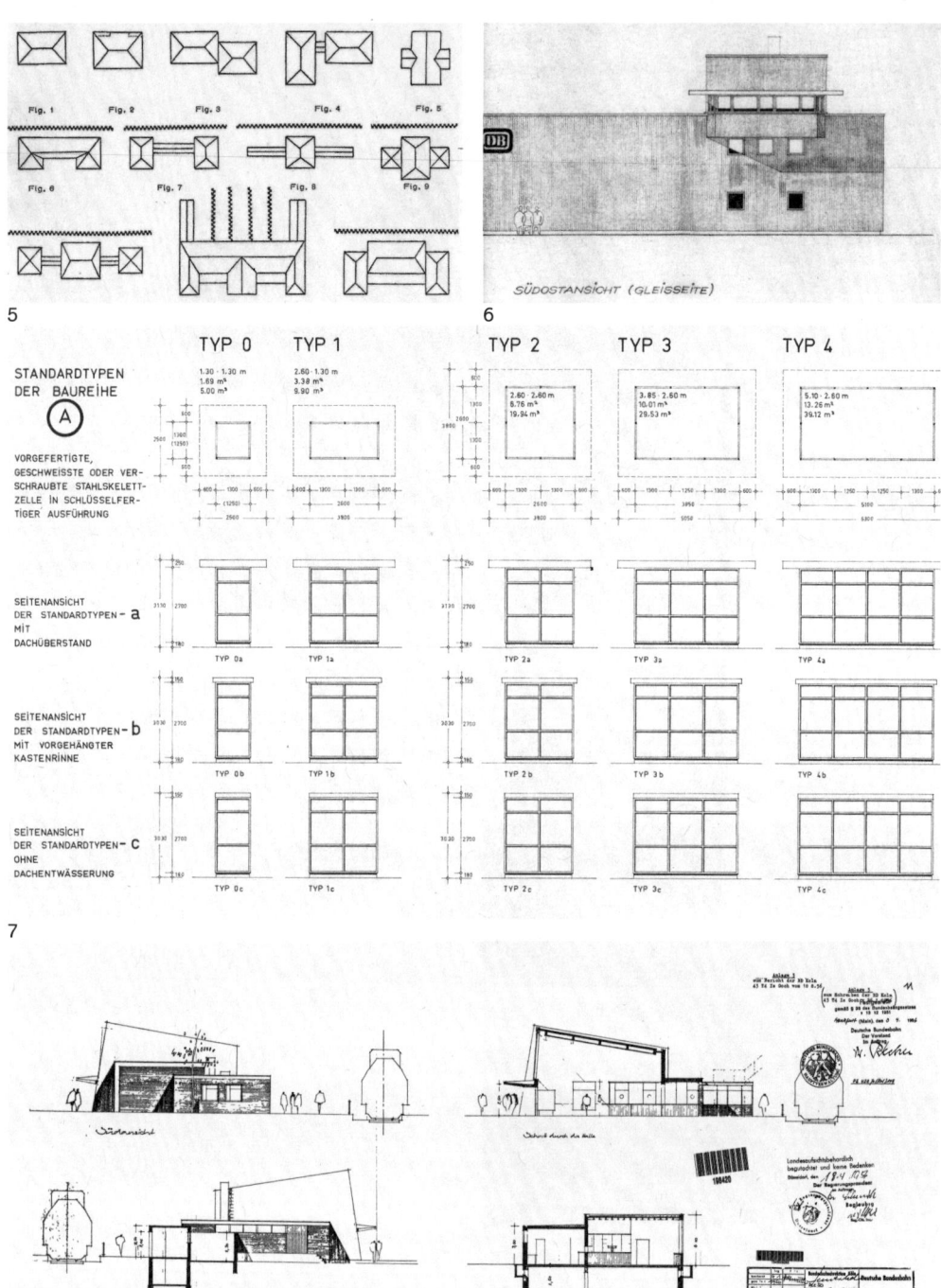

Abb. 5 Schema der Bahnhofstypen von von Neureuther, 1848.

Abb. 6 Richtzeichnungen des Bundesbahnzentralamtes, Stellwerk Bahnhof Denzlingen, 1979.

Abb. 7 Systembau Variomonta-Standardtypen der Baureihe A.

Abb. 8 Ansichten Bahnhof Goch, 1956.

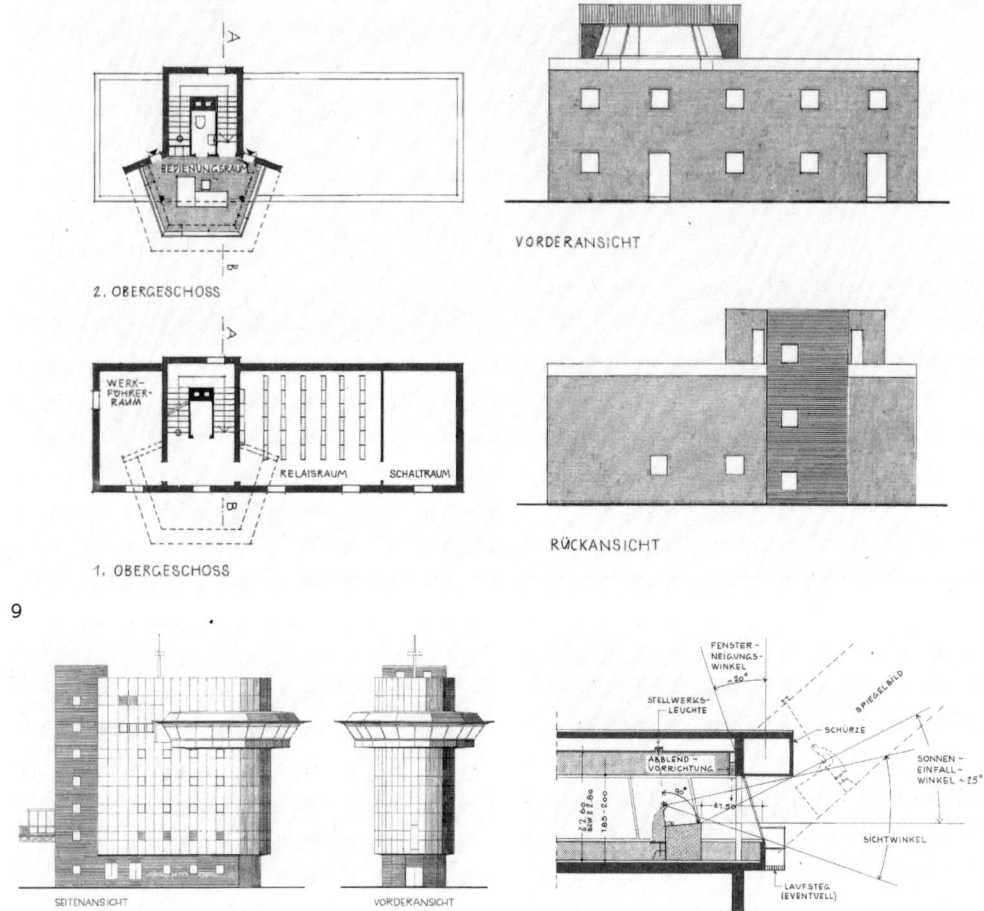

Abb. 9    Ansicht und Grundriss eines kleineren Stellwerks.

Abb. 10   Ansichten und Grundrisse eines Zentralstellwerkes.

Abb. 11   Detail Bedienraum mit Kragplatte, Deutsche Bundesbahn.

# Protecting Anatolian Railway Heritage

A Typological Study on Historic Bridges of Samsun-Kalın Railway Line
Ömer Dabanli and Elif Özkazanç

The railway is an old phenomenon with a history of thousands of years, considering its most fundamental definition.[1] Over the years, this phenomenon has become a versatile industrial product, even being the prime mover that meets the current needs of cities and rural areas.[2] On the other hand, the railway is an agent for many industries by supplying and distributing. Similarly, it triggers transformations of cities and rural regions by affecting architecture and product design.[3] Considering such values, components of the railway industry constitute a well-rounded cultural heritage. One of those components is railway bridges since they represent the construction techniques of their times. Since every element of railways is an important part of the whole railway heritage, it is necessary to develop a suitable conservation approach for each. Hence comprehensive conservation approaches are needed for railway heritage.

Railway Heritage in Anatolia

Anatolia has been the bridge between east and west and mainland of many civilisations throughout its history. For this reason, Anatolia hosts multi-layers of cultural heritage; one of its layers is Railway Heritage which is a concept that adds value to its precious richness. That is especially true by enlightening architectural and political characteristics of the 19th and 20th century, the late Ottoman period, and early Republican times. For instance, in the latest time of the Ottoman period, many concessions were given to foreign countries for mutual benefits. Also, the newly established Republic of Türkiye considered the railway a primary problem and devoted magnificent efforts to constructing railways.[4] The policy of «one inch more railway» was tried to turn it into a network needed by the national economy rather than the railways created by the semi-colonial economic structure in the

19th century.[5] Lately, economic efforts and interests of the state allocated to the railway shifted to the highway after World War II.[6]

## Samsun-Kalın Railway Line

Samsun-Kalın Railway Line consists of a 372 km length of conventional monorail and non-electrified railway, passing through Sivas, Tokat, Amasya, and Samsun.[Fig.1] The line carries particular importance because it contains a linkage between the Samsun port of the Black Sea and the centre of the mainland of Anatolia, which aims to integrate Anatolia with distant markets and thus prevented Anatolia from being an enclosed market.[7] Samsun-Kalın Railway Line was first commenced in 1911 by the Empire. Later, construction concessions were given to a French company named Régie Générale des Chemins de Fer in 1914, which remained valid until World War I.[8]

The construction process, which was corrupted during World War I, came to the agenda with the establishment of the Republic of Türkiye. On 23rd of March in 1924, the law defining the budget of the Samsun-Sivas Railway Line was enacted in the parliament and latterly construction process was partially commenced by local contractors.[9] In 1926, ‹Société Industrielles De Travaux› part between Turhal and Sivas.[10] However, in 1927 this agreement was terminated; instead, local companies commissioned the rest of the work. To sum up, between 1927 and 1931, the Samsun-Kalın Railway Line was partially opened while other parts were still under construction. The main characteristic of the line is the passing through quite mountainous terrains, including Çamlıbel and Karadag gorges having a total length of 180 km. Moreover, 37 tunnels for nearly five kilometres and 39 bridges deal with steep slopes and narrow turns.[Fig.2]

## Bridges on Samsun-Kalın Railway Line

The preservation of historic bridges on Samsun-Kalın Railway Line required a typological classification in order to determine the convenient interventions. The original blueprint drawings of the line, drawn from 1911 to 1913, are essential documents kept in the archives of the State Railways (TCDD).[Fig.3]

As mentioned before, many bridges, tunnels, or curvets were needed because the Samsun-Kalın Railway Line crosses a mountain series and gorges. Today, 39 bridges are registered as «Cultural Property». In 2008 comprehensive repair and improvement work was carried out on Samsun-Amasya section. In 2016, the modernisation and rehabilitation work of twelve bridges was carried out using contemporary survey technologies[11] and analysis techniques, which constituted the primary sources of this study.[Table 1–2]

Mainly, the registered historic bridges contain integrity through design, material usage, and building techniques. All the bridges on the Samsun-Kalın Railway Line are mainly masonry structures, constructed with local materials such as sandstone, limestone, granite, and marble.[12] However, the material and design variations can be observed according to location. For instance, while the dark grey-coloured, less porous stone is used in the bridges close to Samsun, the cream-colored multi-porous stone type is used as it moves towards Sivas. Also, workmanship quality differs according to the construction period. Although good workmanship is observable on most bridges, a relatively coarser surface treatment technique was used in some examples constructed after 1930. Most historic masonry bridges have masonry slabs supported by stone masonry arches, while several have steel or concrete decks. Hence, according to the construction system, bridges can be classified into three types.

1. Firstly, the most common type of bridges is with semi-circular arches on stone piers. All bridges have wing walls on the sides and floodplains on the upstream. Bridge façades, piers, arches, and wing walls were built with sequential cut stones technique. However, a polygonal (cyclopean) cut stonework was used in some examples. In some examples, stones are embossed on the facades of the bridges and the intrados surfaces of the arches. The front surfaces of the stone arches were designed as protruding from the spandrel walls. Most of the keystones of arches have diamond reliefs on the fronts. In front of the piers, flood splitter was placed in different geometrical plans, on which capping was carved from smooth-cut stones. [Fig. 4]
2. Secondly, the number of bridges built with steel decks on that line is much rarer than the arch ones. The abutments of this type of bridge were also built with masonry, as in arch bridges. However, in this type, steel decks are placed on the stone piers. In more straightforward examples, the steel decks are composed of steel profile beams, while the examples with larger spans are crossed with steel trusses created by I and U profiles. The design of masonry piers has similarities with arch bridges and differentiations in the parts where steel decks rest on stone piers. [Fig. 5]
3. Thirdly, the bridges with ferrous concrete decks are examples of a rare construction system built during an interim period when construction techniques rapidly changed. That system was a predecessor of reinforced concrete construction in the region. In this system, the deck was built by connecting the primary steel beam with very thin-section steels and pouring the concrete mixture into the mould. A similar type of steel deck system, this concrete deck was placed on the stone masonry pier, of an identical technique to other types. There is another type of bridge system, which is a combination of types with steel and concrete. In this hybrid type, steel decks were used in wider spans on the same bridge, and a ferrous concrete system was used in smaller spans. [Fig. 6]

According to survey and observations before the last rehabilitation works, some deteriorations and deformations were observable on the historic bridges of the Samsun-Kalın Railway Line. The most crucial problems were related to inconvenient interventions. A lot of information about past interventions to the bridges is available via records stored in TCDD Regional Offices. According to those records, the earliest works were limited to plaster and joint repairs. Later, concrete rafts were added to improve ground conditions and support pier foundations. Other kinds of work such as iron fence making and painting are encountered in later periods. It is observed from the records that reinforced concrete lining was applied to the intrados surfaces of the arches for reinforcement in bridges that were found to have structural problems, and such interventions have been made since the 1980s. Furthermore, it is seen that concrete cornices have been built on the original curves made of natural stone in many bridges to hold the ballast fill. The use of reinforced concrete elements for repair and support could not eliminate the structural problems of the bridges but also caused new problems and cracks in the masonry. With reinforced concrete elements and Portland cement mortars used in joint repairs crystallisation of water-soluble salts from stone surfaces has increased and intense efflorescence has occurred on the surfaces.

The deterioration of the underfill insulation layers and the incompatible materials used in their repairs also caused leakage between the joints on the inner surfaces of the arches, forming dense salt crystallisation and calcite deposits. The iron railings attached to the sides of the deck for security purposes caused rust stains and breaks in the stones at the connection points. The general quality of the railings is uneven, with the appearance of stone bridges. In addition to these, cases where enclosed elements, such as electric poles which were mounted on the stone walls of bridges or on floodplains, damaged the stone blocks. Also, later added elements like railings have an improper appearance, because cheap and simple elements were used most of the time since the area is not commonly used. In general, because of such approaches, workmanship of the elements on the railway went rougher in means of design over time.

## Conclusion

The historic masonry bridges in Anatolia, including those on the Samsun-Kalın Railway Line, are valuable cultural properties that must be preserved. The bridges represent their period's construction techniques and design approaches and help us trace the past century's economic and architectural developments. Therefore, they act as bridges between past and present, conveying a cumulation of knowledge, just like how railway technology has been behaving in the industry scene.

Considering such values, any interventions on the bridges must be applied following proper scientific and contemporary conservation approaches. The periodic maintenance should be carried out to protect historic masonry bridges and sustain their function. Moreover, inconvenient additions harming the structures must be removed and all the rehabilitations should be applied using proper materials considering the original material characteristics. Since there has not been periodic monitoring and regular maintenance, it is highly possible to see unfortunate damages on load-bearing structural elements. Using proper consolidation and strengthening materials and methods is crucial for the sake of the lifespan of historic masonry structures. Losses on the surface of the joint mortar occur in such masonry types. Hence, repair of deterioration and damages of materials is needed to maintain the integrity of masonry structures.

Deutsch    Die Erfindung und Weiterentwicklung der Eisenbahntechnik stellt eine wertvolle Bereicherung des Welterbes dar, im Wesentlichen, weil die Eisenbahn sowohl Ergebnis als auch Treiber der industriellen und technischen Entwicklung ist. Dies gilt auch für das anatolische Bahnnetz, das grösstenteils zum Ende des Osmanischen Reichs und zu Beginn der türkischen Republik gebaut wurde. Daneben trug es massgeblich zur Herausbildung der modernen Türkei bei: In diesem Beitrag werden der kulturhistorische Wert und die Typologie der Steinbogenbrücken der historischen Bahnstrecke Samsun – Kalın in Nordanatolien erörtert. Darüber hinaus werden Archivdokumente mit Originalentwürfen der Strecke sowie aktuelle Gutachten von zwölf historischen Brücken ausgewertet. Schliesslich werden die vorläufigen Ergebnisse einer umfassenden Untersuchung der Brücken in Bezug auf Architektur, Struktur, Material und Bautechniken präsentiert.

Français    L'invention et le développement de la technologie ferroviaire sont empreints de valeurs fortes pour le patrimoine mondial. Ce phénomène s'explique principalement par le fait que le chemin de fer constitue à la fois un témoin et un agent du développement technologique et industriel. Ce constat s'applique également au réseau ferroviaire d'Anatolie, construit pour l'essentiel aux dernières heures de l'empire ottoman et à l'aube de la république turque. Cet article traite des valeurs patrimoniales et de la typologie des ponts historiques en maçonnerie de la ligne ferroviaire historique Samsun – Kalın qui parcourt le nord de l'Anatolie. L'article évalue également les documents d'archives qui contiennent les projets originaux de la ligne ferroviaire et les récents relevés effectués sur douze ponts historiques. Enfin, l'article fait état des résultats préliminaires d'une étude approfondie des ponts portant sur l'architecture, la structure, les matériaux et les techniques de construction.

Notes
1  Coulls, Anthony, Divall, Colin, Lee, Robert: Railways as World Heritage Sites. Paris ICOMOS 1999, p. 1.
2  Cossons, Neil: An Agenda for The Railway Heritage. In: Burman, Peter, Stratton, Peter (ed.): Conserving the Railway Heritage. New York 1997, p. 4.
3  Fidan, Derya: Conservation and Transformation of Railway Areas. MSc Thesis, METU, Ankara 2012, p. 22.
4  Yıldırım, İsmail: Cumhuriyet Döneminde Demiryolları (1923–1950). Ankara 2001, p. 603.
5  Yıldırım, İsmail: Atatürk Dönemi Demiryolu Politikasına Bir Bakış, p. 389. In: Atatürk Araştırma Merkezi Dergisi 35 (12) (1996) 387–396.
6  Yıldırım (2001) (as in note 4), p. 610.
7  Sönmez, Mustafa: Doğu Anadolu'nun Hikayesi: Kürtler, Ekonomik ve Sosyal Tarih. Ankara 1992, p. 77.
8  Yıldırım (2001) (as in note 4), p. 77.
9  Karayemiş, Çiğdem: Türkiye'de Demiryolunun Gelişimi ve Behiç Erkin Bey. MSc Thesis, Eskişehir Osmangazi University. Eskişehir 2012, p.102.
10 Yıldırım (2001) (as in note 4), p. 618.
11 Architectural conservation project prepared by EMR Architecture.
12 Dabanlı, Ömer et al.: Material Analysis and Conservation Report for Bridges on Samsun-Kalın Railway Line. İstanbul 2016.

Image credits
Tab. 1  EMR Architecture (Ali Emrah Ünlü), 2016.
Fig. 1  Prepared by the autors, graphic by Huber/ Sterzinger 2024.
2  Ömer Dabanli and Elif Özkazanc..
3  Archival of Turkish State Railways, access date 2016.
4–6  Ömer Dabanli and Elif Özkacanc.

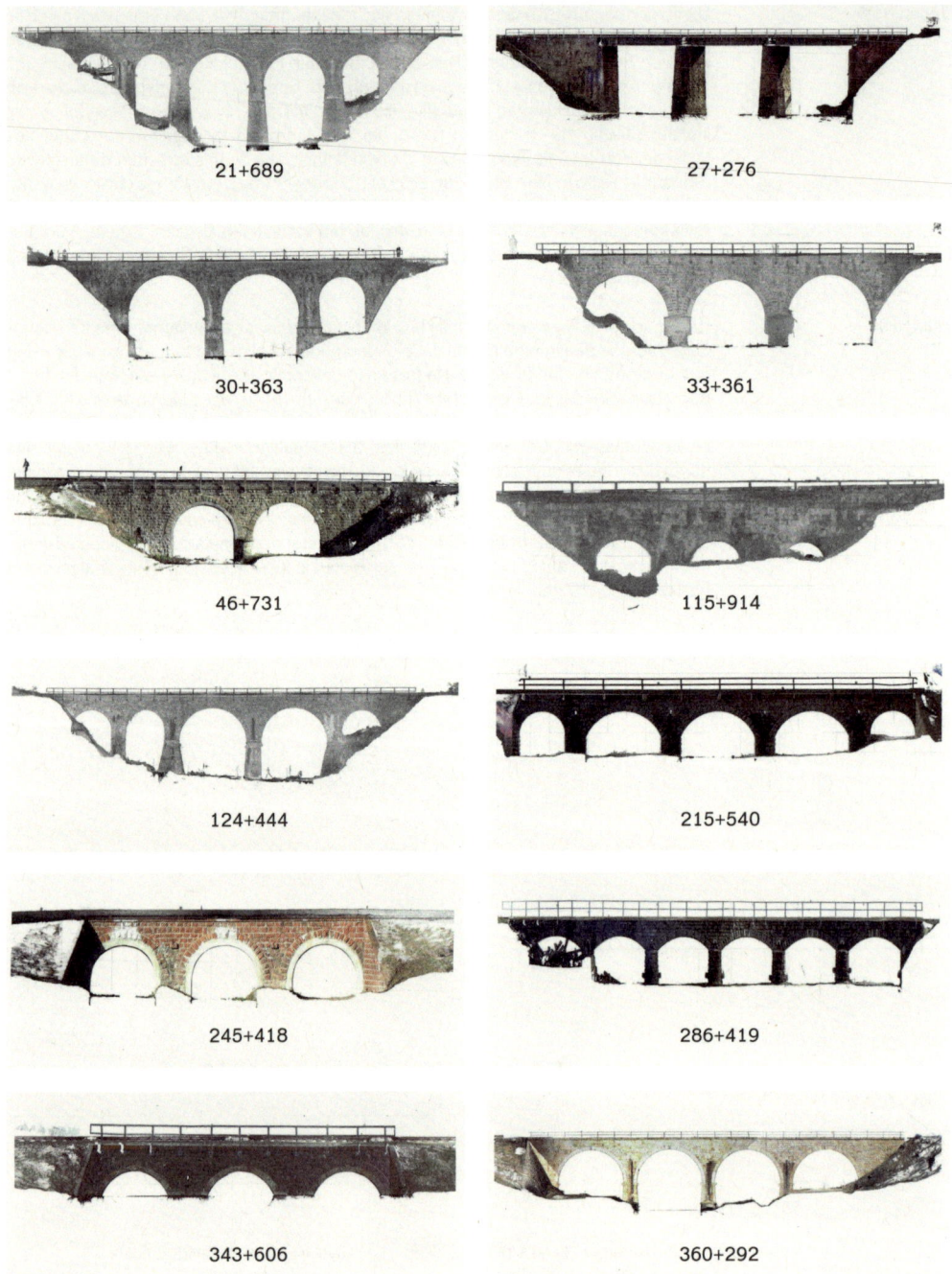

Table 1    Ortho-photos of restored 12 bridges on Samsun-Kalın railway line.

| Bridge/km | Bridge Type | Number of Span | Span Lengths | Deck Length | Deck Width | Height |
|---|---|---|---|---|---|---|
| 21+689 | Masonry | 5 | 6 m, 6 m, 10 m, 10 m, 6 m | 70.00 m | 5.00 m | 17.50 m |
| 27+276 | Masonry + Steel | 3 | 7 m, 7 m, 8 m | 56.05 m | 5.00 m | 11.25 m |
| 30+363 | Masonry | 3 | 10 m, 10 m, 6 m | 46.00 m | 5.00 m | 10.30 m |
| 33+361 | Masonry | 3 | 8 m, 8 m, 8 m | 35.10 m | 4.78 m | 6.10 m |
| 46+731 | Masonry | 2 | 6 m, 6 m | 28.00 m | 4.81 m | 4.00 m |
| 115+914 | Masonry | 3 | 3 m, 3 m, 3 m | 10.00 m | 5.00 m | 2.50 m |
| 124+444 | Masonry | 5 | 6 m, 10 m, 10 m, 10 m, 6 m | 68.20 m | 4.80 m | 11.50 m |
| 215+540 | Masonry | 5 | 3 m, 5 m, 5 m, 5 m, 3 m | 27.52 m | 4.98 m | 2.84 m |
| 245+418 | Masonry & Concrete | 3 | 4 m, 4 m, 4 m | 14.40 m | 5.74 m | 2.66 m |
| 286+419 | Masonry | 6 | 6 m, 6 m, 6 m, 6 m, 6 m, 6 m | 47.90 m | 4.50 m | 3.00 m |
| 343+606 | Masonry | 3 | 5 m, 5 m, 5 m | 18.20 m | 4.50 m | 3.50 m |
| 360+292 | Masonry | 4 | 10 m, 10 m, 10 m, 10m | 57.48 m | 4.66 m | 9.04 m |

Table 2     Geometric properties of the restored 12 bridges on Samsun-Kalın railway line in 2016.

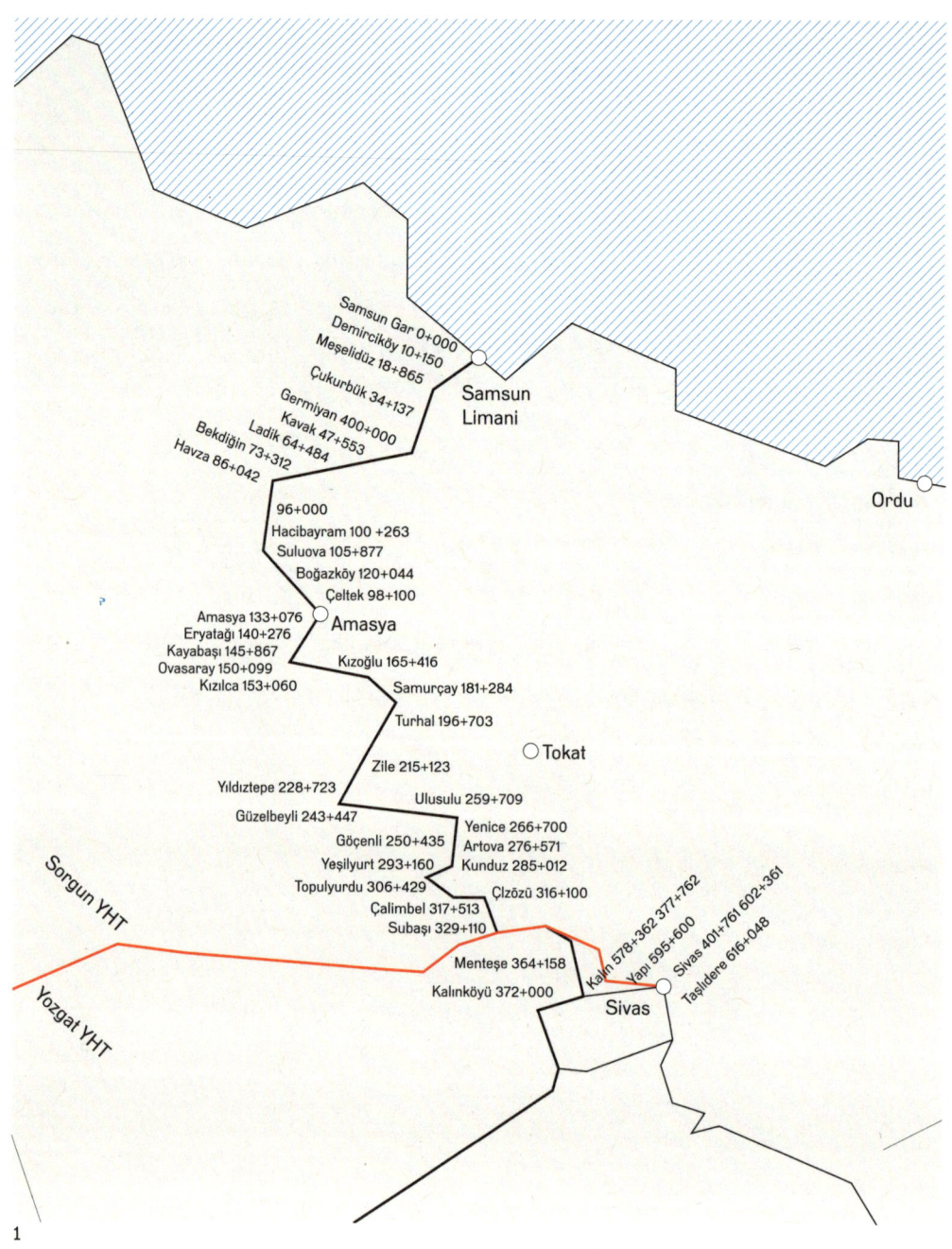

Fig. 1    Map of Samsun-Kalın Railway Line.

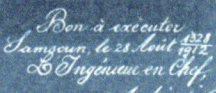

| | | | |
|---|---|---|---|
| Fig. 2 | Tunnel and Bridge on Samsun-Kalın Railway Line. | Fig. 3 | Original Archive Drawing of A Masonry Bridge of Railway Line. |
| Fig. 4 | Masonry Arches Supported by Stone Masonry Piers. | Fig. 5 | Bridges with Steel Deck and Masonry Piers. |
| Fig. 6 | Bridges with Hybrid Deck System. | | |

Forschungsberichte

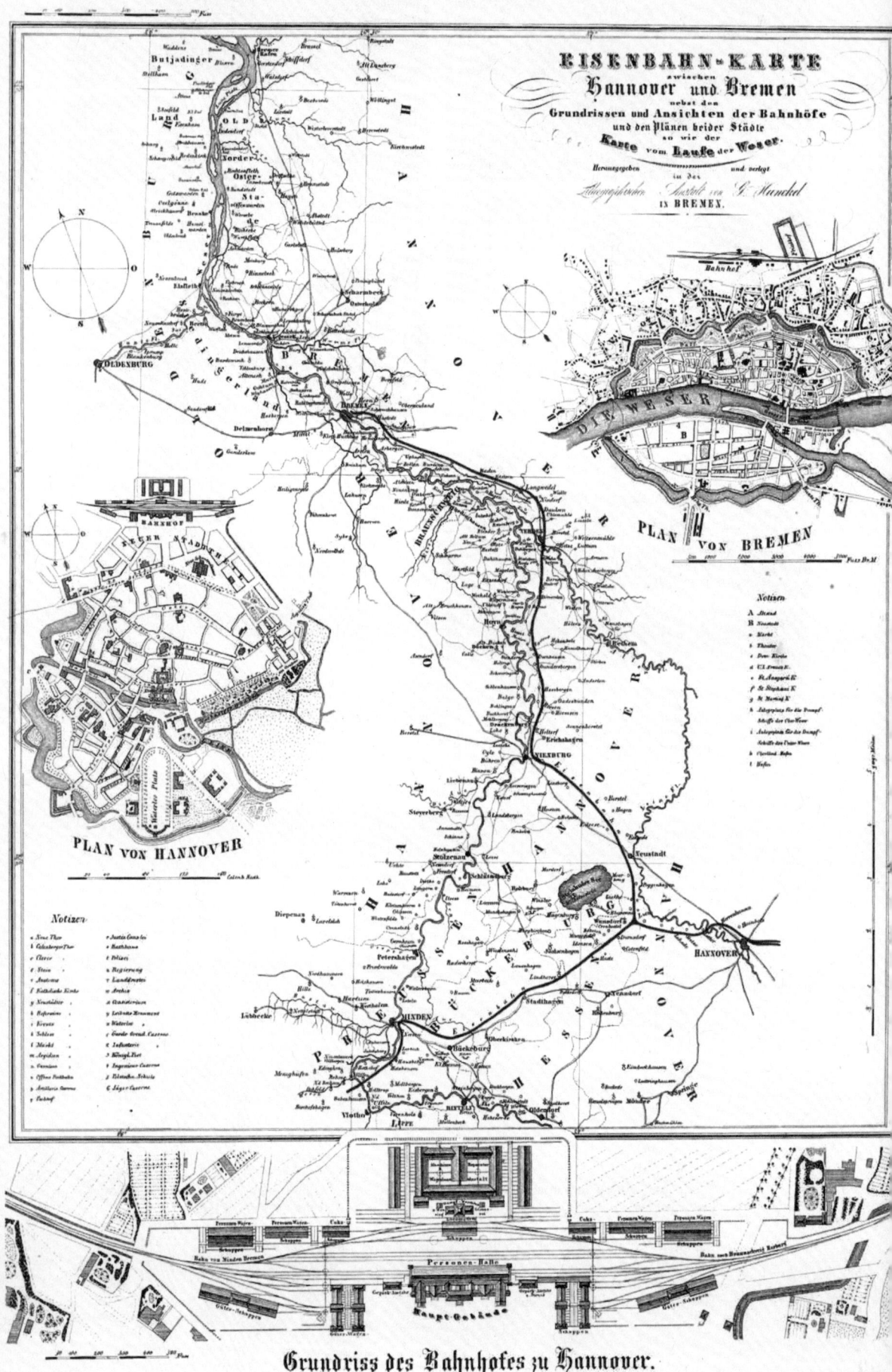

# Eisenbahnbrücken – Denkmale im Netz

Ein Forschungsprojekt zwischen Denkmalpflege und Ingenieurwissenschaften
Christina Krafczyk und Moritz Reinäcker

Tradierte Aufgabe staatlicher, also gesetzlich geregelter Denkmalpflege ist die Benennung, Erhaltung und die Weitergabe des materiellen Kulturerbes einer Gesellschaft von Generation zu Generation. Wertschätzung, Beschreibung und Inventarisation von Bauwerken und ihre systematische Erhaltung etablierten sich im Laufe des 19. Jahrhunderts.[1] Das Landesinventar, die Verzeichnisführung, verstehen wir als eine der vornehmsten Aufgabe des Niedersächsischen Landesamtes für Denkmalpflege und als Grundlage unseres konservatorischen Handelns.

Zunächst gilt es, Klarheit über den Gegenstand zu gewinnen. Nach Sichtung, Dokumentation und Bewertung kann aus dem gewonnenen Überblick in einem zweiten Schritt eine Auswahl getroffen und den wichtigen Repräsentanten ein rechtsverbindlicher Denkmalstatus gegeben werden. Diese spezifische Selektion unterscheidet die Inventarisation von den zahlreichen Sammlungskonzepten seit dem 18. Jahrhundert, die in Form von Enzyklopädien, Reiseberichten oder Dokumentationskampagnen das Wissen über historische Bauwerke und archäologische Stätten zusammengestellt und geordnet haben. Bei der Inventarisation geht es um eine systematisch wissenschaftliche Auswahl aus einem überlieferten Konglomerat von Sachzusammenhängen. Denkmalbewertungen haben sich seither von rein kunstwissenschaftlichen Kriterien zu historischen und städtebaulichen sowie zu wissenschaftlichen Bedeutungsebenen erweitert, die wiederum einen besonderen Schutz, «Denkmalschutz» im öffentlichen Interesse, begründen können. [Abb.1]

Die in § 3 des Niedersächsischen Denkmalschutzgesetzes genannten Bedeutungsebenen – geschichtlich, künstlerisch, wissenschaftlich, städtebaulich – müssen im Sinne der Denkmalfähigkeit vorhanden, das öffentliche Erhaltungsinteresse

– Rezeptionsgeschichte, Seltenheit, Unverzichtbarkeit, Überlieferungszustand – muss im Sinne der Denkmalwürdigkeit begründet sein.

Diese Auswahl entsteht in jeweils zeitgebundenem Kontext, bekommt einen administrativen Rahmen, wirkt rechtsverbindlich und beansprucht dadurch zeitübergreifenden Bestand. Zugleich muss sie in einem dynamischen Prozess immer wieder überprüft und weiterentwickelt werden, transformiert werden, darin liegt die besondere Herausforderung.

Die Fortschreibung des Inventars, insbesondere in Bezug auf die umfangreich erhaltenen, jüngeren Baubestände der zweiten Hälfte des 20. Jahrhunderts, deren bautechnikgeschichtliches Koordinatensystem noch geschrieben werden muss, erfordert Rückkopplung aus interdisziplinärer Forschung. Ein Glücksfall, dass im Projekt «Eisenbahnbrücken – Denkmale im Netz»[2] die Entwicklung des Eisenbahnbrückenbaus in Niedersachsen und Sachsen in der Phase der Hochmoderne momentan interdisziplinär als Gegenstand der Bautechnikgeschichte und der Denkmalpflege erforscht werden kann. Eine grundlegend neue Herangehensweise ist dabei die Kontextualisierung der Einzelbauwerke in die Gesamtheit des Streckennetzes sowie die Berücksichtigung baulicher Veränderungsdynamiken auf den Ebenen Strecke und Einzelbauwerk. Dieser Ansatz erfordert methodisch zwei miteinander verknüpfte Stränge: die Betrachtung des «Netzes» als Ganzes («top down»-Untersuchung) und die Betrachtung der Entwicklungen exemplarischer Strecken und Bauwerke («bottom up»-Untersuchung). In der Zusammenschau muss der Netz- und Streckenkontext sowie die Berücksichtigung der baulichen Transformationen, die schon geschehen sind, in der Denkmalinventarisation zukünftig eine grössere Rolle spielen. Die Auswahl der schutzwürdigen Repräsentanten erfordert also sowohl Überblickskenntnisse über den aktuell überlieferten Gesamtbestand mit seinen Baualtersklassen und Konstruktionstypen als auch Kenntnisse über bereits stattgefundene bauliche Veränderungen und Verluste. Abb. 2

Die Erhaltung historischer Eisenbahnbrücken unterliegt nach wie vor einem hohen Veränderungsdruck, insbesondere, da die bisherige investive Finanzierungsstrategie seitens des Bundes den Ersatzneubau begünstigte.[3] In den Jahren 2008 bis 2020, in denen die erste und zweite Leistungs- und Finanzierungsvereinbarung (LuFV I und II) galt, wurden in Niedersachsen etwa 75 Eisenbahnbrücken ersetzt, in ganz Deutschland circa 1000.[4] Die enorme Transformation des Bestandes, die sich daraus ergibt, lässt sich deutlich an der Zusammensetzung der Bauarten ablesen. Im Jahr 2008 waren unter den 1000 Brücken noch 35 Prozent mit einem Stahlüberbau, 33 Prozent mit einem Überbau aus Walzträger-in-Beton und 22 Prozent Gewölbebrücken. 2020 besassen die Brücken zu 67 Prozent einen Stahlbetonüberbau. Stahlüberbauten waren nur noch mit 17 Prozent, Walzträger-in-Beton mit sechs Prozent und Gewölberücken mit vier Prozent vertreten. Diese Entwicklung zeigt, dass die älteren Bauweisen überwiegend durch Stahlbetonbauwerke ersetzt werden. Abb. 3a–b

Betrachtet man die Brückenlängen der 1000 in Deutschland ersetzten Brücken, fällt auf, dass vermehrt Brücken mit einer Länge von 15 bis 20 Metern ersetzt wurden. Vom Gesamtbestand in Deutschland weisen 4000 Brücken diese Bauwerkslänge auf, und unter den ersetzten Brücken waren es 210, was ein Anteil von 5.3 Prozent ist. Bei den anderen Bauwerkslängen ist der Anteil an veränderten Brücken mit durchschnittlich 3.9 Prozent wesentlich geringer. Die gefährdeten Brücken sind demnach nicht die grossen und imposanten Bauwerke, deren Bedeutung sich unmittelbar erschliesst, sondern die kleineren, deren Verlust nicht so deutlich auffällt.

Der Denkmalbestand in Niedersachsen hat seinen Schwerpunkt bei den aufwendig gestalteten Brücken und Brücken mit grossem Bauvolumen. Viele kleine Brücken, Brücken, die nach Musterentwürfen errichtet wurden, oder Brücken, die typische Umbauten, Anpassungen und Sanierungen erfuhren, wurden nicht als Kulturdenkmale ausgewiesen. Insbesondere bei den kleineren Brücken, die einen Grossteil des Bestands ausmachen, sind allerdings die grössten Verluste festzustellen. Insofern hat sich das Bild des Gesamtbestandes in den zurückliegenden Jahrzehnten massgeblich verändert, und es verändert sich weiter. Gleichzeitig kann auch den kleineren Bauten als Bestandteil und als wichtige Repräsentanten einer Eisenbahnlinie als «Kulturstrasse» durchaus ein Denkmalwert zukommen, und es ist lohnend, sie unter einem weiter gefassten Begriff erneut zu betrachten.[5] Glücklicherweise konnte in der Neufassung der dritten Leistungs- und Finanzierungsvereinbarung (LuFV III, 2020–2029) zwischen Bund und Bahn erreicht werden, dass die geschützten Anlagen und Bauten der Eisenbahn nicht erneuert, sondern instandgesetzt werden können. Aus unserer Sicht kann die zukünftig besondere Berücksichtigung von Baudenkmalen bei Instandsetzungen eine Vorreiterrolle einnehmen, wenn es darum geht, neben dem Erhalt von kulturellen Werten auch substanziell im Sinne der Ressourcenökonomie Baumaterial und Mittel zu schonen. [Abb. 4–5]

Fazit: Die Betrachtung und denkmalfachliche Bewertung von Brückenbauwerken als Teil eines weitgespannten Infrastruktur-Netzes erfordert eine neue «systemreferenzierte» Herangehensweise. Eisenbahnbrücken als wichtige Teile eines übergreifenden infrastrukturellen Netzes müssen ein notwendiges Mass an Veränderbarkeit gewährleisten, damit sie ihre Funktion dauerhaft erfüllen können. Wenn sich Erhaltung statt Ersatzneubau zukünftig schon aus ressourcenökomischen Gründen durchsetzen wird, sind dennoch Veränderungen an Eisenbahnbrücken aufgrund verschiedener Randbedingungen notwendig. Zum einen durch den Einfluss der Strecke auf das Bauwerk, zum anderen durch Sicherheits- oder Technikanforderungen, insbesondere durch Last- und Geschwindigkeitserhöhungen. Auch das gewachsene Eisenbahnnetz muss immer wieder verändert werden. Dazu zählen die Elektrifizierung von Strecken, der Bau neuer Strecken oder auch Gleishochlegungen, um die Kreuzungspunkte mit anderen Verkehrsträgern zu reduzieren. Diese Randbedingungen führen besonders bei historischen und denkmalgeschützten Brücken immer wieder zu Zielkonflikten.

Anhand einer Vielzahl untersuchter Beispielbauwerke hat das laufende Projekt nachgewiesen, wie und warum Eisenbahnbrücken im Laufe ihrer Nutzungsdauer stetig angepasst, umgebaut und erweitert wurden, sie also systemimmanent stetiger Veränderung unterworfen waren und sind. Die Zeugnisse der Veränderungsgeschichte sind, rückblickend, «Teil» des Denkmals und, vorausblickend, Randbedingung für zukünftige denkmalpflegerische Erhaltungskonzepte. Die Brücken können auch zukünftig mit möglichst langfristiger Perspektive nur erhalten werden, wenn sie in die Lage versetzt werden, sich den steigenden Anforderungen anzupassen. Dazu sind massgeschneiderte Lösungen notwendig, die grösstmöglichen Substanzerhalt mit innovativen technischen Lösungen verknüpfen.

| | |
|---|---|
| English | Since the end of 2020, the architectural and artistic heritage department of the Lower Saxony State Office for Heritage Preservation and the Institute for Concrete Structures at the University of Dresden have been researching railway bridges as «monuments on the network» as part of the German Research Foundation priority programme Kulturerbe Konstruktion («Cultural Heritage: Construction»). Functioning railway bridges are subject to constant change brought about by maintenance, repair, and renovation. Complete material preservation is therefore possible at best temporarily, but not permanently. The evidence of the history of change is part of the heritage object and a constraining element for any heritage preservation plan. The methods to be developed and the insights gained from this project that uses the example of railway bridges are therefore, in principle, transferable to other categories of heritage objects whose «artistic» value cannot be the focus of heritage assessments.<br><br>An individual bridge, usually registered as a «single monument», exists within broader contexts: its significance lies in its role within the network as a whole. This leads to the key questions of the project: a) How must the history of the typology of «railway bridge» in particular be extended if repairs and (partial) replacements are understood as typological elements of architectural history to be studied? b) How can typical and atypical changes be identified and evaluated? c) How does heritage inventory methodology change for a genre of heritage objects that necessarily undergoes change? And looking forward: d) How can railway bridges be preserved as heritage monuments in a sustainable way and at appropriate expense? The presentation aims to explain the objectives and methods of the project and open them to discussion. |
| Français | Depuis fin 2020, le département Conservation des monuments historiques et des œuvres d'art de l'Office régional de Basse-Saxe pour la conservation des monuments historiques, et l'Institut für Massivbau (Institut des constructions massives) de l'Université de Dresde étudient les ponts ferroviaires en tant que «monuments historiques du réseau», dans le cadre du programme prioritaire de la DFG portant sur la construction du patrimoine. Les ponts ferroviaires fonctionnels sont soumis à des modifications constantes dues à l'entretien, à la réparation et à la rénovation. Une conservation matérielle complète est donc tout au plus possible temporairement, mais pas sur la durée. Les témoignages de l'histoire des transformations font «partie» du monument historique et constituent une condition particulière pour tout concept de conservation du patrimoine. Les méthodes à développer et les connaissances acquises dans le cadre du projet donné en exemple pour les ponts ferroviaires sont donc, en principe, transposables à d'autres groupes de monuments historiques dont la valeur «artistique» ne peut pas être au premier plan de l'évaluation des monuments historiques.<br><br>Le pont individuel, généralement inscrit comme «monument historique isolé», s'inscrit dans des contextes plus larges: son importance s'explique par son rôle dans l'ensemble du réseau. De là découlent les questions clés du projet: a) Comment faut-il notamment élargir l'histoire de la typologie du «pont ferroviaire» si les réparations et les remplacements (partiels) sont considérés comme une histoire de la construction à étudier du point de vue typologique? b) Comment les changements typiques et atypiques peuvent-ils être identifiés et évalués? c) Comment la méthodologie de l'inventaire des monuments historiques change-t-elle face à un genre de monument qui évolue nécessairement? Et en guise de perspective: d) Comment les ponts ferroviaires peuvent-ils être conservés durablement en tant que monuments historiques et à un coût raisonnable? L'article a pour but d'expliquer les objectifs et les méthodes du projet et de les soumettre à la discussion. |

| | | |
|---|---|---|
| Anmerkungen | 1 | Krafczyk, Christina: Was erhalten – wie erhalten? Bauwerkserhaltung und Denkmalpflege des 21. Jahrhunderts. In: Berichte zur Denkmalpflege in Niedersachsen 3 (2019) 120–123. |
| | 2 | Teilprojekt des DFG-Schwerpunktprogramms 2255 «Kulturerbe Konstruktion». |
| | 3 | Marx, Steffen, Köppel, Markus, Müller, Jens: Historische Eisenbahnbrücken – Denkmale im Netz. In: Holzer, Stefan et al. (Hg.): Reparieren – Ertüchtigen – Erhalten: Ansätze und Strategien seit der Antike. (Schriftenreihe der Gesellschaft für Bautechnikgeschichte Bd. 3.) Petersberg 2021, S. 265. |
| | 4 | Knufinke, Ulrich, Krafczyk, Christina, Marx, Steffen, Monka-Birkner, Johanna, Reinäcker, Moritz: Eisenbahnbrücken als «Denkmale im Netz». Neue Ansätze für die Inventarisation? In: Die Denkmalpflege 2 (2022) 159. |
| | 5 | ICOMOS: Die ICOMOS-Charta der Kulturstraßen. Québec (Kanada) 2008, passim. |
| Abbildungsnachweis | 1 | Zeitschrift für Bauhandwerker 9 (1886) Blatt 23. |
| | 2 | Niedersächsisches Landesarchiv, Hannover, Kartensammlung Nr. 250K/506pm. |
| | 3 | Johanna Monka-Birkner, Institut für Massivbau TU Dresden. |
| | 4–5 | Moritz Reinäcker 2022. |

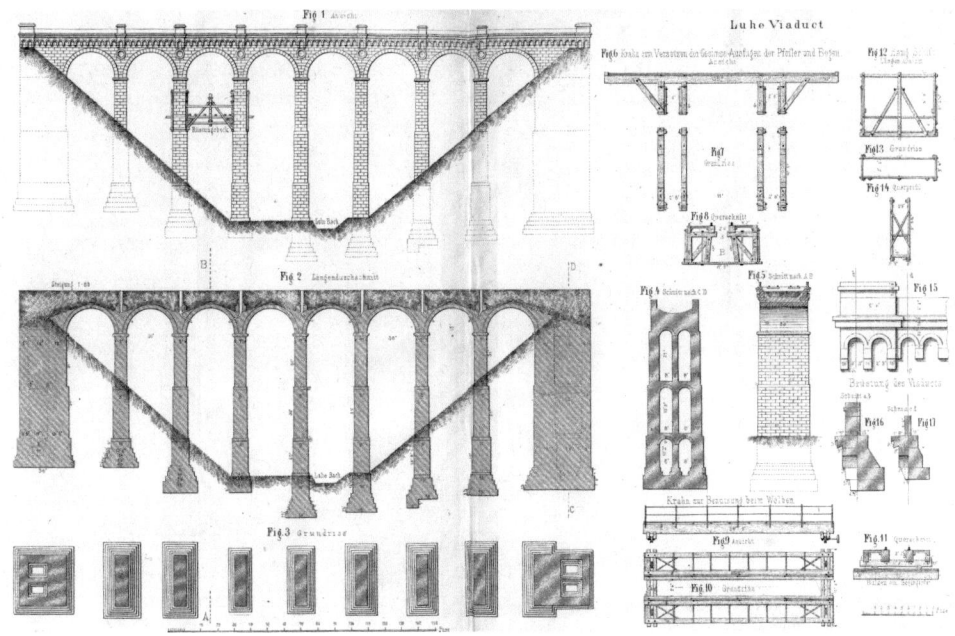

Abb. 1  Luhe Viaduct bei Greene, 1886.

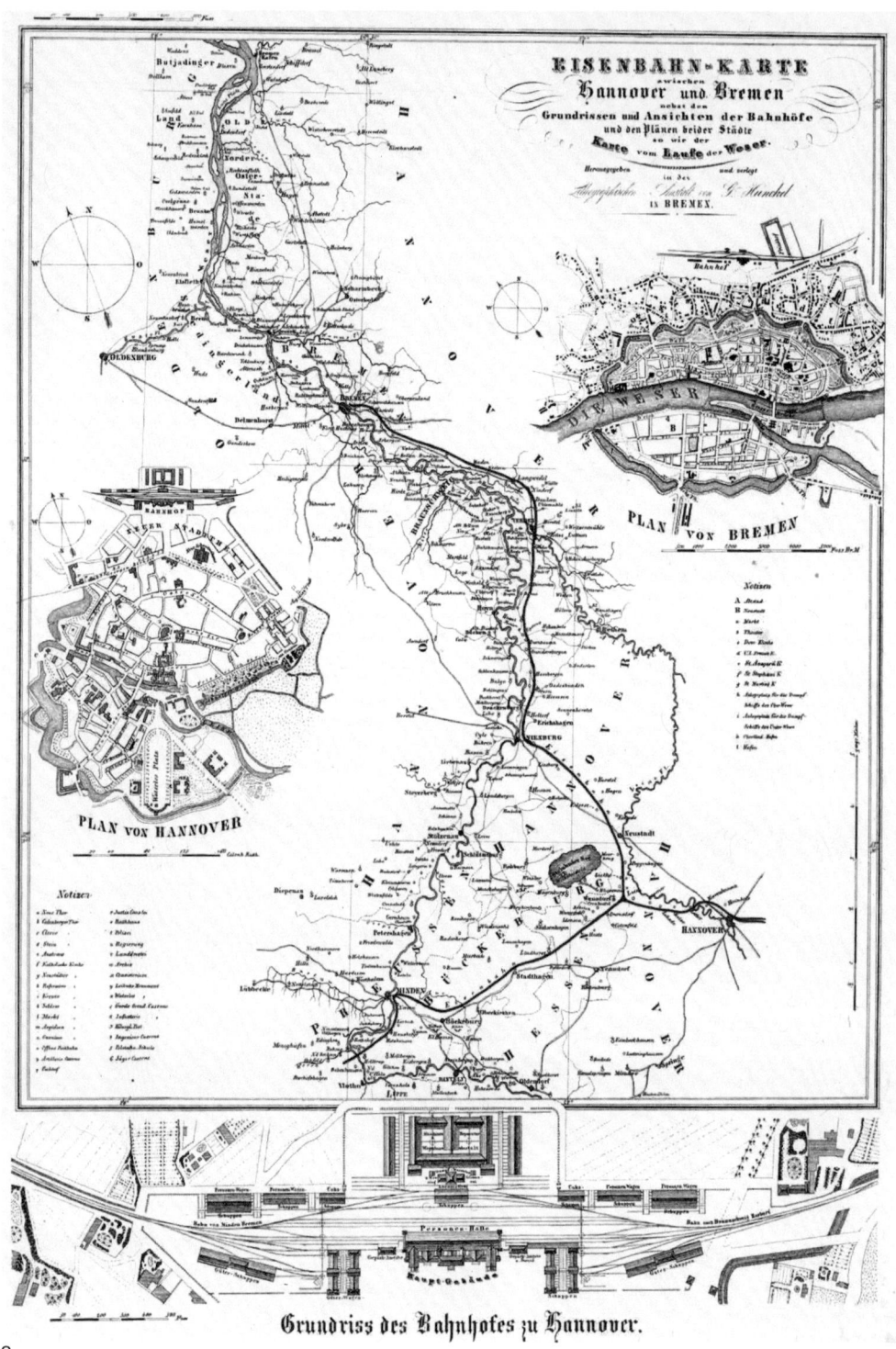

Abb. 2  Eisenbahnkarte zwischen Hannover und Bremen nebst den Grundrissen und Ansichten der Bahnhöfe und den Plänen seiner Städte sowie der Karte vom Lauf der Weser (Druck Litographische Anstalt G. Hunckel).

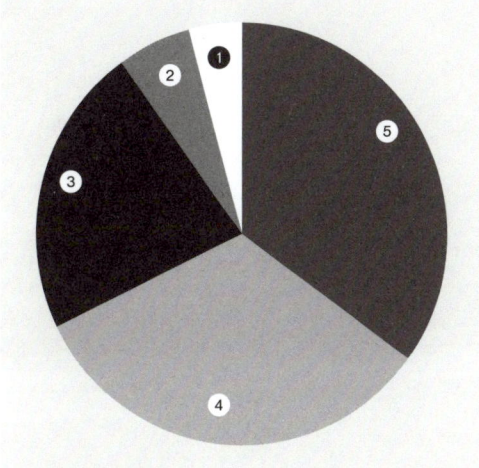 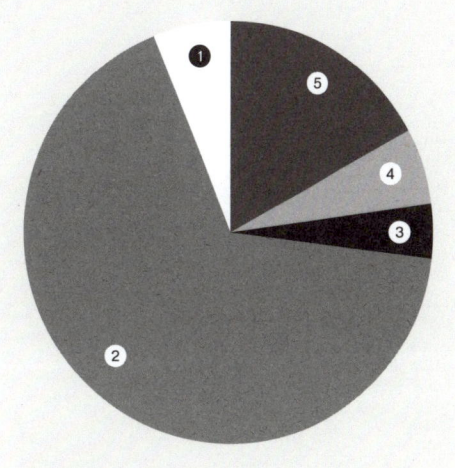

Brückenstand 2008
1 Andere 4%
2 Stahlbetonbrücken 6%
3 Gewölbebrücken 22%
4 WiB Brücken 33%
5 Stahlbrücken 35%

Brückenstand 2020
1 Andere 6%
2 Stahlbetonbrücken 67%
3 Gewölbebrücken 4%
4 WiB Brücken 6%
5 Stahlbrücken 17%

3a  3b

4  5

Abb. 3a–b   Bauarten der zwischen 2008 und 2020 ersetzten Eisenbahnbrücken in Deutschland vor und nach dem Ersatz. (Johanna Monka-Birkner, Institut für Massivbau TU Dresden).

Abb. 4   Eisenbahnbrücke am Bahnhof Bismarckstraße, Hannover, 1911, (Westansicht) (Foto: Moritz Reinäcker, 2022).

Abb. 5   Eisenbahnbrücke am Bahnhof Bismarckstraße, Hannover, 1911 (Aufgang) (Foto: Moritz Reinäcker, 2022).

Forschungsberichte

# Stählerne Eisenbahnbrücken aus der Zeit der Hochmoderne

Mit Beispielen aus dem Stadtgebiet Hannover
Johanna Monka-Birkner

Im Rahmen des Forschungsprojektes «Eisenbahnbrücken – Denkmale im Netz», welches im SPP2255 «Kulturerbe Konstruktion», eingegliedert ist, werden Brücken aus der Hochindustrialisierung, aus dem Zeitraum zwischen 1870 und 1920, betrachtet. Ziel ist es, die Brücken in ihren geschichtlichen und gesellschaftlichen Kontext einzuordnen, was bei der Erstellung eines bautechnikgeschichtlichen Koordinatensystems helfen soll.

Der Eisenbahnbau begann in Deutschland ab den 1830er Jahren. Zu Beginn wurden überwiegend steinerne Gewölbebrücken errichtet, da Natur- und Ziegelstein das gängige Baumaterial für grosse Lasten zu dieser Zeit war. Anfangs wurden auch Holzbrücken errichtet, die aber relativ schnell ersetzt werden mussten. Der Gewölbebrückenbau liess ab dem Ersten Weltkrieg nach.

Ab etwa 1900 wurde begonnen, eine Vielzahl von Brücken aus einer Kombination von gewalzten Trägern und Beton zu errichten. Diese Verbundbauweise hatte ihre Hochzeit in den ersten 20 Jahren des 20. Jahrhunderts, wird aber auch heute noch gebaut. Der Bau von Brücken aus Eisen begann schon ab den 1850er Jahren. Die besonders verbreitete Bauweise der Vollwandträger begann ab den 1870er Jahren. Besonders zwischen 1900 und 1914 wurde eine Vielzahl eiserner Brücken gebaut. In dieser Zeit wurden zudem Verfahren entwickelt, aus Eisen Stahl herzustellen, wodurch dieser veränderte Werkstoff fortan auch in der Bauindustrie Verwendung fand.

Um 1900 wurde die erste Stahlbetonbrücke in der Nähe von Bremen errichtet. Der Stahlbeton eroberte den Brückenbau aber erst nach dem Zweiten Weltkrieg und ist seitdem die vorherrschende Bauweise. Die erste Eisenbahnbrücke in Spannbeton-Bauweise war die 1950 errichtete Ederstrombrücke bei Kassel.[1] Wird der aktuelle Brückenbestand der Bahn betrachtet, weisen die Stahlbetonbrücken den grössten Anteil auf.

Das Diagramm zeigt die Altersstruktur der heute in Betrieb befindlichen Brücken. Die unterschiedlichen Phasen der verschiedenen Bauarten lassen sich deutlich erkennen.[Abb.1]

Die Hochindustrialisierung ist durch Wirtschafts- und Städtewachstum gekennzeichnet, und Deutschland ist zu einem Industrieland geworden. Die Fabriken und Städte waren bereits um einiges gewachsen und mussten sich den damit verbundenen neuen Herausforderungen stellen.[2]

Die gewachsene Industrie siedelte sich hauptsächlich in den Städten an, da dort eine bessere Infrastruktur vorhanden war. Die neuen Arbeitsmöglichkeiten zogen die Menschen in die Städte, was wiederum durch das gewachsene Eisenbahnnetz einfacher geworden war, denn die Menschen waren generell mobiler geworden.[3]

Zwischen 1871 und 1914 wuchs die Gesamtbevölkerung in Deutschland um 58 Prozent (von 41 Mio. auf 65 Mio.).[4]

Besonders innerhalb der Städte konnte ein extremer Zuwachs verzeichnet werden. Im Vergleich zu anderen Städten in Niedersachsen war besonders in Hannover der Anstieg der Einwohnerzahlen besonders hoch. Hier stieg die Einwohnerzahl zwischen 1860 und 1910 von 100'000 auf 400'000 an.[5]

Durch die vielen Menschen und die gestiegene Warenproduktion wurde auch der Bedarf an Mobilität und Transport immer grösser. Die Eisenbahn war ein Massenverkehrsmittel geworden und auch der Gütertransport nahm stetig zu. In Abbildung 2 ist der Anstieg der beförderten Personen sowie Frachtgüter zwischen 1876 und 1912 zu sehen.[6] Man kann erkennen, wie stark der Anstieg war: 1876 haben etwa 30 Mio. Menschen die Eisenbahn genutzt, 1900 schon etwa 500 Mio. und 1912 waren es dann schon 1.2 Mrd. Zum Vergleich: Im Jahr 2021 beförderte die Deutsche Bahn etwa 2.9 Mrd. Fahrgäste.[7] Bei den Frachtgütern sieht dieser Anstieg ähnlich stark aus.[Abb.2]

Diese Faktoren erforderten den Ausbau des Eisenbahnnetzes und dies besonders in den Städten. Das hatte wiederum zur Folge, dass sich die Streckenkilometer zwischen 1880 und 1940 etwa verdoppelten und das, obwohl es schon ein Streckennetz gab, das sich bereits über ganz Deutschland erstreckte. In fast allen grossen Städten wurden Güterumgehungsbahnen gebaut und die Gleis- von der Strassenebene getrennt. Der Ausbau des Netzes erforderte eine Vielzahl an neuen Eisenbahnbrücken. Der Eisenbahnbau und besonders der Bau von Brücken waren natürlich auch Wirtschaftsfaktoren, die wiederum neue Arbeitsplätze und neue Technologien hervorbrachten.

Am Beispiel Hannovers lässt sich diese Entwicklung im Streckenausbau von 1903 bis 1912 beispielhaft für viele deutsche Grossstädte erkennen. Ende des 19. Jahrhunderts war aufgrund der gewachsenen Stadt der Verkehr stark angestiegen und die Eisenbahnen und Strassen kamen sich immer mehr in die Quere. Daher wurde ein grosser Eingriff in die Stadtstruktur geplant. In Abbildung 3 sind diese Baumassnahmen markiert. Alle vorhandenen Gleise, die nicht schon vorher höhergelegt worden waren, wurden nun höhergelegt. Diese Strecken gab es schon, doch bis dahin verliefen sie nicht auf einem Damm, sondern auf der gleichen Höhe wie die Strassen. Da man die Schienenlage nun anhob, mussten an den Kreuzungspunkten mit den Strassen neue Brücken gebaut werden. Ein Streckenabschnitt wurde in seiner Streckenführung nach Süden verlegt. Auch heute noch kann man einen Strassenzug dort erkennen, wo früher diese Strecke verlief. Als grösster Teil dieses Bauprojekts wurde eine Umgehungsbahn für den Güterverkehr gebaut. Dadurch mussten nicht mehr alle Güterzüge mitten durch die Stadt und den Hauptbahnhof geleitet werden.

Alle diese Um- und Neubauten von Strecken und Streckenabschnitten[Abb.3] führten zu einer Vielzahl an neuen Eisenbahnbrücken.[8] Die Brücken auf diesen Abschnitten sind auch heute noch hauptsächlich aus der Zeit von 1903 bis 1912. Es gibt keine Brücke, die vor 1900 errichtet wurde. Von den insgesamt 87 Brücken sind etwa die Hälfte Stahlbrücken. Der Rest verteilt sich auf die anderen Bauweisen. Bei den Stahlbrücken handelt es sich vorwiegend um Vollwandträgerbrücken. Die meisten haben Sandsteinwiderlager mit verzierten Pylonen. Der Überbau ist aus genieteten Blechträgern hergestellt und teilweise gibt es Stützenreihen.[Abb.4-5]

Trotz ihrer über hundertjährigen intensiven Nutzung vor allem auf der Güterstrecke existieren heute noch viele dieser Bauwerke.

Bei diesen Vollwandträger-Brücken in Hannover lassen sich Gemeinsamkeiten feststellen. Die Spannweiten liegen zwischen neun und 18 m und die lichten Höhen bei 4 m bis 4.5 m. Die meisten Brücken (80 %) sind Einfeldbrücken, der Rest meist Dreifeldbrücken. Das Schotterbett ist bei zwei Dritteln der Brücken auf Buckel- oder Tonnenblechen aufgelegt. Bei den anderen liegt es auf anderen geschlossenen Fahrbahnkonstruktionen auf. Ebenfalls zwei Drittel sind genietete Konstruktionen, der Rest ist geschweisst.

Um nun Rückschlüsse vom einzelnen Objekt auf die Entwicklung des übergeordneten Eisenbahnnetzes ziehen zu können, lohnt noch ein Blick auf die Altersstruktur aller Eisenbahnbrücken in Gesamtdeutschland (Abb. 1). Dabei ergibt sich für die Stahlbrücken in Gesamtdeutschland ein ähnliches Bild wie in Hannover. Hier kann man ebenfalls einen Anstieg der Stahlbrücken zwischen 1890 und 1920 erkennen. Dies scheint also nicht nur ein Phänomen in Hannover gewesen sein.

Auch deutschlandweit ist bei den Stahlbrücken der Anteil der Vollwandträger besonders hoch. Fachwerke, Bögen und Balken machen nur einen kleinen Teil aus. Im Zeitraum von 1890 bis 1920 kann deutschlandweit eine Zunahme an Vollwandträgerbrücken erkannt werden. Besonders hoch ist der Anstieg in der nördlichen Hälfte innerhalb der Grossstädte und Ballungsräume, wie z. B. in Berlin, Hannover und dem Ruhrgebiet.

Zu dieser Zeit hatte sich das Eisenbahnwesen von vielen privaten Eisenbahngesellschaften zu grossen Staatsbahnen entwickelt. Mit der preussisch-hessischen Staatseisenbahn gab es ab Ende des 19. Jahrhunderts eine grosse Eisenbahngesellschaft, die den Eisenbahnbau und -verkehr mit Verordnungen, Regeln und Richtlinien strukturierte.

1903 wurden die «Vorschriften für das Entwerfen der Brücken mit eisernem Überbau»[9] herausgegeben. Darin wird festgelegt, dass «eiserne Überbauten überall da anzuwenden sind, wo Steinbrücken nicht möglich sind». Zudem waren vollwandige Träger den Gitter- oder Fachwerkträgern vorzuziehen, vor allem, je kleiner die Stützweite ist. Dies zeigt, dass der Bau von Vollwandträgern als Strategie in ganz Preussen verfolgt wurde. Das Resultat ist heute noch in der grossen Anzahl dieser Brücken sichtbar. 1904 wurden diese Vorschriften um die «Hilfswerte für das Entwerfen und die Berechnung von Brücken mit eisernem Ueberbau»[10] erweitert. Beides wurde bis 1913 immer wieder überarbeitet und in insgesamt sechs Auflagen fortgeführt. Diese beiden Richtlinien haben den Planern bei der Wahl der Bauweise und deren Durchbildung geholfen. In Tabellen und Zeichnungen konnten die Dimensionen der Bauteile abgelesen werden, dadurch war keine Berechnung mehr erforderlich. Daraus lässt sich schliessen, dass die Vollwandträgerbrücken der preussischen Eisenbahn weitestgehend standardisiert waren.

Die Standardisierung ist ein ganz typisches Motiv der Moderne. Es findet sich beispielsweise im Möbelbau und in der Architektur wieder. Hierbei wurde immer mehr auf industriell vorgefertigte Baumaterialien und -teile gesetzt.

Forschungsberichte

Ein Beispiel sind die Lamellendächer von Junkers, die er in den 1920er Jahren entwickelte.

Zusammenfassend kann man sagen, dass es zwischen 1890 und 1920 einen umfangreichen Bahnbrückenbau gab, in dem vor allem Stahl-Vollwandträger gebaut wurden. Der Einfluss der gesellschaftlichen Entwicklung auf den Eisenbahnbrückenbau war immens und lässt sich noch heute in den Städten deutlich erkennen. Es wurden Richtlinien verfasst, die zu Standardisierungen im Eisenbahnbrückenbauwesen geführt haben.

English

The infrastructure of the railway network has far-reaching effects on development and landscape planning and thus is deeply entwined with cultural and historical developments. At the beginning of the 20th century, the existing railway network was greatly expanded, which led to a massive increase in the construction of railway bridges. Due to the growth of population and industry, railway capacity had to be increased, particularly in big cities. A large part of these structures were the iron plate girder constructions that can still be found in many places today. The draft standards established at the time and the greater availability of iron had a major impact on the choice of construction. This contribution will highlight the various causes for the increased construction of these bridges. Using the example of railway bridges built in Hanover at the time, the presentation will aim to shed light on this development. Due to the enormous increase in traffic and the intolerable conditions in the urban area, a new freight bypass was built and a large part of the existing tracks were elevated from street level in order to pass over the streets. This resulted in a large number of steel bridge structures in art nouveau style, some with cast iron supports and elaborately designed abutment pylons. Despite intensive use for over 100 years, many of these structures still exist today and they will be presented here with a selection of examples. The underlying research project «Railway bridges – monuments on the network», funded by the German Research Foundation, is intended to lay the foundation for a systematic evaluation of railway bridges as cultural monuments and to present their development into «monuments on the network». The overall objective is to develop further criteria for assessing whether infrastructure buildings are worthy of and suitable for being listed as heritage monuments.

Français

Le réseau ferroviaire infrastructurel a de vastes répercussions sur l'urbanisation et l'aménagement du paysage, et intervient ainsi profondément dans les développements culturels et historiques. Au début du XXe siècle, le réseau ferroviaire existant a été considérablement étendu, ce qui a entraîné une augmentation massive de la construction de ponts ferroviaires. Dans les grandes villes notamment, les capacités du chemin de fer ont dû être renforcées en raison de l'accroissement de la population et de l'industrie. Les structures à parois pleines en fer, que l'on trouve encore aujourd'hui en de nombreux endroits, constituent une grande partie de ces ouvrages. Les projets de normes établis à l'époque et la meilleure disponibilité du fer ont eu un impact important sur le choix de la construction. Cet article présente les différentes causes de l'augmentation de la construction de ces ponts. Les ponts ferroviaires construits à Hanovre à cette époque permettent d'illustrer cette évolution. En raison de l'augmentation massive du trafic et des situations ingérables dans la zone urbaine, un chemin de fer de contournement des marchandises a été construit et une grande partie des voies existantes ont été surélevées par rapport au niveau de la rue afin de pouvoir les enjamber. Ce phénomène a donné naissance à une multitude de ponts en acier de style Art nouveau, avec des parties de piliers en fonte et des pylônes de culée richement décorés. Malgré leur utilisation intensive pendant plus d'un siècle, il existe encore aujourd'hui un grand nombre de ces ouvrages, qui sont présentés dans une sélection d'exemples. Le projet de recherche sur les ponts ferroviaires et les monuments historiques du réseau, financé par la Deutsche Forschungsgemeinschaft (DFG) et à l'origine de ces études, a pour objectif d'améliorer la base de l'évaluation systématique des ponts ferroviaires en tant que monuments culturels et de présenter leur évolution en «monuments historiques du réseau». L'objectif général est de développer d'autres critères d'évaluation de la valeur et de l'aptitude des ouvrages d'infrastructure à être classés monuments historiques.

Anmerkungen
1 Mölter, Tristan M., Pfeifer, Rolf H., Fiedler, Michael: Handbuch Eisenbahnbrücken: Planung, Bau, Instandhaltung, Brückensysteme. Bingen, Hamburg 2017 (2. Auflage), S. 38 und 43.
2 DB Museum (Hg.): Ein Jahrhundert unter Dampf: die Eisenbahn in Deutschland 1835–1919; Vorgeschichte und Anfänge; Aufbruch ins Industriezeitalter; Katalog zur Dauerausstellung im DB Museum. (Geschichte der Eisenbahn in Deutschland. Band 1.) Nürnberg 2009 (2. Auflage), S. 72–79.
3 Seedorf, Hans H., Meyer, Hans-Heinrich: Landeskunde Niedersachsen: Natur- und Kulturgeschichte eines Bundeslandes. Band 2: Niedersachsen als Wirtschafts- und Kulturraum. Bevölkerung, Siedlungen, Wirtschaft, Verkehr und kulturelles Leben. Neumünster 1996, S. 172.
4 Statistisches Bundesamt: Bevölkerung in Deutschland 1816–1910 | Statista. https://de.statista.com/statistik/daten/studie/1127156/umfrage/entwicklung-der-bevoelkerung-in-deutschland-1816-1910/ [Stand: 21.6.2022].
5 Seedorf, Meyer (1996) (wie Anm. 3), S. 172.
6 Röll, Victor von: Preußische Eisenbahnen, S. 134. In: Ders. (Hg.): Enzyklopädie des Eisenbahnwesens. Zweite, vollständig neu bearbeitete Auflage 1912–1923, 1912–1923, S. 116–140.
7 Deutsche Bahn AG: Daten & Fakten 2021, S. 7. https://ir.deutschebahn.com/de/berichte/db-konzern-und-db-ag/ [Stand: 30.8.2022].
8 Meschkat-Peters, Sabine: Eisenbahnen und Eisenbahnindustrie in Hannover 1835–1914. (Quellen und Darstellungen zur Geschichte Niedersachsens, Band 119.) Hannover 2001, S. 350–355.
9 Preussische Staatseisenbahn: Vorschriften für das Entwerfen der Brücken mit eisernem Überbau auf den preussischen Staatseisenbahnen. Eingeführt durch Erlass vom 1. Mai 1903 – I D 3216. Berlin 1903.
10 Dircksen, Fritz: Hilfswerte für das Entwerfen und die Berechnung von Brücken mit eisernem Überbau als Ergänzung zu den Preussischen Vorschriften für das Entwerfen der Brücken mit eisernem Ueberbau vom 1. Mai 1903. Berlin 1905.

Abbildungsnachweis
1–2 Johanna Monka-Birkner.
3 Karte LGLN.
4–5 Johanna Monka-Birkner.

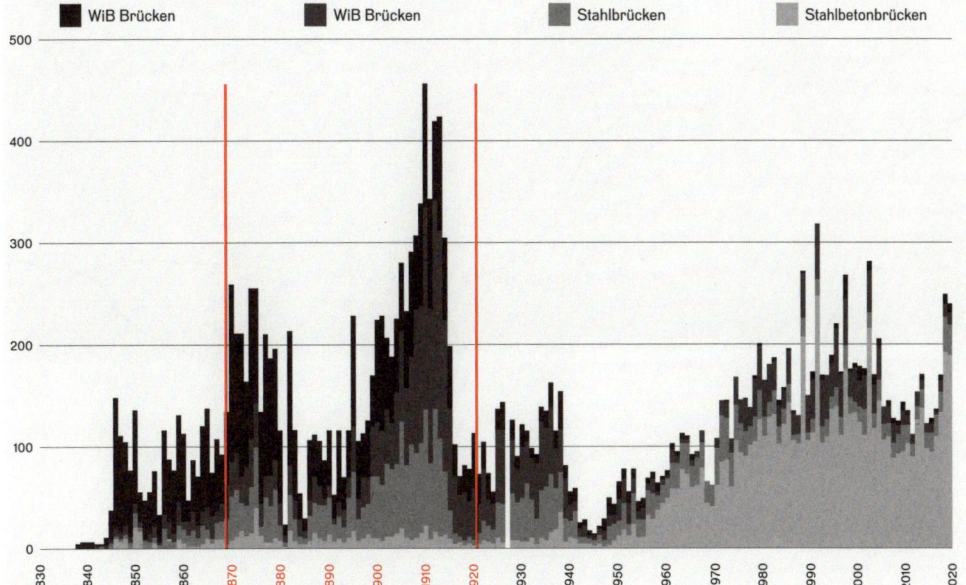

1

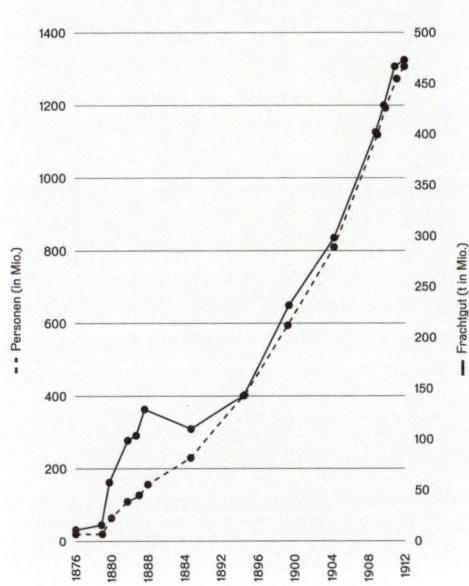

2

Abb. 1　Altersstruktur der in Betrieb befindlichen Eisenbahnbrücken der DB.

Abb. 2　Beförderungswachstum der preussischen Eisenbahn.

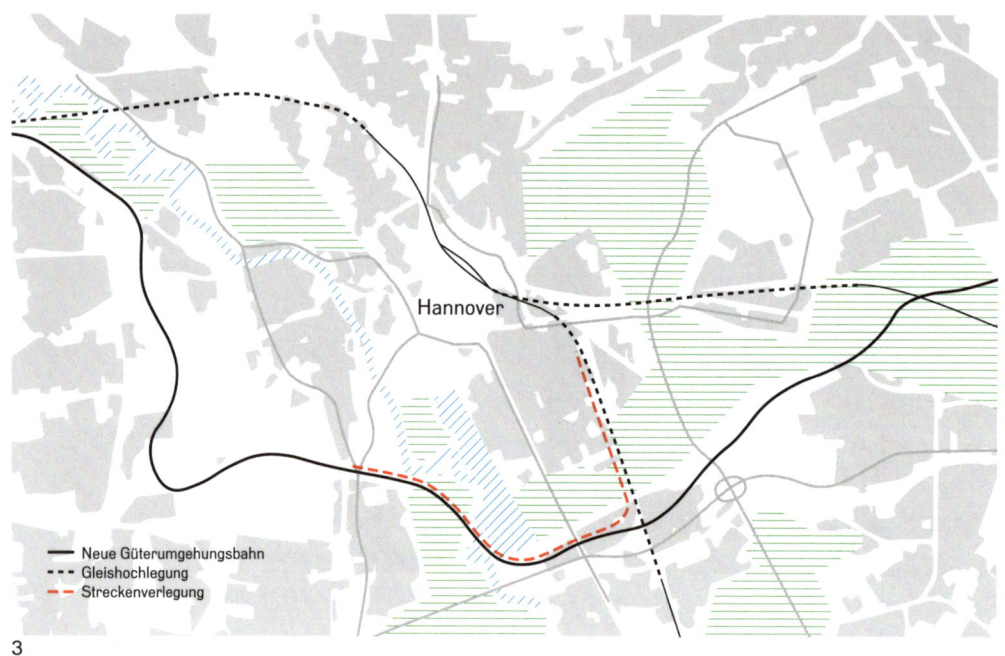

3

Abb. 3 Das heutige Stadtgebiet von Hannover mit den Um-/Neubaustrecken.

4

5

Abb. 4  Brücken über die Bismarckstrasse, Hannover (Foto: Johanna Monka-Birkner).

Abb. 5  Brücken über den Altenbekener Damm, Hannover (Foto: Johanna Monka-Birkner).

# Inventory Strategies for Historical French Metallic Train Sheds

Hannah Franz et al.

In France, as in other pioneer countries of metallic construction, train sheds built in the 19th century were used by railway companies as a showcase of their prestige and prosperity. As an extension of station buildings, train sheds had the essential function of covering railway tracks and platforms. The metallic roof structures were engineering feats and embodied industrial aesthetics.[1] Today, French historical train sheds are considered an asset of architectural heritage by their owner, the French national railway company SNCF (Société Nationale des Chemins de fer Français). Their renovation aims at preserving them while addressing environmental issues.[2] Renovation works primarily consist of replacing or repairing the roofing and stripping and repainting the metallic structure. If necessary, strengthening measures are also implemented. Renovation works of historical train sheds present many challenges regarding the structural assessment and the conditions of the renovation site. An inventory of train sheds based on relevant structural characteristics is essential firstly to assess their heritage value and prioritise renovation works, and secondly to pool knowledge from renovation works and improve future specifications. Based on a survey of photographs and plans made available by the SNCF to the authors, this paper elaborates on two inventory strategies, based on the typology of the roof trusses, classically seen as the main structural component, and the typology of lattice purlins and rafters, usually left out of scope.

## Historical context

In France, about 90 historical metallic train sheds, built between 1843 and 1932, have been preserved and are still in service. Train stations feature either single sheds or several adjacent sheds. The remaining sheds represent about 40 per cent of those built in the 19th and early 20th century,[3] as shown on the map. Fig. 1 Structural specificities or similarities of train shed metallic structures originate partly in the system of private railway companies. From the end of the 1850s to the creation of the SNCF in 1937, six major companies ruled the star-shaped railway network centred on Paris.[4] As the architecture of train stations contributed to creating a territorial identity for each company, several series of similar station buildings were built,[5] as well as series of train sheds. Railway companies regularly used the same contractors to build several train sheds, so that not only the architectural shape but also the construction details are repeated. One striking example is the well-preserved series of train sheds with pointed trussed arches built around 1900 by contractor Daydé et Pillé for the Compagnie du Midi in the South-West of France. Fig. 2a–d

## Roof truss typologies

Roof trusses are the main structural components facilitating the span. Both historical and more recent literature tends to reduce train shed types to the typology of their roof trusses. They have been extensively described and classified according to different criteria. For example, Cordeau 1901[6] distinguishes trusses with or without tension ties, while de Bouw 2010[7] separates trusses with straight or bent components and Schädlich 2015[8] differentiates trusses inspired by the principles of traditional timber trusses or of stone arches. Many types of roof trusses were developed and used in the literature[9] as a tool for international comparison.[10] Despite mutual influences of European countries, different types were favoured in France, the United Kingdom or Germany. This was partly due to the nationality of the inventors: the two Frenchmen Polonceau and de Dion for the eponym trusses, the Englishman Turner for the sickle girder, and the German Schwedler for the 3-hinged arch.[11] Overall, four main types of roof trusses prevail in France: the Polonceau trusses, the de Dion trusses, the triangulated trusses, and the arches. Fig. 3a Arched roofs are a minority in France, double-pitched roofs were the rule. The sheds with Polonceau trusses represent about half of all extant sheds, but their prevalence decreased with time. Fig. 3b

## Typologies of lattice rafters and purlins

Rafters and purlins are secondary structural elements compared to the main roof trusses. The rafters are the elements within the main roof trusses that follow the straight or curved shape of the roof. The purlins are the longitudinal beams of the roof structure, spanning between the roof trusses. Based on recent photographs, a survey of extant French train sheds reveals that about 70 per cent of them feature lattice purlins or rafters. Fig. 4 Those lattice beams were designed using the same morphological truss types first developed for bridges. Using a classification based on the geometry of the webs,[12] they fall into four categories, that can be named after their inventor or after their closest related shape: the Town types with or without vertical elements (IXI or X-shaped), the Howe or Pratt type (N-shaped), the Warren or Néville type (V-shaped). Examples are displayed in Figure 5. Fig. 5a–d The X and IXI types are the majority, despite constituting an intricate structural system. Lattice beams were in competition with solid web beams, made of laminated profiles or plates riveted together. Lattice beams necessitated a lower quantity of material and rivets and were easy to transport and assemble on site. In France, they were also favoured for their aesthetics, giving the structure a lighter appearance.[13] Unlike France, German metallic train sheds seem to have favoured solid-web beams, thus featuring less ornamental structures, which enhanced their engineering quality over their architectural one. Trusses are still present in German train sheds, but they are usually used for monumental purposes – for example to create 3-dimensional arches like in the train station of Dresden.

## Conclusion: inventory based on structural characteristics

Roof truss typologies, as well as typologies of lattice rafters and purlins, are structural characteristics of metallic historical train sheds. They can be used for the inventory of train sheds, to help assess their heritage value and to gather experience from renovation works already carried out. Regarding heritage assessment, roof truss typologies are valuable because their characteristics are easy to gather from photographs or plans, and extensive literature is available. They are a good indicator of heritage value, based on criteria such as their span, their degree of ornamentation or whether they are typical or unique. Typologies of lattice rafters and purlins are interesting because they are a more subtle witness to French construction practice. Regarding renovation works, roof truss typologies have an influence on the type of scaffolding built to strip and repaint the metallic roof structure. Lattice rafters and purlins playing an important role as strengthening measures were often implemented on those elements in the last 20 years. Understanding the similarities or differences between structural typologies of different train sheds is key to increasing the renovation know-how of the SNCF and improving specifications for future renovation works.

| | |
|---|---|
| Acknowledgments | This paper has been published in extended form in the International Journal of Architectural Heritage in October 2023 (©Taylor & Francis), available online: https://www.tandfonline.com/doi/abs/10.1080/15583058.2023.2272132. |
| | This research is part of a PhD funded by AREP, subsidiary of SNCF, and the French Association for Research and Technology (ANRT). It is also supported by a scholarship of the society Rails & Histoire. |

Deutsch      In Frankreich sind etwa 90 zwischen 1843 und 1932 errichtete Lokschuppen in Metallbauweise erhalten geblieben und noch in Betrieb. Renovierungsarbeiten sind kostspielig und technisch anspruchsvoll. Eine Bestandsaufnahme der strukturellen Besonderheiten oder Ähnlichkeiten der Lokschuppen kann einerseits dazu beitragen, die Prioritäten für die Renovierungsarbeiten entsprechend dem Denkmalwert der einzelnen Lokschuppen festzulegen, und andererseits das Wissen aus früheren Renovierungsarbeiten zu bündeln, um einen systematischeren und sensibleren Ansatz für künftige Renovierungen zu entwickeln. In diesem Beitrag werden zwei Inventarisierungsstrategien vorgestellt: Berücksichtigung der Typologie der Dachstühle, die in der Literatur klassischerweise zur Klassifizierung und zum Vergleich von Metallschuppenstrukturen verwendet wird, und Konzentration auf die Typologie der Fachwerkpfetten und -sparren, die in der Literatur weniger untersucht werden, aber für das französische Kulturerbe charakteristisch sind.

Français      En France, environ 90 hangars ferroviaires construits entre 1843 et 1932 avec une structure métallique ont été préservés et sont toujours en service. Les travaux de rénovation sont coûteux et techniquement exigeants. Un inventaire des spécificités ou similitudes structurelles des hangars ferroviaires peut aider, d'une part, à prioriser les travaux de rénovation en fonction de la valeur patrimoniale de chaque hangar et, d'autre part, à mettre en commun les connaissances acquises lors de travaux de rénovation antérieurs afin de développer une approche plus systématique et plus sensible pour les rénovations à venir. Cet article présente deux stratégies d'inventaire: considérer la typologie des fermes de toit, classiquement utilisée dans la littérature pour classer et comparer les structures des hangars métalliques, et se concentrer sur la typologie des pannes et des chevrons en treillis, moins étudiée dans la littérature mais caractéristique du patrimoine français.

Notes

1. Meeks, Caroll: The Railroad Station. An Architectural History. New Haven 1956.
2. Emile, Arthur, Veston, Véronique: Les Grandes Halles Voyageurs: Une Architecture Durable. In: Patrimoine Industriel 77 (2020) 75–83.
3. Ibid.
4. La France des gares. Paris 2000.
5. Poupardin, François: Les bâtiments voyageurs édifiés le long de la ligne impériale. In: Revue d'histoire des chemins de fer 38 (2008) 59–71.
6. Cordeau, A. L.: Charpente en fer et serrurerie. In: Mignard, R.: Guide des constructeurs: Traité complet des connaissances relatives aux constructions (7e édition). Paris 1901.
7. Bouw, Michael de: Brussels Model Schools (1860–1920) – Structural Analysis of the Metal Roof Trusses. PhD thesis, Vrije Universiteit Brussel 2010.
8. Schädlich, Christian: Das Eisen in der Architektur des 19. Jahrhunderts. (Firmitas, Band 1.) Aachen 2015.
9. Kanai, Akihiko: Les gares françaises et japonaises. Halle et bâtiment principal – une recherche comparative. École nationale des ponts et chaussées 2005.
10. Meeks (1956) (wie Anm. 1).
11. Kanai (2005) (as in note 9).
12. Cordeau (1901) (wie Anm. 6); Klasen, Ludwig: Handbuch der Hochbau-Constructionen in Eisen und anderen Metallen: für Architekten, Ingenieure, Constructeure, Bauhandwerker und technische Lehranstalten. Leipzig 1876.
13. Collignon, Édouard: Théorie des fermes à poutres droites et des fermes Américaines. In: Annales des ponts et chaussées (4ème série) tome VII (75) (1864) 141–213.

Image credits

1      SNCF-AREP.
2a–d   SNCF-AREP, (b) M. Lee Vigneau.
3a–b   Apdency, Public Domain (https://commons.wikimedia.org/wiki/File:Station_Syntus_Doetinchem.jpg).
4      SNCF-AREP, M. Lee Vigneau.
5a–d   SNCF-AREP.

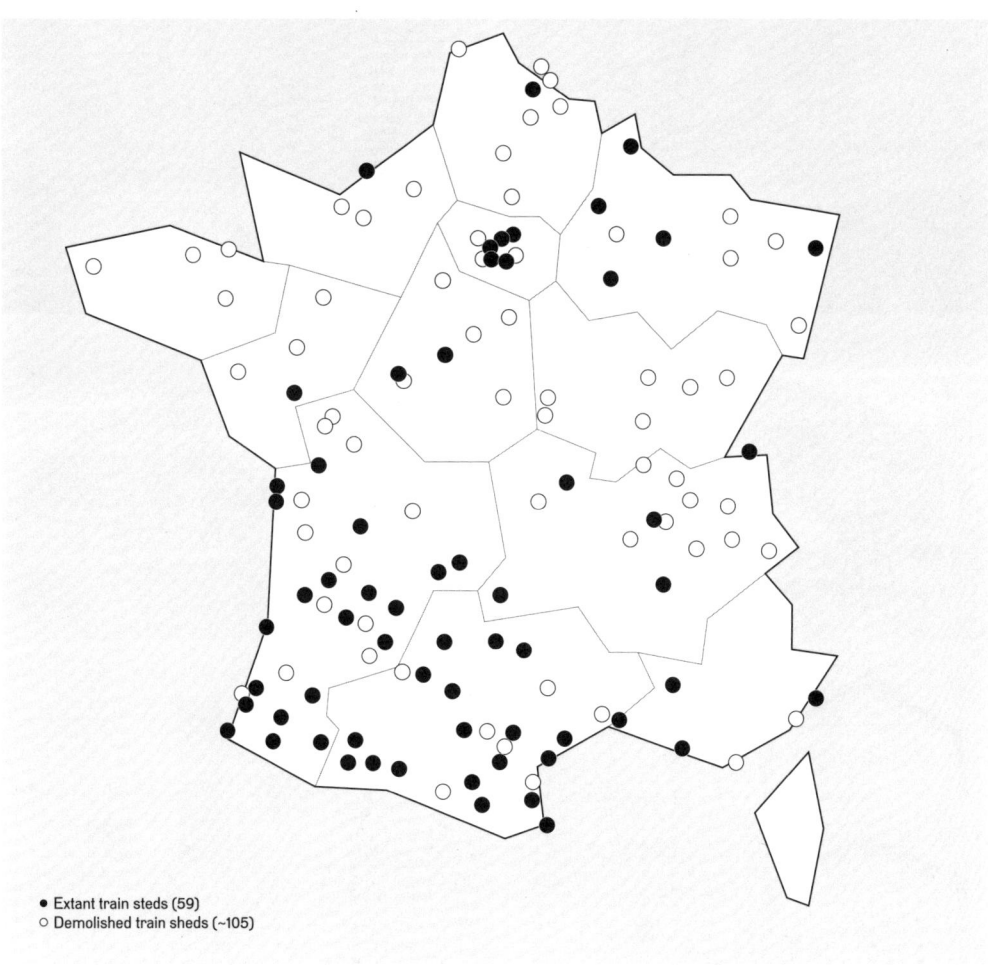

Fig. 1　　French Map of extant and demolished train stations with metallic train sheds.

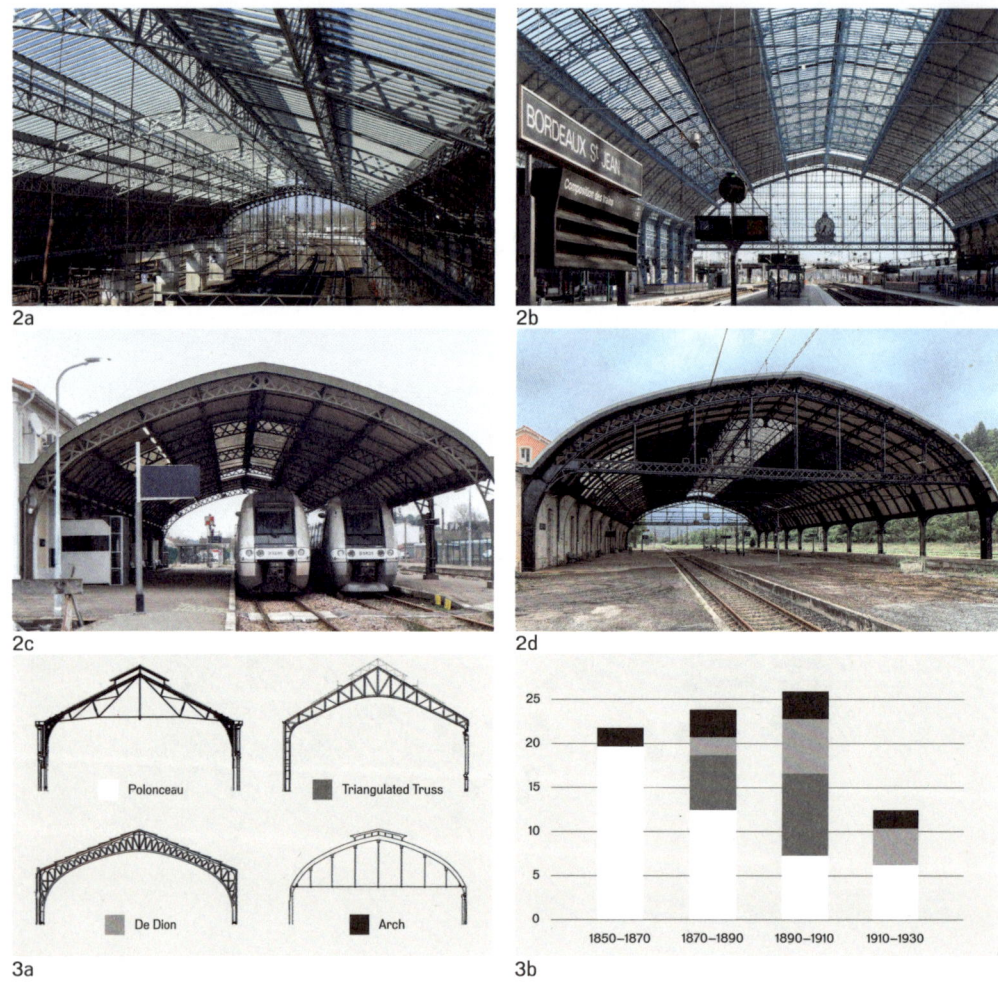

Fig. 2a–d  Series of similar train sheds – (a) Gare de Montauban; (b) Gare de Bordeaux Saint-Jean; (c) Gare de Mont-de-Marsan; (d) Gare de Bédarieux. (Photos: SNCF-AREP (b) M. Lee Vigneau).

Fig. 3a  Typologies of roof trusses used for French train sheds.

Fig. 3b  Number of sheds of each type built in 20-year periods ranging from 1850 to 1930.

Fig. 4  Examples of (1) lattice rafters (2) lattice purlins (Gare d'Austerlitz, Paris, France) (photo: SNCF-AREP, M. Lee Vigneau).

Fig. 5a–d  Examples of the 4 types of lattice purlins and rafters: X (Gare de Cerbère), IXI (Gare de Paris-Austerlitz), N (Gare d'Etampes), V (Gare d'Agen) (photos: SNCF-AREP).

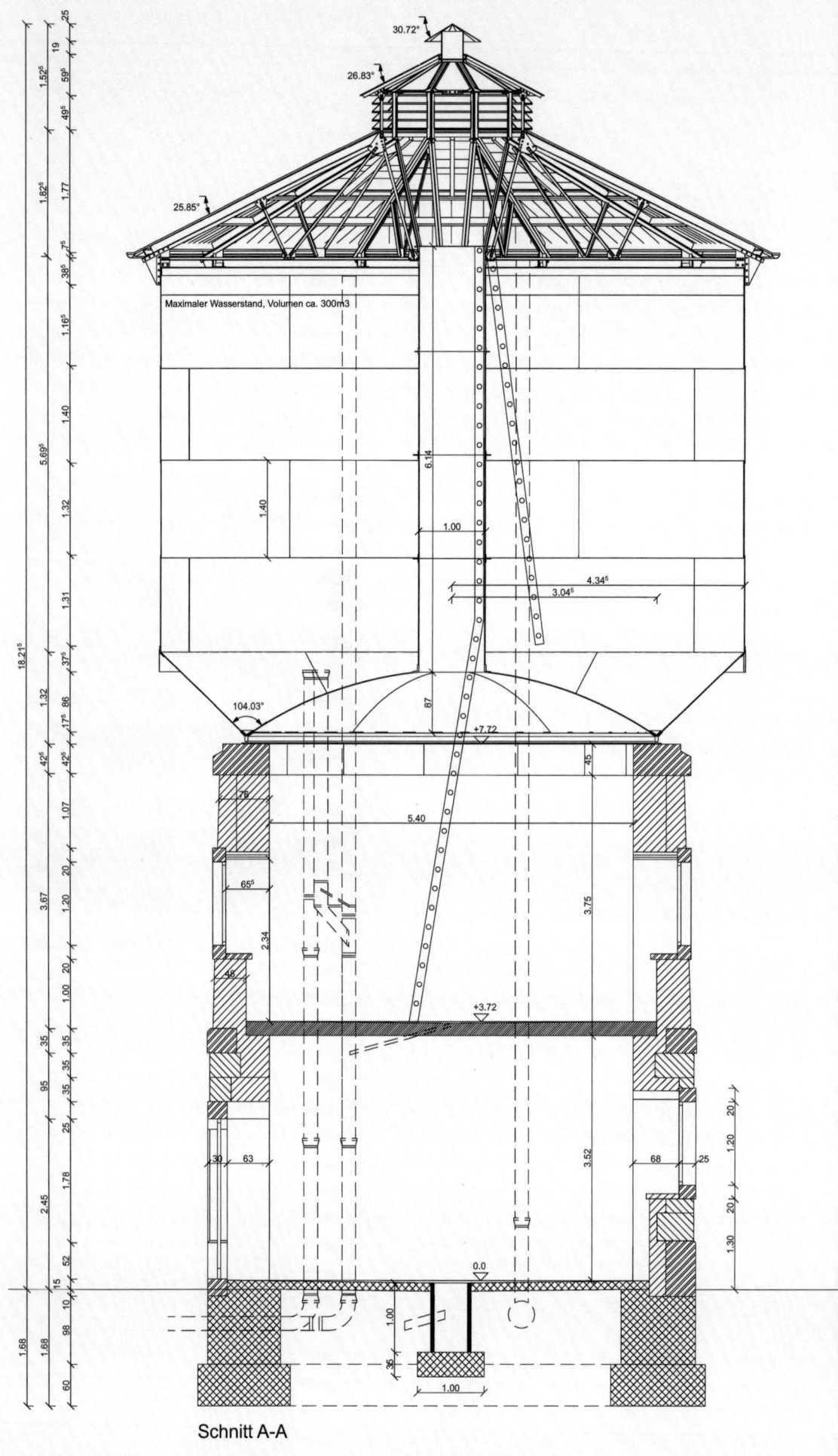

Schnitt A-A

# Wasserturm zu Basel

Zur Untersuchung von stillgelegter Bauten
Barbara Berger und Tobias Listl

Der Rückbau und die anschliessende Einlagerung des ehemaligen Wasserturms zu Basel stellen einen seltenen Fall für die Denkmalpflege dar. Die Bauaufnahme[1] und Untersuchung von demontierten Einzelbauteilen erforderten individuelle Lösungsansätze. Hierbei treffen konventionelle auf digitale Techniken. Inwieweit die voranschreitende Technologie die Bauaufnahme und somit die Methode der Denkmalpflege weiterentwickelt und sogar zum beabsichtigen Wiederaufbau beiträgt, soll im Folgenden aufgezeigt werden.

## (Rück)Baugeschichte

Der Wasserturm wurde ursprünglich am Centralbahnhof Basel mit einem identischen Zwillingsbau um 1900 fertiggestellt und diente zur Versorgung der Dampflokomotiven mit Wasser. [Abb.1]

Die Elektrifizierung der Trassen bewirkte schliesslich die Stilllegung der Basler Türme im Jahr 1981. Im Zuge des Projekts «EuroVille» wurde das Bahnhofsareal ab 1994 grossflächig umgestaltet, was zahlreiche Abbrüche zur Folge hatte.[2]
    Der Rückbau des Wasserturms erfolgte 1997.[3] Durch den Einsatz des Eigentümers Peter Hemmig wurde die Bausubstanz gerettet, indem die Bauteile in Eisenbahnwaggons eingelagert wurden. 2019/20 erfolgte deren Umlagerung. [Abb.2–3]

## Konstruktion

Der Wasserturm bestand aus einem zylindrischen, massiven Schaft mit einem leicht auskragenden, ebenfalls zylindrischen Wasserbehälter (V= 300 m3), geschlossen mit einem Zeltdach. Die Höhe betrug ca. 18 m. Der zweigeschossige

Turmschaft wurde über eine geschwungene Treppe erschlossen. Die Fassade wurde von grossformatigen Natursteinquadern geprägt: Die Sockel-, Gurtgesims-, Kranzgesims- und Leibungssteine bestanden aus Gneis und die Regelsteine (zwölf Lagen) aus Kalkstein. Das Mauerwerk im Erdgeschoss war zweischalig. Die Innenschale, ebenso wie das gesamte Obergeschoss, bestand aus verputztem Ziegelmauerwerk.

Der Wasserbehälter wurde als «Typ Intze I»[4] mit einem angespitzten Kugelbodenbecken ausgeführt, das aus zwölf Kuppelblechen und sechs Trichterblechen bestand, die den Übergang zu den vertikalen Mantelblechen (vier Reihen à sechs Bleche) herstellten. Das Becken wurde durch ein zentrales Revisionsrohr durchdrungen. Der Anschluss zum Schaft erfolgte über einen ringförmigen, genieteten Träger auf der Mauerkrone. Das Zeltdach besass eine Lüftungslaterne und wurde als genietete Eisenkonstruktion konzipiert, basierend auf zehn radial gerichteten Fachwerkträgern. [Abb. 5ab]

Beim Rückbau des Schafts wurden alle Natursteine, die Treppe, die Ofenapparatur und die Rohrleitungen eingelagert, die sich heute witterungsgeschützt in einer Halle befinden.[5] Das Ziegelsteinmauerwerk ging rückstandslos verloren, ebenso wie die Geschossdecke und die Fundamentbauteile.

Das Becken und das Dach wurden in Bauteilgruppen demontiert und lagern derzeit auf einer Aussenfläche. Dies bewirkte bauwerk-atypische Verformungen sowie Patinamodifikationen.

## Bauaufnahme IST-Zustand

Aufgrund der unterschiedlichen Lagerungsarten, ebenso wie deren Form und Grösse der Bauteil(-gruppen) erfolgte ein differenziertes Vorgehen.

*Handgeführter Scan (70 % der Bauteile)*
Erfassung aller Quadersteinbauteile des Turmschafts, einschl. deren Oberflächenbeschaffenheit. Ergebnis: 3D-Modell. [Abb. 4]

*Stationärer Scan (25 %)*
Erfassung der Leibungssteine des Turmschafts, der Treppe und der Bauteilgruppen des Wasserbeckens. Ergebnis: 3D-Punktwolken.

*Handaufmass (5 %)*
Erfassung der Details bzw. Anschlusspunkte, sowie Schadensaufnahme der Mantelbleche. Ergebnis: Hand- bzw. CAD-Zeichnung.

## Auswertung SOLL-Zustand

Die Erstellung eines detaillierten Bauteilkatalogs mit 3D-visualisierten Bauteilen einschliesslich bestandsgetreuen Oberflächen und Spuren ermöglichte die Bewertung deren Substanz, die sowohl durch die Standzeit als auch durch die Lagerung gezeichnet wurde: Die Steinbauteile befanden sich überwiegend in gutem Zustand. Die Eisenbauteile hingegen zeigten mittlere bis starke Korrosions- und Verformungsschäden.

Beim Abgleich der erfassten Bauteile mit der ursprünglichen Planung konnten 156 von 210 Steinen des Turmschafts identifiziert werden. Ausserdem wurde das Wasserbecken mit leichten, konstruktiven Abweichungen zur Planung ausgeführt.

## Fazit

Die digitale Erfassung der Bauteile liefert sehr detailgetreue 3D-Befunde – besonders der Handscanner. Kombiniert mit dem Bauteilkatalog und den handaufgenommenen Anschlussdetails ermöglicht dies einen virtuellen Wiederaufbau der Einzelbauteile zum Gesamtobjekt. Dies stellt eine fundierte und objektgerechte Grundlage für weiterführende denkmalgerechte Planungen im funktionalen Kontext dar.

Die voranschreitende Technologie der Digitalisierung stellt ein richtungsweisendes Instrument für die Denkmalentwicklung dar, das durch seine unmittelbare Vermittlungsfähigkeit fachübergreifend und auf verschiedenen Planungs-/Massstabsebenen Projektabläufe und -prozesse verändern und optimieren kann.

English

Managing obsolete, monofunctional supply structures represents a complex task for heritage preservation – railways with their operational facilities are no exceptions. There are the possibilities of a complete demolition with no trace of the original structure, a conversion and/or translocation. This topic will be discussed using the example of the former water tower in Basel, which was built around 1900 to supply steam locomotives, and then dismantled in individual parts or groups of components and stored in 1996. In recent times, employees of the Chair of Construction Heritage and Preservation at ETH Zurich, with the support of students, measured all components of the tower on behalf of the SBB Specialist Service for the Preservation of Historical Monuments and examined them through building research. The dismantled state and the weight and complexity of the individual parts presented particular challenges. With the creation of comprehensive overview plans, models, and a component catalogue, a basis for the planned reconstruction is now set to be created. The technical-constructive genesis of machines and systems in railway construction reflects the complexity of the constantly advancing technology. These can only be modified and adapted to a certain degree. The introduction of new technologies marks a turning point and thrives in new forms and ways of building, after which obsolete structures are abandoned. The proposed presentation is intended to address the recurring question of practical heritage preservation for the management of disused industrial buildings.

Français

L'utilisation des ouvrages d'approvisionnement obsolètes et monofonctionnels représente une tâche complexe pour la conservation des monuments historiques. C'est également le cas dans le domaine du chemin de fer avec ses ouvrages et installations en proie à un dilemme entre démolition intégrale et réaffectation et / ou relocalisation. Cette thématique est abordée à travers l'exemple de l'ancien château d'eau de Bâle, construit vers 1900 pour alimenter les locomotives à vapeur, démantelé en pièces détachées ou en groupes d'éléments de construction et entreposé en 1996. Récemment, des collaboratrices et collaborateurs de la Chaire du patrimoine bâti et de la conservation des monuments historiques de l'EPF de Zurich ont mesuré tous les éléments du château avec le soutien d'étudiant·e·s, sur mandat du Service de la protection des monuments historiques des CFF, et en ont analysé la construction. L'état démonté ainsi que le poids et la complexité des différentes pièces ont constitué un défi particulier. L'établissement de plans schématiques complets, de modèles et d'un catalogue des éléments de construction doit servir de base à la reconstruction prévue. La genèse technique des machines et des installations dans la construction ferroviaire reflète la complexité de la technologie en constante évolution. Celles-ci ne peuvent être modifiées et adaptées que dans une certaine mesure. L'introduction de nouvelles techniques marque un tournant et se traduit par de nouvelles formes et méthodes de construction qui entraînent la fermeture des structures obsolètes. La contribution proposée thématise la problématique récurrente de la conservation pratique des monuments historiques en matière d'utilisation des ouvrages industriels désaffectés.

Anmerkungen

1 Die Bauaufnahme des eingelagerten Wasserturms entstand im Auftrag der SBB, Fachstelle für Denkmalpflege durch die Professur für Konstruktionserbe und Denkmalpflege, Prof. Dr.-Ing. Silke Langenberg, ETH Zürich mit studentischer Unterstützung.
2 Billerbeck, Ewald: Das Basler Puzzle «EuroVille»: das städtebauliche Mammutprojekt um den Basler Bahnhof. In: Hochparterre 11 (1993) 35–37.
3 Das Becken des Zwillingsbaus wurde wohl in den 40er-Jahren abgebrochen. Siehe Tramèr, Stephan Jon: Der Wasserturm im Depot Basel, SBB 1906–1996. Seine Demontage und Baugeschichte, Lokomotiv-Wassertürme im Vergleich (nicht publiziert).
4 Intze, Otto: DE 23187 A: Hochreservoir. Kaiserliches Patentamt, 1883. Der Wasserbauingenieur Otto Intze (1843–1904) publizierte die Patentschrift 1883.
5 Der Rückbau wurde dokumentiert und die Steine von der Firma Frehner neu nummeriert.

Abbildungsnachweis

1 Christoph Teuwen.
2–4 Fotos und 3D-Modell Tobias Listl 2021.
5a–b Fabio Casura 2021.

Abb. 1　Wassertürme am Centralbahnhof in Basel (Foto: Christoph Teuwen 1994).

Abb. 2　Eisenbauteile des Wasserbeckens (Foto: Tobias Listl 2021).

Forschungsberichte

Abb. 3 Steinbauteile des Turmschaftes (Foto: Tobias Listl 2021).

Abb. 4 3D-Modell eines Steinbauteils (Tobias Listl 2021).

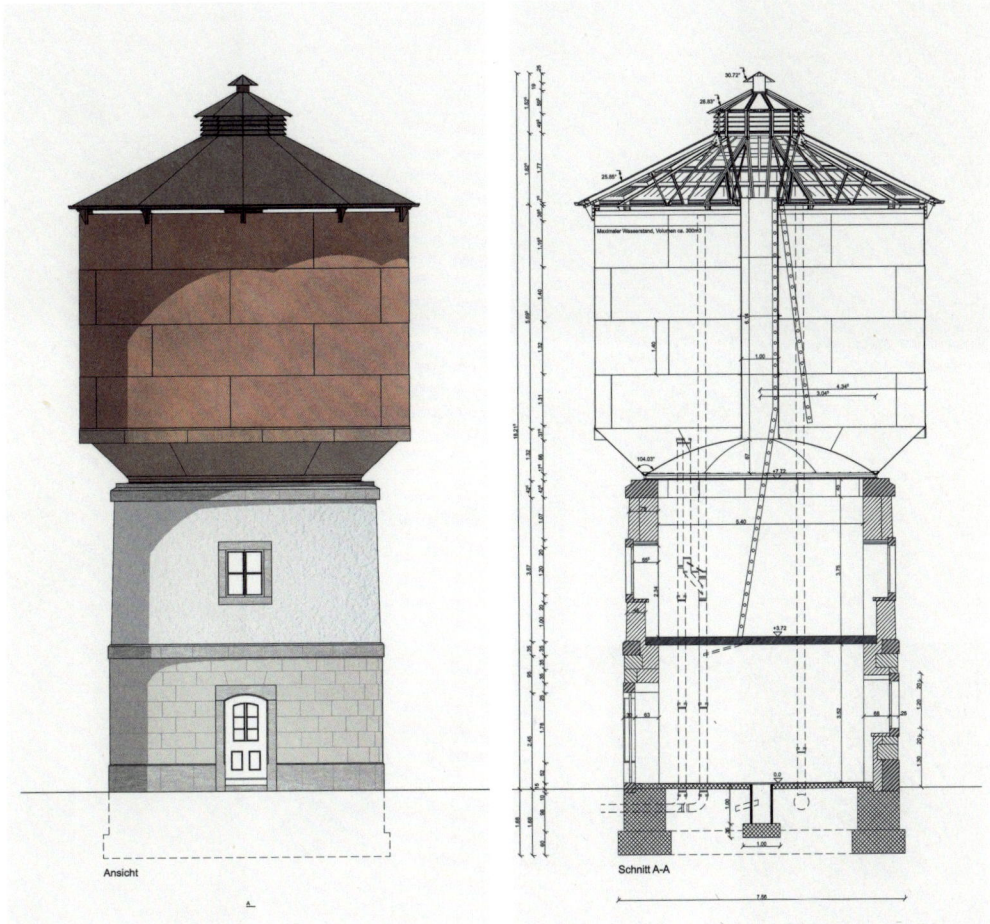

Abb. 5a–b   Rekonstruktion Soll – Ist (Fabio Casura 2021).

# Instandsetzung

# Maintenance

# Remise

Das Panel

Moderation und Text
Eduard Müller

Technischer Fortschritt in allen Belangen, die Forderung nach mehr Effizienz, sich verändernde Bedürfnisse der Reisenden, die Notwendigkeit eines leistungsfähigen Güterverkehrs, um den steigenden Anforderungen gerecht zu werden, dies alles führt zu einer steten Dynamik bei den Eisenbahnen. Hinzu kommen Schäden und Abnutzungen an bestehenden Gleisanlagen, Kunst- und Infrastrukturbauten, die es laufend zu beheben gilt. Der Veränderungsdruck auf das System Bahn ist gross. Dies war früher nicht anders. Kaum eine Bahnstrecke befindet sich heute noch in bauzeitlichem Zustand: Strecken wurden elektrifiziert und doppelspurig ausgebaut, Stahlbrücken durch Betonbrücken mit höherer Tragfestigkeit ersetzt, Aufnahmegebäude erneuert und Güterschuppen verlängert. Diese Veränderungen legen Zeugnis von der Geschichte einer Bahnlinie ab und sind damit Bestandteil ihrer zu bewahrenden Substanz. Der aktuelle Veränderungsdruck auf das System Eisenbahn betrifft auch historische Linien. Wie ist mit ihnen umzugehen, damit sie ihren Denkmalwert bewahren? Bedarf die Bahnlinie als ein steten Anpassungen und Erweiterungen unterworfenes Streckendenkmal besonderer denkmalpflegerischer Grundsätze und Richtlinien? Wie, in welcher Form und von wem sind diese festzuschreiben? Diese Fragen standen im Mittelpunkt der Diskussion im Anschluss an die Referate des Blocks 2.

Ist die Authentizität ausschliesslich an die Substanz gebunden oder gibt es auch eine Authentizität der Konstruktion, des Konzepts und geistiger Werte? Wie hängen diese Aspekte zusammen, und wie gross ist der Interpretationsspielraum, wenn wir von der Substanzerhaltung historischer Bahnstrecken sprechen? Ist nicht auch die Funktionalität ein wesentlicher Teil des Eisenbahndenkmals? Schliessen sich Authentizität und Dynamik grundsätzlich aus, oder gibt es Mittelwege, die von einem der Suffizienz verpflichteten Umgang mit der historischen Bahnsubstanz ausgehen? Soll der Effizienzsteigerung bei historischen Bahnlinien eine Forderung nach Entschleunigung entgegengestellt werden?

All diese Fragen wurden kontrovers debattiert, während Einigkeit darüber zu bestehen schien, dass respektvolle Massnahmen im Vordergrund stehen sollen, die vom Erhalten und Verstärken und nicht vom Ersatz der historischen Substanz ausgehen. Um solche Lösungen zu finden, scheint, so war man sich einig, ein Diskurs aller Beteiligter unabdingbar zu sein. Das alleinige Bewahren des Erscheinungsbildes bedeutet nicht auch ein Bewahren der Authentizität. Zurückhaltende und gut gestaltete zeitgenössische Lösungen sind historisierenden, die nur eine Kulisse bilden, in jedem Fall vorzuziehen.

The Panel

Moderation and text
Eduard Müller

Technical progress across the board, the demand for greater efficiency, the changing needs of passengers, the call for efficient freight transport in order to meet growing requirements – all these factors result in a steady dynamism in the railway sector. There is also the damage and wear and tear to the existing track systems and technical and infrastructural facilities, which need to be repaired on an ongoing basis. The pressure on the railway system to change is great. This was no different in the past. Hardly any railway line today is still in the condition it was when it was built: lines have been electrified and converted to double tracks, steel bridges have been replaced by concrete bridges with greater load-bearing capacity, station buildings have been renovated, and goods sheds have been extended. These changes bear witness to the history of a railway line and are therefore an integral part of its substance, which is to be preserved. The current pressure for change within the railway system also affects historical lines. How should they be managed to ensure they retain their heritage value? Does a railway line subject to constant modification and expansion require special heritage preservation principles and guidelines? How are these to be established, by whom, and in what form? These questions were at the forefront of the discussion following the presentations in Block 2.

Is authenticity exclusively linked to substance or is there also an authenticity of construction, of concept, and of spiritual values? How do these aspects relate to one another and how much room for interpretation can be allowed when discussing the preservation of the substance of historic railway lines? Isn't functionality also an essential component of a railway monument? Are authenticity and dynamism fundamentally mutually exclusive or is there a middle ground based on a sufficiency approach to historic railway substance? Should the increase in efficiency on historic railway lines be countered by a demand for deceleration?

All of these questions were fiercely debated, though there seemed to be a consensus that the focus should be on respectful measures aimed at preserving and strengthening the historic substance rather than replacing it. To find such solutions, a consensus emerged that dialogue between all relevant parties seems indispensable. Preserving the appearance alone is not synonymous with preserving authenticity. Restrained and well-designed contemporary solutions are always preferable to historicising solutions that merely form a backdrop.

Le panneau — Moderation et texte
Eduard Müller

Le progrès technique dans tous les domaines, l'exigence d'une plus grande efficacité, l'évolution des besoins des voyageuses et voyageurs et la nécessité d'un transport de marchandises performant pour répondre aux attentes croissantes induisent une dynamique constante dans le domaine des chemins de fer. À cela s'ajoutent l'usure et les dommages aux installations de voies, ouvrages d'art et infrastructures qu'il convient de traiter en permanence. Le système ferroviaire est soumis à une forte pression en matière de changement. Et il en a toujours été ainsi. Rares sont les lignes ferroviaires qui se trouvent aujourd'hui encore dans leur état d'origine. Elles ont été électrifiées et aménagées en double voie, les ponts métalliques ont été remplacés par des ouvrages en béton plus résistants, les bâtiments voyageurs ont été renouvelés et les halles aux marchandises agrandies. Ces changements témoignent de l'histoire des lignes ferroviaires et font donc partie intégrante de la substance à protéger. Actuellement, la pression pour faire évoluer le chemin de fer s'exerce aussi sur les lignes historiques. Comment les gérer pour qu'elles conservent leur valeur patrimoniale? La ligne de chemin de fer, en tant que monument historique soumis à des adaptations et à des extensions constantes, nécessite-t-elle des directives et principes particuliers en matière de préservation du patrimoine? Comment, sous quelle forme et par qui ceux-ci doivent-ils être prescrits? Ces questions ont été au cœur de la discussion qui a suivi les exposés du bloc II.

L'authenticité est-elle exclusivement liée à la substance ou existe-t-il également une authenticité de l'ouvrage, du concept et des valeurs immatérielles qui y sont associées? Quel est le lien entre ces aspects et quelle est la marge d'interprétation lorsque nous évoquons le maintien de la substance de lignes ferroviaires historiques? La fonctionnalité n'est-elle pas un élément prépondérant du patrimoine ferroviaire? Authenticité et dynamisme sont-ils des concepts fondamentalement antinomiques ou existe-t-il des approches intermédiaires basées sur le principe de la suffisance pour gérer la substance des chemins de fer historiques? Faut-il opposer au renforcement de l'efficacité des lignes ferroviaires historiques une exigence de décélération?

Toutes ces questions ont fait l'objet de débats controversés, alors même qu'un consensus semblait se dégager sur la nécessité de donner la priorité à des mesures respectueuses basées sur le maintien et le renforcement de la substance historique, et non sur son remplacement. Pour trouver des solutions, il semble – de l'avis général – qu'un échange entre toutes les parties impliquées soit indispensable. La conservation de l'apparence ne suffit pas à elle seule à préserver l'authenticité. Dans tous les cas, on préférera des solutions modernes discrètes et bien conçues à des solutions historisantes avec une valeur purement décorative.

Anmerkungen — Der digitale Beitrag von Katya Nozhova ist über die website www.eisenbahndenkmalpflege.ch abrufbar.

# Eisenbahnen als Denkmale mit Zukunft

Erhaltung, dem technischen Fortschritt verpflichtet
Toni Häfliger

Die Eisenbahn ist ein verzweigtes und differenziertes System, das sich während sieben Tagen je 24 Stunden in Betrieb befindet. Es ist eine gleichsam ins Gelände ausgelegte Maschine mit vielen Teilen wie die Infrastruktur als Träger und Züge als bewegliche Teile.[1] Als «soziotechnisches System»[2] hat es viele Aufgaben zu erfüllen, beispielsweise im Fern- und Nahverkehr für Pendler und Touristen oder für den Gütertransfer oder -zubringer. Es ist vergleichbar auch mit einem sensiblen Nervensystem, über die Landesgrenzen hinausreichend – Störungen an einem Ende des Systems können sich bis zu entfernten Orten auswirken.

Viel mehr als die Strasse muss sich die Bahn an besonderen technischen Bedingungen orientieren. Wie in keinem anderen System sind Fahrbahn und Rollmaterial aneinander gebunden und aufeinander abzustimmen. Ihre Effizienz kann die Bahn erst voll entfalten, wenn durchlaufende Trassen mit gleichmässigen Steigungen und angemessenen Kurvenradien zur Verfügung stehen, damit vordefinierte Geschwindigkeiten gefahren werden können und der Verschleiss möglichst minimiert wird. Dafür braucht es oft aufwendige bauliche Anlagen in Form von Dämmen, Geländeeinschnitten, Brücken, Tunneln und Sicherungsbauten. Erst daraus entsteht die «ideale Linie», die der Reisende im Zug – ohne den dahinterstehenden Aufwand zu bemerken – in ruhiger und bequemer Fahrt durchmisst.[3] Das Netz der Verkehrssysteme überlagert die Geografie, integriert sich in diese, schafft Verbindungen und definiert neue Massstäbe. Die traditionelle Kulturlandschaft wird «ergänzt» und oftmals auch aufgewertet und mutiert an vielen Orten zur Industrielandschaft oder zur Kulturlandschaft mit touristischem Potenzial.

Der Bahnbau folgt eigenen Gesetzen. Im Zusammenhang mit den erwähnten umfangreichen Eingriffen in die Landschaft sind auch städtebauliche, topografische und betriebliche Bedingungen zu berücksichtigen. Für die Eisenbahn charakteristisch ist der hohe Grad an Standardisierung, von den Schienen und Schwellen bis hin zu Ingenieurbauten, Gebäuden und technischen Anlagen, Fahrleitungen, bahn- und sicherungstechnischen Einrichtungen, der Zeitmessung und Uniformen. Verbunden damit ist auch ein verändertes Verständnis bezüglich Konstruktion, Zeit und Raum sowie der Ästhetik und Ausprägung von Bauobjekten.[4] Eisenbahntechnische Bauten und Anlagen, die bei ihrer Entstehung wohl oft negativ konnotiert waren, werden zu Zeitzeugen und damit zu Denkmalen, die unseren Schutz verdienen.

Systeme haben die Eigenschaft, sich zu verändern. Nichts kann dies besser illustrieren als das ikonische Bild zu dieser Fachtagung. Es zeigt das Viaduc de Day,[5] als Baustelle um 1925. [Abb. 1] Der Umbau erfolgte insbesondere aufgrund der zunehmenden Belastung durch schwereres Rollmaterial. Symbolhaft und gleichsam auf einen Punkt konzentriert ist darin die Entwicklung und Dynamik der Eisenbahn sichtbar: Die alte Stahlbrücke von 1870 verschwindet Stück für Stück, gleichzeitig wächst von unten die neue Betonbrücke mit vorgeblendeter Natursteinverkleidung heran. Der Dampfbetrieb wird bald durch die Elektrifizierung abgelöst. Im Jahre 2010 wurde die Brücke bereits wieder saniert und mit einer neuen, breiteren Fahrbahnplatte versehen, gleichsam ein Projekt der dritten Generation.

Treiber der dynamischen Veränderung sind unter anderem politische, technisch-normative, betriebliche und gesellschaftliche Bedingungen, die untereinander verbunden sind. Die Gesellschaft erwartet ein dichtes und pünktliches Angebot des öffentlichen Verkehrs mit modernem, bequemem und schnellem Rollmaterial. Die Politik formuliert anhand dieser Erwartungen sowie aus raumplanerischen und wirtschaftlichen Bedürfnissen heraus Leistungsaufträge. Die Bahnen suchen den Ansprüchen mit betrieblichen und technischen Innovationen auf effiziente und wirtschaftliche Weise gerecht zu werden. Daraus resultieren Einflüsse und Druck auf die bestehende Infrastruktur einer Bahn, sei es mittels eines Ausbaus in grösserem oder kleinerem Umfang hinsichtlich der Automatisierung und der Digitalisierung, zusätzlicher Kurvenstreckungen oder Tunnel für schnelleren Verkehr, des Ausbaus der Anlagen für mehr Fahrgäste oder Behinderte und anderes mehr. Darin bildet sich der Wandel ab: So, wie eine Dampflokomotive der «Spanisch-Brötlibahn»[6] um 1847 vielleicht eine Geschwindigkeit von 15 km/h oder 30 km/h erreichen konnte, [Abb. 2] werden heute in der Schweiz mancherorts Geschwindigkeiten von 200 km/h gefahren, im Ausland 300 km/h oder mehr. [Abb. 3] Entsprechend muss die Infrastruktur für solche Leistungen ausgelegt werden. Ähnliche Veränderungen oder Entwicklungen sind auch auf weiteren Gebieten zu beobachten, wie beispielsweise in der Wissenschaft oder der bildenden Kunst. Die Entwicklung der Bahn richtet sich damit durchaus am «Zeitgeist» aus, wie es Richard Kissling im Modell anno 1903 bereits in seiner Plastik [Abb. 4] für das Portal des 1971 abgebrannten Bahnhofs Luzern dargestellt hat.[7, Abb. 11–13]

Am Beispiel des ursprünglich anno 1857 bis 1862 erbauten Viaduc de Grandfey bei Fribourg lässt sich anhand der Umbauphase von 1925 bis 1927 eine Verwandlung von einer Stahl- zu einer Betonbrücke eindrücklich nachvollziehen. [Abb. 5–10] Grund für den Umbau war wiederum die Anpassung an erhöhte Verkehrslasten. Zwischen den Ansprüchen einer authentischen und möglichst integralen Erhaltung von bestehenden, historisch bedeutsamen Anlagen in ihrem Substanz- und Erinnerungswert und einer angemessenen Offenheit für technische und betriebliche Entwicklungen eine Balance zu erzielen, ist anspruchsvoll. Gibt es ein «dynamisches Denkmal», so die Frage.[8] Wie ist es in der Praxis möglich, aus der Sicht der Eisenbahndenkmalpflege mit dem stetigen technischen Fortschritt umzugehen?

Die Problematik und ein Ansatz für den Umgang mit dem Thema lässt sich im Grundsatzpapier von Anthony Coulls finden, worin er formulierte:[9]

> *«No operating railway can be wholly authentic from a strictly historical point of view; items wear out and are replaced, methods of organization and operating are adapted to changing circumstance».* Und weiter: *«It is, we suggest, preferable to have a viable and useful railway rather than one which faces an uncertain future.»*

An diesen Zitaten zeigt sich, dass Coulls schon damals erkannte, dass ein Bahnsystem niemals über lange Zeit im Zustand der Entstehungszeit verbleiben kann, sondern Veränderungsprozessen unterworfen ist. Das Ziel ist eine lebensfähige und brauchbare Bahn, die als gesamtheitliches und vernetztes System – als Summe aller Teile – nach wie vor authentisch und in seiner Geschichtlichkeit relevant sein kann.

Das Ziel soll sein, historische Substanz der Eisenbahn-Infrastruktur in ihrer Zeugnishaftigkeit zu erhalten und, wo immer möglich, auch für moderne Nutzungen weiterzuverwenden. Dazu sind sorgfältige, gut entwickelte Prozesse und die interdisziplinäre Zusammenarbeit der Beteiligten wichtig, gestützt durch breites eisenbahnhistorisches und -technisches Fachwissen und hohe Kompetenz von Denkmalpflegern, Politikern, Planern, Ingenieuren und Architekten. Ein methodischer Ansatz ist, ähnliche Probleme einerseits – im Sinne der technischen Standardisierung der Eisenbahn – möglichst ähnlich zu lösen, andererseits aber jeden einzelnen Fall hinsichtlich seiner Problematik genau zu analysieren. Dies beispielsweise hinsichtlich des vorhandenen Bestandes und der Substanz, des Bezuges der Anlage innerhalb des Bahnsystems, aber auch zu seiner Umgebung – namentlich des Orts- und Landschaftsbildes. Daraus folgt die Interessenabwägung, wie sie im Schweizerischen Bundesgesetz über den Natur- und Heimatschutz (NHG) von 1966 angedacht ist. Die Interessen des Denkmalschutzes sollen dabei eine wesentliche Rolle spielen und hartnäckig verfolgt werden. Historische Elemente sollen nach Möglichkeit weiterhin eine Funktion behalten. Daraus besteht nach meiner Auffassung aber auch der Auftrag, hohe Baukultur als übergreifendes Thema zu verstehen. Neben den wertvollen historischen Anlagen sollen neue Bauteile als qualitätvolle Zeugen unserer Zeit im System entstehen und dieses weiterbauen, wie dies frühere Generationen getan haben und wie es über die verschiedenen Ausbauphasen an diversen Fällen ablesbar ist, die bereits auch wieder als Baudenkmäler anzusehen sind.

English | Railways are part of the transport infrastructure of a country or region and fulfil important duties. Without effective transport systems, modern society would no longer be conceivable. Today's society based on the division of labour and with its needs for transport and mobility is closely coupled to the railway; elements favour or reinforce one another. Railway heritage preservation must deal with the fact that railway systems are «dynamised» and influenced, if not even justified, by societal, political, spatial planning, economic, operational, and legal aspects. Getting to grips with this presents both a problem and an opportunity. The railway is a socio-technical wheel-rail system; the various components interact with each other and are linked via largely standardised typologies that are technically and operationally defined (stations, workshops, bridges, embankments, tunnels, trenches, shunting sidings, energy systems, railway engineering facilities, etc.). Each component is part of the identity and authenticity of the railway. As a «machine» that is spread out into the landscape, so to speak, there is a constant pressure on the railway to adapt and change. The resulting changes are usually technically state of the art; over time, the system comes to contain elements from an array of generations of (construction) technology. This «tradition» requires a good Baukultur.

Français | Les chemins de fer font partie de l'infrastructure de transport d'un pays ou d'une région et remplissent des fonctions importantes. La société moderne n'est plus concevable sans systèmes de transport performants. La société actuelle, basée sur la division du travail et affichant un fort besoin de transport et de mobilité, est étroitement liée au chemin de fer; certains éléments se favorisent ou se renforcent mutuellement. La conservation des monuments historiques ferroviaires doit prendre en compte le fait que les installations ferroviaires sont «dynamisées» et influencées, voire justifiées, par des aspects sociaux, politiques, d'aménagement du territoire, économiques, opérationnels et juridiques. La gestion de ce contexte est autant une problématique qu'une opportunité. Le chemin de fer est un système socio-technique roue-rail; les différents composants interagissent entre eux et sont reliés par des typologies définies sur le plan technique et opérationnel, mais aussi largement standardisées (gares, ateliers, ponts, remblais, tunnels, tranchées, faisceaux de manœuvre, systèmes énergétiques, installations techniques ferroviaires, etc.). Tous participent à l'identité et à l'authenticité d'un chemin de fer. En tant que «machine» qui se déploie en quelque sorte dans le paysage, le chemin de fer est soumis à une pression constante d'adaptation et de changement. Les adaptations qui en résultent sont généralement à la pointe de la technique; avec le temps, le système regroupe des éléments de différentes générations techniques (en matière de construction). Cette «tradition» nécessite une culture architecturale de qualité.

Anmerkungen
1 Elsasser, Kilian, Gross, Alexander. in: Eine Zukunft für die historische Verkehrslandschaft; swiss academic reports Vol. 9, Nr. 5, 2024. S. 150.
2 ICOMOS, Coulls, Anthony: Railways as World Heritage Sites, S. 2, 1999.
3 Schivelbusch, Wolfgang: Geschichte der Eisenbahnreise. Zur Industrialisierung von Raum und Zeit im 19. Jahrhundert. Frankfurt am Main 2004 (3. Auflage).
4 Giedion, Sigfried: Raum, Zeit, Architektur. Die Entstehung einer neuen Tradition. Basel u. a. 1996 (5., unveränd. Nachdr. der Originalausg. von 1976), S. 166–174. Kapitel «Neue Aufgaben – neue Lösungen».
5 Ursprünglich erstellt 1870, bei Vallorbe im Schweizer Jura.
6 Strecke der Schweizerischen Nordbahn (SNB) zwischen Zürich und Baden im Kanton Aargau, erbaut 1846 bis 1847.
7 Heute befindet sich die Plastik über dem auf den Bahnhofplatz versetzten Torbogen des ehemaligen Bahnhofgebäudes.
8 Gedacht ist an Ensembles oder Objekte insbesondere technischer Ausrichtung, worin aufgrund systemimmanenter Faktoren der Wandel gleichsam zur Konstante wird. Begriff und Methodik benötigen eine kritische Diskussion und Klärung.
9 Coulls, Anthony 1999, S. 7; vgl. Anm. 2.

Abbildungsnachweis
1 SBB Historic.
2 Arx, Heinz von, Schnyder, Peter, Wägli, Hans G. (Hg.): Bahnsaga Schweiz. 150 Jahre Schweizer Bahnen, Zürich 1996.
3 https://commons.wikimedia.org/wiki/File:20100724_Shinkansen_500_Shin-Iwakuni_5318.jpg.
4–9 SBB Historic.
10 Quelle: https://en.wikipedia.org/wiki/Grandfey_Viaduct (Clear Frost).
11 Kunstmuseum Basel.
12 Katherina Vatsella: Müller-Brittnau, Waser-Verlag 1984, S. 102–103 (Abdruck mit freundlicher Genehmigung von Doris Müller).
13 Reto Bieli.

Abb. 1 Viaduc du Day (bei Vallorbe im Schweizer Jura), Baustelle, um 1925 Symbolhaft zu sehen ist die Entwicklung und Dynamik der Bahn: Die alte Stahlbrücke von 1870 verschwindet Stück für Stück, gleichzeitig wächst von unten die neue Betonbrücke mit vorgeblendeter Naturstein verkleidung heran. Der Dampfbetrieb wird bald durch die Elektrifizierung abgelöst.

Abb. 2 Lokomotive Nr. 3 «Rhein» der Nordostbahn um 1860 («Spanisch-Brötlibahn»).

Instandsetzung

| Abb. 3 | Shinkansen der Baureihe 500; Geschwindigkeit bis 300 m/h. |
|---|---|
| Abb. 4 | Richard Kissling - Gipsmodell zur Plastik «Zeitgeist» - die Plastik wurde 1907 über dem Portal des alten Bahnhofes von Luzern aufgestellt. |
| Abb. 5–10 | Viaduc de Grandfey, Die doppelspurige, in Stahlfachwerk konstruierte Brücke über die Saane bei Fribourg wurde 1858 bis 1862 erbaut. Aufgrund erhöhter Lasten musste sie 1925 bis 1927 verstärkt werden. (Abb. 5–9) Die Arbeiten erfolgten unter Betrieb. Dazu wurden die Stahlstrukturen der Stützen einbetoniert, während die Fachwerkkonstruktion der Fahrbahn durch Betonstrukturen ersetzt wurde. Die 343 m lange Brücke, die von einer filigranen Stahlkonstruktion zu einem imposanten, noch heute bestehenden Viadukt in Beton mutierte (Bild 10), zeugt vom systemimmanenten Wandel der Bahn-Infrastruktur. |

11

13

12

Abb. 11   Robert Zünd – Die Ernte 1859.

Abb. 12   Willi Müller-Brittnau (Öl auf Leinwand 1969 – Teil eines Tryptichons).

Abb. 13   Viaduc de Day – Zustand nach Sanierung 2009–2010 (Bauwerk nach der dritten Anpassungsphase).

Instandsetzung

# «Veredeln» als Ingenieurkonzept

Erhaltung von genieteten Stahlbrücken
Eugen Brühwiler

Beim Umgang mit Brücken sind neben technischen und wirtschaftlichen Kriterien auch die Anforderungen der Denkmalpflege und damit die Bewahrung von kulturellen Werten mit einzubeziehen. Die bestehende Brücke soll dadurch eine weitere lange Nutzungsdauer erhalten. Dieses Ingenieurkonzept wird in diesem Aufsatz als Veredeln bezeichnet. Das Veredeln als Ingenieurkonzept beinhaltet zwei grundlegende Zielvorgaben: (1) Das *Weiternutzen* beinhaltet die unveränderte Nutzung der bestehenden Brücke unter Ausführung der üblichen Überwachung und der geplanten Unterhaltsarbeiten. Neuartige Ingenieurmethoden ermöglichen zu zeigen, dass mehr Tragvermögen und damit eine höhere Leistungsfähigkeit im Brückentragwerk vorhanden ist, als bisher unter Verwendung traditioneller Ingenieurmethoden vermutet wurde. (2) Das *Weiterbauen* beinhaltet bauliche Eingriffe zur Anpassung oder Erweiterung einer bestehenden Brücke, um neue Nutzungsanforderungen zu erfüllen. Bauliche Eingriffe sind möglichst wenig invasiv zu gestalten, sodass sie nicht oder kaum erkennbar sind. Um dieses Ziel zu erreichen, sind hochleistungsfähige Baustoffe zweckmässig, die bei einem minimalen Mengeneinsatz ein möglichst grosses Tragvermögen ermöglichen.

Das *Veredeln* soll den Anforderungen der Denkmalpflege genügen, indem die bestehende Bausubstanz weitgehend oder ganz erhalten bleibt. Auf die Notwendigkeit einer baulichen Anpassung oder Erweiterung der bestehenden Brücke soll mit möglichst sanften Eingriffen reagiert werden, die nicht oder kaum erkennbar sind.

## Weiternutzen

*Grundsatz*
Eine Brücke ist ein technisches Objekt und kann so lange genutzt werden, wie der Zustand und das Tragvermögen dies ermöglichen. Sie ist kein Lebewesen und hat somit auch kein «Ende einer Lebensdauer». Das Alter und die Konstruktionsart einer Brücke allein sind keine hinreichenden Kriterien für einen Abriss einer Brücke. Die einzig entscheidende Frage ist: Kann eine bestehende Brücke in Zukunft weiterhin und auch mit höheren Verkehrslasten befahren werden? Dabei ist zwischen zwei zentralen Aspekten zu unterscheiden:

1. Kann die Brücke auch höhere Lasten z. B. durch schwerere Züge aufnehmen? Ist ihre «Tragsicherheit» also auch in Zukunft ausreichend?
2. Und falls dies so ist: Kann die Brücke auch eine grössere Verkehrsmenge aus z. B. verdichtetem Zugverkehr und die damit zusammenhängenden, sich häufiger wiederholenden Beanspruchungen ertragen? Ist also neben der Tragsicherheit auch die «Ermüdungssicherheit» für die künftigen Verkehrslasten ausreichend?

Die Herausforderung für die Ingenieurinnen besteht darin, diese zentralen Fragen unvoreingenommen, aber wohlwollend und mit technisch effizienten Verfahren zu beantworten. Die Vorgehensweise basiert darauf, an der Brücke selbst zunächst detaillierte Informationen zu sammeln und damit möglichst präzise Daten für die Beurteilung des statischen Tragvermögens und des Ermüdungsverhaltens aufzubereiten. Mit diesen Daten ist danach zu zeigen, dass die bestehende Brücke, z. B. durch das Ausnutzen bislang unberücksichtigter Tragreserven, höher beansprucht werden kann, ohne dass Verstärkungen ausgeführt werden müssen, selbstverständlich unter Einhaltung der üblichen Sicherheitsanforderungen.

*Monitoring-basierter Ermüdungsnachweis von genieteten Stahlbrücken*
Bahnbrücken werden durch heutigen und künftig vorgesehenen Bahnverkehr oft stärker beansprucht als in der Vergangenheit. Entsprechend wird der Nachweis eines genügenden Tragvermögens der Brücke anspruchsvoll. Rechnerische Nachweise, sogenannte *Nachrechnungen* unter Verwendung traditioneller Vorgaben der Baunormen, führen in der Regel zu einem negativen Ergebnis, auch für Brücken, die sich im Betrieb normal verhalten und bewähren. Dies ist auf konservative Lastmodelle zurückzuführen, welche die wirklichen Verkehrslasten nur ungenau abbilden.

Die neuartige Nachweismethodik besteht darin, die im Brückentragwerk auftretenden Beanspruchungen messtechnisch zu erfassen. Damit können die wirklich auftretenden Spannungen zuverlässig erfasst werden. Die Messwerte werden ausgewertet, um die Grösse der Spannung (Beanspruchung) und der Spannungswechsel in den genieteten Konstruktionsdetails infolge der Zugüberfahrten zu bestimmen. Je nach Grösse der Achslast und der Anordnung der Achsen des Zuges ergeben sich unterschiedliche Spannungswerte. Dabei führen beispielsweise die Lokomotiven und die Achslasten von voll beladenen Güterwagen zu hohen Spannungswerten, während die Personenwagen geringere Spannungen im Brückentragwerk erzeugen. Nicht immer kann dabei in den massgebenden Messquerschnitten gemessen werden, weil die Zugänglichkeit nicht gegeben ist. Für diese Messquerschnitte werden die Beanspruchungen nachträglich mit einem verfeinerten Tragwerksmodell rechnerisch ermittelt, in das zuvor die erfassten Messwerte zur Eichung des Rechenmodells eingespeist wurden.

Genietete Bahnbrücken sind in der Regel seit mehr als 100 Jahren in Betrieb, und sie haben während der bisherigen Nutzung durch Zugüberfahrten bereits sehr viele Spannungswechsel erfahren. Bei hoch frequentierten Bahnlinien mit beispielsweise 250 Zügen pro Tag und Gleis ergeben sich bereits nach 60 Jahren etwa 100 Millionen Spannungswechsel, die für das Ermüdungsverhalten bedeutend sind. Die Frage, ob weitere hinzukommen dürfen, hängt entscheidend von der Grösse dieser Spannungswechsel ab: Wie stark schwanken die Spannungen? Da das Ermüdungsverhalten von genieteten Konstruktionsdetails aufgrund von experimentellen Forschungsarbeiten seit 50 Jahren gut bekannt ist, weiss man: Es gibt eine «Ermüdungs*dauer*festigkeit»: Falls die Grösse der Spannungsschwankungen kleiner ist als diese Ermüdungsdauerfestigkeit – kann ein Nietdetail mit unendlich vielen Spannungswechseln beansprucht werden, ohne zu brechen! Nur bei Ermüdungsspannungen, die grösser sind als diese Ermüdungsdauerfestigkeit, können Ermüdungsrisse in den Nietdetails auftreten und zu einem Ermüdungsbruch führen.

Die Leistungsfähigkeit des Ansatzes zeigen die drei in Abbildung 1 gezeigten genieteten Stahlbrücken. Sie wurden jeweils mit Messsensoren ausgerüstet, um die Beanspruchungen der massgebenden, genieteten Konstruktionsteile infolge der Zugüberfahrten über eine Zeit von mehr als zwölf Monaten aufzunehmen. Die Messung ergab: Die maximalen Spannungswerte sind kleiner als die Ermüdungsdauerfestigkeit! [Abb. 1–4] Daraus durfte gefolgert werden, dass eine Ermüdungsschädigung in den massgebenden Nietdetails auch nach mehr als 120 Jahren Nutzungsdauer sehr unwahrscheinlich ist. Zudem konnte auf der Basis der Messwerte eine gewisse Tragreserve gegenüber der Ermüdungsdauerfestigkeit ausgewiesen werden, sodass auch eine allfällig höhere Beanspruchung durch künftig verkehrende, schwerere Züge noch aufgenommen werden kann.

Durch den monitoring-basierten Nachweis bekommen genietete Stahlbrücken so eine weitere lange Nutzungsdauer. Die Kosten für das Monitoring der Ermüdungsspannungen machen nur einen Bruchteil der Kosten aus, die ein Ersatzneubau verursachen würde, der oft mit traditionellen, rein rechnerischen Ingenieurnachweisen das zu erwartende Szenario wäre.

## Weiterbauen

Erst wenn alle Methoden und Technologien der präzisen Erfassung des effektiven Leistungsvermögens einer Brücke ausgeschöpft sind und die Anforderungen einer künftigen Nutzung vom vorhandenen Tragvermögen dennoch nicht erfüllt werden können, kommt es zu Eingriffen in die Bausubstanz der Brücke. Zudem führen neue Nutzungsanforderungen wie die Verbreiterung der Fahrbahn oder eine geänderte Nutzungsart zu baulichen Eingriffen und damit zu einer Veränderung der originalen Brücke.

Gerade bei Betonbrücken führen frühzeitig auftretende Schäden zu einem Bedarf zur Wiederherstellung der Dauerhaftigkeit der Brückenkonstruktion durch eine Instandsetzung. Zudem können Risikoanalysen in Zusammenhang mit aussergewöhnlichen Einwirkungen wie Anprall, Hochwasser oder Erdbeben ebenfalls bauliche Massnahmen erforderlich machen.

Das Ziel des *Weiterbauens* besteht darin, die Eingriffsstärke möglichst zu begrenzen. Dazu sind neue Technologien mit Hochleistungsbaustoffen oft zielführend, denn seit jeher haben neuartige Baustoffe zu Fortschritten geführt. Technologien mit Hochleistungsbaustoffen betreffen den Einsatz von Spannsystemen mit Spannstahl oder Carbonfasern sowie hochfeste Stahlstangen, mit denen eine zusätzliche Bewehrung des Tragwerks realisiert werden kann. Seit bald 30 Jahren werden Lamellen mit Carbonfasern als zusätzliche Bewehrung eingesetzt, und neuerdings steht auch Carbonbeton beispielsweise für die Verstärkung von flächigen Tragwerken wie Gewölbe zur Verfügung.

In den letzten 30 Jahren wurden zementgebundene *Ultra-Hochleistungs-Faserverbund-Baustoffe* (UHFB) entwickelt. UHFB besteht aus einem zementgebundenen, kompakten Gefüge aus Partikeln und feinsten Quarzkörnern, das durch eine sehr grosse Menge von etwa 15 mm kurzen, schlanken Stahlfasern hochfest und verformungsfähig gemacht wird. UHFB ist wasserdicht, und die Festigkeit ist vergleichsweise hoch. Das Tragvermögen wird durch die Einlage von Bewehrungsstäben in den UHFB weiter erhöht. Damit steht ein hochleistungsfähiger Verbundbaustoff zur Verfügung, der sich für die Leichtbauweise eignet.

Der neuartige Baustoff UHFB kann bei genieteten Stahlkonstruktionen von Bahnbrücken vor allem zur Erneuerung von Fahrbahnen eingesetzt werden. Der Einbau einer leichten Fahrbahnplatte aus vorfabrizierten UHFB-Elementen kann dabei sowohl für eine feste Fahrbahn als auch in Form eines Schottertrogs auf die genietete Konstruktion aufgebaut werden. Falls ein Bedarf nach Erhöhung der Tragfähigkeit besteht, kann die neue UHFB-Fahrbahnplatte mit der Stahlkonstruktion kraftschlüssig verbunden werden, sodass ein Stahl-UHFB-Verbundträger entsteht. Dadurch können auch Verstärkungen der genieteten Konstruktion vermieden werden.

## Folgerungen

Dieser Aufsatz erläutert das *Veredeln* von Brücken als grundlegendes Ingenieurkonzept. Das messtechnische Monitoring einer Brücke ist eine Technologie, die eine präzise Erfassung der Leistungsfähigkeit einer bestehenden Brücke ermöglicht mit der Zielvorgabe: *Weiternutzen*. Beim *Weiterbauen* erfolgen die baulichen Eingriffe in die originale Bausubstanz möglichst wenig aufwendig, indem neuartige Technologien und Hochleistungsbaustoffe eingesetzt werden.

Das *Veredeln* als Ingenieurkonzept erfüllt somit neben den technischen und wirtschaftlichen Anforderungen auch die Anforderungen der Denkmalpflege. Zudem ist das Ingenieurkonzept hinsichtlich der Nachhaltigkeit bedeutend, da bereits verbaute und genutzte Baustoff-Ressourcen weiterverwendet werden.

English  Railway bridges with Baukultur value deserve to be treated with respect during maintenance. It is not sufficient simply to determine their Baukultur value, legal barriers, and standards. Instead, technical solutions are required to facilitate the continued use of railway bridges as a component of modern rail operations. To achieve this goal, high-quality engineering that goes well beyond the primitive application of building standards is essential. A real paradigm shift is required. 100-year-old railway bridges no longer need to be replaced systematically. This talk presents examples of how interventions in riveted steel railway bridge construction could be limited or avoided completely. New methods of engineering were used to precisely record the railway loads acting on the steel bridges, for which measurement data from monitoring of the most heavily stressed components were used directly to demonstrate the load-bearing capacity and fatigue resistance. The aim of this method is to obtain detailed and realistic information about the load-bearing behaviour of the bridge in order to restrict interventions to only those that are absolutely necessary. However, if structural interventions are required, new technologies using high-performance building materials are usually expedient. The presentation will demonstrate how the cement-bonded fibre composite building material UHPC can be used to modernise the track on riveted steel bridges while simultaneously preserving Baukultur value.

Français  Les ponts ferroviaires présentant des valeurs patrimoniales méritent d'être soigneusement conservés. Pour ce faire, constater lesdites valeurs ou définir des garde-fous juridiques et des normes ne suffit pas. Il est nécessaire de trouver des solutions techniques permettant d'utiliser les ponts dans le cadre d'une exploitation ferroviaire moderne. La réalisation de cet objectif requiert des prestations d'ingénierie de haute qualité, qui vont au-delà de la simple application de normes de construction. Un véritable changement de paradigme s'impose. Les ponts ferroviaires centenaires ne doivent plus être systématiquement remplacés. Cette contribution présente des exemples de ponts ferroviaires métalliques rivetés pour lesquels les interventions ont pu être limitées, voire évitées. De nouvelles méthodes d'ingénierie ont été mises en œuvre pour effectuer un relevé précis des charges ferroviaires appliquées aux ponts métalliques, dans le cadre duquel des données de mesure issues de la surveillance des composants les plus sollicités ont été utilisées afin de démontrer la sécurité de la structure porteuse et la résistance à la fatigue. L'objectif de cette méthode consiste à obtenir des informations détaillées et réalistes sur le comportement structurel du pont et ainsi à limiter les interventions au strict nécessaire. Si des interventions constructives s'avèrent malgré tout indispensables, de nouvelles technologies utilisant des matériaux de construction à hautes performances peuvent s'avérer utiles. La contribution montre comment le matériau composite à base de fibres liées au ciment BFUP permet de moderniser le tablier des ponts métalliques rivetés tout en préservant les valeurs architecturales.

Literatur  Brühwiler, Eugen: Grundsätze der Denkmalpflege bei Bahnbrücken. In: SBB Fachstelle für Denkmalpflege, Gesellschaft für Schweizerische Kunstgeschichte (Hg.): Schweizer Bahnbrücken. (Architektur- und Technikgeschichte der Eisenbahnen in der Schweiz, Band 5.) Zürich 2013, S. 215–220.
Schiltz, Philippe, Brühwiler, Eugen: Monitoring-basierter Ermüdungsnachweis der genieteten Stahlkonstruktion einer Bahnbrücke. In: Bautechnik 98 (10) (2021) 785–792.
Meyer, Christian, Bosshard, Max, Brühwiler, Eugen: Nachweis der Ermüdungssicherheit von Brücken – Teil 1: Veranlassung, Ziel und Messkonzept des Monitoring-Projekts «Bahnbrücke Eglisau». In: Stahlbau 81 (7) (2012) 504–509.
Bosshard, Max, u.a.: Ermüdungssicherheit von Brücken – Teil 2: Nachweis basierend auf den Messwerten des Monitoring-Projekts «Bahnbrücke Eglisau». In: Stahlbau 81 (11) (2012) 868–874.
Brühwiler, Eugen: Neuartiger Umgang mit genieteten Bahnbrücken. In: Der Eisenbahningenieur 2 (2012) 10–13.
Brühwiler, Eugen, Hirt, Manfred A.: Umgang mit genieteten Bahnbrücken. In: Stahlbau 79 (3) (2010) 209–219.
Brühwiler, Eugen, Hirt, Manfred A.: Das Ermüdungsverhalten genieteter Brückenbauteile. In: Stahlbau 56 (1987) 1–9.

Abbildungsnachweis  1–4  Eugen Brühwiler.

Abb. 1–4　Monitoring-basierter Ermüdungsnachweis einer genieteten Stahlbrücke der BLS Kanderbrücke in Wimmis, der SBB Rheinbrücke Eglisau und des SBB Wipkingerviadukts (Fotos: Eugen Brühwiler).

4

Instandsetzung

# Betrachtungen zur Lebensdauer von Mauerwerksbauten

Natursteinmauerwerk im historischen Bauwerksbestand der Eisenbahnen
Philipp Rück

Der historische Bauwerksbestand der Eisenbahnen besteht zum grössten Teil aus Natursteinmauerwerk. Bahngebäude, Mauerwerksbrücken, Tunnelgewölbe, Durchlässe sowie Stützmauern sind die hauptsächlichen Bauwerkskategorien. Diese Bauwerke zeigen altersbedingt Zerfallserscheinungen und unterliegen einem zunehmenden Nutzungsdruck. Ob ein Objekt langfristig weiter genutzt oder ersetzt wird, hängt im konkreten Fall von vielen Einzelheiten ab. Oft sind am Ende betriebliche Kriterien ausschlaggebend. Technischer Ausgangspunkt einer solchen Entscheidung bleibt aber die Frage nach der baulichen Qualität und der technischen Gebrauchstauglichkeit jedes einzelnen Objektes, sowie die Frage, ob vorhandene Schäden mit verhältnismässigem Aufwand behoben werden können. Im vorliegenden Beitrag soll gezeigt werden, welche Faktoren die Lebensdauer solcher Bauwerke beschränken, wobei die technischen Eigenschaften der Bauten und die Einwirkungen im Vordergrund stehen.

Der Beitrag beruht auf materialtechnischen Untersuchungen des Schreibenden an über 500 Mauerwerksbauten der Bahnen in den letzten 30 Jahren. Wegen den im Einzelfall oft verschachtelten Bezügen erfolgen die Darlegungen nach ingenieurtechnischer Logik, d. h., es wird zwischen Einwirkung und Widerstand unterschieden und es werden typische Zerfallsgeschichten gezeigt. Es folgen ausgesuchte Praxisbeispiele. Abschliessend geht es um die Frage, ob generelle Tendenzen bezüglich Lebensdauer ablesbar sind, d. h., ob allgemeingültige Kriterien identifiziert werden können, die für die Bewirtschaftung dieses grossen Bauwerksbestands nützlich sein können.

## Einwirkungen

Die Einwirkungen auf Mauerwerksbauten bestehen aus natürlichen Belastungen (Nässe, Frost, Temperaturwechsel, Erosion etc.) und Nutzlasten (Eigengewicht, Verkehrslast, Erddruck etc.). Umfassende Betrachtungen hierzu finden sich in der Fachliteratur. Zusammenfassend ist für Bahnbauten Folgendes von Bedeutung:

- Unter den naturgegebenen Belastungen sind Nässe und Frost die weitaus bedeutendsten. Entscheidend sind der Grad der Durchfeuchtung und die Anzahl der Frostzyklen. Mauerwerksbauten in voralpinen und alpinen Zonen sind generell höher belastet als im Flachland.
- Die lokale Exposition (z. B. «Wetterseite») eines Bauwerks und die lokale Feuchtelast aus dem Baugrund spielen eine ebenso wichtige Rolle. Drückendes Wasser aus dem Baugrund sowie Schmelzwasser, das beispielsweise über und hinter Stützbauwerke fliesst, beschleunigt die Zerfallsprozesse wesentlich. Viele derart exponierte Mauerwerksbauten sind in einem schlechten Zustand bzw. mussten bereits gesichert oder ersetzt werden.
- Temperaturwechsel oberhalb der Nullgradgrenze, insbesondere bei grösseren Mauerwerksbauten, haben keine direkten Zerstörungen an den Baustoffen zur Folge. Die aus Temperaturänderungen resultierenden Rissbildungen im Baukörper stehen aber oft am Anfang der Zerfallsgeschichten, da Wasser über diese Risse den Zutritt ins Mauerwerk findet (z. B. Risse in Mauerkronen). Da Wasser in flüssiger Form leicht in ein Mauerwerk eintritt und sich kapillar in den Baustoffen verteilt, jedoch nur sehr langsam über Verdunstung wieder austritt, resultiert daraus oft Dauernässe im Mauerwerk, was bei Frosteinwirkung Folgen hat.
- Stehende Dauernässe, unterhalb der Frosttiefe, z. B. in Fundamenten, hat praktisch keine Zerfallserscheinungen zur Folge. Dies gilt auch innerhalb der Frosttiefe, bei nur moderater Feuchtigkeit. Kapillar aufsteigende Mauerfeuchtigkeit kann Oberflächenschäden hervorrufen, führt aber in der Regel nicht zu frostkritischer Wassersättigung. Nass/Trockenzyklen (ohne Frosteinwirkung) beanspruchen Baustoffe (Quellen/Schwinden bei bestimmten Sandsteinsorten), die Zerfallserscheinungen bleiben aber meist oberflächlich. Letztlich sind hier noch sulfathaltige Bergwässer zu nennen, die am Mauermörtel Schäden verursachen können (z. B. in Tunnelgewölben).

Zur Erstellungszeit gegebene Nutzlasten sind bei Mauerwerken der Bahnen selten Schaden auslösend, dank der massiven und robusten Bauweise. Auch zunehmende Nutzlasten sind selten ursächlich für Schäden, haben aber Überprüfungen nach aktuellen Normen zur Folge. Dabei können Defizite auftauchen, die dann das Fortbestehen eines Bauwerks infrage stellen. Nutzlasten, die ein bestehendes Mauerwerk sichtlich überfordern, haben meistens mit einem Widerstandsverlust aufseiten des Bauwerks zu tun.

## Widerstandskriterien

### Bauweisen und Baustoffe

Die Natursteinmauerwerksbauten der Bahn entstanden zwischen 1850 und 1900. Zwischen 1900 und 1920 erfolgte die Ablösung durch den Betonbau. Die Bauweisen (Verbandsart, Materialisierung) waren regional geprägt, qualitativ aber eher hochwertig, d. h. massige Querschnitte und ein satt gefügtes, voll vermörteltes Mauerwerk (Verbandsarten siehe Norm SIA 266/2). Zwischen 1900 und 1920 wurde Natursteinmauerwerk häufig als Sichtmauerwerk mit Stampfbeton als Mauerkern kombiniert. Abbildung 1 zeigt Mauerwerksquerschnitte in von links nach rechts ansteigender Qualität der Machart, d. h. des Verbandes: Der Tragwiderstand der Mauerwerksverbände nimmt von links nach rechts zu. [Abb. 1] Zerfällt der Mauermörtel unter Frosteinwirkung in einem Mauerwerk, dann hat dies bei mörtelreichem Mauerwerk (Bruchsteinmauerwerk links) erhebliche Folgen bezüglich Standsicherheit, während bei einem mörtelarmen Mauerwerk aus exakt behauenen Steinen (Quadermauerwerk rechts) der Mörtelzustand wenig Einfluss auf die Standsicherheit hat.

Meistens wurden verschiedene Verbandsarten am selben Objekt kombiniert. Das Mauerwerk der Sichtflächen (Mauermantel) ist in der Regel exakter gefügt, aus technischen und auch ästhetischen Gründen. Der Mauerkern besteht meistens aus kleineren, nicht weiter bearbeiteten Bruchsteinen und einem entsprechend grösseren Anteil Mauermörtel. [Abb. 2]

Als Bausteine kamen zur Zeit des Streckenbaus lokal unmittelbar verfügbare Gesteine zur Anwendung. Dabei wurden z. T. auch Gesteine mit beschränkter Beständigkeit verbaut. Alpenkalke, Granite und Gneise sind langfristig beständig. Die mittelländischen Sandsteine und die Jurakalke hingegen zeigen nach gut 100 Jahren z. T. massgebende, tragwerksrelevante Verwitterungserscheinungen (Bröckelzerfall bei Kalkstein, tiefes Abschalen bei Sandsteinen). Die nachfolgende Tabelle 1 gibt einen Überblick. Erst mit dem weiteren Ausbau bestehender Strecken wurden über die Schiene Gesteine aus anderen Regionen der Schweiz transportiert (z. B. Tessiner Gneis ab Eröffnung Gotthard). [Abb. 3]

| Mauersteine | Verwendung (Regionen) | Beständigkeit b. Nässe und Frost |
|---|---|---|
| Granit / Gneis | Tessin, Gotthard | hoch beständig |
| Molasse-Sandstein | Region Bern, Aargau | nicht beständig |
| Granitscher Sandstein | SG, ZH, ZG, LU | nicht beständig |
| Sandstein (hart) | Zug, Appenzell, St. Gallen | hoch beständig |
| Plattensandstein | SG, LU | begrenzt beständig |
| Muschelsandstein | Region Aargau | begrenzt beständig |
| Nagelfluh | Zentralschweiz, St. Gallen | begrenzt beständig |
| "Basler Sandstein" (rot) | Region Basel | begrenzt beständig |
| Jurakalk | Westl. Mittelland und Jura, bis ca. Solothurn | begrenzt beständig |
| NO-Schweizer Kalkstein | AG, ZH, TG, SH, SG | nicht beständig |
| Alpenkalk | Zentralschweiz, BE-Oberland, Graubünden, Tessin | hoch beständig |
| Bollensteine | Entlebuch, Emmental | hoch beständig |

Tabelle 1: Bei Bahnbauten häufig verwendete Gesteinsarten und deren Beständigkeit

Als Mauermörtel wurde ganz zu Beginn des Bahnbaus noch Kalkmörtel eingesetzt. Ab ca. 1870 wurde praktisch ausschliesslich mit hydraulischen, zementartigen Bindemitteln gearbeitet. Erst ab ca. 1900 wurde auch Portlandzement im Mauermörtel verwendet. Als Verfugmörtel erscheint Portlandzement indes schon 30 Jahre früher. Die Beständigkeit der Mauermörtel (bezüglich Frost und Auslaugung) verbesserte sich nur sehr langsam. Die meisten Mauermörtelmischungen im Natursteinmauerwerk der Eisenbahnen sind bei starker Durchfeuchtung bzw. Staunässe frostempfindlich, d. h. zerfallen unter solchen Bedingungen mit der Zeit zu einer erdartigen Masse. [Abb. 4]

*Konstruktion, Bauwerkstyp*
Die Baukonstruktion selbst hat Einfluss auf die Lebensdauer eines Bauwerks. Gedrungene, massige Baukörper sind robuster als feingliedrige, schlanke Bauten. Hoch belastete Querschnitte (Lasten aus Nutzlast und Eigengewicht) sind

empfindlicher auf Fehlstellen bzw. Verformungen als gering belastete. Bei überdachten bzw. mittels Abdichtungen dauerhaft vor Durchfeuchtung geschützten Mauerwerksbauten entstehen auf absehbare Zeit kaum massgebende Schäden. Ist die Abdichtung zeitweise schadhaft, dann können relativ rasch erhebliche Schäden entstehen. Mauerwerke von Stützmauern, Widerlagern samt Flügelmauern sowie Tunnelgewölbe sind nicht gegen das Erdreich bzw. den Fels abgedichtet. Feuchte und Frost schädigen diese Bauten unvermeidlich ab Erstellungsdatum. Die Dynamik der Schädigung hängt dann wiederum von den lokalen Bedingungen ab.

*Typische Zerfallsgeschichte*
Als hauptsächliche, lebensdauerbegrenzende Zerfallserscheinung hat sich die Aufweichung des Mauermörtels im Mauerkern erwiesen. Solche Schäden sind äusserlich erst sichtbar, wenn sie schon weit fortgeschritten sind. Bei mörtelreichem Mauerwerk führt dies zu wesentlichen Festigkeitsverlusten, zu Schalenablösungen und Verformungen sowie letztlich zum Versagen des Mauerwerks im betroffenen Bereich.

Abbildung 5 zeigt eine für Stützmauern typische Zerfallsgeschichte bei an sich hoch beständigen Mauersteinen (vgl. Abb. 4). Infolge hoher Feuchtelast und einem nur beschränkt möglichen Feuchteschutz kommt es lokal zur Durchnässung. Dies führt zu Schäden an den Fugen, zu verstärktem Wassereintritt und immer weiter um sich greifenden Frostschäden am Mauermörtel. Der Mauermörtel in den betroffenen Bereichen wird mürbe. Der Mauerkern wird aufgeweicht und der einst starre Baukörper beginnt sich zu verformen. Die Verformung ist ein langsamer, aber stetiger Prozess, der auch als Kriechbewegung verstanden werden kann (Temperaturwechsel, Eisdruck, Erddruck). Es entwickeln sich Verkippungen im Kronenbereich sowie Ausbauchungen und Ablösungen des Mantelmauerwerks in den Flächen. Letztlich kommt es zum Versagen der schwer geschädigten und verformten Bereiche (analog Beispiel Nr. 5, Tab. 1). [Abb. 5]

Die beschriebene Art der Schädigung kann auch Brückenbauwerke betreffen. Bei Brückenpfeilern z. B. können sich unbemerkt kritische Zustände entwickeln. Dem Autor sind aber keine solchen Fälle bekannt. Das dürfte an der bei Brücken allgemein höheren Bauqualität und der auch bei schadhafter Abdichtung geringeren Feuchtelast liegen. Wird der Feuchteschutz von Brücken langfristig vernachlässigt, dann sind mit Abbildung 5 vergleichbare Zerfallsgeschichten unvermeidlich. Mit dem Einbau durchgehender Schottertröge auf Natursteinviadukten aus Beton wird ein guter und dauerhafter Feuchteschutz hergestellt. Unter einem auskragenden Betontrog kommen die Zerfallsprozesse nahezu zum Stillstand und die Lebensdauer verlängert sich entsprechend.

*Bemerkungen zu Trockenmauerwerk*
Trockenmauerwerk, d. h. Mauerwerk ohne Mörtel, nur aus Steinen aufgeschichtet, stellt eine besondere Mauerwerkskategorie dar. Bei den Eisenbahnen wurde die Bauweise für Stützbauwerke und Böschungsstabilisierungen verwendet (z. B. Brünigbahn, heute Zentralbahn). Die Qualität hängt von der Steinform und der Güte der horizontalen Verzahnung ab. Je grösser die Mauersteine, je genauer die Steine gefügt sind und je regelmässiger das Mantelmauerwerk mit dem Kern verzahnt ist, desto standfester und dauerhafter sind die Mauern. Der grosse technische Vorteil von Trockenmauern liegt in der unbehinderten Entwässerung über die offenen Fugen. Wird ein dauerhafter Mauerstein gewählt, dann entsteht am Baumaterial auf absehbare Zeit kein Schaden. Dass aber auch Trockenmauern mit der Zeit zerfallen hat mit Verschlammung, Bewuchs und einem meist sehr langsamen, aber über die Zeit doch massgebenden Kriechen zu tun. Die Mauern

gehen tendenziell «aus der Form», wobei eine Tendenz zu Kippbewegungen verbreitet ist. Letztlich entstehen auf diese Weise kritische Zustände. Eine Eigenart von Trockenmauern ist auch der Umstand, dass eine fachgerechte Instandsetzung bei fortgeschrittener Verformung nur durch einen Abbau und ein Neuaufschichten der Steine bis inkl. Mauerkrone erreicht werden kann.

### Zustand und «Reparierbarkeit»

Der Witterung ausgesetzte Mauern zeigen an den Mauersteinen nach 100 Jahren oft erhebliche, aber selten irreparable Zerfallserscheinungen. Solche Schäden betreffen meist nur die äussere Steinlage – d. h. sie können von aussen behoben werden, mittels Steinersatz oder anderer Massnahmen (z. B. Spritzbeton). Auswitternde Fugen können ebenso von aussen instandgesetzt werden. Ist der Mauermörtel im Mauerkern zerfallen, dann kann der Schaden nur durch einen Wiederaufbau vollständig behoben werden. Injektionen lösen das Problem nicht, da der zerfallene Mörtel in der Regel noch da ist, d. h. keinen Raum für Injektionen lässt. Bisweilen kann mittels nachträglicher Bewehrung (Vernadelung) der Zusammenhalt des Mauerwerks wiederhergestellt werden. Dies bedingt jedoch weitestgehend intakte, eher grossformatige Mauersteine und nicht allzu weit fortgeschrittene Verformungen.

Ansonsten verbleiben als Massnahmen bei fortgeschrittener innerer Schädigung des Mauerwerks, abgesehen von einem Ersatz, nur massive Sicherungen von aussen (verankerte Vorbetonierungen, Strebepfeiler, Betonrippen etc.). Als temporäre bzw. mittelfristige Massnahmen werden auch verankerte Netze eingesetzt. All diese Massnahmen stellen natürlich keine Instandsetzungen im Sinne einer denkmalgerechten Bauwerkserhaltung dar. Auch ingenieurtechnisch sind diese Lösungen unbefriedigend. Dem eigentlichen Bauwerk kommt seine hauptsächliche Funktion abhanden und die Massnahme selbst ist eine Krücke.

### Übersicht Lebensdauerkriterien

Die nachfolgende Tabelle 2 fasst die Lebensdauerkriterien zusammen und bewertet deren Einfluss summarisch, im Sinne eines einfachen Ratings. Die Kriterien sind qualitativer Natur und nicht gegenseitig gewichtet.

| Einfluss bzgl. Lebensdauer | ungünstig (–) | normal (o) | günstig (+) |
|---|---|---|---|
| Staunässe | stark | wenig | keine |
| Dauernässe, drückend | generell | lokal, kaum | keine |
| Viel Schmelzwasser | voralpin, alpin | selten | kaum |
| Frost | voralpin, alpin | normal | wenig |
| Bauqualität | bescheiden | normal | erhöht |
| Verband | Bollen/Bruchstein | schichtig | Quader |
| Steinqualität | ungünstig | normal | hoch |
| Mörtelqualität | ungünstig | normal | hoch |
| Geometrie Bauwerk | schlank, hoch | normal | gedrungen |
| Feuchteschutz, Abdichtung | defekt oder inexistent | lokal schadhaft | intakt |
| Ist-Zustand des Bauwerks | schlecht | z.T. schadhaft | allg. eher gut |
| Nutzungseinwirkungen (Last) | hoch und steigend | leicht steigend | ±konstant |

Tabelle 2: Ratingtabelle

## Beispiele

Im Rahmen der vorliegenden Publikation ist es nicht möglich, die Beispiele angemessen zu bebildern bzw. im Detail zu beschreiben – ausführlichere Angaben können beim Autor angefragt werden. Die in Tabelle 3 aufgeführten sieben Beispiele zeigen typische Situationen bezüglich der Art der Objekte und deren Zustand, und es wird angegeben, wie schlussendlich mit dem Objekt verfahren wurde. Für jedes Objekt wurde die vorgängig dargelegte Rating-Tabelle ausgefüllt. Sie gibt einen qualitativen Überblick über die Gesamtsituation am betreffenden Objekt. Die Beispiele zeigen, dass der Ersatz oft, aber nicht immer mit einem schlechten Zustand korreliert, und dass Stützbauwerke eine besondere Risikogruppe darstellen. Tab. 3

Abbildung 6 zeigt die Zerfallsgeschichte einer sogenannten Verkleidungsmauer (analog zu Abbildung 5). Zweck der Mauer ist der Verwitterungsschutz für den dahinterliegenden, kluftreichen Fels. Diese Mauerwerkskategorie vereint eine ganze Reihe problematischer Eigenschaften, namentlich einen sehr schlanken Querschnitt, einen oft geringen Anzug (1:10) und eine hohe Feuchtelast (Schmelzwasser). Frostschäden und Auswaschungen des Mauermörtels können weit fortgeschritten sein, ohne dass dies von aussen ersichtlich ist. Der Mauerstein (Granit) und der Verfugmörtel (Zementmörtel) an der Sichtfläche zeigen kaum Verwitterungsanzeichen. Ein spontaner Einsturz ohne auffällige Vorzeichen ist bei solchen Bauwerken möglich. Abb. 5–6

## Folgerungen

Die Mauerwerksbauten der Eisenbahnen stellen ein solides, aber angealtertes Inventar dar. Die Anforderungen seitens der Nutzung sind unverändert bis ansteigend. Den sicheren Bahnbetrieb gefährdende Zustände können nicht geduldet werden. 120 bis 170 Jahre Verwitterung haben je nach Objekttyp, Bauqualität und Situation unterschiedliche aktuelle Zustände zur Folge. Die Mehrzahl der Objekte ist in einem akzeptablen bis leicht schadhaften Zustand. Die meisten dieser Schäden sind reparabel und lassen sich periodisch beheben. Mit regelmässigen Inspektionen wird sichergestellt, dass dies rechtzeitig geschieht. Insgesamt bestehen noch grosse Lebensdauerreserven, dank der robusten Bauweise. Die genauere Untersuchung solcher Bauten zeigt aber, dass es Konstellationen gibt, in denen weit fortgeschrittene, z. T. irreversible Zerfallszustände häufiger anzutreffen sind. Gegliedert nach dem Bauwerkstyp ergeben sich folgende Schlüsse:

- Die Lebensdauer von Stützbauwerken ist wegen unvermeidlicher, z. T. starker Durchfeuchtung «natürlich» begrenzt. Kritische, die Standsicherheit gefährdende Schäden sind nicht immer leicht zu erkennen. Je einfacher die Bauqualität (hoher Mörtelanteil), je schlanker die Konstruktion (Verkleidungsmauer) und je nasser die Umgebung, desto höher ist die Wahrscheinlichkeit von kritischen Zuständen. Ein prophylaktischer Ersatz solcher Bauwerke ist eine vertretbare Strategie. Will man die Bauwerke betriebssicher erhalten, dann muss entweder ein akzeptabler Zustand nachgewiesen werden oder die Mauer muss prophylaktisch gesichert werden. Eine grobe Schätzung legt nahe, dass in den nächsten 100 Jahren 30 bis 50 Prozent der Natursteinstützbauwerke entweder aufwendig gesichert oder ersetzt werden müssen. Verkleidungsmauern sollten prophylaktisch gesichert werden, da eine sichere Beurteilung des Zustandes schwierig ist und spontanes Versagen nicht ausgeschlossen werden kann.

- Bei Brücken sind der Ist-Zustand und Feuchteschutz über die gesamte Nutzungszeit entscheidend. Sehr schlechte, die Tragfunktion beeinträchtigende Zustände sind eher selten. Zuweilen erfordern tief geschädigte Mauersteine einen sehr hohen Reparaturaufwand (Bröckelzerfall Kalkstein). Brücken sind aber einfacher reparierbar, da die Arbeiten überwiegend unter Betrieb, ausserhalb des Fahrbereiches der Züge erfolgen können. Zu beachten sind Situationen analog den Stützbauwerken (Widerlager, Flügelmauern).
- An Bauwerken im direkten Einflussbereich von Gewässern (Flusspfeiler, Durchlässe, Ufermauern) können ereignisgebunden bedrohliche Schäden auftreten (Kolk, Unterspülung). Solche Schäden können behoben werden, wenn sie rechtzeitig erkannt werden.
- Eine besondere Bauwerkskategorie stellen gemauerte Tunnelgewölbe dar. In Portalnähe schädigen Nässe und Frost das Mauerwerk oft stark (Hanglagen). Weiter im Berg kommt es in wasserführenden Streckenabschnitten zu Zerfallserscheinungen am Mörtel (Auslaugung, Sulfattreiben). Abseits davon bleibt das Mauerwerk, abgesehen von oberflächlicher Verschmutzung langfristig unverändert, d. h., es kann eine sehr hohe Lebensdauer erreichen. Lebensdauerbegrenzend sind hier eher steigende Anforderungen bezüglich des Lichtraumes.

Die tatsächliche Lebensdauer eines Objektes hängt noch von weiteren Umständen ab. Grosse, ikonische Bauten werden intensiver gepflegt als kleine, unauffällige. Gut zugängliche Bauten werden genauer beobachtet als schwer zugängliche – d. h., Schäden werden an einfach inspizierbaren Bauwerken rascher erkannt und behoben. Sehr grosse Bauvolumen (z. B. grosse Anzahl an Stützbauwerken) sind schwer zu bewältigen. Bauwerke, deren Instandsetzung den Bahnbetrieb massiv beeinträchtigen (z. B. Strassenüberführungen, Stützmauern), werden eher später instandgesetzt bzw. eher auf Verschleiss genutzt und dann ersetzt (Verlängerung der interventionsfreien Zeitabschnitte). Letztlich können strengere Anforderungen hinsichtlich der statischen Nachweise das Weiterbestehen eines Bauwerkstyps infrage stellen, auch wenn am Objekt keine Anzeichen von Überbeanspruchung festgestellt werden.

 Der aktuelle Zustand bzw. der Grad der tragwerksrelevanten Schädigung bleibt ein zentrales Kriterium bei einem Ersatzentscheid. Ein Rating, gestützt auf Objekt-Datenbanken kann Prioritäten sichtbar machen (z. B. Einplanung höherer Ersatzbedarf bei bestimmten Objekten entlang einer Linie). Damit dies möglich ist, müssen die dazu notwendigen Informationen greifbar sein. Für einen materialtechnisch fundierten Ersatzentscheid an einem bestimmten Objekt bleiben gesicherte Erkenntnisse zur Bauweise und zum Zustand erforderlich. Dies erfordert meistens genauere Untersuchungen. Die Herausforderung liegt in der Identifikation der Objekte mit fast abgelaufener Lebensdauer. Eine überschlagsmässige Berechnung der vorhandenen Mauerwerksbauten (ca. 2000 Brücken, 250 km Tunnelgewölbe und 6000 Stützbauwerke) ergab ein Mauerwerksvolumen von ca. drei Millionen Kubikmetern. Davon ist ca. 50 Prozent mörtelreiches, auf Verwitterung sensibler reagierendes Bruchsteinmauerwerk. Weil die Menge von zerfallsanfälligem Mauerwerk beträchtlich ist, besteht die Gefahr, dass man mit den Massnahmen in Rückstand gerät. Aus materialtechnischer Sicht bedeutet dies, dass man mit dem Ersatz erheblich geschädigter Bauwerke nicht zu zögerlich sein sollte. Eine überschlagmässige Schätzung ergab, dass pro Jahr ca. 30 Stützbauwerke der SBB ersetzt oder gesichert werden müssen, will man bei dieser Bauwerkskategorie nicht in Rückstand geraten.

Jeder Ersatz ist auch ein Verlust. Die originalen handwerklichen und materiellen Eigenheiten und Bezüge sind unersetzbar und gehen verloren. Denkmalpflegerische Schutzinteressen sind ohne Zweifel berechtigt, müssen sich aber einordnen. Die Eisenbahnen sind als Maschinen zu verstehen, wie Uhrwerke, ebenso empfindlich, aber von titanischen Ausmassen. Aus Sicht des Autors ist es sinnvoll, Objekte zu schützen, die im Rating mehrheitlich auf der positiven Seite liegen. Strecken integral zu schützen, erweist sich als problematisch, da bauliche Entwicklungen an systemrelevanten Infrastrukturen nicht aufzuhalten sind.

English

Structures made of natural stone masonry constitute the majority of historical railway structures. Masonry bridges, tunnel vaults, water culverts and retaining walls are the primary structural categories. Whether or not an object needs to be replaced depends on many factors in each specific case. This presentation will discuss to what extent the structural category, the construction and the materials used influence the service life of an object. Many different local rock types were used as building components, with sandstone from the Mittelland region and limestone from the Jura in frequent use. After 100 years, these materials often bear signs of significant but rarely irreparable deterioration. The softening of masonry mortar due to moisture and frost has proven to be the most serious sign of deterioration. In the case of masonry structures with high amounts of mortar, this softening leads to deformation and a gradual decrease in load-bearing capacity. Such damage is usually irreversible and severely limits the life-span of a structure. The structures were built at the time of the transition from air-hardening lime mortar to hydraulic lime mortar and then finally to cement mortar. Depending on the exposure and the type of mortar, the softening process may be faster and more distinct. The different structural categories are exposed to this process to varying degrees and therefore differ fundamentally in terms of life expectancy. Typical cases of deterioration are presented, and attention is drawn to particular constellations, thereby contributing to a superior evaluation of the remaining service life of natural stone masonry structures on the railways.

Français

Les ouvrages en maçonnerie en pierre naturelle constituent la majeure partie des ouvrages historiques des chemins de fer. Les ponts en maçonnerie, les voûtes de tunnel, les aqueducs ainsi que les murs de soutènement sont les principales catégories d'ouvrages. La nécessité de remplacer un objet dépend de nombreux facteurs. La présente contribution montre l'influence de la catégorie d'ouvrage, du mode de construction et des matériaux sur la durée de vie. De nombreux types de pierres locales ont été utilisés comme éléments de construction. Les grès du Plateau et les calcaires du Jura ont été fréquemment utilisés. Après 100 ans, ils présentent souvent des signes de dégradation importants, mais rarement irréparables. Le phénomène de dégradation le plus grave concerne le ramollissement du mortier de maçonnerie dû à l'humidité et au gel. Dans le cas d'une maçonnerie riche en mortier, il en résulte des déformations et une perte progressive de la résistance ultime. Ce type de dommage est généralement irréversible et limite considérablement la durée de vie d'un ouvrage. Les ouvrages ont été construits lors du passage du mortier de chaux vive au mortier hydraulique et finalement au ciment de mortier. Selon l'exposition et le type de mortier, le processus est plus rapide et plus prononcé. Les différentes catégories d'ouvrages sont exposées à ce processus à des degrés divers et présentent donc des durées de vie fondamentalement différentes. La présente contribution s'intéresse à des dégradations typiques et des constellations particulières. Elle soutient ainsi une évaluation générale de la durée de vie résiduelle des ouvrages en maçonnerie en pierre naturelle des chemins de fer.

| Abbildungsnachweis | 1 | sowie Abbildung 6 der Tabelle mit Genehmigung des Ib-Teams SBB Arth Goldau. |
| | 2–6 | Philipp Rück. |

| Abbildung | Objekt und Baujahr: Situation | Rating (− ∘ +) | Massnahme |
|---|---|---|---|
| Vor Massnahme | Viadukt SBB bei Walchwil (1897): tiefe, starke Verwitterung des Sandsteines dauernde starke Durchnässung. Steine der Widerlager bis 80% schadhaft. Reparatur aufwendig, Schadenprävention schwierig (drückende Nässe aus Baugrund) | − ∘ + | Ersatz wegen sehr grossem Schadenausmass am Mauerstein (aus betrieblichen Gründen Vorfertigung, d.h. nur kurzer Betriebsunterbruch). |
| Vor Massnahme | Viadukt SBB Ceneri Nordrampe (1920): Mauermörtel Bindemittel Portlandzement. Mauersteine Granit und Gneis. Abdichtung seit langer Zeit schadhaft. Keine nennenswerten Schäden. Rest-Lebensdauer ohne Abdichtung hoch. | − ∘ + | Dank der hohen Materialqualität wurden trotz schadhafter Abdichtung keine Massnahmen ergriffen. |
| Nach Massnahme | Wegunterführung SBB bei Villnachern (1875): Gewölbe stark schadhaft durch Nässe und Mauerwerk durch Verkehrslast aufgelockert); geringe Schotter-bettdicke, Lichtraum Durchfahrt beschränkt | − ∘ + | Teilersatz: Ersatz Gewölbe mit Betontrog, stark verbesserte Gebrauchstauglichkeit: Lichtraum Durchfahrt, Schotterbett in Normdicke |
| Vor Massnahme | SUe SBB Langnau i.E. (1864): Quadermauerwerk, Objekt erhaltungsfähig; Zu knapper Lichtraum (Fahrdraht, Weiche) dringender Ausbaubedarf: Doppelspur und Verbreiterung Dorfstrasse notwendig | − ∘ + | Das Bauwerk aus der Zeit des Streckenbaus hätte erhalten werden können, war aber zu einem Nadelöhr für den Verkehr geworden. Ein Ersatz war unumgänglich |
| Vor Massnahme | Stützmauer SBB. Einschnitt Flamatt (1860): Bruchsteinschichten-mauerwerk, Mauersteine allg. intakt, infolge drückende Nässe und Frost zerfallener Mauermörtel. Verformung bis zum Teileinsturz (nur Mantelmauerwerk) | − ∘ + | Massnahmen wurden nicht rechtzeitig ergriffen, trotz deutlichen Vorzeichen. Eine Sicherung erfolgte, nach einem folgenlosen Teileinsturz, mittels verankertem Spritzbeton. |
| Vor Massnahme | Verkleidungsmauer Gurtnellen (1887). Destabilisierung durch Nässe und Frost, viel Schmelzwasser. Wenig Verformung vor Einsturz. Schaden äusserlich z.T. schwer erkennbar; Fugen intakt, Lebensdauer überschritten | − ∘ + | Mit Massnahmen wurde zu lange zugewartet, trotz deutlichen Vorzeichen. Nach einem zum Glück glimpflich abgelaufenen Vorfall wurde die Verkleidungsmauer ersatzlos rückgebaut. |
| Nach Massnahme | Stützmauer SBB Trubschachen (1875): Mauer (h=2m) auf Fels, drückendes Wasser, Bollenstein-mauerwerk mit Bahnlast, Mauer leicht deformiert, Mörtel zu >50% zerfallen, Schotter fällt auf Strasse, Tragfähigkeit nicht nachweisbar, Beengte Verhältnisse (Strasse, Bahn) | − ∘ + | Die diskret in die Landschaft gesetzte, regionaltypisch mit Bollensteinen gebaute Stützmauer musste aufgrund ihres schlechten Zustandes ersetzt werden. Ersatzbau in Betriebsunterbruch (Cluster). |

Tabelle 3    Fallbeispiele

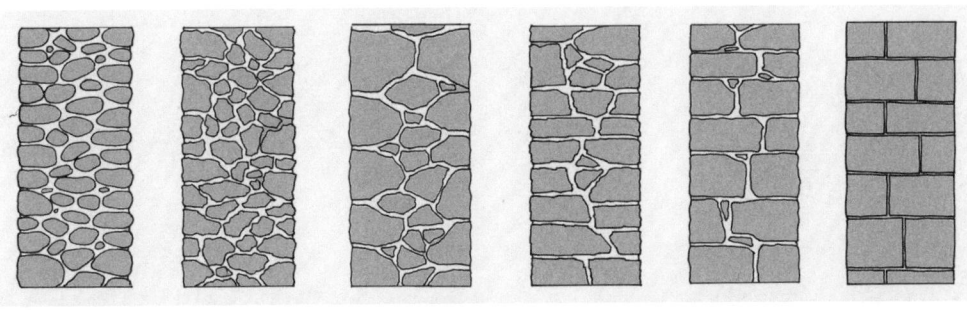

Abb. 1　Skizzen Vertikalschnitte; von links nach rechts: Bollensteinmauerwerk, Bruchsteinmauerwerk, Zyklopenmauerwerk, Bruchstein-Schichtenmauerwerk, Schichtenmauerwerk, Quadermauerwerk; gemäss Norm SIA 266/2 (2006).

Abb. 2　Links: schematischer, vertikaler Schnitt durch einen Brückenpfeiler: Mantelmauerwerk im Schichtenverband, Mauerkern aus Bruchsteinmauerwerk; rechts: schematischer, vertikaler Schnitt durch eine Stützmauer: Sichtfläche in Zyklopenmauerwerk, Mauerkern bis Erdseite: Bruchsteinmauerwerk.

Abb. 3 Bröckelzerfall Kalkstein (Foto: Philipp Rück).

Abb. 4 Mörtelzerfall im Mauerkern, bei intakter Sichtfläche (Foto Philipp Rück).

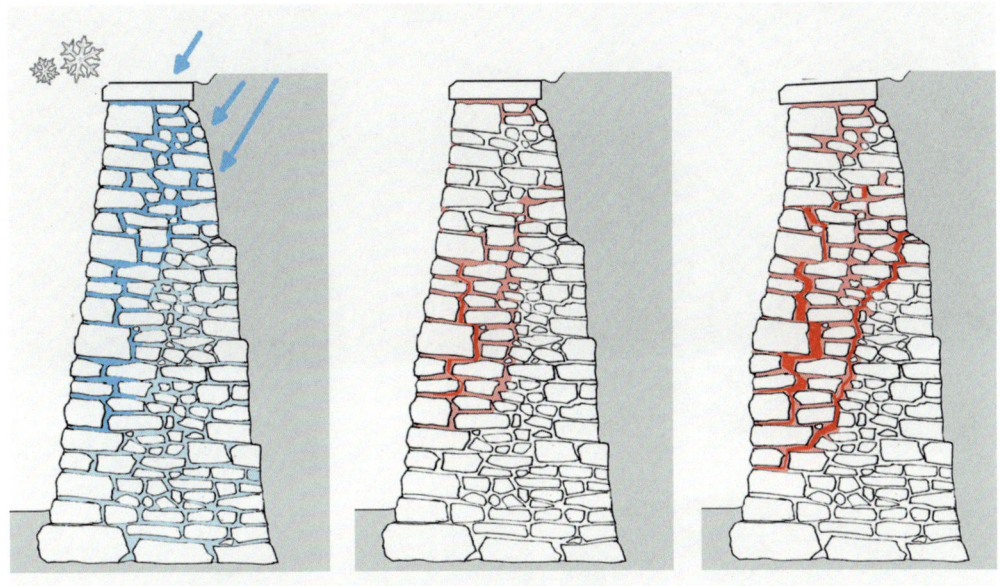

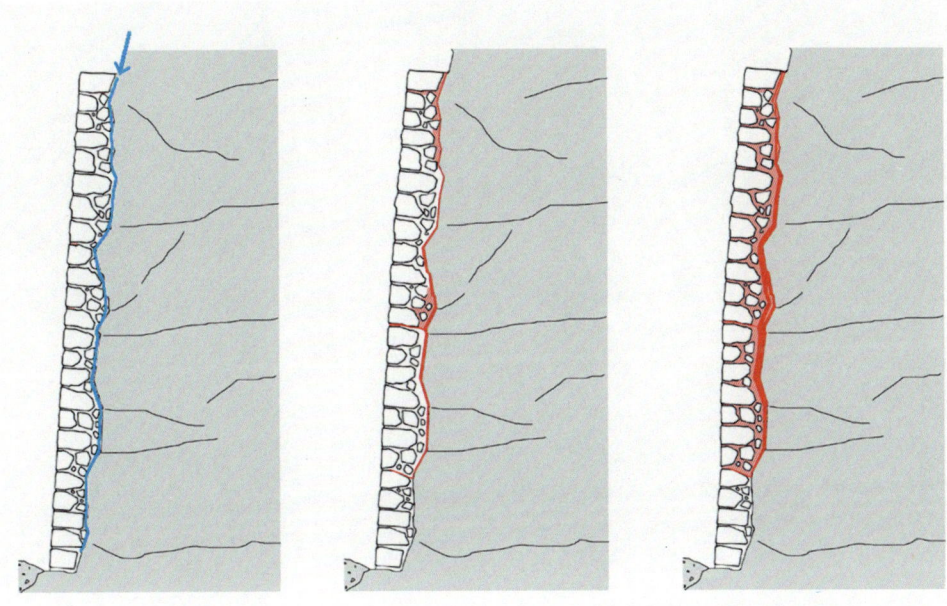

Abb. 5 Fortschreitender Zerfall einer Stützmauer bei hoher Feuchtelast.

Abb. 6 Zerfall einer Verkleidungsmauer.

# Sanierung der Längshallen im HB Zürich

Florian Müller, Thomas Suter und Aldo Conti

Der Hauptbahnhof Zürich ist nicht nur der grösste und meist frequentierte, sondern auch einer der ältesten Bahnhöfe der Schweiz und gehört zu einem denkmalgeschützten Ensemble mit überkantonaler Bedeutung. Neben den, aufgrund von Kränen und Baugerüsten gut erkennbaren Bauarbeiten des Südtraktes, unterlaufen die nördlichen Bereiche mit den Perrons der Gleise 4 bis 16 ebenfalls einer Gesamtsanierung. Dieser Bereich besteht aus nahezu 100-jährigen genieteten Stahlkonstruktionen mit Shedrinnendächern, grosszügigen Glasflächen, Kiesklebedächern sowie Entwässerungsrinnen aus blechgedeckten Stahlbetonelementen. Die in den Jahren 1929 bis 1933 erstellten Längshallen weisen eine Gesamtlänge von rund 280 m auf, schliessen in westlicher Richtung an die alte Bahnhofshalle sowie die Querhalle des Hauptbahnhofes an und werden mit den vorgesehenen Sanierungsmassnahmen für eine Nutzungsdauer von mindestens 50 Jahren dauerhaft instandgesetzt, um unter anderem die Tragfähigkeit des Daches auch langfristig zu gewährleisten.

## Ausgangsbasis

Die Längshallen bilden einen historischen Teil des Hauptbahnhofs Zürich und beherbergen die oberirdischen Perrons und Gleise 4 bis 17 als Kopfbahnhof. Abb. 1–2 Sie waren ursprünglich als provisorische Überdeckung im Anschluss an die Haupthalle ab dem Jahre 1929 erbaut worden und wurden 1933 dem Verkehr übergeben. Im Osten schliesst sich die sogenannte Querhalle an, mit der sich das Stahlfachwerk seine Achse 0 teilt. Entlang der insgesamt 282 m langen Längsachse wird das Fachwerk auf insgesamt 21 weitere Achsen des Tragsystems aufgeteilt. Die Stützen aus genieteten Stahlblechen stehen auf den Perrons entlang dieser Achsen. Für die natürliche Beleuchtung sind die Dachflächen mit Shedflächen ausgestattet, die mit

Drahtglas eingedeckt sind. Über den Perronkanten erheben sich mansardähnliche Dächer mit Holzbeplankungen. Mittig über den Doppelgleisen befinden sich sogenannte Laternen, die ebenfalls mit Drahtglas eingedeckt sind. [Abb. 3] Die Entwässerung der Dachfläche erfolgt über Rinnen entlang der Mansarddächer und werden über Fallrohre in die, mit Blech eingedeckten, Rinnenelemente aus zeitgemässem Eisenbeton geführt. An jeder Stütze befinden sich Fallrohre, die diese Rinnen entwässern. An einzelnen Punkten wurden die Freispiegelfallrohre im Rahmen des Baues der Durchmesserlinie Zürich durch Unterdrucksysteme (Pluvia) ersetzt.

Wesentliche Aspekte der Projektauslösung bestanden darin, dass der Unterhalt der SBB vermehrt gealterte Bitumenabdichtung lokal ersetzen musste und infolgedessen auch Schadstellen an der Untersicht erkennbar waren. Die Abdichtungen waren sowohl im Holzbereich als auch im Eisenbetonbereich schadhaft. Abplatzungen von korrodierendem Eisenbeton oder schadhafte Holzeindeckungen sind über der Publikumsanlage nicht akzeptabel. Darüber hinaus verfügte die Dachfläche nicht über Absturzsicherungen für Unterhaltsarbeiten. Die 6–8 mm dünnen Drahtgläser sind nicht durchbruchsicher.

## Massnahmen Stahlbau und Korrosionsschutz

Alle Stahlblechelemente sind mittels mehrlagiger Korrosionsschutzanstriche geschützt. Zur Ermittlung des erforderlichen Massnahmenumfangs wurde zunächst der Status des bestehenden Korrosionsschutzsystems (KS) evaluiert. Mittels sogenannter zerstörungsfreier Untersuchungsmethoden wurde zudem der Zustand des Stahls untersucht. Dabei konnten die Stahlgüte dem charakteristischen Kennwert für einen bekannten Stahl zugeordnet werden, der im folgenden Verlauf für die statische Überprüfung angesetzt werden konnte. Bei den untersuchten Stellen lagen keine Anzeichen von Alterungsversprödung vor. Die Schwefelverteilung im Stahl in Form des sogenannten «Baumannabdruckes» war regelmässig. Lediglich an Bereichen von oberflächigen Beschädigungen des KS gab es Korrosionsanzeichen. Das KS an den Stützen und den Querbindern unterschied sich geringfügig. Der mehrlagige Aufbau an den Stützen wurde durch das gealterte Bleimennige der Grundbeschichtung dominiert. Untersuchungen mit dem Gitterschnittverfahren nach SN EN ISO 2409 führten sämtlich zu einer Einstufung in Stufe 5. Diese Alterungserscheinung machte eine Vollerneuerung des KS in diesem Bereich erforderlich. Unter laufendem Bahnbetrieb wurden die Stützen vollständig eingehaust und der bestehende KS unter Absaugung sandgestrahlt. Das Strahlgut wurde gereinigt und wiederholt verwendet. In Abstimmung mit der Denkmalpflege wurden Musterflächen für die neuen Anstrichsysteme umgesetzt. [Abb. 4] Das Hauptaugenmerk dabei lag auf der Ausbildung einer vergleichbaren Textur wie beim Bestand. Diese lässt sich durch die Wahl des Applikationsmittels (Pinsel vs. Rolle / -typ) ein Stückweit einstellen.

Für die Querbinder erlaubte der Aufbau und Zustand des KS eine Überarbeitung des Bestandes mit einer flächigen Zwischen- und Deckbeschichtung Zweikomponenten Polyurethan Emaille – oder Eisenglimmer. Bei lokalen Fehlstellen wurde zudem die Grundbeschichtung nach lokaler Reinigung erneuert. Herausfordernd war in diesem Zusammenhang die Farbwahl. Einerseits wurde versucht, den Farbton der Deckschicht möglichst nahe an Bestandsobjektkennwerten zu orientieren. Dafür wurden an sechs verschiedenen Stellen Farbmuster genommen und an einer gemeinsamen Musterfläche ausprobiert. [Abb. 5] Aufgrund der objektspezifischen Beleuchtungssituation mit einer Mischung aus Kunstlicht (auf den Perrons) verschiedener Lichtspektren und natürlicher Beleuchtung ohne oder mit Wechselwirkung von teils gealtertem oder verdrecktem Drahtglas, war es praktisch unmöglich, einen einheitlichen Farbton vom Objekt abzunehmen.

Im Umkehrschluss wurde ein einheitliches Produkt und Farbcode aus dem AQV definiert. Die Qualitätsanforderungen in der Ausführung wurden gemäss SN EN 12944-5 spezifiziert und durch einen Fachspezialisten regelmässig kontrolliert.

## Massnahmen Holzdach

Das bestehende Holzdach wies an der Oberseite eine doppellagige Abdichtung aus Bitumendachbahnen auf, die durch eine Rundkiesschüttung beschwert wurde. Diese Schüttung wurde zwischen den Querachsen 0 bis 17 letztmalig 1976 erneuert; der Restabschnitt bis Achse 21 im Jahr 2002. Ein Kiesklebedach soll nach SIA 271 mindestens 40 mm stark sein, besonders um der Anforderung als Auflast gegenüber windabhebenden Kräften gerecht zu werden. Die vorhandene Schicht von circa 20 mm war einerseits etwas zu gering, andererseits zeigte sich bei der statischen Überprüfung, dass der vorhandene Dachaufbau relativ schwer für das filigrane Dach ist. So hätten bereits im Unterhalt Restriktionen erfolgen und für die Dachfläche ein Räumungskonzept für Schnee erstellt werden müssen. Darüber hinaus war die Fläche bereits stark vermoost und daher erschwert. Infolge der teils schadhaften Dachabdichtung gab es zudem lokale Holzschäden. Diese wurden durch einen entsprechenden Fachgutachter zu Beginn beschrieben und eingegrenzt und dann in der Ausführung detailliert begleitet. Als Verbesserungsmassnahme wurde bei der Instandsetzung der Dachaufbau verändert. Nach dem Absaugen der Kiesfläche und Entfernen der geschädigten Abdichtung wurde im Wiederaufbau aus Brandschutzgründen ein Steinwollepanell aufgebracht, mit dem ein 30 minütiger Brandwiderstand gegenüber möglichen Entflammungen von der Oberseite erreicht werden kann. Der Aufbau wurde feuerpolizeilich abgestimmt. In den Fugen der steckbaren Paneele wurden Fugenbänder eingearbeitet und der Abschluss mittels doppellagiger Polymerbitumendachbahnen abgedichtet. Die Oberbahn wurde auf Hinweis der Denkmalpflege grau beschiefert, um so dem optischen Erscheinungsbild eines Kiesklebedaches möglichst nahe zu kommen.

## Massnahmen Abdichtung und Entwässerung

Die Rinne stellt die Nahverteilung des Regenwassers von den Fallrohren der Mansardflächen zu den Stützenabflüssen dar sowie den unteren Raumabschluss der Shedgläser. Sie bestehen aus relativ dünnen Eisenbetonelementen, die über einen Mittelsteg variabler Höhe das Längsgefälle der Rinnenabschnitte einstellen. Allem Anschein nach wurden diese Segmente als Fertigteile gefertigt und vor Ort eingebaut und verfugt. Ein seitliches Einstellen in C-Profile und Verfüllen mit Stopfmörtel dient als Kippsicherung der Segmente. Diese Elemente wiesen eine Reihe von Beschädigungen auf. Einerseits gab es viele kleine mechanische Beschädigungen von einem glücklosen Umgang mit Befestigungsmitteln von Leitungen der technischen Anlagen. Andererseits gab es karbonatisierungsinduzierte Korrosionsschäden an der Untersicht, die durch die geringe Überdeckung von nominal 10 mm im Laufe der Zeit entstanden sind. Im Nahbereich der teils fehlerhaften Dachwasserabläufe waren solche Schäden der Regelfall und grossflächiger ausgebildet.

An der Oberseite war die Rinne mit einer Blechabdeckung eingedeckt, die durch linienförmige Pressreihen miteinander verbunden wurden. Das Blech wies schadhafte Korrosionsanstriche auf. Aufgrund des allgemeinen Zustands wurde ein Totalersatz dieser Abdichtung angestrebt. Um im Rahmen der Instandsetzung den Bauwerksschutz zu verbessern, wurde eine Aufteilung in eine wasserführende Schicht und eine Schutzschicht vorgenommen. Letzteres wurde in

Anlehnung an die optische Ausbildung des Bestandes wiederum als Stahlblech vorgenommen. Um hierbei aufwendige Korrosionsschutzarbeiten zu vermeiden, wurde das Blech als Edelstahl der Materialgruppe 1.4529 ausgeführt und in Ausführungsklasse EXC3a nach SN EN 1090-2 eingestuft. Die Eisenbetonsegmente weisen nur ein sehr geringes Längsgefälle sowie teils ein gegenläufiges Quergefälle auf. In der Vergangenheit wurde versucht, dies über die Blechorientierung zu kompensieren, allerdings mit dem Ergebnis von Hohllagen und damit verbundenen Beulen bei mechanischer Belastung. Im Endeffekt war der Wasserabfluss dadurch nicht im gewünschten Masse möglich. Daher wird das Längs- und Quergefälle durch die Einlage von Geotextilvlies unterstützt. Bei Bedarf wurde zudem die Ausbildung des Quergefälles bei den Wasserabflüssen durch eine mineralische Leichtschüttung sichergestellt. Die Eisenbetonsegment-Instandsetzung erfolgte lediglich lokal gemäss Prinzip 3 nach SN EN 1504-3 Beton- bzw. Mörtelersatz per Hand (Verfahren 3.1). Um nach diesen kleinflächigen Instandsetzungen [Abb. 6] zum Abschluss ein einheitliches Oberflächenbild zu erhalten, überzog man die Untersicht mit einem mineralischen Beschichtungssystem. [Abb. 7] Der Farbton dieser Beschichtung wurde ebenfalls mit der Denkmalpflege abgestimmt.

## Massnahmen Absturzsicherung

Ein weiteres Thema betrifft die Sicherheit auf der Dachfläche. Die bestehenden Glasflächen aus 6–8 mm Drahtglas bieten keinen Durchfallschutz, die potenzielle Absturzhöhe erfordert eine Kollektivsicherung. Es wurde geprüft, ob die Drahtgläser auf ein höheres Sicherheitsniveau durch den Einsatz von Verbundsicherheitsglas gebracht werden könnten, das optisch an das Erscheinungsbild von Drahtglas angepasst werden müsste. Die damit verbundenen statischen Ertüchtigungen der Tragprofile und die vorhandenen Gesamtflächen hätten jedoch einen erheblichen finanziellen Einfluss auf das Gesamtprojekt gehabt. Insbesondere der Bereich oberhalb der Fahrleitungen wäre zudem aus Sicherheitsaspekten extrem aufwendig in der Umsetzung gewesen und hätte zu vielfachen nächtlichen Unterbrüchen geführt. Dabei wäre allerdings der Aspekt des Absturzrisikos von der Mansardfläche in die Shedrinne nicht behoben worden. Letztendlich wurden deshalb mittig auf den Mansardflächen Seilzüge zum Einklinken der persönlichen Schutzausrüstung gegenüber Absturz (PSagA) installiert. Damit wird die Dachfläche bis zum Traufbereich für zukünftige Unterhaltsarbeiten ohne Absturzrisiko erreichbar. An speziellen Bereichen der Dachfläche wurden zudem lokale Anschlagspunkte erstellt. Für die Absturzsicherung der Shedrinne mussten Rahmenbalken installiert werden, an denen für das geplante Sicherungssystem die Seile Überkopf geführt werden. Die Ausbildung dieser Halterungen wurde mit der Denkmalpflege abgestimmt. Dies führte mit den optischen Anforderungen zur realisierten Ausführung, die mit etwas grösserem Aufwand erstellt werden musste. Einfacherweise wäre eine Fixierung der Tragprofile auf Adaptern für das vorhandene Fixiersystem der Seilsicherung vorgeschlagen worden. Das hätte zu einer, gegenüber der benachbarten Mansardfläche um circa 40 cm erhöhten Achsenlage der Tragprofile geführt. Stattdessen sollte eine Lösung gefunden werden, mit der die Tragprofile unterhalb der Mansardebene angeordnet und durch den Zwischenraum zwischen Mansarddach und Shedglas auf die Querbinder angeschlossen werden. [Abb. 8a–b] Mit dem Tiefersetzen der Tragprofile sollte die bestehende Dachsilhouette erhalten bleiben und der Fokus nicht durch diese neuen Bauteile abgelenkt werden. In der Umsetzung waren dafür Hebebühnen erforderlich, die gegenüber der Fahrleitung physisch abgeschirmt werden mussten. Zudem mussten einige Fahrleitungsschaltungen während Nachtsperrungen genutzt werden.

English       Zurich main station is a listed ensemble of supra-cantonal importance. In addition to the construction work on the southern hall, which can be clearly identified due to the cranes and scaffolding, the northern areas with platforms 4 to 16 are also undergoing a complete renovation. This area consists of almost 100-year-old riveted steel constructions with shed guttering roofs, large glass surfaces, gravel roofs and drainage channels made of sheet-metal covered reinforced concrete elements. The presentation explains the measures implemented and the approach in terms of heritage protection in the interplay of the heritage protection needs of the existing structure in relation to security and technical usability.

Français      La gare centrale de Zurich est un ensemble classé d'importance supracantonale. Outre les travaux de construction du hall sud, reconnaissables par les grues et les échafaudages, les zones nord, avec les quais des voies 4 à 16, font également l'objet d'un assainissement complet. Ces zones sont constituées de constructions métalliques rivetées quasi-centenaires avec des toits en shed, de grandes surfaces vitrées, des toits collés en gravier ainsi que des caniveaux de drainage en éléments de béton armé recouverts de tôle. La contribution décrit les mesures mises en œuvre et l'approche adoptée en matière de conservation des monuments historiques, dans leur interaction avec les besoins de conservation du bâti par rapport à la sécurité et à l'utilité technique.

Abbildungsnachweis   1   Walter Mittelholzer, ETH-Bibliothek, Public Domain (https://garystockbridge617.getarchive.net/media/eth-bib-zurich-hauptbahnhof-aussersihl-industriequartier-in-landfluge-lbs-mh01-c9e23a).
                     2–8 Florian Müller 2022.

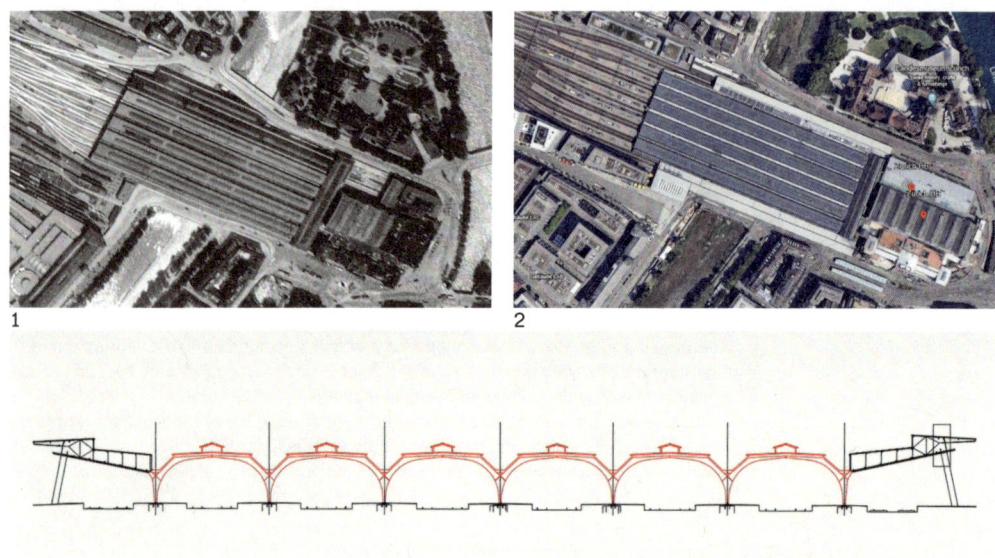

| Abb. 1 | Luftaufnahme Hauptbahnhof Zürich (Flugaufnahme: Walter Mittelholzer 1933). | Abb. 2 | Objektsituation am Hauptbahnhof Zürich (Foto: Florian Müller 2022). |
| --- | --- | --- | --- |
| Abb. 3 | Hallenquerschnitt mit Stahlfachwerk, Holzmansard, Glasshed, Glaslaterne (Foto: Florian Müller 2022). | Abb. 5 | Musterflächen für die neuen Anstrichsysteme (Foto: Florian Müller 2022). |
| Abb. 4 | Musterflächen Korrosionsschutzsystem (Foto: Florian Müller 2022). | Abb. 7 | Untersicht Rinnenelemente mit mineralischer Beschichtung (Foto: Florian Müller 2022). |
| Abb. 6 | Erscheinungsbild lokale Betoninstandsetzungen Untersicht Rinnenelemente (Foto: Florian Müller 2022). | | |

Abb. 8a–b   Halterungsrahmen für Seilsicherungen
(Foto: Florian Müller 2022).

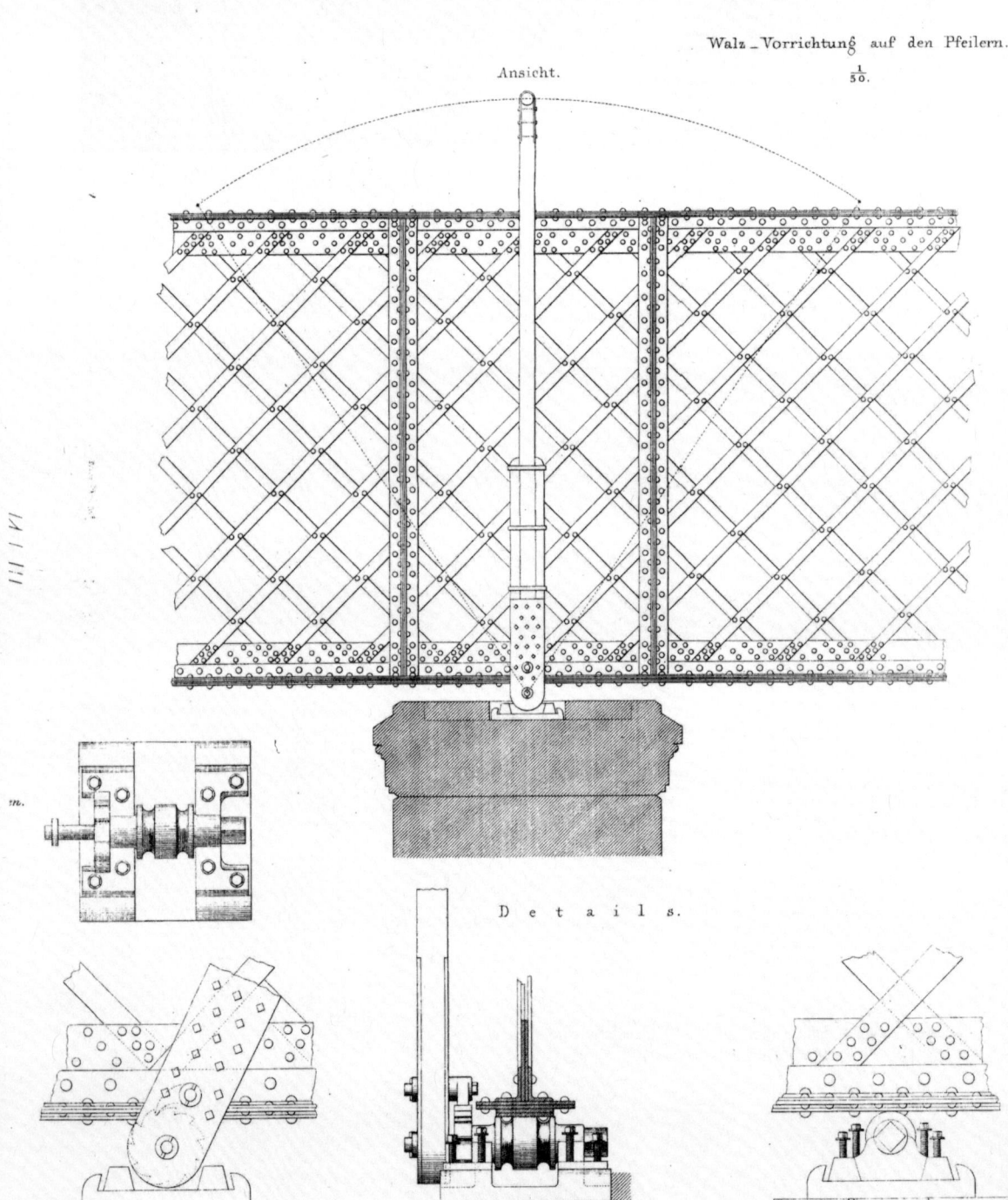

Walz_Vorrichtung auf den Pfeilern.
Ansicht. 1/50.

Details.

# Eisenbahnbrücke über den Rhein Koblenz-Waldshut

Erhaltungsmassnahmen: Aktueller Stand 2022
Jakob Riediker

Die Rheinbrücke Koblenz-Waldshut (1857–1859) ist heute die letzte grosse, in Betrieb stehende Gitterträgerbrücke in Kontinental-Europa.[Abb.1]

*Konstruktionsweise und Material*
Für den Bau der Pfeiler wurde zuerst eine Hilfsbrücke neben der entstehenden Brücke erstellt. Die Fundation der steinernen Pfeiler ruht auf Holzpfählen, die permanent im Grundwasser stehen und damit gut vor Zerfall geschützt sind. Der Brückenkörper besteht aus Puddelstahl, einem Vorläufer der heutigen Stähle. Das Material wird zum Teil auch als Schweisseisen bezeichnet, wobei sich der Begriff «Schweissen» auf die alte Bedeutung «Schmieden» bezieht. Das Material ist nach neuzeitlichem Begriff nicht schweissbar und zerfliesst oder versprödet bestenfalls bei Schweissungen.

Der Zusammenbau der Brückenteile erfolgte in einer eigens dafür erstellten «Bau-Hütte» in Waldshut direkt auf Höhe Unterkante des Brückenträgers. Im Laufe des Zusammenbaus nahm man einen laufenden Vorschub aus der Bauhütte bis an den Rhein vor. Der fertige Gitterträger wurde mit zusätzlicher provisorischer Abstützung in der grössten Spannweite über den Rhein eingeschoben. Rollen ermöglichten den Verschub auf einer Art Ratsche, die über die gesamte Trägerhöhe lief. Die Rollen bildeten am Schluss die neuen Lager. Auf deutscher Seite wandelte man diese «In Schwefel» zum Fixlager um.[Abb.2]

Die Gesamtanlage war ursprünglich für zwei Gleise ausgelegt, erhielt aber anfänglich nur ein ostseitiges Gleis. 1912 erfolgte der Umbau auf ein einzelnes mittiges Gleis. Noch heute liegen die Brückenhölzer auf dem hierzu verlegten mittigen Paar sekundärer Längsträger auf. Bei diesem Umbau wurde der alte Dienststeg über dem Fluss zurückgebaut und das Geländer durch ein schlichtes Dienstgeländer ersetzt. Dieser Umbau ist wohl ein Grund für die Tragreserven, die den Bestand bis heute ermöglicht haben.

## Massnahmen am Vorland-Viadukt auf Schweizer Seite

Das erhaltene historische Geländer des Schweizer Vorland-Viadukts von 1859 war 2012 in einem sehr schlechten Zustand: Die gusseisernen Pfosten wiesen grossflächige Abplatzungen auf, die Sicherheit des Dienstweges war nur noch bedingt gewährleistet. Zudem besass das Geländer eine zu geringe Höhe. Gutachten zum Aufbau und baulichen Zustand waren nicht schlüssig, weshalb 2013 ein Versuch 1:1 am Objekt gemacht wurde. Dazu wurden drei Teile eines Handlaufs und der Ausfachungen sowie ein Pfosten ausgebaut. Das Hauptproblem stellte die Demontage des Geländers dar: Die eingesteckten Ausfachungen waren festgerostet. Der Rost hatte die gusseisernen Pfosten zudem stellenweise aufgesprengt. Abb. 3

Der Versuchsabschnitt wurde 2013 mit reduziertem Farbaufbau zur zeitlichen Überbrückung bis zur Instandsetzung wieder montiert. Die Erkenntnisse aus den Versuchen konnten für die Instandsetzung des Geländers genutzt werden. Zusätzlich wurde als Sofortmassnahme bereits die zukünftige Ergänzung der Absturzsicherung erstellt: Ein minimalistisches Geländer aus rostfreiem Material, das von unten kaum sichtbar ist, da es mit einer Bohrlehre genau hinter den bestehenden Pfosten versetzt wurde (Schatten-Geländer). Es handelt sich um einfache rostfreie Pfosten, die mit einem rostfreien Stahlseil verbunden sind. Damit wird im Verbund mit dem alten Geländer eine normgerechte Absturzsicherung erreicht.

Gusseisen kann nicht geschweisst werden. Es gibt jedoch das eutektische Schweissen, das eine Form von Hartlöten ist. Damit wurden im Vorfeld erfolgreiche Versuche am ausgebauten Pfosten durchgeführt. Die besten Resultate konnten am stehenden Pfosten erzielt werden. Als Ersatz für die am stärksten zerstörten Pfosten erfolgte zusätzlich ein traditioneller Nachguss in der Lehrlingswerkstatt der Giesserei Emmenbrücke.

Die Instandsetzungsarbeiten des Geländers begannen nach dem 1:1 Versuch im Jahr 2014. Während die gusseisernen Handläufe und die geschmiedeten Ausfachungen demontiert, im Werk sanft gestrahlt (Erhalt der Gusshaut) und geflickt wurden, erfolgte die Instandsetzung der gusseisernen Pfosten vor Ort. Notwendig war eine Erneuerung des Bleivergusses, mit dem sie in den steinernen Abdeckplatten der Brücke eingegossen sind. Vor der Endmontage mussten noch weitere technische Details geklärt werden: Um den Korrosionsschutz bei Einbau und Betrieb nicht zu verletzen, wurden die Oberflächen mit Teflon-Streifen versehen. Die Kontaktstellen erhielten als dauerhaften Schutz, in Analogie zum Pfosten-Verguss, weiche Unterlags-Platten und Unterlagscheiben aus Blei.

Die Schrauben wurden als Sonderanfertigung in einer Kleinserie angefertigt, weil die filigranen Pfosten nicht beliebig ausgebohrt werden konnten. Das alte Gewinde mass man an einem Ausbruch und stellte Gewindeschneider sowie die passenden Schrauben dazu her. Das bestehende Gewinde musste somit etwas tiefer nachgeschnitten werden. Die Handläufe wurden vor Aufbringen des neuen Korrosionsschutzes noch einmal gestrahlt. Abb. 4

Vorhandene Reserveteile sind bei der Denkmalpflege der SBB eingelagert. Es wurde ein detailliertes Manual für den Unterhalt des Geländers verfasst.

Abschliessend gab es Bemühungen, die ursprüngliche farbliche Gestaltung der Brücke von 1858 wiederherzustellen. Mithilfe von Angaben aus den Archiven, alter Bilder und Analysen des Farbaufbaus wurde versucht, eine historisch mögliche Farbgebung zu wählen. Selbstverständlich kamen hierbei moderne widerstandsfähige Farben ohne umweltbedenkliche Stoffe wie Blei-Mennige zum Einsatz. Abb. 5-6

## Brücke über den Rhein

An der Eisenbrücke über dem Rhein wurden bereits 2005 Deformations-Messungen durchgeführt, um Rückschlüsse auf das effektive Verhalten zu gewinnen. Dazu wurde eine normalerweise nicht auf der Strecke verkehrende RE 4/4 II eingesetzt mit 4 x 20 t Achslast mit v=10/40/60 km/h. Die Resultate zeigten, dass Massnahmen zur Erhaltung der Brücke erforderlich sind. Ein Grund hierfür war die Revision und Nachrüstung der *Domino* Triebwagen, die dadurch eine mehrere Tonnen erhöhte Gesamtlast aufwiesen und nun nicht mehr in der Lastklasse B2, sondern neu in der Lastklasse C3 verkehrten. Zur Einhaltung der Lastklasse B2 musste zunächst vor jeder Überfahrt der Triebwagen für Passagiere geschlossen werden. Um den ungestörten Eisenbahnverkehr aufrecht erhalten zu können, waren weitere Massnahmen erforderlich.

Für die statische Überprüfung wurde die Brücke in ihrer ganzen Komplexität statisch modelliert. Dieses statische Modell konnte dann mit verschiedensten Lasten durchgerechnet werden. Festgestellt wurde, dass die Brücke die Lasten zwar trägt, aber die oben aufliegenden Fahrbahnträger besser verspannt werden müssen. Als Übergangslösung diente ein Klemmsystem, das als überbrückende Massnahme nicht in die Originalsubstanz eingriff.

Der Fahrbahnträger von 1912 ist ausgeschlagen. Der entstandene Spalt bewirkt zusätzlich ein stärkeres Schlagen, was den Prozess beschleunigt und die darunterliegende Brücke schädigt. Um keine zusätzlichen Spannungen einzubringen, wurde das Spaltmass gemessen und vor dem Verspannen mit passenden Blechstärken ausgefüttert.

Die 165 Jahre alten Rollenlager rollen nicht mehr. Nur dank guter Schmierung rutscht der Träger immerhin noch auf den Rollen. Diese Bewegung ist für den Temperaturausgleich notwendig, es sollte jedoch nicht schleifen.

Die Brücke besteht nicht nur aus dem eisernen Oberbau. Auch die Pfeiler müssen überwacht werden. Das sehr sauber gefugte Mauerwerk ist kaum ausgewaschen. Profilaufnahmen des Flussgrundes zeigen tendenziell ein Auflanden des Rheins oberhalb der Aaremündung. Es besteht daher keine Kolk-Gefahr.

## Nächste Schritte

In Zusammenarbeit von DB und SBB werden an der Brücke in den Jahren 2023 und 2024 Instandsetzungs-Massnahmen vorgenommen. Abb. 7 Dazu wird die Brücke im Sommer 2023 für sieben Monate gesperrt.

1. Zuerst entfernt man das Gleis und den defekten Fahrbahnträger.
2. Die ungenügenden Rollenlager werden durch zeitgemässe Kalotten-Lager ersetzt, die eine saubere Lasteinleitung in die Struktur des Hauptträgers ermöglichen.
3. Der neue Fahrbahnträger erhält eine integrierte Verspannung, um das jeweilige Abheben auf den Querträgern zu verhindern. Damit wird die externe Verspannung nicht mehr benötigt.
4. Ausserdem muss der Korrosionsschutz vollständig erneuert werden.

Die Massnahmen erfordern eine vollständige Einhausung («Klasse1») zum Schutz der Umwelt, die aber aufgrund der grossen Abmessungen nur schrittweise vorgenommen werden kann. Denn leider wurde nicht nur Blei-Mennige für den bestehenden Korrosionsschutz verwendet, es wurde der Farbe, beim Versuch die Beschichtung dauerhafter zu machen, auch Asbest zugemischt. Dies macht die Arbeiten zeitlich deutlich aufwendiger.

## Aussicht

Mit der Instandsetzung kann die Brücke nach aktuellem Stand der Technik für etwa weitere 60 Jahre sicher betrieben werden. Voraussetzung ist, dass wie bis anhin nur leichte Personenzüge darüber verkehren.

English      The Koblenz-Waldshut bridge, built between 1857 and 1859, and its overland section on the Swiss side, are the oldest railway bridges over the Rhine that are still in use as such. In recent years, SBB has implemented various measures to preserve the lattice structure bridge made of puddled steel and the railing construction of the bridge approach, made of grey cast iron. Measures for the preservation of the bridge are currently being planned in cooperation with DB. After considering the history of the bridge, the measures that have already been implemented will be presented: (1) Bracing of the bridge track as a temporary solution, (2) Sampling for the repair of the steel bridge, (3) Cast iron welding on the railing from 1859 using the Eutalloy process Finally, an outlook on the planned repairs will be provided.

Français     Construits entre 1857 et 1859, le pont de Coblence-Waldshut et son pont d'accès côté suisse sont considérés comme le plus ancien pont de chemin de fer sur le Rhin encore en fonction. Ces dernières années, les CFF ont pris diverses mesures pour conserver le pont en treillis en acier puddlé et le garde-corps du pont d'accès en fonte grise. En collaboration avec la DB, des mesures sont actuellement planifiées pour conserver le pont. Après une brève présentation de l'histoire du pont, les mesures déjà réalisées sont présentées: (1) haubanage du tablier du pont comme solution provisoire; (2) prélèvement d'échantillons pour la remise en état du pont métallique; (3) soudage de fonte brute selon le procédé Eutalloy sur le garde-corps de 1859. L'intervention se conclut par un aperçu de la remise en état prévue.

Abbildungsnachweis  1–2  Anno/Österreichische Nationalbibliothek: Eisenbahnbrücke über den Rhein bei Waldshut. In: Allgemeine Bauzeitung 1862, S.61, Plan Nr. 527.
                    3–6  Jakob Riediker.
                      7  Plan 100 Instandsetzungsbericht - EÜ 4402+1.367, Gert Grimminger/ Wolf Ingenieure GmbH.

1

2

3

4

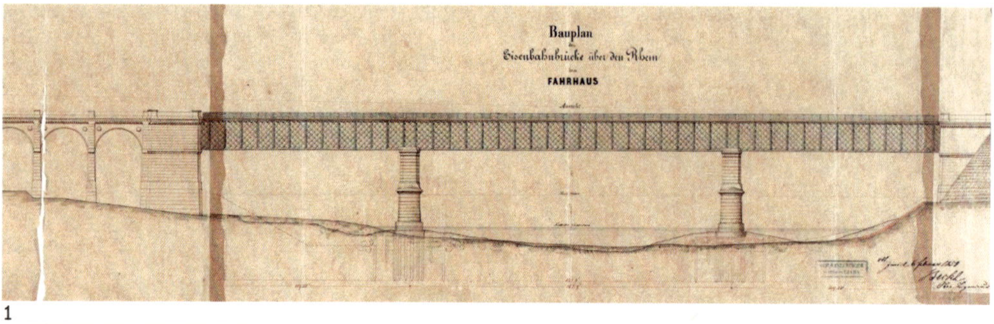

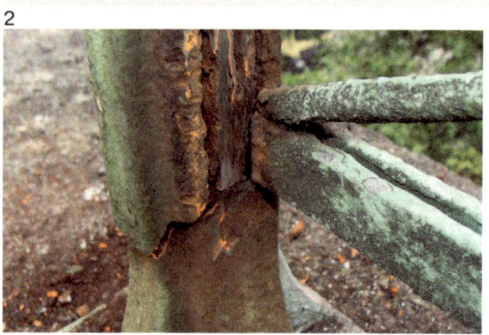

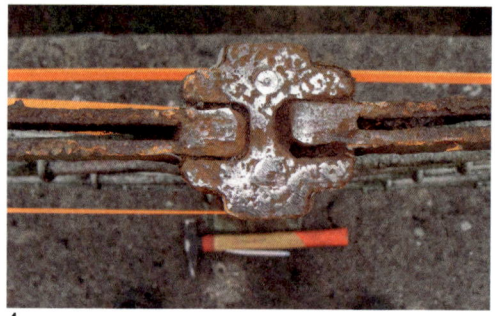

Abb. 1 Plan 6. Feb. 1858.

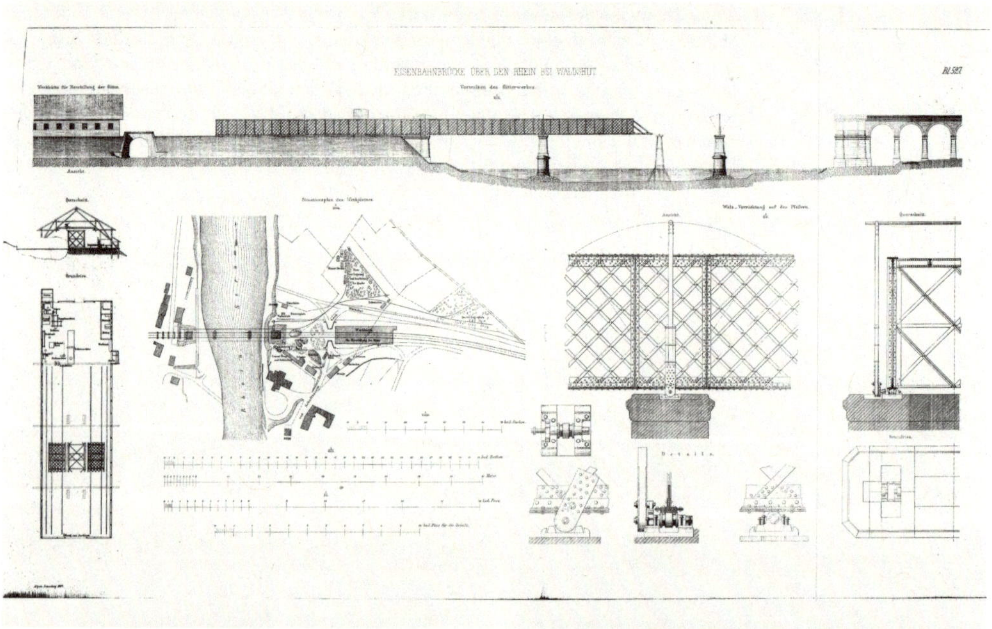

Abb. 2 Bauvorgang.

Abb. 3–4 Versuch (Fotos: Jakob Riediker).

5

6

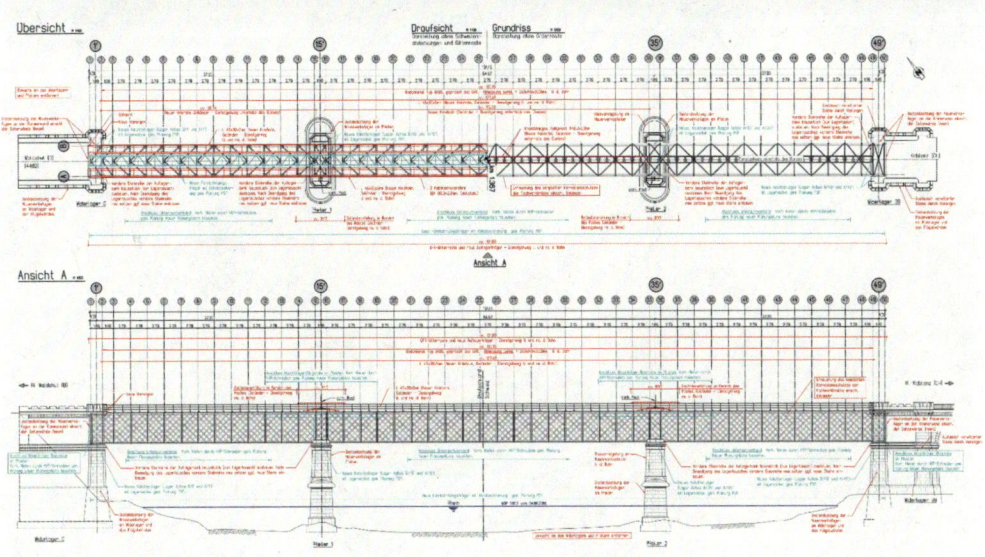
7

Abb. 5   Fertiges Geländer beim Zusammenbau (Fotos: Jakob Riediker).

Abb. 6   Fertiges Geländer von unten (Fotos: Jakob Riediker).

Abb. 7   Plan Instandsetzung.

# Leitfaden Semmeringbahn

Patrick Schicht

Der Bau von Eisenbahnen wurde in der Habsburger Monarchie 1841 zur Staatsangelegenheit erklärt. 1842 folgte der Beschluss, die noch nicht von Wien bis zum Mittelmeer durchgehende Südbahn bevorzugt voranzutreiben, 1854 wurde auf dieser Strecke als letztes der Abschnitt der Semmeringbahn durch das Hochgebirge vom Kaiser persönlich eröffnet.[1] Die junge 1. Republik stellte mit Denkmalschutzgesetz 1923 alle Bauten in öffentlicher Hand gemäss gesetzlicher Vermutung unter Denkmalschutz, da hier das öffentliche Interesse an der Erhaltung vorausgesetzt wurde, ohne dass ein expliziter Bescheid nötig war. Damit stand auch dieser 41 km lange Streckenabschnitt zwischen den Bahnhöfen Gloggnitz und Mürzzuschlag ab 1923 automatisch unter Denkmalschutz.

     Mit der im Jahr 2000 verordneten Reduktion dieser Objekte auf konkrete Listen sollte das nationale Eisenbahnnetz bis auf wenige genannte Abschnitte aus dem Denkmalschutz herausfallen. Jedoch war bereits im Jahr 1997 im Rahmen der österreichischen Einreichung der Semmeringbahn als UNESCO-Welterbe ein Feststellungsverfahren gemäss § 3 DMSG durchgeführt worden, das den Denkmalstatus festgeschrieben hatte.[2] Im ausführlich formulierten Unterschutzstellungsbescheid wurde die internationale Einzigartigkeit der Strecke damit begründet, dass diese einst einerseits technisch neue Massstäbe setzte und andererseits durch die eng verwobene eindrucksvolle Gebirgslandschaft für die Zeitgenossen ein völlig neues Reiseerlebnis ermöglichte.[3] 1998 folgte auf dieser Basis schliesslich der Welterbe-Status für die ÖBB-Grundstücke der Semmeringbahn.[4]

     Im Jahr 2014 hat das Bundesdenkmalamt seine seit 1923 gängige Beurteilungspraxis mit den sogenannten *Standards der Denkmalpflege* verschriftlicht, auch *ABC der Denkmalpflege* genannt, wobei A für Erfassen, B für Bewahren und C für Verändern steht. Fokussiert wird der historische Bestand, der nach jeder Veränderung noch in Substanz, Erscheinung und künstlerischer Wirkung erhalten sein soll, um die damit verbundene Bedeutung für die Gesellschaft weiterzutragen. Darauf bauen individuelle Leitlinien, Richtlinien, Standards und Denkmalpflegepläne auf, etwa die Richtlinien für bauhistorische Untersuchungen, die das korrekte Vorgehen zur Erfassung und Analytik von Baudenkmalen vorgeben und Bausteine für die einzelnen Leistungen bieten.

Parallel dazu wurde von den ÖBB für die Semmeringbahn von 2010 bis 2018 eine Serie von sieben Bauwerksrichtlinien entwickelt, die unter Mitwirkung des Bundesdenkmalamts den optimalen Prozessweg von Instandsetzungs- und Veränderungsmassnahmen vorzeigen.[5] Sie sind ÖBB-intern als verpflichtend eingestuft und werden bei Veräusserungen zum Vertragsbestandteil.

Immer gleich ist der Vorspann, der wie eine Präambel die historische Bedeutung der Semmeringbahn für den Leser klarstellt, die rechtlichen Rahmenbedingungen aufzählt und die bürokratischen Notwendigkeiten zur Erlangung eines Bewilligungsbescheides als roten Faden darstellt. Damit soll es den wechselnden Mitarbeitern der ÖBB, aber auch fremden Eigentümern leicht möglich sein, in kurzer Zeit in die Materie einzusteigen und sich die enorme nationale und internationale Bedeutung ihrer Objekte bewusst zu machen. Immerhin ist es vor allem die gemeinsame Bewusstseinsbildung, die einen behutsamen Umgang mit dem Denkmal möglich macht. Sonst werden an der Semmeringbahn die rein technisch und wirtschaftlich motivierten Regeldetails kaum umzusetzen sein. Auch die erweiterten Behörden, die resultierenden längeren Entscheidungswege und die restriktiven denkmalfachlichen Vorgaben sind nur an wenigen exklusiven Denkmalbahnstrecken zu finden, sodass diese Einführung gerade beim stetig wechselnden Personal von grossem Wert ist.

Nach diesen Leitprinzipien folgen die einzelnen Leitfäden zu Verkehrsstationen, Wächterhäusern, Nebenbauten und Schuppen, Mauern, Brückenbauwerken und Tunneln. Das dort jeweils im Detail formulierte «Leitbild» setzt sich aus den vier Bereichen Authentizität, Integrität, Kontinuität und Entwicklungsfähigkeit zusammen, die den sensiblen Umgang mit dem Welterbe Semmeringbahn begründen. Die vertiefenden «Leitlinien» stellen die Erhaltung der überlieferten Originalsubstanz als Hauptziel fest, weshalb Eingriffe auf das Notwendigste zu beschränken und zu integrieren, bei Ergänzungen gleichartige Materialien vorzusehen sowie durch regelmässige Instandhaltungen die Bauten präventiv und nachhaltig zu sichern sind.

Um eine effiziente und konsequente Prozessplanung zu gewährleisten, konnten für einzelne Richtlinien bereits konkrete Vorarbeiten integriert werden. So sind sämtliche Bahnwächterhäuser[6] sowie alle Schuppen und Nebenbauten[7] im Rahmen systematischer Bestandserfassungen katalogmässig dokumentiert und archivalisch sowie bauhistorisch analysiert. Darauf aufbauend konnten für diese Objekte allgemeine Grundsätze für Materialien, Farben und Bauformen festgelegt werden. Das Bundesdenkmalamt erstellte selbst detailgenaue Bestandsvermessungen von einzelnen Fenster- und Aussentürtypen.

Nicht zuletzt wurden an verschiedenen Gebäudearten parallellaufende Fassadenrestaurierungen musterhaft durchgeführt, deren materialtechnische Erkenntnisse und Leistungsbeschreibungen in den Anhang der Richtlinien aufgenommen wurden. Hierfür wurde ein mehrseitiges Beiblatt entwickelt, wo nach Laborbefund die historischen Materialien, Verputztechniken und RAL-Farben angeführt werden. So gelingen durch Anleitung und Förderung der Denkmalpflege ansehnliche Rückführungen, die in höchster Qualität und Detailgenauigkeit von Restauratoren durchgeführt werden. Gleiches wurde etwa auch für die Dächer entwickelt, sodass letztlich vom Beleuchtungskörper bis zum Kamin bei historisch gleichförmigen Objekten die Semmeringbahn langsam, aber stetig wieder zu einer gestalterischen Einheit zusammenwächst.

Beim Hauptteil der Semmering-Bahn handelt es sich jedoch nicht um additiv exakt wiederholte Bestandteile, die durch fixe Regeln zu erfassen wären. Einerseits wurden praktisch alle Viadukte, Trassenmauern, Aufnahmegebäude und Tunnelportale bereits in der Konzeption subtil ausdifferenziert und andererseits haben sie in der Folge eine äusserst heterogene Veränderungsgeschichte durchgemacht, die oft ebenfalls erhaltenswert ist. So weisen frühe Vergrösserungen an den Bahnhöfen auf die rasch gestiegene Bedeutung der jeweiligen Tourismusorte, die Eingriffe der deutschen Reichsbahn zeigen eine symptomatische strukturelle und architektonische Handschrift und die Elektrifizierung markiert einen bedeutenden Wendepunkt in der Eisenbahnentwicklung. Nicht zuletzt wurden periodisch zeittypische bauliche Instandsetzungen durchgeführt, deren innovative Anwendungen von Beton sowie Eisenankern technikhistorisch bemerkenswert sind. Die Bauwerksrichtlinien können und sollen hier nur den Planungsprozess definieren, der in angemessener Laufzeit zu einem optimalen Ergebnis führt. Wie in den allgemein üblichen Richtlinien der österreichischen Denkmalpflege vorgesehen, steht am Beginn jedes Projekts die verformungsgerechte, in diesem Fall steingerechte Bestandsaufnahme, begleitet von bautechnischen und restauratorischen Detailuntersuchungen, Laboranalysen sowie aufbauenden Schadenskartierungen. Parallel läuft die Archivrecherche, die an verschiedenen Standorten vom Gemeindearchiv bis zum Technischen Museum in Wien zahlreiche bauzeitliche Pläne, Bautagebücher und Steinbruchidentifizierungen zusammenträgt. Daraus können perfekt Ur- und Ist-Zustand herausgearbeitet werden, womit die Grundlage für eine aufsitzende Planung zur Konsolidierung und denkmalfachlich behutsamen bautechnischen Modernisierung gegeben ist. Für dieses schrittweise Vorgehen stehen vier gegenständliche Viadukte musterhaft, die 2020 publiziert wurden.[8] Nach diesem Beispiel kann es gelingen, die gesamte technische Infrastruktur des Semmerings zunächst konsequent zu erfassen, um sie dann gezielt zu pflegen und durch sanfte Modernisierung achtsam in die Zukunft zu führen. Die konkrete Umsetzung wird anhand dieser vier Viadukte im Beitrag von Thomas Lampl exemplarisch vorgestellt. Abb. 1–2

English            As part of preparations for the UNESCO World Heritage application, the Semmering Railway received national listed status in 1997. The protection status concerns all objects owned by the state-owned federal railways (ÖBB), including tracks, revetments, tunnels, bridges, and sheds, stations and guard houses. After the public's desire for transparent and economical public authorities grew in the 21st century, seven structural guidelines were developed between 2010 and 2018 in collaboration with ÖBB (under the leadership of Dr Dinhobl); these represented a guideline for each of the main categories (from tunnel portals to guard houses) with the aim of making work on upcoming projects goal-oriented and efficient. The background of this were the Standards der Baudenkmalpflege ('Standards for the preservation of architectural monuments'), published in 2014, which prescribe the specialist process for recording, preserving and altering heritage monuments. Between 2014 and 2019, four large viaducts were restored on this basis. They are an excellent example of the development from a standard model inspired by railway law to a case-by-case consensus that nevertheless meets all technical and structural requirements.

Français           Le chemin de fer du Semmering a été classé monument historique par l'État en 1997, à l'occasion des préparatifs pour la candidature au patrimoine mondial de l'UNESCO. La protection concerne tous les objets appartenant aux Chemins de fer fédéraux autrichiens (Österreichische Bundesbahnen, ÖBB), des voies ferrées aux murs de soutènement, des tunnels aux ponts, en passant par les hangars, les gares et les maisons de gardien. Après le souhait exprimé au XXIe siècle d'avoir une administration publique plus transparente et plus économique, sept directives sur les ouvrages ont été élaborées en 2010–2018 en collaboration avec les ÖBB (sous la direction du Dr. Dinhobl), et elles constituent les principes directeurs pour les principales catégories (des portails de tunnel aux maisons de gardien), afin de pouvoir travailler de manière ciblée et efficace sur les projets à venir.

Anmerkungen    1  Schicht, Patrick: Die Semmeringbahn als Denkmal. In: Fuchsberger, Hermann, Pichler, Gerd (Hg.): Welterbe Semmeringbahn, zur Viaduktsanierung 2014–2019. (Fokus Denkmal 12.) Horn, Wien 2020, S. 95–105.
2 Bundesdenkmalamt, GZ 16605/1/97.
3 Beides sollte fast unverändert in die Kriterien ii und iv bei der Eintragung in die Welterbeliste übernommen werden. Vgl. 22. Sitzung des UNESCO Welterbekommitees 30.11.–5.12.1998 in Kyoto.
4 Der Welterbe-Semmeringplan. Managementplan. Wien 2010.
5 Dinhobl, Günter (Hg.): Verkehrsstationen, Wächterhäuser, Schuppen und sonstige Technikgebäude, Mauern, Viadukte, Brücken und Durchlässe sowie Tunnelportale. Richtlinien der ÖBB-Infra 2015–2018.
6 Tusch, Roland, Fellinger, Alexandra: Wächterhäuser an der Semmeringbahn, Forschungsbericht am Institut für Landschaftsarchitektur. Wien 2012; Tusch, Roland: Wächterhäuser an der Semmeringbahn. Innsbruck 2014.
7 Tusch, Roland: Schuppen und Nebenbauten. Forschungsbericht am Institut für Landschaftsarchitektur. Wien 2017.
8 Fuchsberger, Hermann, Pichler, Gerd (Hg.): Welterbe Semmeringbahn, Zur Viaduktsanierung 2014–2019. (Fokus Denkmal 12.) Horn, Wien 2020.

Abbildungsnachweis  1  © Stefanie Grüssl 2018/ Mit Dank an die Luftstreitkräfte des BMLV.
2 © Patrick Schicht 2019.

Abb. 1 Luftbild der Semmeringbahn, links die Polleres-Wand, im Vordergrund das Viadukt über die Kalten Rinne (Foto: Stefanie Grüssl 2018).

Abb. 2 Wolfsbergkogel-Viadukt nach der Restaurierung (Foto: Patrick Schicht 2019).

# Sanierung von vier Viadukten der Semmeringbahn

Thomas Lampl

Im Jahr 2014 wurden an den vier Viadukten – Wagnergraben-Viadukt, Gamperlgraben-Viadukt, Rumplergraben-Viadukt und Kartnerkogel-Viadukt – schwere Schäden an der Bausubstanz erkannt. Daher entschloss man sich, diese vier Viadukte im Zuge von zwei Totalsperren in den Jahren 2017 und 2019 zu sanieren.[1] Die Gewölbebögen wiesen Feuchtstellen mit starken Aussinterungen auf. Abb. 1 Die Ziegel und Steine waren stark verwittert und die Verfugungen schadhaft. Die Ursache für diese Schäden war eindringendes Wasser in die Bausubstanz. Ein zukünftig weiteres Eindringen des Wassers musste daher mit einer neuen Abdichtungsebene verhindert werden. Dazu wurde eine Stahlbetonfahrbahnplatte geplant, die auf einer elastischen Lagerdämmmatte liegt und mit dieser Matte und dem Gleisschotter ein Masse-Feder-System bildet. Diese Stahlbetonfahrbahnplatte dient als Träger für eine neue Abdichtung. Das Masse-Feder-System unter der Stahlbetonfahrbahnplatte bringt folgende Vorteile:

1. Längs- und Querverteilung von Einwirkungen durch den Verkehr
2. Minderung der Erschütterung
3. Reduktion der Frequenz der Erschütterung

Damit eine durchgehende Abdichtungsebene mit der Stahlbetonfahrbahnplatte geschaffen werden konnte, mussten die Querschnitte der Viadukte umgestaltet werden. Dabei gab es folgende technische Rahmenbedingungen, sowie Vorgaben vom Bundesdenkmalamt:

- Aufweitung der Bestandsgleisachsabstände auf die erforderlichen Mindestabstände gem. den anzuwendenden Regelwerken und Normen
- Mindestabstand zwischen Gleisachse und Randbalken zu Erhaltungszwecken

- Berücksichtigung von Sicherheitsräumen gem. Arbeitnehmerschutz
- Beibehaltung des bestehenden Fugenbildes
- Beibehaltung des optischen Eindrucks nach aussen.

Um diese Rahmenbedingungen erfüllen zu können, mussten die Brüstungsmauern in ihren Dicken beschnitten werden. [Abb. 2] Dies war nur durch die temporäre Demontage der Brüstungsmauern möglich. Um sicherstellen zu können, dass sämtliche Mauersteine nach dem Abtrag an ihrem ursprünglichen Platz wiederversetzt werden, mussten sämtliche Steine von einem Geometer lagegenau inkl. zugehörigen Fugen aufgenommen und in Plänen festgehalten werden. Auf Basis dieser Aufnahmen wurde die Steine vor deren Abtrag vor Ort mit Nummern gekennzeichnet und in einen Baustellenlogistikplan eingetragen. Die Markierung sämtlicher Mauersteine erfolgte mittels vorbeschrifteter Aluschilder. Da die Brüstungsmauersteine nicht vor Ort, sondern nur in einem Steinmetzbetrieb restauriert werden konnten, musste eine Lösung gefunden werden, um die insgesamt rund 1550 Stück Mauersteine, mit einem Gesamtgewicht von rund 3000 Tonnen, von und zum jeweiligen Viadukt transportieren zu können. Aufgrund der erschwerten Zugänglichkeit zu den Viadukten wurde beschlossen, den An- und Abtransport der Brüstungsmauersteine gleisgebunden abzuwickeln. [Abb.3] Im Steinmetzbetrieb erfolgte der Zuschnitt der Mauersteine wasser- und sandgestrahlt sowie in der erforderlichen Grösse. Während sich die Mauersteine im Steinmetzbetrieb befanden, wurde bei den Viadukten die Stahlbetonfahrbahnplatte inklusive Masse-Feder-System abzuwickeln. [Abb.4] Für das Versetzten der aufbereiteten Brüstungsmauersteine wurde, analog zum Abtrag, wieder ein Gleis der zweigleisigen Bergstrecke für den Bahnbetrieb gesperrt. Im Zuge der Versetzarbeiten mussten auch zeitgleich sämtliche Brüstungsmauersteine verfugt werden.

Um die Durchführung der geplanten Arbeiten an den Viaduktaussenflächen und in den Gewölbebögen durchführen zu können, sowie den Arbeitern nach Abtrag der Brüstungsmauern einen absturzsicheren Arbeitsraum bieten zu können, mussten die Viadukte vollflächig eingerüstet werden. [Abb.5] Die erste Massnahme an den Viaduktaussenflächen betraf das Abnehmen des teils recht starken Bewuchses. Es wurden Stauden sowie kleinere Bäume entfernt. Es musste darauf geachtet werden, dass durch das Ausreissen der teils sehr tief verwurzelten Gewächse und grossen Wurzelstöcke die umliegenden Steinbereiche nicht gelockert wurden. An stabilen Mauerwerksbereichen mit geringer Tiefe der rezenten Fugen wurde die Verfugung ohne weitere Massnahmen mechanisch entfernt. Hier wurde darauf geachtet, dass sich keine weiteren Bereiche durch Erschütterung lösen bzw. die vorhandenen Bruchsteine nicht beschädigt wurden. An instabilen Mauerflächen sowie teils bereits herausgelösten Bruchsteinen mussten parallel zum Fugenaustausch Sicherungsarbeiten gesetzt werden. Diese umfassten horizontale Vernadelungen mit Edelstahlstäben einzelner Steine in das umliegende Mauerwerk, zeitweises Abpölzen absturzgefährdeter Bereiche, sowie Abbau und neu Versetzen von Bereichen, deren Versatzmörtel keine Stabilität mehr aufwies. Bereichsweise musste das fehlende Gesteinsmaterial durch gleichwertiges ergänzt werden, das in unmittelbarer Nähe zu den Viadukten vorgefunden wurde. Sämtliche Sicherungsmassnahmen konnten dermassen ausgeführt werden, dass diese nach Abschluss der Arbeiten nicht mehr sichtbar waren. Die neu hergestellte, steinkopfsichtige Verfugung wurde händisch eingebracht, verdichtet und abschliessend abgezogen. Diese Variante dürfte der ursprünglich vorhandenen Verfugung am ehesten entsprechen. Abschliessend wurden an sämtlichen aus Naturstein, Beton bzw. Kunststein und Ziegelmauerwerk bestehenden

Oberflächen mittels Sandstrahltechnik Staub- und Schmutzauflagen entfernt. Die bis zu drei Zentimeter starken und teils mehrere Quadratmeter grossen Sinterschichten wurden zusätzlich mechanisch gelockert. Durch alle diese gesetzten Massnahmen konnten die Viadukte nach Stand der Technik so saniert werden, dass das Erscheinungsbild nach Aussen nicht verändert wurde.[Abb.6]

**English**

Renovation of four viaducts on the Semmering Railway. Interplay between monuments protection and technology The Semmering Railway constitutes a section of the Baltic-Adriatic corridor and provides a connection from Vienna to both Italy and Slovenia. In 1997, as part of Austria's submission of the Semmering Railway to UNESCO World Heritage, an assessment process was undertaken that permanently established its heritage status. During regular inspections of the bridges on the Semmering Railway, a great degree of damage was detected on the supporting structures of four viaducts (built 1854; last renovated in the 1950s). As a result, structural analysis was carried out on the four viaducts but no significant structural deficiencies were found. Missing or defective sealing layers were identified as the cause of the damage that had occurred. It was therefore decided in 2014 to install track slabs as sealing layers on all four viaducts, which would also lead to a structural improvement regarding the load on the arches. The installation of the track slabs required reconciling the requirements of (railway) engineering and heritage protection. The challenges posed by this and the solutions that were implemented will be illustrated and explained with the help of sections of plans and images from the sites.

**Français**

Conservation des monuments historiques et la technique La ligne de chemin de fer du Semmering est un tronçon du corridor baltique-adriatique qui relie Vienne à l'Italie et à la Slovénie. En 1997, dans le cadre de la candidature autrichienne d'inscription de la ligne de chemin de fer du Semmering au patrimoine mondial de l'UNESCO, une procédure de constatation a été menée et a permis d'établir durablement la conservation du monument historique. À l'occasion des inspections régulières des ouvrages de la ligne de chemin de fer du Semmering, une dégradation massive de la structure porteuse a été constatée sur quatre viaducs (construits en 1854, les derniers assainissements datant des années 1950). De nouveaux calculs statiques ont donc été effectués sur ces quatre viaducs, mais aucun déficit statique important n'a été constaté. Des plans d'étanchéité manquants ou défectueux ont été identifiés comme étant à l'origine des dommages survenus. C'est la raison pour laquelle il a été décidé en 2014 d'installer sur les quatre viaducs des dalles de tablier pour faire office de plans d'étanchéité, et elles améliorent également la charge des arceaux. La pose de ces dalles de tablier a nécessité de concilier les exigences de la technique (ferroviaire) et celles de la conservation des monuments historiques. Les enjeux de cette thématique ainsi que les solutions mises en œuvre sont illustrés et expliqués à l'aide d'extraits de plans et d'images du chantier.

---

Anmerkungen  1  Fuchsberger, Hermann, Pichler, Gerd (Hg.): Welterbe Semmeringbahn. Zur Viaduktsanierung 2014–2019. (Fokus Denkmal 12.) Horn, Wien 2020.

Abbildungsnachweis 1–6  © ÖBB Infrastruktur AG.

Abb. 1   Rumplergraben-Viadukt, Feuchtstellen und Aussinterungen am Gewölbebogen (Foto: Thomas Lampl 2014).

Abb. 2   Planausschnitt Anpassung Brüstungsmauer (Foto: Thomas Lampl 2017).

Abb. 3–5   Baumassnahmen (Fotos: Thomas Lampl 2019).

Abb. 6   Kartnerkogel-Viadukt, Viadukt nach der Sanierung (Foto: Thomas Lampl 2019).

Instandsetzung: Welterbe

# Transformation

# Transformation

# Transformation

Das Panel

Moderation und Text
Werner Lorenz

In der Diskussion zum Praxis-Block «Transformation» nahm der einleitende Vortrag von Borja Aróstegui Chapa breiten Raum ein. Einhellig war die Einschätzung, dass die mit der Einführung des Hochgeschwindigkeitsverkehrs verbundenen Transformationen der grossen Fernbahnhöfe von ausserordentlicher Relevanz sind. Unter deutlich anderen Randbedingungen entstanden, erfahren Letztere heute Anpassungen, die nicht nur das Erscheinungsbild, sondern auch die funktionalen Abläufe grundlegend verändern. Wie Borja Aróstegui Chapa aufgezeigt hat, kann die Eingriffstiefe dabei sehr unterschiedlich sein. Während sich die Veränderungen etwa in Leipzig oder Frankfurt am Main vornehmlich noch auf die quer zu den Gleisen liegenden Empfangsgebäude beschränken, betreffen deutlich weiterreichendere Umbauten wie in St. Pancras, Antwerpen-Centraal oder Madrid Puerta de Atocha gerade auch die Perronhallen bis hin zur vollständigen Auslagerung des Bahnverkehrs. Wesentliche Triebkräfte sind neben dem Interesse der Bahngesellschaften an gewinnbringenden Shopping Malls vor allem die Zwänge der grundlegend veränderten Verkehrsflüsse, sowohl der Züge als auch der Passagiere. Mit Bezug auf die Erklärung von Davos bestand im Plenum Einigkeit darüber, dass für diese Umwandlungsprozesse Strukturen zu schaffen sind, die Lösungen auf hohem baukulturellen Niveau ermöglichen. Unverzichtbar ist es, die Bahnhöfe als öffentliche, in das städtische Quartier integrierte Orte zu erhalten. Nicht zuletzt gelte es, der grenzenlosen «Durchkommerzialisierung» den Mut zur Leere als spezifischer Qualität und Schlüssel zur Wahrnehmung der Schönheit des historischen Raumes entgegenzuhalten.

Ganz andere denkmalpflegerische Herausforderungen bringen die von Alexandrina Striffling-Marcu und Pauline Detavernier thematisierten Umwandlungen der vielen Tausend Regionalbahnhöfe in Europa mit sich. In deutlich kleinerem Massstab und häufig nach einheitlichem Muster gebaut, sind deren Stationsgebäude heute oft funktionslos geworden. Zwischen dem Interesse der Wiederbelebung und der Bewahrungsverpflichtung ist ein sorgfältig konzipierter Ausgleich gefordert. Interessante Lösungen bieten (wiederum) standardisierte Neukonzeptionen. Unverzichtbar sind denkmalpflegerische Prioritätssetzungen, die den zu erhaltenden baulichen Zeugnissen ebenso Rechnung tragen wie der historisch gewachsenen Bedeutung im umgebenden sozialen Raum.

Gerade die Individualität jedes einzelnen Objektes betonten abschliessend die beiden von Jürg Conzett und Ekaterina Nozhova[1] erarbeiteten Fallstudien. Auch wenn die Perrondächer in Winterthur-Grüze als Prototyp einer seriellen Nutzung konzipiert waren, erfuhren sie seit 1955 bereits mehrere sehr spezifische Transformationen. Sich intensiv einlassen auf die Besonderheit des Bauwerks und des Ortes – nahezu exemplarisch prägte dies schliesslich auch die Entwicklung der Ertüchtigungslösung für die Schutzbauten im Umfeld der Station Alp-Grüm. «Verstehen, was da ist», technisch im System bleiben, die Zeitlosigkeit der Gestaltung bewahren und sich zurücknehmen von allem Spektakulären – als weit über den konkreten Fall hinausweisend fanden derartige Leitsätze breite Zustimmung im Plenum.

The Panel

Moderation and text
Werner Lorenz

The introductory presentation by Borja Aróstegui Chapa featured prominently in the discussion on the Practice Block «Transformation». There was unanimous agreement that the transformation of the major long-distance railway stations associated with the introduction of high-speed traffic is highly relevant. Having been developed under distinctly different constraints, these stations are now subject to modification that fundamentally changes both their appearance and their functional operations. As Borja Aróstegui Chapa pointed out, the scope of the intervention can vary greatly. While the modifications made in Leipzig or Frankfurt am Main, for example, are primarily limited to station buildings situated at right angles to the tracks, much more extensive conversion projects, such as those implemented at St. Pancras, Antwerp-Centraal or Madrid Puerta de Atocha, also had an impact on the platform halls, including in some cases the complete relocation of rail traffic. Beyond the railway companies' interest in profitable shopping areas, the constraints of the fundamentally changed traffic flows of both trains and passengers are the main driving forces behind this. In reference to the Davos Declaration, the plenary session agreed that structures that facilitate solutions of a high level of architectural culture must be created for these transformation processes. It is crucial to preserve railway stations as public places that are firmly integrated into the urban neighbourhood. Last but not least, it is important to counter the limitless «through-commercialisation» with the courage to embrace emptiness as a specific quality and as the key to perceiving the beauty of the historic space.

Alexandrina Striffling-Marcu and Pauline Detavernier discussed the transformation of the many thousands of regional European railway stations, which poses completely different challenges in terms of heritage preservation. Built on a much smaller scale and often according to a standardised design, these station buildings are commonly no longer functional today. A carefully conceived balance between the interests of revitalisation and the obligation to preserve is essential. New standardised concepts (again) offer interesting solutions. It is necessary to prioritise the preservation of historical monuments, taking into account both the architectural «witnesses» that are to be preserved and the historic significance of the surrounding social space.

Finally, the two case studies prepared by Jürg Conzett and Ekaterina Nozhov[1] highlighted the individuality of each object. Even though the platform roofs in Winterthur-Grüze were conceived to be a prototype for serial use, they have already undergone several very specific transformations since 1955. The development of the upgrade solution for the protective structures near Alp-Grüm railway station was characterised by an intense focus on the uniqueness of the structures and the location. «Understanding what's happening», remaining within the system on a technical level, preserving the timelessness of the design, and avoiding any dramatic changes – such principles were applied far beyond the cases discussed and met with broad approval in the plenary session.

| | |
|---|---|
| Le panneau | Moderation et texte<br>Werner Lorenz |

L'exposé de Borja Aróstegui Chapa proposé en introduction a occupé une place de choix dans la discussion consacrée au bloc pratique «Transformation». Les personnes participantes se sont accordées sur le fait que les transformations des gares grandes lignes majeures à la suite de l'introduction du trafic à grande vitesse sont d'une importance exceptionnelle. Ces gares, érigées dans un tout autre contexte, connaissent aujourd'hui des adaptations qui bouleversent non seulement leur apparence, mais aussi leurs processus fonctionnels. Comme l'a souligné Borja Aróstegui Chapa, le degré d'intervention peut varier considérablement d'un cas à l'autre. Si certains travaux se limitent essentiellement aux bâtiments voyageurs perpendiculaires aux quais, par exemple à Leipzig ou à Francfort-sur-le-Main, d'autres chantiers nettement plus conséquents portent sur la réfection des halles de quais, voire l'externalisation complète du trafic ferroviaire, comme à St. Pancras, à Antwerpen-Centraal ou à Madrid Puerta de Atocha. Outre l'intérêt des compagnies ferroviaires pour les centres commerciaux profitables, les principaux moteurs de cette évolution sont les contraintes dues à la modification fondamentale des flux de circulation, tant des trains que des personnes. En référence à la Déclaration de Davos, les personnes participantes ont reconnu la nécessité de créer des structures permettant la mise en œuvre de solutions s'inscrivant dans une culture du bâti de qualité. Il est indispensable que les gares restent des lieux publics intégrés dans les quartiers urbains. Enfin, il importe de contrebalancer la commercialisation effrénée par un certain «courage du vide», signe distinctif et clé pour mieux appréhender toute la beauté de l'espace historique.

La transformation de milliers de gares régionales en Europe, abordée par Alexandrina Striffling-Marcu et Pauline Detavernier, pose d'autres défis en matière de conservation des monuments historiques. Construits à une échelle nettement plus petite selon un modèle souvent uniforme, les bâtiments de ces gares n'ont souvent plus de fonction. Dans ce cas de figure, il y a lieu de trouver un juste équilibre entre la volonté de redynamiser les lieux et l'obligation de les conserver. De nouvelles conceptions standardisées peuvent apporter des solutions intéressantes. Il est essentiel de définir des priorités en matière de conservation des monuments historiques qui tiennent compte aussi bien des témoignages architecturaux à préserver que de l'importance historique des objets dans l'espace social environnant.

Les deux études de cas élaborées par Jürg Conzett et Ekaterina Nozhov[1] et présentées en conclusion ont mis en évidence l'individualité de chaque objet. Bien que les marquises de Winterthur-Grüze aient été conçues comme des prototypes en vue d'une utilisation en série, elles ont déjà subi plusieurs transformations tres spécifiques depuis 1955. Il faut s'imprégner de la particularité de l'ouvrage et du lieu, comme cela a été fait, de manière presque exemplaire, pour le développement de la solution de renforcement des ouvrages de protection autour de la station d'Alp-Grüm. Comprendre la situation, rester techniquement dans le système, préserver l'intemporalité du concept et ne pas rechercher d'effets spectaculaires: ces principes directeurs, qui dépassent largement le cas concret, ont reçu l'approbation générale de l'assemblée.

| | | |
|---|---|---|
| Anmerkungen | 1 | Der digitale Beitrag von Katya Nozhova ist über die website www.eisenbahndenkmalpflege.ch abrufbar. |

# The Transformation of the Great European Stations

The Arrival of the High-Speed Rail and its Impact on Railway Heritage
Borja Aróstegui Chapa

The emergence of high-speed rail in Europe in the last few decades of the twentieth century brought with it the resurrection of a means of transport in progressive decline since the popularisation of the car and the plane. In many cases, the railway decay brought the abandonment or even the demolition of historical stations and the deterioration of their urban environments. The need to adapt the great railway stations to the requirements of the new transport system and the increased interest in preserving and enhancing these historic buildings and their central locations have resulted in important transformations.

The arrival of the high-speed rail to these historical stations brings with it three main implications: intermodality, new commercial development, and the enhancement of the station and its urban environment.

Intermodality

The trip does not start when the passenger gets on the train. Before that, he reached the station by another means of transport. Intermodality becomes necessary.

The travel time between the place of departure and boarding the train is critical. Three aspects determine this travel time: the «terminal» or «through» character of the station, the connection with other means of transport, and access control to the train.

The capacity of a station increases significantly when it is transformed from a *terminal station* to a *through station*. The works required to carry out such a transformation are complex and costly as a new underground level will be needed for the trains to pass through the station.

Large historical stations are normally situated in city centre locations, thereby making access by private vehicles difficult. However, the central location will normally be served by a well-developed urban transport network. As high-speed rail arrives, key commuter stations will have to be created within the station complex, and the metro system will also need to be well connected.

In Europe, every major station has become a transport hub. In Madrid, Atocha Station is one of the finest examples of a transit connection between a commuter station and the High-Speed Rail platforms because all the commuter lines in Madrid stop there. However, the station is not well integrated with the metro system of Madrid as only one line passes through the station.

Another aspect that impacts on the travel time is security control. In many European countries, passengers can directly access the platform and board the train. The design of other stations is similar to that of an airport. Departure lounges can be found in different stations with Eurostar services – i. e., St Pancras Station – and in all the Spanish stations with high-speed services.

## Commercial development

Another implication of the arrival of the high-speed rail is increased commercial development at the stations. Nowadays, the emergence of retail areas is not necessarily linked to passenger flows, rather it is more an opportunity to take advantage of the privileged position in the city centre and create retail hotspots.

The latest transformations of Parisian train stations have seen the introduction of high-class retail areas. Whereas retail areas in German stations may not be so high class, they do tend to be significantly larger in size. Some stations have become shopping malls, such as Köln Central Station or Leipzig Station.

The most successful stations are those that strike a balance between commercial activity and efficient rail services. These are stations that maintain their railway essence, and use this to differentiate them as an attractive retail space. St Pancras Station in London is a paradigm of this balance. The new shopping mall has not prevented the station from being known as one of Europe's most important railway stations.

## Enhancement of the station and its urban development

With the arrival of the high-speed rail, the old European stations have moved from being a problem for the city and for the railway companies to being an excellent opportunity to improve the stations and their urban setting.

The renewal of these stations usually has some common elements: the refurbishment of the historical building, the separation of passenger flows and levels, the placement of new lateral accesses, and the construction of a deck over the platforms, inter alia.

### *The refurbishment of the historical building*
The exterior facades are not conditioned by the rail operations occurring within the station building; therefore, it is easier to recover and conserve the original features and overall image. In some cases, during the 20th century, major parts of the stations were demolished to build more functional buildings. In some of the recent renewals, these lost or abandoned buildings have been recovered. This is the case of the lateral canopy of the Gare du Nord, which was demolished to make way for a car park, commonly known as *the car prison*. With the arrival of the high-speed rail, the original image of the building was recovered as the *Transilien Space*.<sup>Fig.1–2</sup>

It is unusual to find cases where the historical station drastically changes its exterior image with its renewal. It is the case of Gare de Strasbourg, where a curved glass envelope covers the old station facade.

In terms of the interior of the stations, transformation of the central canopy can vary greatly:

- Some stations maintain the original rail configuration, with minor changes, normally to create openings to connect with other levels, such as in the stations of Amsterdam, Köln or Paris.
- Other stations integrate the lower levels in the central canopy space, thus creating a big void in the platform level, as in the stations of St Pancras or Antwerp.
- Finally, there are cases where the great canopy space has been repurposed for uses other than rail. This is the case at the Atocha station, where the old canopy space is now a hall accommodating a tropical garden, creating a totally renewed image for the station. [Fig. 3]

*The separation of passenger flows and levels*
The main function of each and every station is to smoothly deal with passenger flows. For high-speed services, it is desirable to separate the departure and arrival flows. In the case of Atocha Station, since its origins, attempts have been made to separate departures from arrivals.

When the station was built in 1851, there were different wings for departures and arrivals; however, they shared the concourse area. Nine years later, a departure concourse was created.

The station was completely changed in 1892. The new design included a building on each side of the central canopy, one for departures and the other for arrivals.

In 1928 a design was presented in which a new building and canopy would be used to entirely separate departures and arrivals; however, this project never came to fruition.

When the station was transformed in 1992 to service the first high-speed line in Spain, the objective was to separate commuter lines from high-speed ones. However, some years later, in 2003, an enlargement of the station involved the introduction of two different levels to accommodate departures and arrivals. The most recent renewal was in 2010, with the construction of a new terminal to separate departures and arrivals. [Fig. 4] Originally, as in many other stations, the flow of travelers occurred on the same level, however, the need to connect with the metro and the commuter rail system was resolved with the introduction of different levels.

*The placement of new lateral accesses*
Other common elements of most of the transformed stations are the new lateral accesses. They become necessary when the width of the central canopy cannot house all the new platforms and some of them need to be pushed back to the end of the roof shelter. A new entrance is generally created at this point to access new platforms. At St Pancras, an underpass below the tracks, at street level, connects the streets on either side of the station, also creating new entrances on each side. At Antwerpen Centraal railway station, a modern building is located at the end of the platforms, creating a new pedestrian access to the station. At Atocha Station, all the platforms were pushed back outside the canopy, and a new entrance was created between the original and new roof.

*The construction of a deck over the platforms*
Finally, one element that significantly impacts the transformation of a station is a new deck over the platforms. There are certain cases where it has been considered that the existing canopies are sufficient to cover the needs of high-speed rail passengers. This is the case with most French and German historical stations. But sometimes, the new canopy is a massive element that impacts the urban setting, as in St Pancras, where the new roof doubles the length of the station. In Atocha, the impact is even greater as the new canopy is almost four times the length of the existing one. This could have been a subject of controversy for the city, but it has been cleverly resolved with the fragmentation of the different parts of the roof.

## Conclusion

With the arrival of the high-speed rail, the opportunity to transform the station brings with it important implications such as the need to introduce intermodality, increase commercial activity, and, especially, upgrade or improve what is, in most cases, an iconic historical building.

On the one hand, there are several benefits that these transformations mean for the monuments:

- Transformations can *bring the stations back to life*, enhancing the importance of the building as an asset of the city.
- Transformations can also *enhance the value of the historical building* by recovering the original image of the station. Generally, the notion that we have of a station is that of the nineteenth century building; despite that, after the transformation, the original building might just be a small construction within the station complex.
- Transformations may sometimes mean a *change of use* for the historical building. To mitigate any perceived risk to our heritage, the correct balance between railway use and the new uses must be achieved.
- Generally, the transformation of a station also *enhances the integration of the monument into the city*. During the 20th century, many stations were surrounded by roads with high density traffic, creating a negative effect in terms of visual impact and pollution. However, the surroundings are now pedestrianised to provide a seamless connection with the city centre.

On the other hand, the monuments provide an essential benefit to the station complex. In some cases, the contemporary design of the stations can convert them into what Marc Augé describes in his work as *non-places*. The existence of the original buildings, with their heritage value, link the station with the time and with the history, converting them into places with a heavy load of significance and identity.[Fig. 5] These stations are the most beautiful gates of the cities, the only gate to access the city through a fabulous Railway Heritage Building.

Deutsch

Die Einführung des Hochgeschwindigkeitsverkehrs in Europa in den letzten Jahrzehnten des 20. Jahrhunderts liess die Bahn wiederaufleben, die sich seit der Popularisierung von Auto und Flugzeug auf einem stetigen Rückzug befand. Der Niedergang der Bahn führte in vielen Fällen dazu, dass historische Bahnhöfe aufgegeben oder sogar abgerissen wurden, und ihr städtebauliches Umfeld verwahrloste. Als Reaktion auf diese Verwahrlosung wuchs im letzten Vierteljahrhundert in der Gesellschaft ebenso das Bewusstsein für den Schutz des Eisenbahnerbes. Die Notwendigkeit, die grossen Bahnhöfe an die Anforderungen des neuen Verkehrssystems anzupassen, und das Bestreben, die historischen Gebäude und ihre zentralen Standorte auszubauen, haben wesentliche Änderungen mit sich gebracht. Die besten Beispiele für die Anpassung von Bahnhöfen an den Hochgeschwindigkeitsverkehr finden sich in Europa. Die Untersuchung der wichtigsten europäischen Bahnhöfe, wie den Pariser Bahnhöfen, St Pancras in London, Atocha in Madrid und fünf weiteren Bahnhöfen in Mitteleuropa (Amsterdam Centraal, Antwerpen Centraal, Köln Hauptbahnhof, Frankfurt [Main] Hauptbahnhof und Gare de Strasbourg) ergab die folgenden drei Hauptauswirkungen der Einführung des Hochgeschwindigkeitsverkehrs auf diese historischen Bahnhöfe: (1) Intermodalität: Die Reise beginnt nicht erst mit dem Einsteigen in den Zug. Die Reisenden sind bereits mit anderen Verkehrsmitteln zum Bahnhof gekommen. Intermodalität wird zur Notwendigkeit. (2) Kommerzielle Entwicklung: Die Entstehung von Einkaufsbereichen in den Bahnhöfen hängt nicht mehr unbedingt mit den Passagierströmen zusammen. Vielmehr werden die Bahnhöfe aufgrund ihrer vorteilhaften Lage im Stadtzentrum zum Hotspot gemacht. (3) Die Aufwertung des Bahnhofs und seine städtebauliche Entwicklung: Dank der Einführung des Hochgeschwindigkeitsverkehrs haben sich die alten europäischen Bahnhöfe für die Städte und die Bahnunternehmen vom Problem zu einer hervorragenden Chance gewandelt, die Bahnhöfe und ihre städtische Umgebung aufzuwerten. Die grosse bahnarchitektonische Innovation der letzten Jahrzehnte des 20. Jahrhunderts bestand darin, den Bahnhof als Ort zu betrachten, an dem alle Verkehrsmittel verknüpft sind, um die Reisezeit zu verkürzen. In den ersten Jahrzehnten des 21. Jahrhunderts gewannen hingegen die Einkaufs- und Freizeittätigkeiten innerhalb der Bahnhöfe an Bedeutung. Am besten lässt sich das Eisenbahnerbe bewahren, indem die Bahnhöfe an die aktuellen Anforderungen des Bahnsystems angepasst und die historischen Gebäude dabei behutsam saniert werden. Die hier vorgestellten Beispiele bieten eine hervorragende Grundlage für künftige Projekte zum Umbau von Bahnhöfen.

Français

L'avènement du train à grande vitesse en Europe dans les dernières décennies du XXe siècle a marqué le renouveau d'un moyen de transport en déclin progressif depuis la popularisation de la voiture et de l'avion. Dans de nombreux cas, ce déclin a entraîné l'abandon, voire la démolition, de gares historiques et la détérioration de leur environnement urbain. En réaction à ce désintérêt, une plus grande conscience à l'égard de la préservation du patrimoine ferroviaire s'est développée au cours du dernier quart de siècle. La nécessité d'adapter les grandes gares ferroviaires au nouveau système de transport et l'intérêt pour la mise en valeur des bâtiments historiques et leur situation centrale, ont donné lieu à des modifications majeures. L'Europe peut se targuer de compter les exemples les plus éloquents de gares transformées accueillant des trains à grande vitesse. L'étude des principales gares européennes, parmi lesquelles les gares de Paris, St Pancras à Londres, Atocha à Madrid et cinq autres gares d'Europe centrale, Amsterdam Centraal, Antwerpen Centraal, Köln Hauptbahnhof, Frankfurt (Main) Hauptbahnhof et la gare de Strasbourg, a permis d'identifier les trois principales implications de l'arrivée du train à grande vitesse dans ces gares historiques: (1) Mobilité multimodale: le voyage ne commence pas lorsque le passager monte dans le train. Avant cela, il a rejoint la gare par un autre moyen de transport. La mobilité multimodale devient une nécessité. (2) Développement commercial: de nos jours, l'émergence de zones commerciales n'est pas nécessairement liée aux flux de passagers mais crée comme un point névralgique en raison de leur position privilégiée dans le centre-ville. (3) Mise en valeur de la gare et de son développement urbain: avec l'arrivée du train à grande vitesse, les anciennes gares européennes ont cessé d'être un problème pour la ville et les compagnies ferroviaires et sont devenues une formidable opportunité d'améliorer les gares et leur environnement urbain. Durant les dernières décennies du XXe siècle, la grande innovation de l'architecture ferroviaire a été de considérer la gare comme un lieu où tous les moyens de transport pouvaient se combiner pour réduire le temps de trajet. Les premières décennies du XXIe siècle, quant à elles, sont marquées par une plus forte présence des activités commerciales et récréatives au sein des gares. La meilleure façon de préserver le patrimoine ferroviaire consiste à adapter les gares aux actuels besoins du système ferroviaire tout en respectant les bâtiments historiques. Les exemples présentés ici constituent une formidable source d'inspiration pour les futurs projets de transformation des gares.

Literature

ADIF: Grandes estaciones en grandes ciudades. Benchmarking sobre grandes estaciones en grandes ciudades europeas. Realizaciones recientes. Madrid ADIF, Dirección de Relaciones Internacionales 2007.
AREP: Gare du Nord 2015–2023 Transformations, Dossier de Presse 24 juin 2015. Paris 2015.
AREP: Multimodal Exchange hub, Strasbourg. TGV Est Européen, Press kit March 2008. Paris 2008.
ARUP: St Pancras Station and Kings Cross Railway Lands. In: The Arup Journal 1 (2004) 46–54.
Augé, Marc: Non-places: Introduction to an Anthropology of Supermodernity, trans. by John Howe. London, New York 1995.
AV Monografías: Sobre las vías oblicuas: Ampliación de la Estación de Atocha, Madrid. In: AV Monografías 36 (1992) 42–51.
Chapa, Borja Aróstegui: La transformación de las grandes estaciones europeas con la llegada de la Alta Velocidad. El caso de Atocha. Madrid 2015.
El Croquis: Atocha: nueva estación de ferrocarril, Madrid. 1985–1988. In: El Croquis 36 (1988) 64–83.
Ferrarini, Alessia: Railway Stations, from the Gare de l'Est to Penn Station. Milano 2004.
García, Mercedes López: MZA, Historia de sus estaciones. Colegio de Ingenieros de Caminos, Canales y Puertos. Fundación de Ferrocarriles Españoles. Madrid 1986.
Lansley, Alastair: The transformation of St Pancras Station. London 2008.
Lynch, Kevin: La Imagen de la Ciudad. Cambridge 1960.
Martínez, Ascensión Hernández: El reciclaje de la arquitectura industrial. (Jornadas Patrimonio Industrial y la Obra Pública.) Zaragoza 2007.
Meeks, Carroll L. V.: The Railroad Station. An Architectural History. New York 1956.
Pevsner, Nikolaus: Historia de las tipologías arquitectónicas. Barcelona 1979.
Riot, Etienne: A European perspective on the planning of major railway stations: considering the cases of St Pancras Station and Paris Gare du Nord. In: Town Planning Review 85 (2) (2014) 191–202.
Thorne, Martha: Modern trains and splendid stations. Architecture, design, and rail travel for the twenty-first century. Chicago 2001.
Tricaud, Etienne: La nouvelle gare du Nord. In: Paris et ses Chemins de Fer, Action Artistique de la Ville de Paris 2003, pp. 242–245.
Tuñón, Emilio: La nueva estación de Atocha. In: Garraioak eta Arkitektura Jardunaldiak = Seminario Arquitectura del Transporte, Seminario de Arquitectura del Transporte (San Sebastián, 1989). Vitoria-Gasteiz 1991.
UIC: High Speed and the City. UIC, International Union of Railways, 2010.

Image credits

1a–b  AREP 2007: The Ile-de-France interchange in the Gare du Nord.
2–5   Borja Aróstegui Chapa.

Fig. 1a–b  Gare du Nord. The lateral canopies were demolished in 1971 to make way for a car park.

Fig. 2  Gare du Nord. Reconstruction of the lateral canopies to house the Transilien Space (photo: Borja Aróstegui Chapa).

3

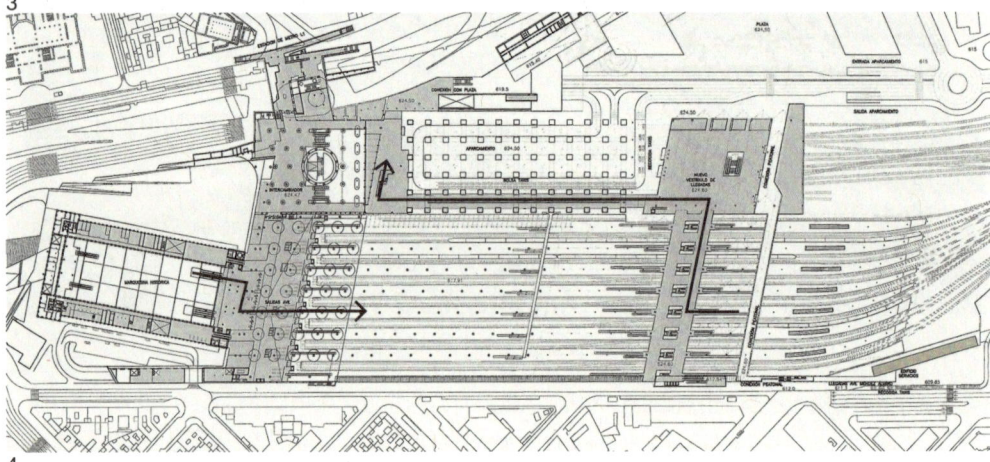
4

Fig. 3   Atocha station. Canopy space was transformed into a tropical garden (photo: Borja Aróstegui Chapa).

Fig. 4   Atocha station. Design of separate terminals for departures and arrivals (photo: Borja Aróstegui Chapa 2010).

Fig. 5　Transformed stations are the most beautiful gates of the cities (photo: Borja Aróstegui Chapa).

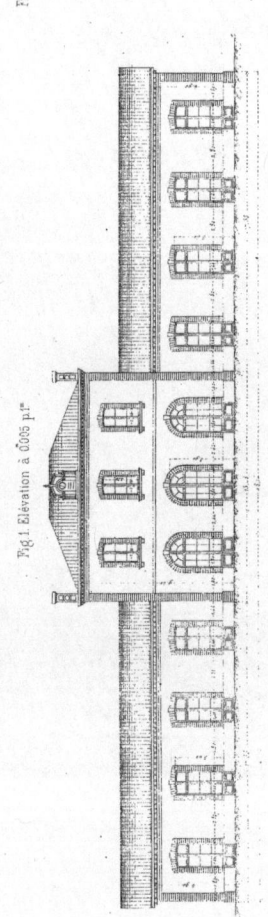

# La conception sérielle de la gare comme patrimoine transnational

Fractionnement, adaptation, préservation?
Pauline Detavernier et Alexandrina Striffling-Marcu

Ces dernières décennies ont vu les projets ferroviaires européens se concentrer sur la grande vitesse. À l'heure de la nécessaire décarbonation de nos mobilités et adaptation de l'existant dans le bâtiment, les enjeux contemporains redessinent aujourd'hui un intérêt pour les gares historiques des petites et moyennes villes. Leur nécessaire adaptation aux modes de vie et de mobilités actuels fait naître à l'échelle européenne un grand nombre de stratégies pour faire évoluer la fonction de ces bâtiments-voyageurs. Des programmes émergent, entre autres, en Belgique, Pays-Bas, Angleterre, France, Espagne et Italie, qui envisagent le rôle de ces gares de manière dissemblable (conception de nouvelles structures modulaires reproductibles ou transformation programmatique de l'ancienne gare).

Cette contribution souhaite nourrir une réflexion, croissante mais encore trop peu considérée dans les débats autour de l'appréhension du patrimoine ferroviaire, sur la conception sérielle des gares. La série, que nous définissons comme un «ensemble composé d'œuvres qui possèdent entre elles une unité et forment un tout cohérent» (CNRTL), est une composante fondamentale de l'architecture ferroviaire et ses déclinaisons sont sans cesse réinventées par les concepteurs des gares. Cette approche se veut établir un pont, ou plus exactement une cohérence, entre la conception historique des modèles architecturaux de gares, élaborés dès le début du chemin de fer au XIXe siècle et les perspectives actuelles pour la transformation des dessertes ferroviaires de petites et moyennes villes. Elle s'inscrit dans une plus ample recherche opérationnelle et théorique en cours[1] au sein de la SNCF pour renouveler les gares des réseaux «secondaires» et cherche à replacer la démarche française dans un contexte européen en revenant sur la construction des gares sérielles et la mise en place de modèles communs européens puis en comparant les démarches réalisées aujourd'hui dans les cinq pays sus-cités.

## La série, moteur historique de la production architecturale ferroviaire

La grande majorité des bâtiments-voyageurs, mais également des bâtiments techniques ferroviaires – rotondes, halles marchandises, dépôts et ateliers, grandes halles voyageurs – est standard. Un nombre important de ces réalisations date de la deuxième moitié du XIXe siècle. Elles sont conçues selon des plans-type imaginés par les ingénieurs et architectes afin d'optimiser le coût et le temps de construction des édifices. Cette particularité ferroviaire, visible à une échelle européenne, est rendue possible par les progrès techniques liés à l'industrialisation de la construction mais également par la volonté politique des états-nations de cette fin de siècle de mailler l'ensemble des territoires par le chemin de fer, symbole d'une modernité revendiquée et d'une unification convoitée par les états. Cette caractéristique est fondatrice et conditionne l'application d'une architecture facilement reproductible et sérielle.

L'élaboration des modèles de gares conçus pour les anciennes compagnies de chemins de fer est bien souvent mise en œuvre par des concepteurs issus de formations publiques de renom, comme l'École des Ponts et Chaussées pour le cas français, qui publient dans des revues internationales de construction et qui participent à la création des réseaux ferrés à l'étranger.[2] Par ces revues notamment, se met en place une circulation transnationale des connaissances techniques du domaine ferroviaire à travers toute l'Europe. Cette circulation ne concerne pas uniquement les gares monumentales, véritables prouesses architecturales qui sont mises en avant par les compagnies dans les revues et expositions internationales, mais également les gares dites «standard» jalonnant les réseaux locaux.[3]

La ligne italienne entre Bologne et Ancône par exemple illustre parfaitement la collaboration internationale des acteurs de la construction ferroviaire. Les dix-huit gares de la ligne, dont les modèles sont conçus par l'ingénieur français Jean-Louis Protche et l'entreprise de construction Charles Alfred Oppermann, sont publiées en 1861 dans *Les Nouvelles Annales de la Construction*.[Fig. 1] Ce modèle-type de bâtiment et ses déclinaisons par classe (de la première à la quatrième) seront ensuite repris: ils servent de référence pour la réalisation des gares du réseau néerlandais, dans les années 1860 et 1870, ainsi qu'à la construction, entre 1861 et 1865, de 35 gares portugaises. Les recherches historiques menées par le Bureau Spoorbouwmeester à ce sujet stipulent:

> «En décembre 1861 [ont été demandées] de nouvelles conceptions pour les bâtiments de gare des 2° et 3° classes et l'attention des ingénieurs a été attirée sur un certain nombre de ‹principes› sur lesquels les types de gare étrangers étaient conçus et qui avaient été publiés dans la revue technique française *Nouvelles Annales de la Construction*. Le commissaire Van der Kun était apparemment abonné à ce journal et a demandé qu'il lui soit rendu après usage. Les images auxquelles il est fait référence [révèlent] qu'en 1861, une grande attention a été accordée à la fonctionnalité des types de gare sur la ligne ferroviaire entre Ancône et Bologne en Italie.»[4]

Par ailleurs, l'entreprise espagnole *Salamanca* participe à la construction de la ligne italienne Bologne – Ancône, dans laquelle l'entrepreneur et banquier José de Salamanca, à la tête de l'entreprise, a investi. La contribution multinationale d'acteurs de la construction pour la réalisation des chemins de fer en Europe n'est pas un fait marginal. Cet exemple illustre l'existence d'une typologie architecturale des bâtiments-voyageurs dépassant les classements et inventaires majoritairement réalisés à une échelle régionale ou nationale. Il est en effet possible d'établir des corrélations typologiques directes entre une gare construite aux Pays-Bas, en Italie ou encore au Portugal.

L'étude comparative menée dans le cadre de notre recherche[5] montre en effet des similarités fortes dans la composition architecturale de ces typologies: toutes varient par ajout ou retrait de travées; toutes tendent vers le particularisme plus de bâtiment-voyageurs est d'importance.[Fig. 2-3] De même, les programmes sont identiques d'un pays à l'autre en fonction de la classe observée, et l'on observe un renforcement du confort (attente, logement du chef de gare) et de la séparation entre catégories de voyageurs en fonction de la classe du bâtiment-voyageurs.

Ce constat d'interrelations fortes interroge inévitablement la valeur patrimoniale à attribuer à ces édifices. L'approche par la série inscrit nécessairement le bâtiment historique dans un réseau matériel et immatériel qui prend tout son sens dans le domaine ferroviaire et qui met en dialogue différentes échelles d'analyse, de celle du bâtiment à celle du réseau européen. Néanmoins, à quel point est-on aujourd'hui sensible à cette appréhension de la série, notamment dans les projets de restauration et/ou d'évolution des bâtiments existants?

La série au service de la fonction de la gare d'hier et d'aujourd'hui

Le manque de connaissances sur la série ferroviaire ne permet pas actuellement de la prendre véritablement en compte dans les considérations patrimoniales ni dans les travaux d'aménagement de ce type de gares. Cependant, la notion de série est intimement liée à l'usage du bâtiment. Dans le projet originel du chemin de fer au XIXe siècle déjà, la série s'adapte, elle se décline sous le nom de «classes» et la modularité des édifices se conçoit finement, comme les prémices d'une architecture moderne et préfabriquée qui prendra pleinement forme au siècle suivant. Pour reprendre l'exemple précédemment cité de la ligne Bologne – Ancône,

> «on s'est appliqué [...] à faire en sorte que tous les types puissent
> se déduire l'un de l'autre, en construction, par une simple addition
> ou suppression de travées. Ainsi l'on pourra faire une 1ère classe
> d'une 2ème, en ajoutant seulement deux travées aux ailes [...].

Ceci est très commode pour le développement ultérieur du service et l'augmentation du trafic».[6] L'anticipation de l'évolution des mobilités ferroviaires permet d'adapter la gare à la possible évolution de la ville dans la hiérarchie urbaine.

Cette manière de penser le bâtiment par la série et ses déclinaisons se retrouve amplement aujourd'hui dans les projets d'aménagement des gares. Cette seconde partie se propose d'interroger la place de la notion de série dans le renouvellement contemporain des programmes de gare. Nous relevons trois catégories de transformations:

*Cas où une nouvelle typologie vient remplacer et/ou compléter l'existant*
En 2020, l'agence AREP a été missionnée pour concevoir une nouvelle typologie pour les petites et moyennes gares du réseau belge.[Fig. 4] Le projet s'adresse aux infrastructures accueillant jusqu'à 20'000 voyageurs par semaine. Il s'est agi pour les concepteurs de développer une boîte à outils à usage des nouveaux projets à venir. La typologie créée, modulable et évolutive, repose sur l'addition verticale et

horizontale de modules cubiques. Sous cette structure mixte acier-bois se développent les organes programmatiques de la gare. Une sur-toiture solaire créant une ombrière permet à la gare d'être productrice en énergie, de collecter les eaux pluviales et de former un flux de ventilation naturelle entre les deux surfaces de toit. La typologie se veut former un écosystème-gare plus qu'un *objet-gare*, en lien avec son environnement grâce à un traitement fin des seuils et à une intervention paysagère raisonnée.

La même année, NetworkRail (Royaume-Uni), lance un concours reposant sur un constat équivalent à celui émis en Belgique : les gares historiques ne permettent plus d'accueillir les usages actuels, n'ont pas assez de flexibilité, et doivent être complétées ou remplacées par une typologie plus modulable et évolutive. La proposition de 7N Architects remporte le concours, et se présente également sous la forme d'une boîte à outils de modules combinables.

Ces nouvelles typologies, belge et anglaise, se pensent ici à l'échelle nationale. La question du rapport avec les séries historiques, leurs logiques programmatiques et dimensionnantes, reste toutefois en suspens : arrive-t-on à un point de rupture, où la série historique n'est plus à même à accueillir l'évolution des usages ?

*Cas où l'intervention prend la forme de typologies de solutions sur le parvis de la gare existante*
Si pour la Belgique et l'Angleterre, la résolution de cette inadéquation passe par l'invention d'un nouveau standard, les Pays-Bas adoptent un point de vue différent : celui de l'adaptation localisée. À ce titre, le Spoorbeeld, organe décisionnaire national pour les gares néerlandaises, a commandé et publié diverses études afin d'améliorer l'accueil des voyageurs au sein de ses gares.[7] L'objectif de cette recherche est de fournir des principes et outils de conception concrets pour le réaménagement des parvis des gares de petites et moyennes villes. La recherche propose des solutions spatiales ou programmatiques sur la base de cas d'étude. Fig. 5 Ces solutions au niveau de l'architecture et de l'espace public sont inventoriées, analysées et organisées en principes de conception, pouvant être lus comme un répertoire de stratégies. Les principes d'intervention proposés dans l'espace extérieur entourant la gare ont pour vocation d'en faire un espace d'accueil pour le voyageur : plus lisible, plus fonctionnel, plus en lien avec son quartier, etc.

*Cas où l'intervention sur la gare existante porte sur son usage intérieur*
La troisième catégorie d'intervention systémique réalisée par les opérateurs ferroviaires est celle liée à la transformation de l'usage intérieur des gares avec la mise en place d'opérations de transformation programmatique des espaces vacants. Fig. 6 C'est par exemple le cas de la France, l'Espagne et de l'Italie qui ont respectivement développé les programmes « Place de la gare », « Activos para el desarrollo » et « Stazioni impresenziate » afin de proposer à des porteurs de projet les espaces inutilisés dans leurs locaux.

Ce réinvestissement d'espaces vacants par des acteurs tiers est rendu possible par la création de plateformes numériques, qui centralisent et diffusent à une échelle nationale les disponibilités de vente ou location. La diffusion massive des offres, à travers ces nouveaux supports de communication, intensifie et structure l'évolution fonctionnelle menée sur les gares. Le phénomène de reconversion, jusqu'alors traité localement et individuellement, est intégré aujourd'hui dans une démarche accélérée de transformation spatiale des gares incitée par la politique des opérateurs ferroviaires. Il est ici possible de voir en cette mise en réseau ouverte une proposition dématérialisée, programmatique, d'agir de manière systémique sur le patrimoine ferroviaire. Sous cette forme, il s'agirait de proposer des modèles – non plus de construction comme au XIXème siècle – mais d'intervention sur l'existant, problématique ancrée dans les besoins du XXIème siècle.

## Conclusion

La série et sa prise en compte dans le processus de considération des bâtiments historiques souligne avant tout l'importance de développer une connaissance transnationale pour comprendre les enjeux qui émergent du patrimoine ferroviaire. En cela, cette recherche souhaite mettre en valeur la conception systémique, à l'échelle européenne, des gares «standard» plutôt que leur prise en compte isolée pour évaluer leurs enjeux de préservation.

Les gares sont issues d'une pensée de réseau, avec une valeur patrimoniale qui dépasse celle de la qualité architecturale et intègre une logique de conception par la répétition commune à la plupart des pays européens. Cette pensée, nous l'avons vu, a conditionné la morphologie des gares dès l'apparition des premiers modèles pour y ancrer l'idée d'une modularité continuellement réinterrogée. Aujourd'hui, les différentes initiatives lancées (concours, opérations de transformation des usages, etc.) impactent massivement les bâtiments historiques pour les adapter aux besoins contemporains. Que devient alors la vision réticulaire de ce patrimoine? La prise en compte des particularismes des bâtiments contextualisés dans la pensée universelle de la production ferroviaire qu'est la série, constitue un levier de réflexion important pour saisir les enjeux de préservation du patrimoine ferroviaire.

Par ailleurs, les trois catégories d'évolution de la gare «secondaire» présentées dans cet article proposent des modèles systématiques d'intervention, afin d'adapter les gares aux mobilités futures. Ces interventions, plus ou moins précautionneuses de l'existant, sont appliquées à une échelle nationale et divergent d'un pays à l'autre. Le nouveau visage que prend les gares n'intègre aucunement la réalité transnationale de leur conception. Le regain d'intérêt récemment porté sur les gares «standard» et les actions hétérogènes entreprises sur elles ne seraient-ils pas le moteur d'une accélération du morcellement du patrimoine ferroviaire européen?

Est-ce un échec de la typologie modulaire historique qui avait comme dessein d'anticiper l'évolution des villes dans la société ou au contraire une opportunité d'exploitation de bâtiments très nombreux pouvant répondre à la fois à l'évolution des modes de mobilités au XXIème siècle et à la nécessité de résilience dans la construction?

Deutsch

In den letzten Jahrzehnten lag der Schwerpunkt bei den europäischen Bahnprojekten auf der Hochgeschwindigkeit. Die aktuellen Herausforderungen des Dekarbonisierungsgebots unserer Mobilität und der Erschliessung dünnbesiedelter Gebiete übertragen sich gegenwärtig auf die historischen Bahnhöfe kleiner bis mittelgrosser Städte. Diese müssen an die modernen Lebens- und Mobilitätsformen angepasst werden, weshalb in ganz Europa zahlreiche Strategien für die funktionale Weiterentwicklung dieser Aufnahmegebäude entstehen. In den in Belgien, den Niederlanden, Grossbritannien, Frankreich, Spanien, Italien und anderen Ländern aufgelegten Programmen wird die Rolle dieser Bahnhöfe auf unterschiedliche Art und Weise konzipiert (Entwicklung neuer reproduzierbarer Modulstrukturen oder programmatische Umwandlung des alten Bahnhofs). Des Weiteren wurden diese kleinen bis mittelgrossen historischen Bahnhöfe meist über ganze Bahnnetze serienmässig nach Typenplan gebaut, um sie schnell und rentabel errichten zu können. Diese Eigenschaft ist grundlegend für ihren kulturhistorischen Wert und die Überlegungen, die zu diesem Kulturerbe angestellt werden sollten: Somit beruht ihr Wert – und ihre Resilienz – nicht so sehr im Bauwerk selbst als vielmehr in seiner Serienbauweise. In diesem Vortrag werden zunächst die verschiedenen Strategien beleuchtet, die in sechs europäischen Ländern entwickelt wurden, um das Kulturerbe der Bahnhöfe kleiner bis mittelgrosser Städte an die Herausforderungen unserer Zeit anzupassen. Tragen diese Initiativen zur Fragmentierung oder zur Bewahrung des Eisenbahnerbes in Europa bei? Danach werden die Projekte historisch ins Bild gesetzt, die Standardarchitektur der Bahnhöfe ab dem 19. Jahrhundert eingeordnet und so die Umstrukturierung der Bahnbauwerke hinterfragt. Wie kann die länderübergreifende Perspektive dieser Serienbauweise zur Bewältigung der aktuellen Herausforderungen beitragen (Resilienz, Modularität, Umnutzung usw.)?

English

In recent decades, European rail projects have focused on high speed. At a time when our mobility systems must be decarbonised and access to less densely populated areas improved, the historic stations of small and medium-sized towns face modern-day challenges. Adapting them to meet the needs of contemporary lifestyles and types of mobility has given rise to a large number of strategies at the European level to develop the role of these passenger buildings. Programmes are emerging in various countries – including Belgium, the Netherlands, the UK, France, Spain and Italy – which see the role of these stations in very different ways (design of new reproducible modular structures or transformation programmes for former stations). Most of these small and medium-sized stations were constructed based on standard serial design schemes across entire rail networks to ensure speed of completion and profitability. This feature is a key part of their heritage value and reflection upon it. It is not so much the building itself but the serial design which represents its richness and resilience. This presentation aims to highlight the various strategies developed in six European countries to adapt the heritage of railway stations in small and medium-sized towns to meet modern-day challenges. Do these initiatives contribute to the fragmentation or the preservation of railway heritage at European level? In a second part, the historical mise en abyme of these projects – with the emergence of standardised railway station architecture from the 19th century – explores the palimpsest character of the railways. How can the transnational scale of this series design enlighten our approach to contemporary challenges (resilience, modularity, re-use)?

| | | |
|---|---|---|
| Notes | 1 | AREP, agence d'architecture et filiale de la SNCF, a été missionnée en 2020 par la SNCB pour la conception d'une nouvelle typologie de gares pour les petites et moyennes villes du réseau belge. Nous pouvons citer également la thèse CIFRE d'Alexandrina Striffling-Marcu en cours de réalisation au sein d'AREP qui traite de l'évolution des gares sérielles en France, Espagne et Italie. |
| | 2 | A titre d'exemple, la première ligne italienne des chemins de fer (Naples – Portici) est réalisée par l'ingénieur français Armand Bayard de la Vingtrie en 1839. En Espagne, un grand nombre d'ingénieurs français sont mobilisés pour la construction du réseau de la compagnie du Nord. |
| | 3 | Émile, Arthur, Veston, Véronique: Les «Grandes Halles Voyageurs», une architecture durable. CILAC, Patrimoine industriel 2021, pp.58–67. |
| | 4 | NS Stations, Bureau Spoorbouwmeester, ProRail: Standaardstations-Voor-oorlogs. Utrecht 2014, p.12, trad. P. Detavernier. |
| | 5 | Étude comparative entre les classes typologiques standard opérées sur les réseaux ferrés en France, Italie, Espagne, Pays-Bas et Belgique, prenant en compte la classe des bâtiments, leurs dimensions, leur programme et leur période de construction. |
| | 6 | Nouvelles Annales de la Construction 9 (1861) 122–123. |
| | 7 | CIVIC Architects, Spoorbeeld: Hartelijk welkom. Samenwerken aan een prettige ontvangst in de stationsomgeving. Utrecht 2018, 40 p. |
| Crédit d'images | 1 | Nouvelles Annales de la Construction, septembre 1861, Pl. 35–36, source gallica.bnf.fr / BnF. |
| | 2–3 | A. Striffling 2022. |
| | 4 | AREP 2021. |
| | 5 | Spoorbeeld: Het Openluchtstation. 2018, p. 140; https://issuu.com/bureauspoorbouwmeester/docs/2017_0_11_het_openluchtstation_de_n (appelé: 09.10.2024). |
| | 6 | A. Striffling 2021. |

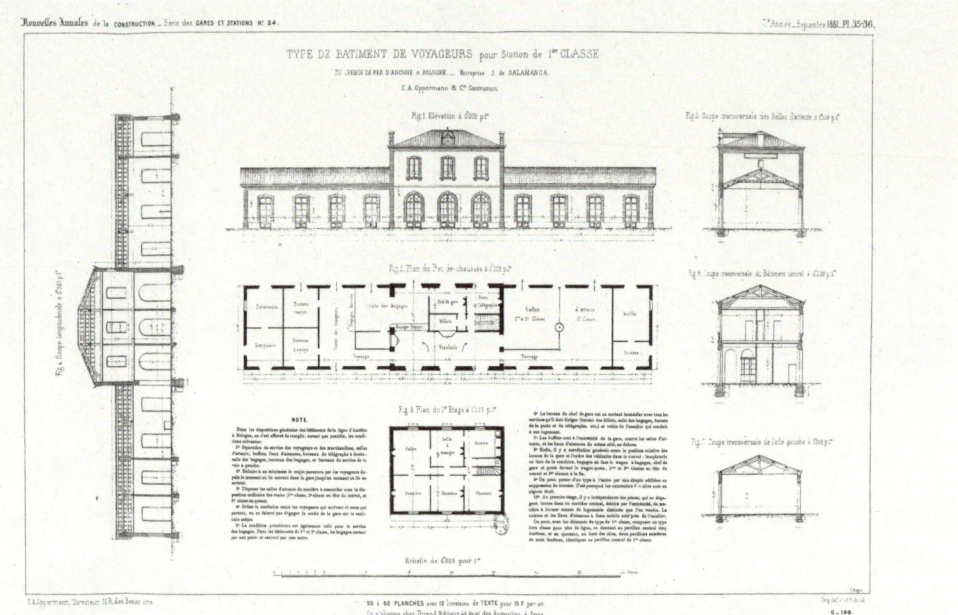

Fig. 1 Type de bâtiment de voyageurs pour station de 1ère classe du chemin de fer d'Ancône à Bologne. Entreprise J. de Salamanca.

Fig. 2–3 Gares de Marotta Mondolfo (3e classe) et Cesena (1ère classe) d'un même type élaboré pour la ligne de Ancône à Bologne (Italie) par l'ingénieur Jean-Louis Protche et l'entreprise de construction Charles Alfred Oppermann. Le particularisme de la façade s'affirme en fonction de la classe (photos: A. Striffling 2021).

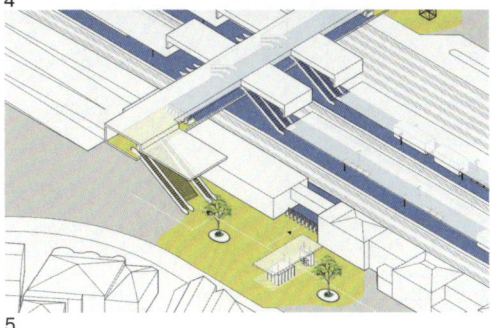

Fig. 4   Application de la nouvelle typologie SNCB en gare d'Etterbeek (Belgique). Proposition (concours) de la nouvelle typologie SNCB en gare d'Etterbeek (Belgique).

Fig. 5   Cas d'étude pour la gare d'Alkmaar, Pays-Bas. CIVIC Architects, The Cloud Collective. «Het Openluchtstation. De nieuwe opgave: het vitale en comfortabele ontvangstdomein».

Fig. 6   Aire de jeu de la crèche nouvellement implantée dans une aile de la gare de Deauville (France) (photo: A. Striffling 2021).

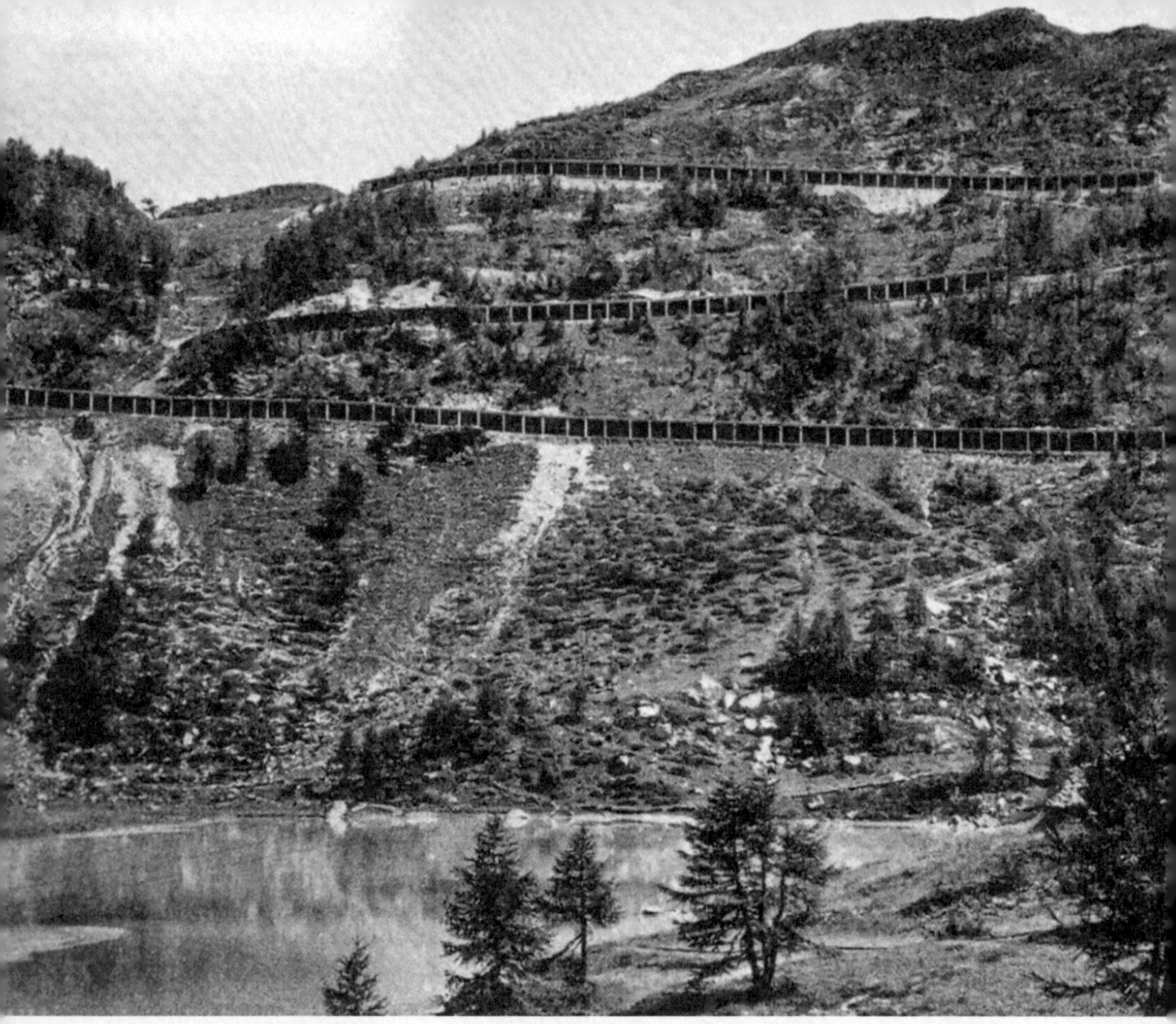

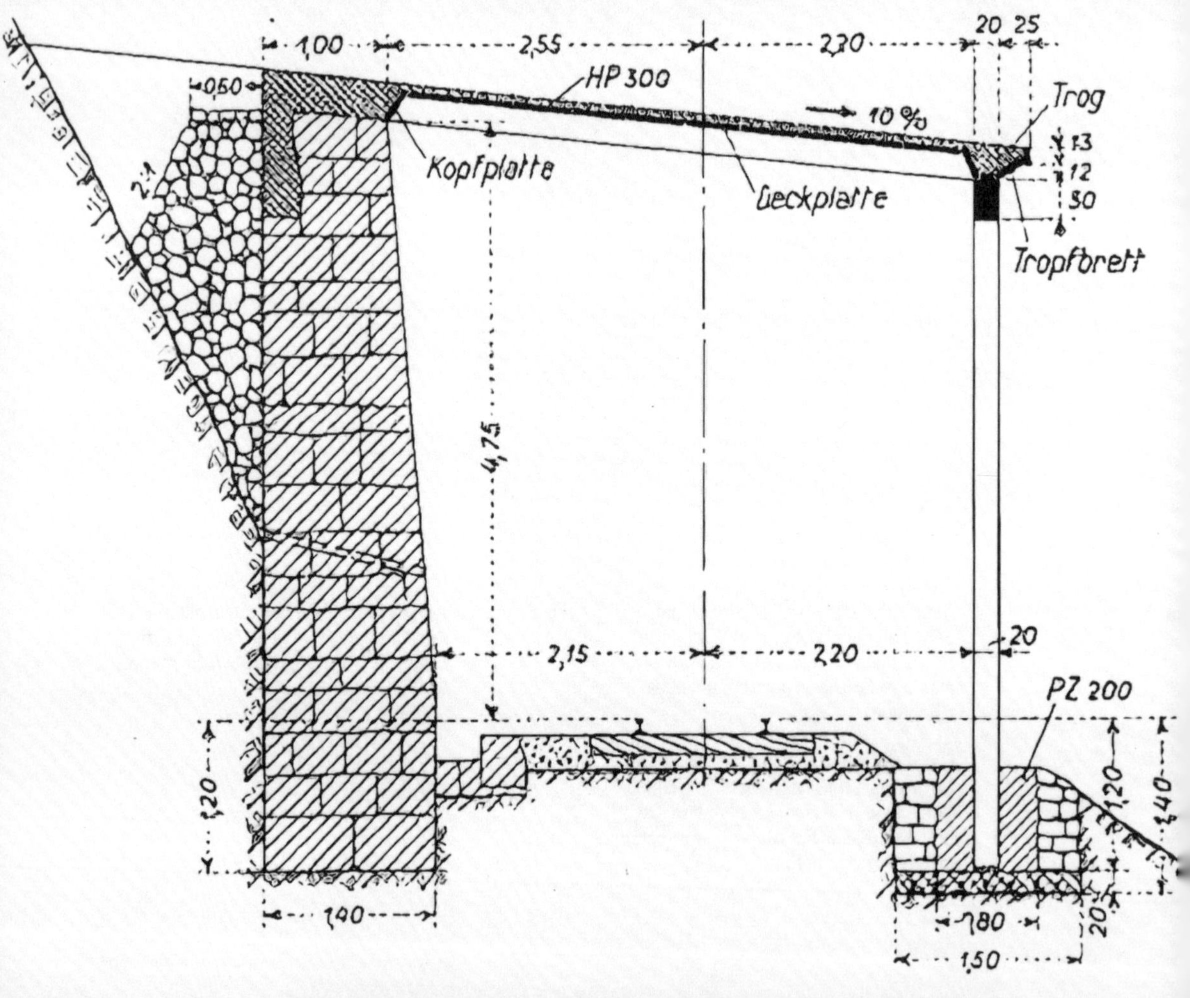
1,00
2,55
2,20
20
25
0,60
HP 300
10 %
Trog
13
12
30
Kopfplatte
Deckplatte
Tropfbrett
2:1
4,75
2,15
2,20
20
PZ 200
1,20
1,20
1,40
1,40
0,80
1,50
20

# Transformation von Schutzbauten

Die neuen Galerien bei Alp Grüm
Jürg Conzett

Die «Berninabahn», eine ursprünglich selbstständige private Bahngesellschaft, heute Teilstrecke der Rhätischen Bahn, verbindet St. Moritz mit Pontresina, Poschiavo und Tirano. Dabei quert sie die Wasserscheide zwischen Inn und Adda in offener Linienführung und erreicht in der Station Ospizio Bernina eine Höhe von 2253 m über Meer. Heute ist die Bahnlinie Teil des UNESCO Welterbes «Rhätische Bahn in der Kulturlandschaft Albula/Bernina».

Die Bahn wurde von Anfang an, seit dem Jahr 1910, elektrisch betrieben. Ursprünglich nur für Sommerbetrieb konzipiert, beschloss man jedoch bald, die Bahnlinie auch im Winter offenzuhalten.[Abb.1] Dies verlangte eine grosse Zahl baulicher und betrieblicher Massnahmen und Anpassungen. Dazu gehörten der Bau von Schnee- und Lawinenschutzgalerien sowie Verbauungen gefährlicher Hänge. An einigen Stellen, vor allem bei der «Alp Bondo» oberhalb der Station Bernina Lagalb, wurde die Bahnlinie neu trassiert, um Gefahrenzonen auszuweichen. In manchen Fällen erwiesen sich die anfänglichen Massnahmen als ungenügend, so auch im Bereich der Station Alp Grüm.

Dreimal quert die Bahnlinie den steilen «Palü-Hang».[Abb.2] Der Hang liegt im Windschatten der Hochebene «Pru dal Vent», die nach Norden zum Lago Bianco hin offen liegt. Bei starkem Nordwind können in kurzer Zeit grosse Schneemengen in den Palü-Hang verfrachtet werden. Schon früh erstellte deshalb die Berninabahn eine erste eiserne, 90 m lange Galerie beim oberen Ausgang des Palü-Wendetunnels und verbaute den Hang mit Trockenmauern und Schneerechen. Trotzdem ereignete sich im Jahr 1937 ein schweres Unglück, bei dem mehrere Bahnarbeiter beim Freilegen eines steckengebliebenen Schneepflugs von einer Lawine erfasst und getötet wurden. Es dauerte aber noch bis 1952, als die Rhätische Bahn, die die finanziell prekäre Berninabahn übernommen hatte, mit dem Bau von drei langen Galerien die Strecke dauerhaft sicherte.[1]

## Bestand

Auf Alp Grüm ist die Bausaison kurz. Daher erstellte man die Galerien in leichter, weitgehend vorfabrizierter Betonbauweise. Stützen und Träger bestanden aus im Spannbett vorgespannten und mit schlaffer Bewehrung ergänzten Elementen. Deckenträger lagen in engen Abständen quer über der Bahnlinie. Talseits lagerten sie auf parallel zum Gleis laufenden Rahmen aus ebenfalls vorgefertigten betonierten Längsriegeln und schlanken, vorfabrizierten Stielen. Bergseits ruhten sie auf einer gemauerten Stützmauer. Stützen, Längsträger und Unterzüge wurden mit einem an Ort gegossenen Überbeton monolithisch verbunden. «Die Wahl des Ausführungssystems erfolgte erst nach eingehenden Studien mit Kostenvergleichen. Man entschied sich schliesslich für den Vorschlag der Vobag AG für vorgespannten Beton, Adliswil, der die weitgehende Verwendung von Bauelementen aus vorgespanntem Beton vorsah, aus einem fabrikmässig hergestellten, sehr hochwertigen Beton also, der auch ohne Bedenken in der Höhe von rund 2000 m.ü.M. angewendet werden durfte.»[2] Den damaligen Gepflogenheiten entsprechend, dilatierte man die Rahmen häufig: Die einzelnen Abschnitte besassen drei Öffnungen von 5.00 + 6.50 + 5.00 m Länge, waren also 16.50 m lang. Die unterschiedlichen Öffnungen verliehen den Galerien eine eigentümliche unregelmässige Rhythmisierung. Das Konstruktionssystem erlaubte eine einfache Montage von Bahnwagen aus, ohne Störung des Bahnbetriebs.[Abb. 3–6]

## Entscheid für Ersatz

Die pionierhafte Konstruktion bewährte sich lange Zeit gut. Doch nach einer Dauer von mehr als 60 Jahren war die filigrane Bausubstanz schadhaft. Wasser drang in die undichten Fugen ein und führte zu Korrosion, da die Bauteile nach heutigem Massstab eine zu geringe Bewehrungsüberdeckung aufwiesen. Eine Instandsetzung wäre schwierig geworden, denn über die sichtbaren Schäden hinaus entsprachen die seinerzeit sehr sparsam angesetzten Einwirkungswerte der Schnee- und Lawinengefährdung nicht den aktuellen Vorstellungen. Auch war die Anprallsicherheit der Stützen im Fall eines aussergewöhnlichen Ereignisses nicht gegeben. Schliesslich war das vorhandene Lichtraumprofil für die heutigen Sicherheitsanforderungen des Bahnbetriebs zu eng.

Aus diesen Gründen beschloss die Rhätische Bahn, alle drei Galerien zu ersetzen. Dabei war es natürlich wichtig, ein Bauwerk zu entwerfen, das nicht nur die Anforderungen bezüglich Lichtraumprofils, Lawinen- und Anprallsicherheit erfüllt, sondern sich auch zufriedenstellend ins Welterbe einfügt.

## Tragwerkskonzept

Der Entscheid für einen Neubau ermöglichte es, das Tragwerkskonzept der Galerien von Grund auf neu zu überdenken. Die Forderung nach einer kurzen Bauzeit galt nach wie vor. Wegen des grösseren Lichtraumprofils der neuen Galerien konnte man sie den bestehenden «überstülpen». Die bestehenden Galerien bildeten dabei das Lehrgerüst für die neuen. Auf diesem Gerüstboden konnten die neuen Decken als Ortbetonkonstruktion erbaut werden. Materialersparnis war angesichts der Betontransporte mit Eisenbahn und Bauseilbahn eine zentrale Forderung; aus diesem Grund bestehen die Decken aus schlanken Plattenbalken mit Rippen quer zum Gleis. Die Ähnlichkeit mit der bestehenden Konstruktion ergab sich somit fast von selbst aus den gleichen logistischen Anforderungen wie beim seinerzeitigen Bau.

Auch war es heute wie damals zeitsparend, die Stützen vorzufabrizieren. Im Projekt wurden Varianten in Stahl und Beton verglichen. Betonstützen waren kostengünstiger als Stahlstützen und die Einheitlichkeit des Materials erschien im vorliegenden Fall auch ästhetisch befriedigender. Die Betonstützen legten es nahe, den talseitigen Teil des Tragwerks wiederum als Rahmen auszubilden. Die Anprallasten auf die Stützen sind gross. Für diese Anprallsituation ist das Rahmensystem sehr leistungsfähig, da die Lasten nicht nur in die nächstgelegenen Fundamente geleitet, sondern über die Rahmenriegel in Längsrichtung auf mehrere Stützen übertragen werden können. In Querrichtung zum Gleis soll die Stütze möglichst biegesteif im Fundament eingespannt sein; in Längsrichtung sind elastische «Fussgelenke» durch schlanke Querschnitte für die Fundamente sinnvoll. Die rechteckige Stütze ist somit unten in Querrichtung breit und in Längsrichtung schmal. Nach oben wechseln die Steifigkeitsverhältnisse um 90 Grad, da hier eine grosse Biegesteifigkeit für die Rahmenwirkung in Längsrichtung erwünscht ist, während der Anschluss in Querrichtung schlank ausgebildet sein darf. Die rückwärtige Wand aus Natursteinen konnte beibehalten werden, sie wurde lediglich leicht erhöht.

Ein bedeutender Unterschied zur bestehenden Galerie ist der Verzicht auf Dilatationsfugen bei den Neubauten.[Abb. 7] Die Schäden an der bestehenden Galerie zeigten deutlich, dass derartige Fugen auf lange Sicht Schwachstellen sind. Die neuen Galerien sind fugenlos gebaut, eine entsprechende Bewehrung sorgt dafür, dass Schwindrisse über die ganze Fläche fein verteilt werden. Temperaturänderungen führen zu einem leichten Öffnen und Schliessen dieser Risse. An den Enden sind die Decken im Boden verankert, um grössere Bewegungen an diesen Stellen zu vermeiden.

## Bauablauf

Die Baustelle war nur mit der Bahn erreichbar. Für leichte Baumaschinen erstellte man bergseits der Galerien schmale, die Landschaft schonende Pisten. Seilkrane von der Station Alp Grüm aus erschlossen die Baustellen. Der Bau erfolgte in Abschnitten von etwa 25 m Länge. In diesen Abschnitten wurden zuerst die Öffnungen der bestehenden Galerien talseits mit Schutzvorrichtungen verschlossen. Damit war es möglich, die neuen Fundamente mit Mikropfählen während des Zugbetriebs zu erstellen. Auf die Fundamente stellte man die neuen vorfabrizierten Stützen.[Abb. 8] Die bestehenden Galerien stützte man vor der bergseitigen Stützmauer provisorisch ab und durchtrennte sie mit einem Schnitt in der Ebene der Mauerflucht (die eigentlichen Abbrucharbeiten erfolgten erst später nach Fertigstellung der neuen Decken). Die Längsträger betonierte man konventionell am Ort. Auf der bestehenden Galerie wurden die neuen Decken geschalt, bewehrt und betoniert. Nach Erhärten des Betons wurde die bestehende Galerie von unten in Teile geschnitten und zusammen mit der Deckenschalung mit Bahnwagen entfernt.

## Denkmalpflegerische Aspekte

Der Entscheid für den Ersatz der bestehenden Galerie erfolgte auch aufgrund der Einsicht, dass eine Ertüchtigung des Bestandes ohne starke und entstellende Eingriffe in die Bausubstanz nicht möglich war. Die hauptsächliche denkmalpflegerische Bedeutung der neuen Galerie besteht darin, dass sie den weiteren Bahnbetrieb auf der bestehenden Linienführung ermöglicht. Die Konzeption der neuen Galerie erfolgte primär in der Art einer ausgefeilten technischen

Problemlösung. Dabei zeigte sich, dass verschiedene Kriterien und Massnahmen, die den Entwurf des früheren Tragwerks bestimmten, immer noch gültig und sinnvoll waren. Aus diesen Gründen entstand ein Neubau, der in verschiedenen Aspekten an die alten Galerien erinnert.

Bemerkungen zu «Erinnerung», «Rekonstruktion» und «Historismus» im Ingenieurbau

Wenn ein Bauwerk ersetzt werden muss, resultiert daraus ein Neubau. Es erscheint selbst im denkmalpflegerischen Kontext sinnvoll, einen Neubau so zu entwerfen, dass er zunächst in sich stimmig und intelligent konzipiert ist, und nicht a priori formale Elemente des verlorenen Bestands übernimmt. Wenn, wie bei den Galerien Grüm und Palü, die gute Neubaulösung an die Vorgängerin erinnert, weil sich die Bedingungen der Ausführung in den letzten sechzig Jahren nicht allzu sehr veränderten, ist das ein willkommener Glücksfall. [Abb. 9–10]

Während der Entwicklung der «Normalbauweise» für die Instandsetzung der gemauerten Viadukte der Rhätischen Bahn, erwies sich der Schottertrog in Beton als gute und dauerhafte Lösung, einerseits zur Abdichtung der Brücke gegen Meteorwasser, andererseits für einen maschinellen Unterhalt des Schotterbetts. Nun sind die einheitlich ausgebildeten gemauerten Viadukte ein Herzstück der Architektur der Rhätischen Bahn und deshalb soll der Kontrast zwischen den grossen ungegliederten Ansichtsflächen und dem sozusagen klassizistischen Gesimse der Abdeckplatten auf Konsolsteinen erhalten bleiben. Dies gelingt durch Andübeln der Konsolsteine am nicht sichtbaren, weil mit Vormauerung versehenen Betontrog. Die Brücken werden um einige Dezimeter verbreitert, dabei wird das Verhältnis 4:7 zwischen der Kragung des Konsolsteins und dem Vorstehen der Abdeckplatten aufrechterhalten. [Abb. 11]

Eine grosse Zahl von Tunneln der Rhätischen Bahn ist derart schadhaft, dass ihre Tunnelauskleidung erneuert werden muss. Dies geschieht mit Tübbingen aus vorfabrizierten Betonelementen unter Betrieb, mit einem logistisch anspruchsvollen Ablauf unter Einsatz eines mobilen Schutztunnels für die Züge. Ähnlich wie bei den Viadukten sollen die Tunnelportale mit Rücksicht auf die Gesamtanlage weiterhin aus Stein bestehen; sie werden deshalb nach der Instandsetzung in Stein wieder aufgebaut. Um den Anforderungen des heutigen Bahnbetriebs besser zu entsprechen, sind die neuen Abmessungen um elf Prozent vergrössert. Aus diesem Grund werden die Kranzsteine der Gewölbe neu angefertigt. Das übrige Mauerwerk besteht aus den bisherigen, lediglich neu vermörtelten Mauersteinen.

Bei der Verbreiterung der Jenisbergerbrücke bei Davos Wiesen hat man die bestehende Brüstung abgebrochen und in verschobener Lage auf auskragenden Betonelementen wieder aufgebaut. Die Betonelemente sind aussen mit Rippen versehen, was einerseits Gewicht spart, andererseits dem Bauwerk eine historistische Anmutung verleiht, die gut zu seinem Charakter passt. [Abb. 12]

| | |
|---|---|
| Bauherrschaft | Rhaetische Bahn AG |
| Bauingenieur | Conzett Bronzini Partner AG, Chur |
| Fertigstellung | 2021 |
| Bauunternehmungen | Nicol. Hartmann Cie AG, St. Moritz Galerie Gruem und Galerie Palue sotto, ARGE Seiler AG, Pontresina / Vecellio Construzioni AG, Poschiavo Galerie Palue sopra |
| Bauleitung | Caprez Ingenieure AG, Silvaplana Galerie Gruem, AFRY Schweiz AG, St. Moritz Galerie Palue sopra, Galerie Palue sotto |

English    In the area of the Alp Grüm station of the Bernina line of the Rhaetian Railway, the railroad crosses the steep slope three times. To protect the tracks from avalanches, galleries were built in the early 1950s using a very light construction method with prefabricated concrete elements. In recent years, the damaged galleries had to be replaced. The design and realisation of these new galleries had to meet monument preservation, aesthetic, technical and construction logistic requirements. The article sheds light on the background of the design and construction process of the new buildings from the first sketches to the finished structure. In addition, based on this experience, an attempt is made to formulate some general theses on new construction in the historical context of buildings of the railroad. What do keywords like «memory», «historicism», and «reconstruction» mean in the context of engineering structures?

Français    Dans la zone de la station Alp Grüm de la ligne de la Bernina des Chemins de fer rhétiques, la voie ferrée traverse trois fois la pente abrupte. Pour protéger les voies des avalanches, on a construit au début des années 1950 des galeries de construction très légère avec des éléments en béton préfabriqués. Ces dernières années, les galeries devenues détériorées ont dû être remplacées. La conception et la réalisation de ces nouvelles galeries devaient répondre à des exigences de protection du patrimoine, d'esthétique, de technique et de logique de construction. L'article met en lumière le contexte du processus de conception et de construction des nouveaux bâtiments, depuis les premières esquisses jusqu'à l'ouvrage achevé. En outre, il tente de formuler, sur la base de cette expérience, quelques thèses générales sur la nouvelle construction dans le contexte historique des bâtiments des chemins de fer. Que signifient des mots-clés tels que «mémoire», «historicisme» et «reconstruction» dans le contexte des ouvrages d'art?

Anmerkungen    1  Conrad, Hans: Die neuen Schneegalerien der Rhätischen Bahn auf Alp Grüm. In: Schweizerische Bauzeitung 72 (4) (1954) 41–44.
2  Ebd., S. 42.

Abbildungsnachweis    1  ba.e-pics.ethz.ch/catalog/ETHBIB.Bildarchiv/r/1235649.
2  RhB, Karl Baumann.
3  Schweizerische Bauzeitung (SBZ) 72 (4) (1954) 42.
4  SBZ 72 (4) (1954) 41.
5  SBZ 72 (4) (1954) 44.
6–8  CBP.
10  Geogrischa.
11–12  CBP.

Abb. 1  Die Station Alp Grüm im Winter.

Abb. 2  Luftaufnahme des Palü-Hangs mit den drei Galerien.

Abb. 3  Typische Details der Galerien von 1952.

Abb. 4  Die Galerien vom Palü-See gesehen. Gut erkennbar sind die unterschiedlichen Weiten der Öffnungen infolge der dreifeldrigen Einheiten.

Abb. 5a–b  Die Galerie Grüm kurz nach der Fertigstellung.

Abb. 6  Die teilweise unterspriesste Galerie Grüm nach 65 Jahren Betrieb.

Abb. 7  Teilansicht der neuen Galerien. Sie sind jeweils auf ihre ganze Länge fugenlos ausgebildet.

Abb. 8   Montage der vorfabrizierten Stützen vor der bestehenden Galerie.

Abb. 10  Die neuen Galerien sind fast fertig. Noch fehlt eine Partie vor dem unteren Portal des Palü-Wendetunnels (links).

Abb. 12  «Freier Historismus» bei der Verbreiterung der Jenisberger Brücke bei der Station Davos Wiesen. Die alte Brüstung ist auf vorfabrizierten Betonelementen neu aufgemauert.

Abb. 9   Fertige, neue Galerie Grüm.

Abb. 11  Aus Respekt vor dem traditionellen Bild der Mauerkrone weiterverwendete, aber funktionslose Konsolsteine am Viadukt Val Susauna.

# Umnutzung

# Conversion

# Réaffectation

Block 2 – Praxis

Das Panel    Moderation und Text
             Ruggero Tropeano

Einführend möchte ich kurz anhand meiner Praxiserfahrungen auf den Wandlungsprozess vom Zustand der Nutzung zum Zustand der Umnutzung eingehen. Sie beruhen auf Beobachtungen von Projekten im Stadt-, aber auch im Gebäude- bzw. Raumgefüge in Zürich.

*Stadträumliche Umnutzungen*

Als erstes Beispiel möchte ich das Industriequartier Röntgenstrasse in Zürich nennen. Hier wurde aus einer früheren Bahntrasse mit gekurvtem Verlauf eine Wohnstrasse, die heute ein bedeutender Quartierstrassenraum ist.

*Industriareal*

Als zweites Beispiel soll die Umnutzung von Industriegleisen angeführt werden. In Industriearealen hatten Industriegleise eine wichtige Funktion für die Infrastruktur. Eine Umnutzung der aufgelassenen Gleise durch rot markierte Fahrradwege stellt eine gelungene und prägnante funktionelle Aktualisierung dar.

*Viadukte*

Viadukte prägen das Bild der Industriegebiete der Stadt Zürich und wurden in der Planung der Stadtingenieure differenziert gestaltet: entlang von Bauparzellen massiv mit Bogenstruktur, beim Kreuzen der Strassenachsen mit eisernen Skelettträgern.

Als vorbildliche Umnutzungsbeispiele sei das Aussersihler Viadukt (Wipkinger- und Lettenviadukt) genannt. Hier sind mit der Umnutzung neue städtebauliche und gesellschaftliche Qualitäten entstanden. So ist aus dem Lettenviadukt die neue Stadtverbindung für Fussgänger zwischen Kreis 1 und 6 mit dem Industriequartier entstanden. In den Bogenbereichen hat sich das Einkaufs- und Flaniergebiet «Viadukt» mit direkter Verbindung zur bestehenden, sehr gut im Quartier integrierten Freifläche der Josefswiese gebildet.

*Bahnareale*

Die von früheren Funktionen befreiten städtischen Bahnareale bieten oftmals Räume, die als Quartierverbindungen und öffentlicher Raum von Bedeutung sind. Ein prägnantes Beispiel ist das Gebiet um den Bahnhof Letten, das heute zu den beliebtesten Freizeitarealen Zürichs zählt.

*Aufnahmegebäude*

Ein besonders gelungenes Beispiel für eine Gebäudeumnutzung ist der Reiterbahnhof Wiedikon in Zürich, der bauzeitlich Teil einer grösseren städtebaulichen Planung von Herrmann Herter war. Hier konnte die Halle mit Kiosk und Café erhalten werden. Wohnbereiche wurden zu Büroräumen umgenutzt und fremdvermietet.

Im Panel-Gespräch wurden aus den Vorträgen über Fragen und Antworten besondere Aspekte hervorgehoben: (1) Die Finanzierung der Neunutzungen der geschützten Bahnhöfe in England ist über einen Trust (Stiftung) organisiert. Es werden ordentliche Beiträge geleistet, die helfen, die Schutzobjekte (oft Bahnhöfe und Linien) zu sichern und zu verantwortungsvollen Neunutzungen zu führen. Auch Gelder des Lotteriefonds fliessen in die Beiträge. (2) Eine Neunutzung als Museum, nota bene kein Bahnmuseum, des vom Erdbeben zerstörten Bahnhofs von Skopje zeigt die Grenzen der Möglichkeit eine verwandte Nutzung zu finden. Nach der Trennung der Aufgabenbereiche «Infrastruktur» und «Verkehr» war der Bahngesellschaft keine übergeordnete Interessenabwägung im Sinne der ehemaligen Funktion des Baudenkmals möglich. Nur sporadisch finden sich Anzeichen der früheren Nutzung. (3) Bei der Brennerbahnlinie ist eine beachtliche Anzahl von den ursprünglichen Bahnwärterhäusern erhalten, mehrere werden vom Zerfall bedroht und stehen im Konflikt mit Sicherheitsgedanken entlang der Bahnlinie. Eine neue Strategie mit Sicherung des Bestandes durch eine Umnutzung als «albergo diffuso» in enger verkehrstechnischer Beziehung zu den Rad- und Wanderwegen entlang des Brennerpasses soll in den nächsten Jahren zur Neunutzung und Revitalisierung der «charmanten Technik-Kleinöden» führen. (4) Eine stillgelegte Bahnstrecke, Baden – Bülach, ein Mikrokosmos in der Gemeinde Regensdorf wartet nach eingehender Dokumentation und Inventarisation des Bestandes an Kunstbauten auf eine Wiederbelebung mit neuem Betrieb als Rad- oder Wanderweg im realen Kontext der Verkehrs- und Industriegeschichte.

| The Panel | Moderation and text
Ruggero Tropeano |

First of all, I would like to briefly discuss the transformation process from the state of use to the state of conversion, based on my experience. Observations from projects implemented in Zurich's urban structure, built environment, and spatial fabric form the basis of the discussion.

*Urban conversion*

The first example I would like to cite is the Röntgenstrasse industrial district in Zurich. Here, a curved former railway line has been transformed into a residential street, which is now a major road space in the district.

*Industrial area*

A second example is the conversion of industrial railway tracks. In industrial areas, industrial tracks played an important role in the infrastructure. Converting the abandoned railway tracks into red-marked cycle paths represents a successful, striking, and functional update.

*Viaducts*

Viaducts characterise the image of Zurich's industrial areas and were differentiated in the city engineers' planning: along building plots with a solid arch structure, at the intersection of road axes with iron skeleton supports.

The Aussersihler Viaduct (Wipkinger- und Letten viaducts) are excellent examples of conversion projects. Thanks to the conversion, new urban and social qualities have developed. The Letten viaduct has become the new urban pedestrian connection between districts 1 and 6 and the industrial quarter. Within the arch spaces, the «Viadukt» shopping and promenade area has come up, with a direct connection to the existing open space of Josefswiese, which is very well integrated into the area.

*Railway areas*

Urban railway areas no longer used for their former functions often provide spaces that play an important role as neighbourhood connections and public spaces. One prominent example is the area around Letten station, which is now one of Zurich's most popular leisure areas.

*Station buildings*

A particularly successful example of a building conversion is Wiedikon station in Zurich, where the reception building is located like a bridge across the tracks. At the time of construction, the station was part of a larger urban development plan by Herrmann Herter. The hall with its kiosk and café has been preserved. Residential areas were converted into office space and rented out to third parties.

In the panel discussion, specific aspects of the presentations were highlighted through questions and answers: (1) The financing of the repurposing of protected stations in England is organised via a trust. Regular contributions are provided to help secure protected objects (often railway stations and lines), leading to responsible repurposing. Money from the lottery fund also flows into the contributions. (2) The repurposing of the Skopje railway station, which was destroyed in an earthquake, as a museum (notably not a railway museum) shows the limits of the possibilities of finding a related use. Following the separation of the «Infrastructure» and «Transport» remits, the railway company was not able to weigh up interests in service of the former functions of the listed building. Indications of the former use of the station can seldom be found. (3) Along the Brenner railway line, a considerable number of the original signaller's houses have been preserved. Several are threatened by decay and are in conflict with safety considerations along the line. A new strategy is to safeguard the existing buildings by converting them into an «albergo diffuso» with close transport links to the cycle and hiking trails along the Brenner Pass. The project is intended to stimulate the repurposing and revitalisation of these «small, charming gems» over the next few years. (4) The disused Baden – Bülach railway line, a microcosm in the municipality of Regensdorf, is waiting to be revitalised with a new function as a cycle or hiking trail in the real context of transport and industrial history, following detailed documentation and inventory-taking.

| Le panneau | Moderation et texte |
|---|---|
|  | Ruggero Tropeano |

Pour commencer, je souhaite aborder brièvement, sur la base de mon expérience pratique, le processus de passage de l'état d'utilisation à l'état de reconversion. Je m'appuie sur des observations réalisées dans le cadre de projets menés à Zurich dans le tissu urbain, ainsi que plus précisément dans divers bâtiments et espaces.

*Réaffectations de l'espace urbain*

Mon premier exemple est celui du quartier industriel de la Röntgenstrasse à Zurich. Une ancienne voie ferrée sinueuse a laissé place à une rue résidentielle qui est aujourd'hui un espace routier important dans le quartier.

*Zone industrielle*

Mon deuxième exemple est celui de la reconversion de voies industrielles qui jouaient un rôle majeur pour l'infrastructure des zones industrielles. La transformation de ces voies abandonnées en pistes cyclables rouges constitue une mise à jour fonctionnelle, efficace et réussie.

*Viaducs*

Les viaducs, éléments indissociables des zones industrielles de la ville de Zurich, ont été planifiés individuellement par les ingénieurs urbains: structure arquée le long des parcelles constructibles, ossature en acier aux croisements d'axes routiers.

L`Aussersihler Viaduc (les viaducs de Wipkingen et de Letten) sont les parfaits exemples d'une reconversion qui a ouvert de nouveaux horizons sur le plan tant urbain que social. Dorénavant, le viaduc de Letten permet aux piétons des arrondissements 1 et 6 de rejoindre le quartier industriel. Les arcs accueillent l'artère commerciale et piétonne «Viadukt», qui propose un accès direct à l'espace vert Josefswiese parfaitement intégré dans le quartier.

*Domaines ferroviaires*

Les domaines ferroviaires urbains libérés de leurs anciennes fonctions offrent souvent des possibilités intéressantes pour aménager des liaisons entre les quartiers et les espaces publics. Je citerais notamment le domaine de la gare de Letten, qui figure aujourd'hui parmi les espaces de loisirs préférés des Zurichoises et Zurichois.

*Bâtiments voyageurs*

La gare équestre de Wiedikon à Zurich, qui faisait partie, à l'époque de sa construction, d'un plan d'urbanisme plus vaste de Herrmann Herter, est un exemple particulièrement réussi de reconversion de bâtiments. Le hall avec son kiosque et son café a été conservé. Les espaces de logement ont été transformés en bureaux et mis en location.

La séance de questions-réponses a mis en relief plusieurs aspects déterminants: (1) Le financement de la reconversion des gares protégées en Angleterre est organisé via un trust (fondation). Le versement de contributions ordinaires permet de sauvegarder les objets dignes de protection (souvent des gares et des lignes) et de les réaffecter de manière responsable. Le fonds de loterie alimente également les contributions. (2) La réaffectation à titre de musée (non ferroviaire) de la gare de Skopje détruite par un tremblement de terre montre les limites posées à une utilisation apparentée. Après la séparation des domaines d'activité «Infrastructure» et «Transport», la compagnie ferroviaire n'a pu faire valoir aucune pondération supérieure des intérêts en faveur de l'ancienne fonction du monument historique. Aujourd'hui, seuls quelques indices témoignent de l'ancienne utilisation du bâtiment. (3) La ligne du chemin de fer du Brenner conserve un nombre élevé d'anciennes guérites, dont plusieurs menacent de tomber en ruine et sont donc en conflit avec le principe de sécurité le long des voies. Dans les années à venir, une nouvelle stratégie prévoyant la conservation des installations existantes dans le cadre d'un projet de reconversion en «auberge diffuse» (albergo diffuso) étroitement connectée aux pistes cyclables et chemins de randonnée du col du Brenner doit permettre d'insuffler une vie nouvelle à ces joyaux techniques dont il émane un charme pittoresque. (4)

Au terme d'un travail approfondi de documentation et d'inventorisation des ouvrages d'art existants, la ligne ferroviaire désaffectée Baden – Bülach – microcosme dans la commune de Regensdorf – attend sa reconversion en piste cyclable ou chemin de randonnée dans un contexte historique réel en lien avec les transports et l'industrie.

# Railway Heritage in the UK

History of the Railway Heritage Trust (RHT)
Andrew Savage

Great Britain can claim, with justification, to be the home of railways, with the opening of the Stockton and Darlington Railway in 1825, and the Liverpool and Manchester Railway in 1830, being two major steps on the way to the railways systems that have developed since. By the end of the 19th century the British railway network had grown to some 20'000 miles, a figure that changed little in the next 50 years. However, after the Second World War the amount of rail traffic declined, and the closure of secondary and branch routes, which had started in the 1930s, vastly accelerated particularly in the 1960s, until the network settled at its present size of just under 10'000 miles. As well as all these closures, the operation of the railway changed greatly, and the demand for buildings on stations declined, in many cases to the point where all the buildings on smaller stations were redundant. Modernisation of signalling, and the abandonment of steam traction, also reduced the demand for railway buildings.

Initially, British Railways (BR) demolished many of the newly redundant buildings, or, in the case of closed lines, sold them off. However, this was less easy where parts of the buildings had to be retained in operational use, and, in addition, a movement to preserve historic buildings grew in strength, with many of the remaining buildings being statutorily ‹listed›. This means that they could not be demolished or even substantially modified without government agreement.

BR found that it was in the position of owning a large number of redundant buildings that it had a legal duty to maintain, but did not get any revenue from. In an attempt to address this, in 1985 it set up and funded an independent company, The Railway Heritage Trust (RHT), with a remit to address this problem.

## The Railway Heritage Trust

The RHT is a not-for-profit limited company, limited by guarantee, and owned by its directors. It is a very small body, never employing more than three full-time employees, and now with only two, an Executive Director and a Company Secretary. The company's turnover is some £2.7m a year, with 90 per cent of that coming from the main railway infrastructure owner, now Network Rail, and the balance from National Highways, which manages much of the closed British railway estate. Although the RHT is funded by the rail industry, its independent status gives it a voice on railway built heritage matters that carries considerable weight with government, both local and national.

The RHT has two main objectives, firstly to improve heritage features on the main rail systems, and secondly to find new uses for redundant buildings and structures, and disused space in operational buildings. Its scope is buildings and structures that are either listed or in a Conservation Area, and that are also owned by Network Rail or part of Government's Historical Railways Estate. (The RHT does not support projects that are on preserved (heritage) railways, or on the Transport for London system.) It achieves these objectives by giving both advice and grants towards the restoration and re-purposing of the redundant structures. Grants can be up to 40 per cent of the capital cost of restoring the buildings, but the percentage obviously falls as the size of projects gets larger. This percentage limitation means that RHT-funded projects usually are valued at some £4m to £5m a year. In its first 37 years the RHT has made 1,945 grants, totalling some £65m.

## RHT Projects

The RHT is willing to support projects that are for railway operational use, for commercial development, or for community use. As the RHT does not own the properties to which it gives grants it is up to the owner to approve what uses are, and are not, acceptable. Although the RHT does not invest in the actual business uses of the properties it supports, it does take a keen interest in ensuring that those uses are economically sustainable, since without such a use the property would sink back, and the RHT's investment would be lost. This requirement has not limited the uses severely, and examples of the projects that have been supported include:

- Restoring signal boxes, either for Network Rail or relocated to heritage railways
- Restoring turntables and water facilities for steam operation on Network Rail
- Station clocks
- Station lighting
- Alterations to heritage structures for electrification of the railway
- Community meeting rooms
- Railway, business, and community offices
- Relocation of redundant buildings to heritage railways or other new owners
- Gymnasium and sports facilities
- Cafés and restaurants
- Bars and micro-breweries
- Health centres
- Art studios
- Holiday accommodation

The illustrations below show three very different projects that give examples of the work of the RHT, and its wide scope.

### Ladybank – Laird's Waiting Room

Ladybank station, in Fife, to the north of Edinburgh, serves a small village with a population of some 800 people. However, its (junction) station is much larger than that would seem to indicate, with two large buildings, one on each platform, and a smaller stand-alone waiting room that the local Laird (Lord) used. The RHT has given grants for two art studios and a psychotherapeutic centre in the main buildings, plus restoring the station clock, but the Laird's Waiting Room was in a terrible state, with the roof on the point of collapse and totally derelict inside. The RHT worked with a local historic building trust to restore the roof and the interior of the building, so that a local community group could take it on as a community centre and meeting room. The RHT grant of £82'000 made this possible, and restored a derelict building back to community use, giving a useful facility to local residents as well as clearing a dangerous eyesore from the station. Fig. 1–2

### Wakefield – Kirkgate station building

Wakefield is a large city in West Yorkshire, with a population of some 99'000 people. As with so many cities, it was served by two railway companies, in this case the Great Northern Railway line from London to Leeds, and the Lancashire and Yorkshire Railway running from Manchester to Leeds (by a different route) and York. Although the two lines physically cross just outside the city, both had, and have, their own stations. Westgate station serves the London to Leeds line, and has always been kept in a good condition, but Kirkgate, on the Lancashire and Yorkshire line, sees far less traffic and, in railway terms, had deteriorated to an un-staffed halt. However, the main building at Kirkgate had been listed, and was still standing, but in a very derelict state, and the station was described by the Minister for Transport when he visited it as ‹the worst station in Britain›. The RHT would not have challenged this description, but did work with a charity, the Groundwork Trust, and various other funding bodies, to fully restore the building. It now has offices for the Groundwork Trust, a photographic and design studio, six starter offices and a station café, a vast difference from its state fifteen years ago. The restoration of the building cost over £5m, and the RHT made a grant of £500'000 towards it. The early commitment of a RHT grant to this proposal was key to unlocking funds from other supporters. Fig. 3–4

### Bennerley Viaduct

Bennerley, like Wakefield Kirkgate, is an example of how the competition between different railways led to vast infrastructure provision of now-limited use. The coalfields of the East Midlands were a magnet to competing railways, and the Midland Railway laid out its tracks using the various river valleys to its best advantage in the 1840s and 1850s. Twenty years later the Great Northern Railway decided to build a competing line between Nottingham and Derby, following a more northerly route than that the Midland had used, which served the intermediate town of Ilkeston, but had to cross the Erewash Valley at height, both to get over the Midland line on the Valley floor, and in recognition of the high ground on both sides of the Valley. The resultant viaduct was 19 spans and over a quarter of a mile long, and was built in wrought iron in a way that allowed it to be jacked if the local mining made it subside. Although the viaduct was a technical triumph, the railway that ran over it was an economic failure, and it was closed in the 1960s. BR sold the structure to a demolition contractor, who found it too large and expensive to remove, and who returned it to BR. Over the next 50 years there were repeated efforts to find a use for the structure, with the RHT involved from 1985 onwards. However, it was not until the early 2020s that a package was finalised which allowed the viaduct to be re-opened as a cycle route. The RHT funded this with grants of over £600'000, and the total cost of getting the viaduct back into service was £1.4m, and the viaduct re-opened in February 2022 (The author of this paper was given the privilege of being the first person to cycle over it!). Since re-opening the viaduct has become a major local attraction, and is once more contributing to the economy of the Erewash Valley and Ilkeston. Fig. 5

## Conclusion

The work of the RHT is a win-win for society and the rail industry. Where the industry was criticised for its attitude to old buildings, the RHT's work means it is now seen as an exemplar of looking after its assets. The stations where RHT projects have been carried out tend to be better looked-after, more welcoming, and less attractive to potential vandals, and often they encourage people to visit the stations for reasons other than travel, which can result in them thinking more about using the train rather than going by car. In addition, reusing old buildings rather than demolishing them means that the retained $CO_2$ in the building is not released, as is the case with demolition and replacement with a new building. The work of the RHT shows how a little bit of money, with a lot of enthusiasm and professionalism, can go a very long way.

Deutsch

Seit 1985 berät und fördert die Eisenbahnerbe-Treuhandschaft (Railway Heritage Trust, RHT) Projekte zur Aufwertung und Umnutzung kulturhistorisch wertvoller Bahnhöfe des britischen Stammliniennetzes. Ursprünglich von der Bahngesellschaft British Rail finanziert, wird die RHT heute hauptsächlich von der Bahninfrastruktureignerin Network Rail und zu einem geringeren Teil von der Historical Railways Estate getragen, die von der Strassenverwaltungsbehörde National Highways geleitet wird und sich um stillgelegte Bahnstrecken kümmert. Die RHT verfügt über ein Jahresbudget von 2,7 Mio. Britischen Pfund (3,2 Mio. Euro), finanzierte in ihren ersten 36 Jahren 1880 Zuschüsse in Höhe von 62,8 Mio. Pfund (73 Mio. Euro) und beschaffte der Branche dabei Drittmittel in Höhe von über 85 Mio. Pfund (99 Mio. Euro). Andy Savage war zum Abschluss seiner 52-jährigen Karriere im Bahnbereich von 2010 bis April 2022 Geschäftsführer der RHT. In seinem Vortrag erläutert er, wie die RHT funktioniert, und zeigt Beispiele auf, wie sie dazu beigetragen hat, historische Bahnbauten in ganz Grossbritannien zu bewahren und zu restaurieren. Ausserdem schöpft er aus seinem Erfahrungsschatz bei der Ffestiniog Railway, dem ältesten Bahnunternehmen Grossbritanniens, um darzustellen, wie historische Bahnen ihre historischen Gebäude pflegen und Erfolgsgeschichten restaurierter Gebäude auf den britischen Inseln zu präsentieren.

Français

Depuis 1985, le Railway Heritage Trust propose des conseils et des parrainages visant à valoriser les gares du réseau ferroviaire britannique principal présentant un intérêt pour le patrimoine et à leur trouver de nouvelles affectations. Initialement financé par British Rail, le RHT puise désormais l'essentiel de ses fonds chez Network Rail et une partie chez Historical Railways Estate, organisme administré par la compagnie National Highways et en charge des lignes fermées. Le RHT dispose d'un budget annuel de £ 2,7 millions (€ 3,2 millions) et a, au cours de ses 36 premières années d'existence, accordé 1880 subventions pour un montant de £ 62,8 millions (€ 73 millions), ce qui a permis au secteur de bénéficier d'un financement externe de plus de £ 85 millions (€ 99 millions). Andy Savage a été directeur exécutif du RHT de 2010 à avril 2022, l'aboutissement d'une carrière de 52 ans dans le secteur. Il évoquera le fonctionnement du RHT et montrera des exemples de son action dans la conservation et la restauration de structures ferroviaires historiques en Grande-Bretagne. Andy Savage reviendra aussi brièvement sur les méthodes d'entretien des bâtiments historiques pratiquées par les chemins de fer patrimoniaux, principalement à la lumière de son expérience au sein de la Ffestiniog Railway, la plus ancienne compagnie ferroviaire de Grande-Bretagne, et abordera la manière dont la réussite de la restauration des bâtiments patrimoniaux est célébrée dans les îles britanniques.

Image credits   1–5   Railway Heritage Trust.

Fig. 1    Ladybank, Laird's Waiting Room before.    Fig. 2    Ladybank, Laird's Waiting Room after.

Fig. 3    Wakefield Kirkgate extent of work.

Fig. 4   Wakefield Kirkgate after completion.

Fig. 5   Bennerly Viaduct.

# A Station Without a Railway

The Conversion of the Railway Station in Skopje
Besnik Emini

The first train departing from Thessaloniki reached Skopje on 9 August 1873.[1] Given the fact that railway infrastructure was built by European companies, there are not enough authentic materials in one common place, which bear witness to the beginnings of the railway. Some of the materials are part of archives in Turkey, which belonged to the Ottoman Empire as the state that ordered and financed the construction of the railway. Over the years since it was built in 1873, the railway and its infrastructure have been transformed many times under the direction of different organisations. For a certain period of time, Skopje main railway station was located at the same place, but in 1963 the earthquake damaged the existing central station. After the earthquake, Skopje was subject to new urban planning and this also affected the location of Skopje railway station. The railway station which was damaged during the earthquake will be turned into a Museum for the city of Skopje. Beside the fact that the station lost its previous importance, the direction of the railway lines was also changed and the station soon became a station without a railway.

The history of the construction of the railways in the Ottoman Empire starts in the second half of 19th century. In 1869, Baron Hirsh (Moritz Freiherr von Hirsch auf Gereuth), a banker from Brussels, got the concession from the Ottoman Empire to build and operate the entire railway line of around 2,000 km, which would connect Constantinople with Vienna and other lines inside the Empire, such is the planned Thessaloniki-Skopje-Mitrovica-Sarajevo line. There were many reasons to choose the Balkans or this area as the region where the railway starts. The Balkans was very turbulent region and very often uprisings were organised. Railway transport offered the possibility of quickly transporting army troops to the problematic region, to make a quick mobilisation possible.[2] The concession was available for 99 years. Hirsh was obligated to find the finances, to build the lines and to organise their exploitation. The Ottoman government covered the cost with fixed-kilometre guarantee per year. To make this plan a reality, in the beginning of 1870, Hirsch established three different companies under different names. They were: 1. Société Impériale des chemins des fer de la Turquie d'Europe; 2. Société de Constructions des chemins de fer de la Turquie d'Europe; 3. Compagnie generale pur l'exploitation des chemins de fer de la Turquie d'Europe.[3] To find the capital for building the railway lines, Hirsh asked the Ottoman Empire to issue 1,980,000 bonds, bringing 3% interest per year with nominal values of francs 400 for each of them. In 1872, the company that (would) operate the railways signed a convention for exploitation with the Ottoman Empire, which gave the company the right to manage the state forests, which stretched 10 km either side of the railway or 20 km on one side of the railway.

Construction of the Thessaloniki–Skopje–Mitrovica railway line started on 9 February 1871. The whole line was divided into four construction sections. The average speed of the trains in this section was predicted to be 25 to 30 km per hour. The railway sections were opened for traffic in this order:

1. Thessaloniki–Miravci on 6 June 1872.
2. Miravci–Krivolak on 9 January 1873.
3. Krivolak–Veles on 9 April 1873.
4. Veles–Skopje on 9 August 1873.

The tracks of the line were 1,435 mm wide and imported from Germany. The steel tracks were 7.63 m long, while the iron tracks were 6.54 m long.[4]

The station buildings on the line were built with stones or blocks. The smallest stations were often combined with storage spaces. The buildings usually had a basement, a ground floor, and an upper floor. The ground floor was designed for the office and waiting room, and the upper floor for living rooms of station officials. The line had a water storage every 25 or 50 km, located near the bigger stations.

After the Thessaloniki–Skopje line was opened to traffic, in 1874 Skopje was connected by rail with Mitrovica. In 1888, Skopje *was* connected with the new line via Kumanovo to the Vranje-Nish-Belgrade railway and further to European towns.

According to the timetable of 1887, the train from Thessaloniki ran at 07:30 in the morning and arrived in Skopje at 16:30 in the afternoon. From Skopje to Thessaloniki, the train started at 08:00 in the morning and arrived in Thessaloniki at 17:00 in the afternoon. The line operated only on Monday, Wednesday, Friday and Sunday. From Skopje to Mitrovica, trains were running only on Tuesday, Thursday and Saturday. From Skopje to Mitrovica, the train departed at 06:30 and arrived in Mitrovica at 11:49. From Mitrovica to Skopje, the train started its journey at 13:11 and arrived in Skopje at 18:30.

There are different photos of the first station, which bear witness to the transformation over the years. Regarding the fact that there is not a specialised archive where the collection of sources about the railway history of Skopje could be found, there are a lot of visual sources which could be found in different collections out of the country and on many websites of individual collectors and railway enthusiasts.

The railway station in Skopje was located on the right side of the river Vardar. The railway and the station will have an important impact on the further development of this part of the town. In this article only some of the sources will be included, due to limited space and the nature of publication. The map is published recently in the book with collection of sources.[5] On the map is written the year when the map was designed. It is from 1896. [Fig. 1] Figure 2 and 3 show the first railway station in Skopje, built in 1873. [Fig. 2–3] The exact year of the pictures are not known, but it was like this until 1889 when an annex was built for more space, due to the traffic increasing when Skopje was connected to the Vranje–Nish–Belgrade line.[6]

As can be seen in the picture [Fig. 3], the station has been enlarged significantly to increase its capacity.[7] This is supposed to be the last enlargement of the station before it was destroyed in order to build a new station. The Compagnie générale pour l'exploitation des chemins de fer de la Turquie d'Europe managed the railway station until the Balkan Wars, when the station came under control of State Railway of Serbia. This change was registered in the photography when the Ottoman table in the station was removed.

Figure 4 shows a picture from the days when the station was already in the hands of the Serbian army. [Fig. 4] The table with the name of the city station of Skopje in Latin and Arabic letters «Üsküb» was removed and replaced just with letters of Serbian alphabet, renaming it «Serbian royal station».[8]

For the railway station came a period with frequent changes of the rulers. After the Balkan Wars, when the First World War started, the station was under Bulgarian, German and Entente Powers control.[9] After the First World War the station was part of the railways of the Kingdom of Serbs, Croats and Slovenes (from 1929 Kingdom of Yugoslavia). The railway station built in 1873 and enlarged later *was* in use until 1937, when it was demolished. In 1937, the construction of new station started, designed by the architect Velimir Gavrilovic. The construction work lasted three years and the station *was* completed in 1940. The design of the new railway station [Fig. 5] was based on modern needs of functionality with the main hall in the middle of the building, including underground passages from main hall to the railway platforms.[10] This station *was* in active use until 26 July 1963 when the earthquake damaged the station and after that it was out of use. Since then, the part of the building which was not damaged was turned into memorial museum for the earthquake. The site was still used as a railway station until 1981 when the new railway station was opened in another location.

The former railway station, now the Museum of the City of Skopje (since 1974) was adapted based on the design of architect Gjuka Kavuric, who designed the exhibition space. Part of the building is used for housing the administration, depots and labs. But even though there is around 1,500 m2 of exhibition space, there are no elements of railway history, except the building itself. The rails have been removed completely after the traffic was redirected to the new station. [Fig. 6]

Deutsch	Skopje wurde 1873 an die Bahnlinie nach Thessaloniki angebunden. Das osmanische Reich wollte eine Bahninfrastruktur schaffen, um seine Streitkräfte im europäischen Landesteil schneller versetzen zu können. Skopje stellte auf dieser Bahnlinie, die von Thessaloniki über Pristina nach Mitrovica führte, einen Transitbahnhof dar. Ursprünglich sollte die Linie bis Sarajevo weitergeführt werden und an das europäische Netz angeschlossen werden. Mit der Zeit veränderten sich die Prioritäten der Bahnkorridore, der Bahnhof Skopje gewann an Bedeutung und der Verkehr nahm zu. 1937 begannen die Bauarbeiten für einen neuen Bahnhof am Standort des alten, 1873 erbauten Bahnhofs. Dieser Bau mit unterirdischem Perronzugang sollte die modernen Mobilitätsbedürfnisse befriedigen. 1940 wurde er fertiggestellt und eröffnet. Am frühen Morgen des 26. Juli 1963 wurde Skopje von einem verheerenden Erdbeben heimgesucht. Schaden nahm unter anderem auch der Hauptbahnhof. Es wurde entschieden, ihn nicht wiederaufzubauen, sondern in ein Museum über die Stadt Skopje umzuwandeln und das beschädigte Gebäude als Erdbebendenkmal stehen zu lassen. Im Rahmen des geplanten Wiederaufbaus von Skopje wurde der neue Bahnhof an einem anderen Standort gebaut, während der alte Bahnhof vom Bahnnetz abgekoppelt wurde. Heute werden im alten Bahnhof keine historischen Züge oder Ähnliches ausgestellt. 2023 jährt sich die Ankunft des ersten Zuges in Skopje zum 150. Mal. Rund um den alten Bahnhof bauen zurzeit zahlreiche Unternehmen, wodurch sich der Umschwung deutlich verkleinert hat. In diesem Vortrag wird anhand verschiedener verfügbarer Quellen die Geschichte des Bahnhofs von den Anfängen bis zur Gegenwart nacherzählt.

Français	Skopje fut reliée par le rail à Thessalonique en 1873. L'Empire ottoman entendait alors bâtir une infrastructure ferroviaire afin d'accélérer le transport de ses troupes dans la partie européenne de son territoire. Skopje était un point de passage du chemin de fer qui partait de Thessalonique pour se terminer à Mitrovica en passant par Pristina. À l'origine, la ligne devait se poursuivre jusqu'à Sarajevo et être connectée à l'Europe. Au fil des ans, les priorités des corridors ont changé, la gare de Skopje a gagné en importance et le trafic s'est accru. En 1937 débutèrent les travaux de construction de la nouvelle gare sur l'emplacement de l'ancienne gare construite en 1873. La nouvelle gare fut bâtie pour répondre aux besoins du transport moderne, y compris l'accès souterrain aux quais des passagers. Les travaux prirent fin et la gare fut inaugurée en 1940. Aux premières heures du 26 juillet 1963, Skopje fut touchée par un tremblement de terre dévastateur. La gare principale comptait parmi les pertes matérielles. Il fut décidé de ne pas la reconstruire – elle serait désormais utilisée comme musée de Skopje – le bâtiment endommagé servant de monument commémoratif du tremblement de terre. Dans le cadre du nouveau plan de reconstruction de Skopje, la nouvelle gare fut déplacée en un autre endroit et l'ancienne gare déconnectée du réseau ferroviaire existant. Pour l'heure, la vieille gare n'expose aucun modèle de train d'époque ni équipement similaire. L'année 2023 marquera les 150 ans de l'arrivée du premier train à Skopje. De nombreux immeubles d'entreprises privées sont en construction aux abords de l'ancienne gare, limitant son espace extérieur. Les exposés présenteront l'histoire de la gare de ses débuts jusqu'à nos jours à travers les sources disponibles.

Notes

1 Vladislav Karanfilski – Evropskata diplomatija i gredenje železnici vo evropska Turcija (1850–1912) i Makedonija (1870–1997). Skopje 1998, p. 44.
2 Zeytinli, Emine: Economic Concessions for Ottoman Rumelia Railway Projects and Involvement of Foreign Capital, 1860–1936. In: OTAM 48 (2020) 228.
3 Istorija na železnicite vo Makedonija 1873–1973, Skopje, 1973, p. 28.
4 Ibid., p. 37.
5 Shkupi në dokumentet osmane. Tiranë 2021, p. 35.
6 The photo collection of Sultan Abdul Hamid II, Istanbul Universitz Library, No. 90436-12. Published on the web site of Robert Elsie: http://www.albanianphotography.net/abdulhamid/#AL (Accessed: 12.10.2022).
7 https://ceipa.pmf.ukim.mk/en/node/142.
8 Istorija na železnicite vo Makedonija 1873–1973, Skopje, 1973, p. 102.
9 Ibid., p. 134.
10 Stara železnička stanica-Skopje / Velimir Gavriloviq 1931-40, https://marh.mk/stara-zeleznicka-stanica-skopje-velimir-gavrilovikj-1931-40/.

Image credits

1–2 Shkupi në dokumentet osmane .Tiranë 2021, p. 35.
3 The photo collection of Sultan Abdul Hamid II, Istanbul Universitz Library, No. 90436-12. Published in the web site of Robert Elsie: http://www.albanianphotography.net/abdulhamid/#AL [Accessed on: 12.10.2022].
4 Istorija na železnicite vo Makedonija 1873–1973, Skopje, 1973, p.
5 Stara železnička stanica-Skopje / Velimir Gavriloviq 1931-40, https://marh.mk/stara-zeleznicka-stanica-skopje-velimir-gavrilovikj-1931-40/.
6 Diego Delso, delso.photo lizenziert unter CC BY-SA. (https://commons.wikimedia.org/wiki/File:Antigua_estaci%C3%B3n_de_ferrocarril,_Skopie,_Macedonia,_2014-04-17,_DD_15.JPG).

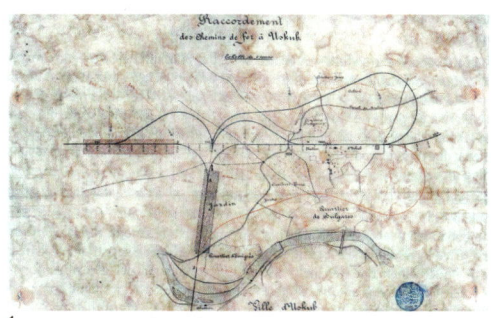
1

2

3

4

Fig. 1 Location of the railway station in Skopje was located on the right side of the flow of the river Vardar. Map from 1896.

Fig. 3 Railway station in Skopje 1889 when an annex was built for more space.

Fig. 2 First railway station in Skopje, built in 1873.

Fig. 4 Railway station when the station become under control of State Railway of Serbia.

Umnutzung

Fig. 5   New train station completed in 1940.

Fig. 6　The building of the damaged station, now used as the building of Museum of City of Skopje (photo: Diego Delso 2014).

# Exkurs
# Arealentwicklung

# Excursus
# Site Development

# Digression
# Développement des Sites

Das Panel    Moderation und Text
             Andreas Vass

Eisenbahnareale stellen gerade in Hinblick auf eine unter Nachhaltigkeitskriterien notwendige qualitätvolle Innenentwicklung eine begehrte Raumressource in städtischen Ballungsräumen dar. Der in Österreich gebräuchliche Begriff «Nachverdichtung» zeigt, dass es hier um ein Spannungsverhältnis, oft genug auch um ein Kräftemessen zwischen unterschiedlichen Interessen geht. Bahnbetreiber, Bevölkerung, Denkmalschutzbehörden, Planung, Immobilienwirtschaft und Politik treffen hier aufeinander. Die Gesprächsrunde, die den Abschluss der Fachtagung bildete, versuchte die unterschiedlichen, auf dieses für die Eisenbahn-Denkmalpflege virulente Spannungsfeld einwirkenden Disziplinen und Interessensfelder mit ausgewiesenen Experten zusammenzufassen. Den Einstieg bildeten drei Kurzreferate, die Zugänge aus rechtlichen, technischen, wirtschaftlichen, raumplanerischen und denkmalpflegerischen Perspektiven darstellten.

Walter Engeler präsentierte aus seiner langjährigen Erfahrung als technisch wie wirtschaftlich profilierter Rechtsberater in Fragen des Denkmalrechts Konfliktpotenziale, Interessensgegensätze und Verständigungsschwierigkeiten in der Interessenabwägung bei Bahndenkmälern. Insbesondere wo diese ortsfesten Denkmäler weiterhin dem Bahnbetrieb dienen, hat die durch das Bundesrecht vorgeschriebene Interessenabwägung die Erfüllung unterschiedlicher Bundesaufgaben – wie die «Planung, Errichtung und Veränderung von Werken und Anlagen» zur Aufrechterhaltung des Bahnbetriebs – den kantonalen Schutzzielen gegenüberzustellen. Eine Schwierigkeit in diesem Prozess besteht darin, dass sich Denkmalschutz-Interessen nach schweizerischer Rechtsprechung auf die «Bejahung durch einen grösseren Teil der Bevölkerung» berufen können müssen, im Sinn einer Objektivierung über das Urteil «eines begrenzten Kreises von Fachleuten hinaus». Schutzziele müssen daher den Bürgerinnen und Bürgern erklärt werden. Wie Herr Engeler in der nachfolgenden Diskussion betonte, können Argumente der «Identität», der «Kontinuität des Vorhandenen» oder der «Umweltstabilität» hierbei zum Tragen kommen, während auch Ansprüche an Verdichtung, Infrastruktur, Ver- oder Entsorgung und Sicherheit öffentliche Interessen von nationaler Bedeutung darstellen können.

Lukas Bühlmann fokussierte in seinem Vortrag eben auf dieses öffentliche Interesse der Verdichtung, das 2013 von den Schweizer Stimmberechtigten auch per Volksentscheid in eine Revision des Raumplanungsgesetzes aufgenommen wurde, wobei den Kantonen auch die Verpflichtung zu einem Mehrwertausgleich auferlegt und das Ziel einer «qualitätvollen Innenentwicklung» festgelegt wurde. Eine denkmalpflegerische Interessenabwägung ist dabei notwendiger Teil des Prozesses. Als ausgebildeter Jurist und Raumplaner, bis 2019 langjähriger Direktor des schweizerischen Raumplanungsverbands EspaceSuisse und «Brückenbauer» zwischen Forschung und Praxis wie auch zwischen den staatlichen Ebenen erläuterte Bühlmann drei Fallbeispiele der jüngeren Zeit:

- Das Basler Erlenmatt-Areal, wo ein Güterbahnhof der DB zwischen 1996 und 2018 einem kontroversiell diskutierten Wohnquartier mit punktuellem Einbezug von Bestandsbauten gewichen ist
- das Sulzerareal in Winterthur, das seit 1990 eine international vielbeachtete Umnutzung der Bestandsbauten des Industrieleerstands in unmittelbarer Bahnhofsnähe erfahren hat
- das Areal Zürich Oerlikon, wo seit der Jahrtausendwende auf dem Gebiet des ehemaligen Industriegebiets am Bahnhof Oerlikon eines der grössten Binnenentwicklungsareale der Schweiz entstand – allerdings ohne Erhaltung von Bestandsbauten.

Matthias Fischer konnte als unmittelbar Involvierter in der St. Gallener Denkmalpflege im Detail über die Innenentwicklung am stillgelegten Güterbahnhof von St. Gallen Auskunft geben, wo die Ablehnung der Entwicklungsprojekte in einem Volksentscheid 2007 zu einem integrativen Planungsansatz mit derzeit laufender Testplanung mit vier Teams aus Architekten, Verkehrsplanern und Freiraumplanern geführt hat. Ein Konfliktfall ergibt sich dabei aus der als Bundesaufgabe nach dem Natur- und Heimatschutzgesetz bewertete Absicht der Errichtung eines Autobahnzubringers auf dem Areal, dem eines der grössten Bestandsgebäude – das Güterexpeditionsgebäude – zum Opfer zu fallen droht.

Die folgende, angeregte Diskussion, in die als weitere hochrangige Expert:Innen Peter König, Leiter des Rechtsdienstes im Bundesamt für Verkehr BAV, Stefan Wülfert, Präsident der Eidgenössischen Kommission für Denkmalpflege, und Susanne Zenker, Leiterin der Development-Abteilung der SBB-Immobilien, einbezogen wurden, vertiefte durch zahlreiche Beispiele aus der reichen Praxis der Panelteilnehmer:Innen die Analyse der wesentlichen Synergien und Konfliktlinien, die qualitätvolle Innenentwicklungen mit Eisenbahndenkmalen zu einer so komplexen wie wesentlichen Herausforderung machen. Auch das Finanzierungsinteresse der SBB kam dabei durchaus offen zur Sprache.

## The Panel

Moderation and text
Andreas Vass

Railway areas are an in-demand spatial resource within urban agglomerations, particularly in relation to the need for high-quality urban developments that meet sustainability criteria. The term «redensification», commonly used in Austria, highlights this tense relationship, which is often a power struggle between different interests. Railway operators, the public, heritage protection authorities, planners, the real estate industry, and politicians all converge here. Concluding the conference, the discussions between proven experts attempted to summarise the various disciplines and fields of interest that impact this virulent area of conflict for the preservation of railway heritage. Firstly, there were three short presentations focusing on approaches from legal, technical, economic, spatial planning, and heritage preservation perspectives.

Walter Engeler drew on his many years of experience as legal advisor in technical and economic areas, working on issues of monument protection law, to present the potential disputes, conflicts of interests, and communication problems that arise when the interests of railway monuments are considered. Especially when these fixed monuments continue to serve railway functions, the balancing of interests as required by federal law must compare the fulfilment of a number of federal tasks, including «the planning, construction, and alteration of works and installations» in order to maintain railway operations, against the cantonal protection objectives. One difficulty encountered in this process is that, according to Swiss legal precedent, monument protection interests must be able to rely on the «affirmation by a larger part of the population», in the sense of an objectivity beyond the judgement of «a limited circle of experts». Protection goals must therefore be explained to citizens. As Mr Engeler emphasised in the follow-up discussion, arguments relating to «identity», «continuity» or «environmental stability» can come into play here, while demands for densification, infrastructure, supply or disposal, and security can also represent public interests of national importance.

In his presentation, Lukas Bühlmann focused precisely on this public interest in densification, which was accepted in a 2013 referendum by Swiss voters regarding a revision of the Spatial Planning Act. This means that the Cantons were also obliged to compensate for added value and «high-quality inwards development» was defined as a goal. Considering the interests of heritage preservation is a necessary part of the process. As a trained lawyer and spatial planner, the long-standing director of the Swiss association for spatial planning EspaceSuisse until 2019 and a «bridge-builder» between research and practice as well as between the different levels of government, Bühlmann explained three recent case studies:

- The Erlenmatt site in Basel, where a DB goods station was replaced by a controversial residential neighbourhood, with some existing buildings being incorporated, between 1996 and 2018
- the Sulzer site in Winterthur, where the existing vacant industrial buildings in the immediate vicinity of the railway station have been converted to international acclaim since 1990
- the Zurich Oerlikon site, where one of the largest inland development areas in Switzerland since the turn of the millennium has been created on the site of the former industrial area at Oerlikon railway station, albeit without the preservation of existing buildings

As someone who was directly involved with the preservation of historic monuments in St. Gallen, Matthias Fischer was able to provide detailed information on the inner development of the disused freight station in St. Gallen, where the rejection of development projects in a referendum in 2007 led to an integrated planning approach. Test planning is currently under way with four teams of architects, transport planners, and open space planners. A conflict arose from the plan to construct a motorway access road on the site, which is considered a federal task under the Nature and Cultural Heritage Act and threatens to destroy one of the largest existing buildings: the freight forwarding building.

The lively discussion that followed – which also included distinguished experts Peter König, Head of Legal Services at the Federal Office of Transport (FOT), Stefan Wülfert, President of the Federal Commission for Monument Preservation, and Susanne Zenker, Head of Development at SBB Real Estate – deepened the analysis of the essential synergies and lines of conflict that make high-quality inward developments with railway monuments such a complex and critical challenge, accentuated by numerous examples from the rich practice of the panel participants. The financial interests of SBB were also openly discussed.

Le panneau  Moderation et texte
Andreas Vass

Les sites ferroviaires sont une ressource convoitée pour répondre aux besoins de développement vers l'intérieur des agglomérations urbaines dans le respect de critères de qualité et de durabilité. Nous sommes en présence de tensions et, bien souvent, d'un rapport de force entre les intérêts de divers acteurs tels que les exploitants ferroviaires, la population, les autorités de conservation des monuments historiques, les spécialistes de la planification, l'industrie de l'immobilier et les responsables politiques. La table ronde qui a clôturé la conférence spécialisée s'est efforcée de synthétiser, avec l'appui de spécialistes reconnus, les disciplines et champs d'intérêt divers qui agissent sur ces tensions déterminantes pour la préservation du patrimoine ferroviaire. Trois exposés introductifs succincts ont décrit des approches sous l'angle du droit, de la technique, de l'économie, de l'aménagement du territoire et de la conservation des monuments historiques.

Walter Engeler s'est appuyé sur sa longue expérience de conseiller juridique spécialisé dans les questions techniques et économiques relevant de la législation en matière de patrimoine historique pour mettre en évidence les conflits potentiels, oppositions d'intérêts et problèmes de compréhension liés à la pondération des intérêts dans le domaine des monuments ferroviaires. Notamment lorsque ces monuments fixes sont encore utilisés dans le cadre de l'exploitation ferroviaire, la pondération des intérêts prescrite par le droit fédéral doit considérer l'accomplissement de différentes tâches fédérales comme la planification, la construction et la modification d'ouvrages et d'installations nécessaires au maintien de l'exploitation ferroviaire en tenant compte des objectifs cantonaux de protection. L'une des difficultés de ce processus réside dans le fait que, selon la jurisprudence suisse, les intérêts de la conservation des monuments historiques doivent pouvoir compter sur l'approbation d'une grande partie de la population, au sens d'une objectivation allant au-delà du jugement d'un cercle limité de spécialistes. Les objectifs de protection doivent donc être expliqués aux citoyennes et citoyens. Comme l'a souligné Monsieur Engeler dans la discussion qui a suivi, l'«identité», la «continuité de l'existant» ou encore la «stabilité environnementale» sont des arguments qui peuvent entrer en ligne de compte, tandis que les exigences en matière de densification, d'infrastructure, d'approvisionnement, d'élimination et de sécurité peuvent constituer des intérêts publics d'importance nationale.

Dans son intervention, Lukas Bühlmann s'est concentré sur cet intérêt public de densification, que l'électorat suisse a intégré par referendum en 2013 dans une révision de la loi sur l'aménagement du territoire. Ce faisant, l'obligation de compenser les plus-values générées a également été imposée aux cantons et le développement vers l'intérieur dans le respect de critères de qualité est devenu un objectif. La pondération des intérêts en matière de conservation des monuments historiques doit faire partie du processus. Juriste de formation et planificateur en aménagement du territoire, directeur de l'Association suisse pour l'aménagement du territoire EspaceSuisse jusqu'en 2019 et «bâtisseur de ponts» entre la recherche et la pratique ainsi qu'entre les différents niveaux étatiques, Monsieur Bühlmann est revenu sur trois cas de figure récents:

- Le site d'Erlenmatt à Bâle, où une gare de marchandises de la DB a été reconvertie de 1996 à 2018 en un quartier résidentiel controversé intégrant quelques bâtiments existants
- le site de Sulzer à Winterthour, à proximité immédiate de la gare, où des bâtiments industriels désaffectés ont été reconvertis à partir de 1990 dans le cadre d'un projet très remarqué à l'échelle internationale
- le site de Zürich Oerlikon, où l'une des plus grandes zones de développement vers l'intérieur en Suisse a vu le jour depuis le début des années 2000 sur le domaine de l'ancienne zone industrielle près de la gare d'Oerlikon (sans toutefois conserver les bâtiments existants).

Matthias Fischer, directement impliqué dans la conservation des monuments historiques de Saint-Gall, a pu fournir des informations détaillées sur le développement vers l'intérieur de la gare de marchandises désaffectée de Saint-Gall, où le rejet des projets de développement lors d'une votation populaire en 2007 a donné lieu à une approche de planification intégrative et à une planification test qui est actuellement mise en œuvre par quatre équipes composées d'architectes ainsi que de spécialistes en planification des transports et en aménagement d'espaces ouverts. Un cas de conflit résulte du projet de construction d'une bretelle d'autoroute sur le site, considéré comme une tâche fédérale selon la loi sur la protection de la nature et du patrimoine, qui risque de sacrifier l'un des plus grands édifices en place, à savoir le bâtiment d'expédition des marchandises.

La discussion animée consécutive, à laquelle ont participé d'autres spécialistes de haut rang – Peter König, directeur du service juridique de l'Office fédéral des transports (OFT), Stefan Wülfert, président de la Commission fédérale des monuments historiques, et Susanne Zenker, responsable de l'unité Développement de CFF Immobilier – a permis d'approfondir, grâce à de nombreux exemples tirés de la pratique des personnes participant au panel, l'analyse des principales synergies et lignes de conflit qui font que les projets bien pensés de développement vers l'intérieur intégrant des monuments ferroviaires constituent de véritables défis, aussi complexes qu'essentiels. L'intérêt des CFF pour le financement a également été évoqué ouvertement.

Cuiq́; suum iusto pensans libramine reddo,
Concilioq́; homines, concilioq́; Deos:

# Rechtliche Stellung von Bahndenkmälern in der Interessenabwägung

Walter Engeler

Gegenstand des vorliegenden Aufsatzes sind ortsfeste Bahndenkmäler, die im Rahmen eines staatlichen Verfahrens aufgrund ihrer Schutzwürdigkeit einer Interessenabwägung unterliegen. Dies sind im Wesentlichen historische Eisenbahnlinien (Linien und Linienobjekte), bauliche Ensembles oder Einzelprojekte (Flächen- und Einzelobjekte), wie auch dazugehörige Anlagen (z. B. Wasserkraftwerke) samt deren Umgebung. Diese Objekte können sich im Eigentum einer Bahnbetreiberin (z. B. Schweizerische Bundesbahn, SBB) oder einer anderen juristischen (staatlich oder privat) oder natürlichen Person befinden.

Interessenabwägungen bezüglich des Erhalts von Bahndenkmälern sind Gegenstand unterschiedlicher rechtlicher Handlungen des Staates. Diese können beispielsweise im Rahmen kantonaler Richt- und kommunaler Nutzungsplanungen, bei Unterschutzstellungen (durch Verfügung, Vertrag oder Schutzplan) sowie bei geplanten Eingriffen im Baubewilligungsverfahren erfolgen. Je nach Art des Verfahrens, hat jeweils eine stufengerechte Interessenabwägung (nach Erforderlichkeit der Breite und Tiefe) zwischen Schutz- und Nutzungsinteressen zu erfolgen.

Die sich aus dem Titel stellende Rechtsfrage nach der rechtlichen Stellung von Bahndenkmälern in der Interessenabwägung wird nach dieser Einleitung in folgender Strukturierung untersucht und beantwortet: «Rechtliche Stellung der Interessenabwägung in der Bundesverfassung», und «Rechtliche Stellung von Bahndenkmälern in der Interessenabwägung». Verweise auf weiterführende Literatur und Gerichtsentscheide geben dem Leser die Möglichkeit, sich über diesen Kurz-Aufsatz hinaus in einzelne Fragen zu vertiefen.

## Rechtliche Stellung der Interessenabwägung in der Bundesverfassung

Rechtliche Massnahmen zum Zweck des Bau- resp. Bahndenkmalschutzes sind bei Privaten mit Eigentumsbeschränkungen verbunden, weshalb bei diesen die grundrechtliche Eigentumsgarantie (Art. 26 BV)[1] im Zentrum gerichtlicher Überprüfungen steht.[2] In Einzelfällen wird auch die Wirtschaftsfreiheit (Art. 27 BV) angerufen, wenn Nutzungseinschränkungen oder Nutzungspflichten den gewerblichen Gebrauch von Bauten betreffen. Damit durch den Staat in ein Grundrecht eingegriffen werden darf, bedarf es einer hinreichenden gesetzlichen Grundlage. Der Eingriff muss zudem durch ein öffentliches Interesse gerechtfertigt und verhältnismässig sein (Art. 36 BV).

Ist der Staat selbst (z. B. eine Gemeinde, die SBB) von einem Eingriff durch ein anderes staatliches Organ betroffen, so gelten die gleichen Voraussetzungen wie von Art. 36 BV, jedoch gestützt auf Art. 5 Abs. 2 BV. Schutzmassnahmen müssen ebenfalls auf einer gesetzlichen Grundlage basieren, andere öffentliche oder private Interessen überwiegen und verhältnismässig sein; das heisst, Massnahmen müssen zur Erreichung des Schutzziels geeignet, das mildeste Mittel und für den Eigentümer zumutbar sein.[3]

Die Interessenabwägung ist somit Teil verfassungsrechtlicher Prüfungsvoraussetzungen im Zusammenhang mit Schutzmassnahmen (z. B. Unterschutzstellungen) wie auch bei geplanten Eingriffen bei Bahndenkmälern. Die Interessenabwägung wird in unterschiedlichen Sachbereichen der Gesetzgebung konkretisiert, wie z. B. in Art. 3 RPV[4] oder Art. 6 Abs. 2 NHG.[5]

## Rechtliche Stellung von Bahndenkmälern in der Interessenabwägung

*Das öffentliche Interesse am Schutz eines Bau- respektive Bahndenkmals*
Nach der bundesgerichtlichen Rechtsprechung liegen Eigentumsbeschränkungen zum Schutz von Baudenkmälern allgemein im öffentlichen Interesse. «Wie weit dieses öffentliche Interesse reicht, insbesondere in welchem Ausmass ein Objekt denkmalpflegerischen Schutz verdient, ist im Einzelfall sorgfältig zu prüfen. Bei der Prüfung der Frage, ob ein Objekt Schutz verdient, hat eine sachliche, auf wissenschaftliche Kriterien abgestützte Gesamtbeurteilung Platz zu greifen, welche den kulturellen, geschichtlichen, künstlerischen und städtebaulichen Zusammenhang eines Bauwerks mitberücksichtigt. Eine Baute soll als Zeuge und Ausdruck einer historischen, gesellschaftlichen, wirtschaftlichen und technischen Situation erhalten bleiben. Da Denkmalschutzmassnahmen oftmals mit schwerwiegenden Eigentumseingriffen verbunden sind, dürfen sie aber nicht lediglich im Interesse eines begrenzten Kreises von Fachleuten erlassen werden. Sie müssen breiter, d. h. auf objektive und grundsätzliche Kriterien abgestützt sein und von einem grösseren Teil der Bevölkerung bejaht werden,[6] um Anspruch auf eine gewisse Allgemeingültigkeit erheben zu können» (BGE 120 Ia 270, E. 4.a, Badischer Bahnhof).

*Schutzinteressen versus private und öffentliche Interessen – was überwiegt?*
Den Schutzinteressen an Bahndenkmälern stehen eine Vielzahl privater und öffentlicher Interessen entgegen. Nebst dem zentralen Interesse Privater, möglichst frei über ihr Eigentum verfügen zu können, stehen den Schutzinteressen auch öffentliche Interessen wie beispielsweise an der inneren Verdichtung von Siedlungen (Art. 1 Abs. 2 lit. a[bis] RPG),[7] Alternativenergien (vgl. Art. 18a RPG und

Art. 32b RPV; z. B. Solaranlagen auf Kulturdenkmälern), Lärmschutz wie auch Infrastruktur und Grundversorgung entgegen.

Um feststellen zu können, ob das öffentliche Interesse an einem Bahndenkmal überwiegend ist, sind in der Regel folgende zentrale Punkte zu prüfen:[8]

1. Das Objekt muss einen herausragenden kulturellen Wert aufweisen (Art. 1 Abs. 1 Granada Konvention;[9] wie z. B. ein Zeugniswert zur Bahngeschichte), wobei jeweils für das einzelne Objekt der konkrete Umfang der Schutzwürdigkeit bestimmt werden muss.
2. Das Mass respektive der Umfang des öffentlichen Interesses an der Erhaltung eines Schutzobjektes ergibt sich aus der Beurteilung seiner Schutzwürdigkeit, abgeleitet aus den Schutzzielen.
3. Schutzmassnahmen müssen die Interessen Privater und auch andere öffentliche Interessen überwiegen. Bei raumwirksamen Aufgaben, bei denen Behörden Handlungsspielräume zustehen, sind die Interessen gegeneinander abzuwägen und im Entscheid möglichst umfassend zu berücksichtigen (Art. 3 RPV).[10] Die Begründung der Interessenabwägung muss nach der Rechtsprechung des Bundesgerichts rechtsgenüglich sein.[11] Die gesetzlich vorstrukturierte Interessenabwägung nach Art. 6 Abs. 2 NHG wird im nachfolgenden Kapitel dargestellt.

Auch wenn die Schutzinteressen andere öffentliche oder private Interessen überwiegen, kann im Rahmen der Verhältnismässigkeitsprüfung (vgl. Art. 36 Abs. 3 BV) das Ergebnis resultieren, auf Schutzmassnahmen zu verzichten, was zu einer Beeinträchtigung oder einem Abbruch eines Bahndenkmals führen kann.

Die Breite und Tiefe jeder Interessenabwägung orientiert sich an der Art des Verfahrens und an den sich in diesem Zusammenhang stellenden Rechtsfragen. Während auf der Stufe Richtplanung eine Interessenabwägung summarisch erfolgen kann, ist eine solche bei einem geplanten Eingriff im Baubewilligungsverfahren detailliert (z. B. Einzelobjekt innen und aussen; Umgebungsschutz; allfälliger Ortsbildschutz) vorzunehmen.

*Besonderheit – überwiegende Interessen bei Bundesinventaren nach Art. 5 NHG*
(a) Prüfung: Erfüllung einer Bundesaufgabe oder einer kantonalen Aufgabe: Wird bei der Planung, Errichtung oder Änderung von Anlagen ein Schutzobjekt, welches in einem Bundesinventar nach Art. 5 NHG aufgeführt ist (z. B. Inventar der schützenswerten Ortsbilder der Schweiz, ISOS)[12] beeinträchtigt, so ist in einem ersten Schritt zu prüfen, ob die Erfüllung einer Bundesaufgabe oder einer kantonalen Aufgabe vorliegt. Art. 2 NHG[13] enthält eine nicht abschliessende Aufzählung von Bundesaufgaben, wozu der Bau und Betrieb von Nationalstrassen, die Erteilung von Konzessionen, wie auch die finanzielle Unterstützung von Vorhaben durch den Bund gehören. Nach der bundesgerichtlichen Rechtsprechung liegt immer dann eine Bundesaufgabe vor, wenn hinreichend detaillierte, unmittelbar anwendbare und abschliessende Bestimmungen des Bundesrechts umzusetzen sind (BGE 142 II 509, E. 2.4 ff.).

Die Tätigkeiten der SBB erfolgen stets in Erfüllung einer Bundesaufgabe (Art. 2 Abs. 1 lit. a NHG). Die Erfüllung einer Bundesaufgabe liegt bei anderen Bahnbetreibern dann vor, wenn Bauten und Anlagen ganz oder überwiegend dem Bahnbetrieb dienen (sog. Eisenbahnanlagen; Art. 18 Abs. 1 EBG)[14],[15] Bei Privaten liegt die Erfüllung einer Bundesaufgabe vor, wenn diese beispielsweis Beiträge des Bundes erhalten, wenn für bauliche Vorhaben einer Liegenschaft eine gewässerschutzrechtliche Ausnahmebewilligung (Art. 19 Abs. 2 GSchG)[16] erforderlich ist,[17] oder beim Bau von Mobilfunkanlagen.[18] [19]

Wenn die Erfüllung einer Bundesaufgabe vorliegt, dann gilt für den Bund, seine Anstalten und Betriebe sowie die Kantone, welche diese Aufgabe vollziehen, der Grundsatz der Selbstbindung nach Art. 3 NHG.[20] Ortsbilder und Kulturdenkmäler sind dann zu schonen und, wenn das allgemeine Interesse an ihnen überwiegt, sind diese ungeschmälert zu erhalten. Diese Pflicht gilt unabhängig der Einreihung des Schutzobjektes (national, regional, lokal; Art. 3 Abs. 3 i.V.m. Art. 4 NHG).

Für Bahnbetreiber liegt bei Bauten und Anlagen, die nicht ganz oder überwiegend dem Bahnbetrieb dienen (Nebenanlagen nach Art. 18m Abs. 1 EBG), und bei Privaten, wenn keine Erfüllung einer Bundesaufgabe gegeben ist, die Erfüllung einer kantonalen Aufgabe vor.[21]

(b) Vorstrukturierte Interessenabwägung bei Erfüllung einer Bundesaufgabe: Bei der Erfüllung einer Bundesaufgabe kommt die vorstrukturierte Interessenabwägung nach Art. 6 Abs. 2 NHG zur Anwendung. Bei einer wesentlichen Beeinträchtigung eines Objekts nach Art. 5 NHG darf ein Abweichen von der ungeschmälerten Erhaltung im Sinne der Inventare bei Erfüllung einer Bundesaufgabe nur in Erwägung gezogen werden, wenn ihr bestimmte gleich- oder höherwertige Interessen von ebenfalls nationaler Bedeutung entgegenstehen. Ist dieser Sachverhalt gegeben, so erfolgt die Interessenabwägung zwischen diesen nationalen Interessen nach Art. 3 RPV. Zudem ist Art. 7 Abs. 2 NHG zu beachten, welcher zwingend ein Gutachten der ENHK/EKD verlangt, sollte das Objekt erheblich beeinträchtigt werden, oder wenn sich grundsätzliche Fragen stellen (obligatorisches Gutachten). Wird bei einem geplanten Eingriff in Inventarobjekte nach Art. 5 NHG lediglich eine geringe Beeinträchtigung dieser erwartet, so kommt nicht die vorstrukturierte Interessenabwägung zur Anwendung, sondern diejenige nach Art. 3 RPV.

Unabhängig von dieser vorstrukturierten Interessenabwägung kommt die Pflicht zur Schonung und ungeschmälerten Erhaltung sowie die damit verbundene Pflicht zur Interessenabwägung immer zur Anwendung, wenn der Bund, seine Anstalten und Betriebe sowie die Kantone in Erfüllung einer Bundesaufgabe handeln, auch wenn das Objekt nicht in einem Bundesinventar nach Art. 5 NHG aufgeführt ist (vgl. nachfolgend). Die SBB handelt, wie bereits ausgeführt, immer in Erfüllung einer Bundesaufgabe, weshalb sie auch stets an das Schonungsgebot und Erhaltungsgebot nach Art. 3 NHG gebunden ist.[22] Art. 3 Abs. 1 NHG gebietet bei Eingriffen stets eine umfassende Interessenabwägung.[23]

(c) Interessenabwägung bei Erfüllung einer kantonalen Aufgabe: Bei Erfüllung einer kantonalen Aufgabe müssen die Kantone das ISOS in ihrer Richt- und Nutzungsplanung berücksichtigen.[24] Das heisst, in der Nutzungsplanung müssen die Schutzziele des ISOS berücksichtigt sein, wie auch im Baureglement. Eine Beurteilung im konkreten Fall (z. B. Baubewilligung) hat aufgrund dieser Grundlagen und nicht des ISOS zu erfolgen, ausser das ISOS wurde in der Umsetzung geradezu missachtet.[25] Jedoch statuiert das Bundesgericht, dass die bei der Erfüllung einer kantonalen Aufgabe im Einzelfall vorzunehmende Interessenabwägung im Lichte der Anliegen des Heimatschutzes zu erfolgen hat.[26] Bei der Auslegung unbestimmter Rechtsbegriffe ist somit das ISOS als Fachinventar beizuziehen. Die Interessenabwägung hat hierbei nach Art. 3 RPV zu erfolgen.

## Interessenabwägung bei Vorrang Bundesrecht und kantonaler Schutzkompetenz

Nach der Rechtsprechung des Bundesgerichts (BGE 128 II 8, Gümmenen) schliesst das eidgenössische Eisenbahngesetz nicht aus, dass Objekte auf Bahngrundstücken oder Bahnbauten im Sinne von Art. 18 Abs. 1 EBG selbst durch kantonalrechtliche Massnahmen unter Denkmal- oder Naturschutz gestellt werden. Allerdings bedingen solche Massnahmen eine umfassende Interessenabwägung. Sie dürfen durch die Unterschutzstellung die Bahn in der Erfüllung ihrer Aufgaben nicht unverhältnismässig einschränken (Art. 18 Abs. 4 EBG).

English

The legal status of railway heritage sites in the weighing of interests Objects of location based rt historical railway lines, structural ensembles or individual objects, as well as the associated facilities (e. g. hydroelectric power plants) and their surroundings. Buildings and installations, that are wholly or mainly used for rail operations, are assigned to fulfil a federal task (Art. 18 RailA, SR 742.101 in conjunction with Art. 2 NCHA, SR 451). The legal consequence of this is that planning and approval procedures (sectoral plan procedures, planning approval procedures) and questions of heritage preservation (NCHA) are fundamentally subject to federal law. Despite the primacy of federal law, the Cantons can place railway monuments under heritage protection provided that this action does not disproportionately restrict railway companies in the fulfilment of their tasks (e. g. BGE 121 II 8, Gümmenen viaduct). The weighing of interests between heritage preservation interests and other public and private interests is required by the Federal Constitution (Art. 5 and 36 Cst., SR 101) and specified in the NCHA and SPO (SR 700.1) (Art. 3 para. 1 and Art. 6 para 2 NCHA, Art. 3 SPO). Interests in a rail heritage monument can include the intrinsic value (interior, exterior) as well as the situational value. When weighing up the interests, a contemporary use of the rail heritage monument, that takes into account the heritage protection goals, is desirable (Art. 11 Granada Convention, SR 0.440.4). For the fulfilment of a federal task (which also includes SBB's real estate business), the self-obligation as per Art. 3 NCHA requires a railway operator to preserve railway monuments undiminished, provided that the interest in protection outweighs the other interests. If a railway monument is included in an inventory, as per Art. 5 NCHA (ISOS, ITRO, ILNM) in the event of a serious planned intervention in a corresponding protected object of national importance, an equal or higher interest must oppose the intervention in order to justify a weighing of interests at all.

Français

Les monuments ferroviaires localisé des ensembles architecturaux ou des objets isolés, ainsi que des installations connexes (p. ex. centrales hydroélectriques), y compris leur environnement. Les constructions et installations servant exclusivement ou principalement à l'exploitation ferroviaire sont affectées à l'accomplissement d'une tâche de la Confédération (art. 18 LCdF, RS 742.101 en relation avec l'art. 2 LPN, RS 451). Juridiquement, cela signifie que les procédures de planification et d'autorisation (procédure de plan sectoriel, procédure d'approbation des plans), ainsi que les questions relatives à la protection des monuments historiques (LPN) sont en principe soumises au droit fédéral. Malgré cette primauté du droit fédéral, les cantons peuvent mettre sous protection des monuments ferroviaires, pour autant que cela n'entrave pas de manière disproportionnée les entreprises ferroviaires dans l'accomplissement de leurs tâches (p. ex. ATF 121 II 8, viaduc de Gümmenen). La pesée des intérêts de la protection des monuments, des autres intérêts publics et des intérêts privés est exigée par la Constitution fédérale (art. 5 et 36 Cst., RS 101) et concrétisée entre autres dans la LPN et l'OAT (RS 700.1) (art. 3, al. 1 et art. 6, al. 2 LPN, art. 3 OAT). Les intérêts liés au monument ferroviaire peuvent comprendre la valeur intrinsèque (intérieure, extérieure) ainsi que la valeur de situation. La pesée des intérêts doit rechercher une utilisation moderne d'un monument ferroviaire tout en respectant les objectifs de protection (art. 11 de la Convention de Grenade, RS 0.440.4). Dans le cadre de l'accomplissement d'une tâche de la Confédération (cela comprend également les transactions immobilières des CFF), l'engagement personnel selon l'art. 3 LPN exige de l'exploitant ferroviaire qu'il conserve intacts les monuments ferroviaires, dans la mesure où l'intérêt de protection prévaut dans la pesée des intérêts. Si des monuments ferroviaires figurent dans un inventaire au sens de l'art. 5 LPN (ISOS, IVS, IFP), il faut, en cas d'atteinte grave prévue à un objet protégé d'importance nationale, qu'un intérêt égal ou supérieur s'y oppose pour justifier une pesée des intérêts.

| | | |
|---|---|---|
| Anmerkungen | 1 | Bundesverfassung, SR 101. |
| | 2 | Das Eigentum ist grundrechtlich in der Bundesverfassung geschützt. Grundrechte sind Abwehrrechte natürlicher oder juristischer Personen des privaten Rechts (Träger) gegen ungerechtfertigte Eingriffe des Staates (Adressat; vgl. Häfelin, Ulrich, Haller, Walter, Keller, Helen, Thurnherr, Daniela (Hg.): Schweizerisches Bundesstaatsrecht. Zürich 2020 (10. Aufl.), N 205 ff.). Deshalb kann der Staat (z. B. die SBB) sich nicht auf die Eigentumsgarantie berufen. |
| | 3 | Vgl. Häfelin, Haller, Keller, Thurnherr (2020) (wie Anm. 2), N 307 ff. mit Hinweisen. |
| | 4 | Raumplanungsverordnung, SR 700.1. Art. 3 RPV kommt bei der Erfüllung und Abstimmung raumwirksamer Aufgaben zur Anwendung, wenn den Behörden Handlungsspielräume zustehen. |
| | 5 | Bundesgesetz über den Natur- und Heimatschutz, SR 451, mit einer vorstrukturierten Interessenabwägung. |
| | 6 | Zur Akzeptanz der Bevölkerung vgl. Engeler, Walter: Natur- und Heimatschutz. In: Ehrenzeller, Bernhard, Engeler, Walter (Hg.): Handbuch Heimatschutzrecht. Zürich, St. Gallen 2020, § 7 N 249 f. |
| | 7 | Bundesgesetz über die Raumplanung, SR 700. |
| | 8 | Vgl. Engeler, Walter: Das Baudenkmal im schweizerischen Recht. Zürich, St. Gallen 2008, S.187–191. |
| | 9 | Granada Konvention, SR 0.440.4. Vgl. dazu, BGE 147 I 308, Zug: Die Pflicht, Baudenkmäler von «herausragendem [...] Wert» zu schützen ergibt sich gemäss Bundesgericht direkt aus der Konvention (Minimalstandard, E. 6.1 und E. 7.2). |
| | 10 | Raumplanungsverordnung 5 R 700.1; vgl.EspaceSuisse: Interessenabwägung. In: Raum & Umwelt, März (1) (2020) 13 ff. |
| | 11 | Vgl. beispielsweise Urteil BGer 1C_100/2020 vom 28.6.2021. E. 3, Fluntern. |
| | 12 | Vgl. Verordnung über das Bundesinventar der schützenswerten Ortsbilder der Schweiz, VISOS, SR 451.12. |
| | 13 | Vgl. zum Ganzen Zufferey, Jean Baptiste: Art. 2 NHG. In: Keller, Peter M., Zufferey, Jean-Baptiste, Fahrländer, Karl Ludwig (Hg.): Kommentar NHG. Zürich 2019 (2. Aufl.), S. 183 ff. |
| | 14 | Eisenbahngesetz, SR 742.101. |
| | 15 | In diesen Fällen erfolgt das Baubewilligungsverfahren nach dem Bundesrecht (Plangenehmigungsverfahren, PGV nach Art. 18 ff. EBG). Zudem gelangt das NHG zur Anwendung. |
| | 16 | Gewässerschutzverordnung, SR 814.201. |
| | 17 | Vgl. Urteil BGer 1C_482/2012 vom 14.5.2014, E. 3, Kantonalbank Sarnen I; 1C_118/2016 vom 21.3.2017, Kantonalbank Sarnen II. |
| | 18 | BGE 131 II 545, E. 2, Bronschhofen; vgl. Art. 14 FMG, SR 784.1. |
| | 19 | In diesen Fällen erfolgt das Baubewilligungsverfahren nach dem kantonalen Recht. Zudem gelangt das NHG zur Anwendung. |
| | 20 | Vgl. Favre, Anne-Christine: Art. 3 NHG. In: Keller, Zufferey, Fahrländer (2019) (wie Anm. 13), S. 214 ff. |
| | 21 | In diesen Fällen basieren ein Baubewilligungsverfahren und Schutzvorschriften für Baudenkmäler auf dem kantonalen Recht. |
| | 22 | Aus Art. 3 NHG leitet sich das Recht respektive die Pflicht der SBB ab, eigene Inventare für schutzwürdige Bauten zu erstellen. |
| | 23 | Urteil BGer 1C_110/2014 vom 23.9.2014, E. 4.3, Nordumfahrung. |
| | 24 | Art. 11 VISOS (Verordnung über das Bundesinventar der schützenswerten Ortsbilder der Schweiz, SR 451.12). |
| | 25 | 1C_488/2015, E. 4.5.5, Muttenz. |
| | 26 | Urteil BGer 1C_25/2019 vom 5.3.2020, E. 7.1, Aeugst am Albis. |
| Abbildungsnachweis | 1 | Hendrick Goltzius / Jacob Matham, Rijksmuseum Amsterdam, lizenziert unter CC0 1.0, https://commons.wikimedia.org/wiki/File:Rechtvaardigheid_(Justitia),_RP-P-OB-27.297.jpg. |

# Raumplanung und denkmalpflegerische Interessenabwägung

Lukas Bühlmann

2013 haben die Schweizer Stimmberechtigten in einer Volksabstimmung mit einer grossen Mehrheit eine Revision des Bundesgesetzes über die Raumplanung gutgeheissen. Mit dem Gesetz, das am 1. Januar 2014 in Kraft trat, vollzog sich ein Paradigmenwechsel von der Aussen- zur Innenentwicklung. Neues Bauland darf gemäss dem neuen Recht nur ausgeschieden werden, wenn die Nutzungsreserven im bestehenden Baugebiet ausgeschöpft sind. Es gilt somit, Baulücken zu füllen, Industrie- und andere Brachen umzunutzen und Nutzungsziffern zu erhöhen, dies möglichst qualitätsvoll, denn das Raumplanungsgesetz verlangt eine «hochwertige Siedlungsentwicklung nach innen».

## Hohe Siedlungsqualität

Die Kriterien für eine hochwertige Innenentwicklung finden sich in den Zielen und Grundsätzen des Raumplanungsgesetzes sowie in verschiedenen Spezialgesetzen des Bundes und der Kantone. Eine hohe Siedlungsqualität zeichnet sich in diesem Sinne aus durch:

- einen attraktiven Mix von Nutzungen wie Wohnen, Arbeiten, Einkaufen und Freizeit
- eine gute Versorgung mit Gütern und Dienstleistungen des täglichen Bedarfs
- eine sozial durchmischte Bewohnerschaft
- Grünräume und Aussenräume mit hoher Aufenthaltsqualität
- verkehrsmässig gut erschlossene Gebiete mit einer guten Anbindung an den öffentlichen Verkehr und einem engen Netz an Fuss- und Radwegen
- vielfältige Begegnungsmöglichkeiten sowie
- Orte, die Identität schaffen und in denen die Geschichte spürbar ist.

Siedlungen, die diese Kriterien erfüllen, machen Planungsvorlagen politisch mehrheitsfähig und sie helfen mit, Rechtsstreitigkeiten zu vermeiden. Dies ist unumgänglich, denn das Bauen im Bestand ist viel konfliktträchtiger als das Bauen auf der grünen Wiese. Zu Konflikten kommt es dabei oft auch mit dem Denkmal- und Ortsbildschutz. Städte und Gemeinden müssen sich daher gut überlegen, wo und in welchem Umfang verdichtet werden soll und wo nicht. Es braucht eine mittel- und langfristige Entwicklungsstrategie und eine umfassende Interessenabwägung, die mögliche Nutzungskonflikte frühzeitig erkennt und Wege aufzeigt, um diese zu vermeiden oder zu minimieren.

## Dreistufige Interessenabwägung

Das schweizerische Planungsrecht kennt für Planungsvorhaben eine dreistufige Interessenabwägung.[1] Die im Spiel stehenden Interessen sind danach zu *ermitteln*, zu *bewerten* und zu *optimieren*:

*Ermitteln*
Bei der Ermittlung der Interessen geht es darum, eine Übersicht über die berührten Interessen zu erstellen. Massstab sind dabei die Ziele und Grundsätze des Raumplanungsgesetzes sowie die Schutz- und Nutzinteressen anderer raumrelevanter Gesetzgebungen. Zu berücksichtigen sind aber auch öffentliche Interessen ausserhalb der Raumplanung (wie der öffentliche Finanzhaushalt), die Interessen Privater (Eigentumsgarantie und Wettbewerbsfreiheit) und Verfassungsgrundsätze wie das Verhältnismässigkeitsprinzip, das Willkürverbot oder der Vertrauensschutz.

*Bewerten*
In einem zweiten Schritt sind die ermittelten Interessen zu beurteilen und zu bewerten. Es ist danach zu fragen, welchen rechtlichen und tatsächlichen Stellenwert die ermittelten Interessen (Nutz- oder Schutzinteresse) im konkreten Fall haben und wie sie sich gegenüber den anderen Interessen verhalten. Bei der Gewichtung spielen rechtliche Vorgaben (Verfassung, Gesetze) eine zentrale Rolle. Geht es um die Gewichtung von Schutzanliegen, kommt den Schutzinventaren des Bundes eine grosse Bedeutung zu. Im vorliegenden Kontext ist das Inventar der schützenswerten Ortsbilder von nationaler Bedeutung (ISOS) zu erwähnen, das darauf angelegt ist, die Substanz, Struktur oder den Charakter eines Gebietes zu erhalten und sorgfältig weiterzuentwickeln.

Hilfreich für die Bewertung der Interessen sind auch Überlegungen zu den Folgen von Planungsentscheiden. Wie wirken sich denkbare Entscheide auf den Raum, die Erschliessung und die Umwelt aus? Wertungshilfen können auch Überlegungen zur präjudiziellen Wirkung eines Entscheids sein, zum Schadensrisiko eines Vorhabens, zur Wirtschaftlichkeit einer getroffenen Lösung oder zur Möglichkeit, eine getroffene Massnahme rückgängig zu machen (Reversibilität).

*Optimieren*
In einem dritten Schritt folgt das gegenseitige Abwägen der verschiedenen Interessen. Die ermittelten und bewerteten Interessen sind einem Entscheid zuzuführen, so dass sie am Ende möglichst umfassend wirksam werden können. Der Abwägungsschritt verlangt jedoch nicht zwingend nach einem ausgleichenden Kompromiss. Bei Unvereinbarkeiten kann es vorkommen, dass ein Interesse vollständig zurückgestellt werden muss.

Vor einem endgültigen Entscheid sind bei der Interessenabwägung immer auch Alternativen und Varianten zu prüfen. Dies dient vor allem auch der Bewertung der Interessen. Die Auswirkungen der unterschiedlichen Lösungen sind dabei einander gegenüberzustellen.

### Partizipation der Bevölkerung unumgänglich

Planungsvorhaben bedürfen in der Schweiz zu einem grossen Teil der Zustimmung der Bevölkerung. Ohne Mitwirkung sind Planungsvorhaben daher zum Scheitern verurteilt. Das Raumplanungsgesetz sieht eine Information und Mitwirkung der Bevölkerung zwingend vor (Art. 4 RPG). Städte und Gemeinden haben diese Mitwirkung in den letzten Jahren – nicht zuletzt wegen der zunehmenden Wachstumsmüdigkeit in der Bevölkerung – stark intensiviert. Dabei setzen sie vermehrt auch auf digitale Möglichkeiten der Partizipation.

Einen beispielhaften Mitwirkungsprozess hat die SBB kürzlich im Hinblick auf die Transformation eines Bahnareals in Zürich durchgeführt.[Abb.1] An nicht weniger als sechs Workshops wurde mit der Bevölkerung und Behördenvertretern über die Zukunft des Areals diskutiert und über Lösungen gerungen. Leider scheiterte das Projekt am Schluss an unterschiedlichen politischen Vorstellungen über den Anteil preisgünstiger Wohnungen.

### Mehrwertausgleich als Schmiermittel der Verdichtung

Ein wichtiger Baustein für eine erfolgreiche Innenentwicklung ist auch der im schweizerischen Raumplanungsgesetz verankerte Mehrwertausgleich. Dieser sieht vor, dass Mehrwerte, die aufgrund einer Planungsmassnahme entstehen, angemessen ausgeglichen werden. Der Grundeigentümer muss somit einen Anteil des Mehrwerts, den er aufgrund einer besseren Nutzung des Grundstücks erhält, dem Staat abliefern. Dabei dürfen gemäss Bundesgericht bis zu 60 Prozent des Mehrwerts abgeschöpft werden. In den Kantonen bewegen sich die Abgabesätze zwischen 20 und 50 Prozent. Bei Einzonungen (Ausscheidung von neuem Bauland) sind sie in der Regel höher als bei Um- und Aufzonungen (bessere Nutzung des bestehenden Baulands).

Die Erträge aus dem Mehrwertausgleich sind zwingend für Raumplanung zu verwenden und dürfen nicht in den allgemeinen Finanzhaushalt fliessen. Mit dem Geld können somit Pärke und Grünanlagen geschaffen, der öffentliche Verkehr gefördert oder soziokulturelle Einrichtungen erstellt werden. Verwendet werden können die Erträge auch für den Denkmal- und Ortsbildschutz.

Der Mehrwertausgleich nach schweizerischem Recht trägt in diesem Sinne dazu bei, die Innenentwicklung politisch mehrheitsfähig zu machen. Er schafft in der Bevölkerung Akzeptanz für die Gemeinde- und Stadtentwicklung und erweist sich als Schmiermittel für die Verdichtung.

### Ein Blick in die Praxis

Es gibt in der Schweiz nicht wenige Umnutzungen von ehemaligen Bahnbauten; meistens aber sind es *Einzelbauten*, wie die ehemalige Lokremise in St. Gallen, die heute ein Kulturzentrum ist.[Abb.2] Grosse umgenutzte Bahnareale gibt es nur wenige und bei diesen handelt es sich oft um Areale mit grossen Gleisfeldern und wenig schützenswerter Bausubstanz. Beispiele hierfür sind die Überbauung des Güterbahnareals der Deutschen Bahn in Basel oder die Überbauung des ehemaligen Bahnpostareals in Zürich. Lernen, wie man – erfolgreich und weniger erfolgreich – mit bestehender Bausubstanz umgehen kann, zeigen jedoch die Umnutzungen von zwei bahnhofsnahen ehemaligen Industriearealen im Raum Zürich.

Da ist zum einen die Umnutzung des Sulzer-Areals beim Bahnhof in Winterthur, wo es gelungen ist, ein ehemaliges Industrieareal – unter Wahrung und Inwertsetzung eines grossen Teils der früheren Bausubstanz – in ein urbanes und höchst attraktives Stadtquartier zu transformieren; mit einem vielseitigen Nutzungsmix von Wohnen, Arbeiten, Bildung, Kultur, Einkaufen und Dienstleistung. Abb. 3

Weniger gut gelungen ist dies demgegenüber im Norden der Stadt Zürich, in einem früheren Industriequartier beim Bahnhof Oerlikon. Hier wurde die frühere Bausubstanz praktisch vollständig beseitigt mit der Folge, dass wenig an die Vergangenheit erinnert und ein ziemlich anonymes Quartier entstanden ist. Selbst der Investor musste im Nachhinein feststellen, dass «es ein Fehler [war], alle identitätsstiftenden Gebäude abzureissen»[2]. Immerhin wurden bei der Überbauung des Quartiers neue attraktive (und verschiedentlich ausgezeichnete) Pärke angelegt, die dem Quartier künftig zu neuer Identität verhelfen dürften.

English

In a popular vote in 2013, Swiss voters approved a revision of the Spatial Planning Act. The new law marked a paradigm shift from outwards to inwards development. If the development reserves on an existing site have not yet been exhausted, no new building land can be allocated. As a result, densification is now the order of the day – and as high-quality densification as possible too: the Spatial Planning Act also speaks of «high-quality inwards settlement development». A high-quality inwards development – together with the compensation for added value that Swiss law also provides for – aids planning projects in securing a political majority and helps to avoid legal disputes, which are inevitable because building on existing sites is much more likely to generate conflicts than building on green field sites. Conflicts often arise in the context of the protection of heritage monuments and sites of local character. Cities and municipalities must therefore carefully consider where and where not densification should take place, and to what extent. A medium and long-term development strategy and a comprehensive weighing of interests are essential. Swiss planning law provides for a three-stage weighing of interests. The regulations on the protection of monuments and sites of local character are of great importance during the weighing of interests. A particularly Swiss feature in this regard is the Inventory of Swiss Heritage Sites (ISOS), which is designed to preserve and carefully develop the substance, structure or character of an area. Several examples are used to show how the conversion of industrial and railway wasteland has – both successfully and less successfully – taken into account the protection of heritage and sites of local character.

Français

En 2013, les électeurs suisses ont approuvé lors d'une votation populaire une révision de la loi sur l'aménagement du territoire. Avec la nouvelle loi, un changement de paradigme s'opère, passant du développement extérieur au développement intérieur. Tant que les utilisations potentielles dans la zone constructible existante ne sont pas épuisées, aucun nouveau terrain constructible ne peut être délimité. Il faut donc densifier, et ce de la manière la plus qualitative possible. La loi sur l'aménagement du territoire parle également d'un «développement de l'urbanisation de qualité vers l'intérieur». Un développement de qualité vers l'intérieur – et la compensation de la plus-value, également prévue par le droit suisse – rend les projets d'aménagement susceptibles d'obtenir une adhésion politique majoritaire et contribue à éviter les litiges. C'est indispensable, car la construction dans l'existant est beaucoup plus conflictuelle que la construction en rase campagne. Les conflits sont souvent liés à la protection des monuments historiques et des sites. Les villes et les communes doivent donc bien réfléchir où et dans quelle mesure il faut densifier et où il ne faut pas le faire. Une stratégie de développement à moyen et long terme et une pesée globale des intérêts sont nécessaires. Le droit suisse de l'aménagement du territoire prévoit une pesée des intérêts en trois étapes. Les prescriptions relatives à la protection des monuments historiques et des sites revêtent une grande importance dans la pesée des intérêts. Dans ce contexte, l'inventaire des sites construits d'importance nationale à protéger (ISOS) est une particularité suisse qui vise à conserver et développer précautionneusement la substance, la structure ou le caractère d'une région. Plusieurs exemples montrent comment la protection des monuments historiques au lieu d'une région et des sites a été prise en compte – avec plus ou moins de succès – lors de la reconversion de friches industrielles et ferroviaires.

Anmerkungen

1 EspaceSuisse, Bühlmann, Lukas: Einführung in die Raumplanung, Lehrbuch zur Raumplanung 2021, Ziff. 3.2.
2 Meier, Matthias: Allreal Immobilien. Neue Züricher Zeitung vom 19. Mai 2010.

Abbildungsnachweis

1 https://www.espazium.ch/de/aktuelles/entwicklungsgebietneugasse-zuerich-gemeinsam-stadt-machen. SBB AG, Autorenkollektiv Neugasse.
2 Norlando Pobre, Lokremise St. Gallen, lizenziert unter CC BY-SA 2.0 (https://commons.wikimedia.org/wiki/File:Lokremise_St._Gallen_(6860529594).jpg).
3 Barbara Berger 2023.

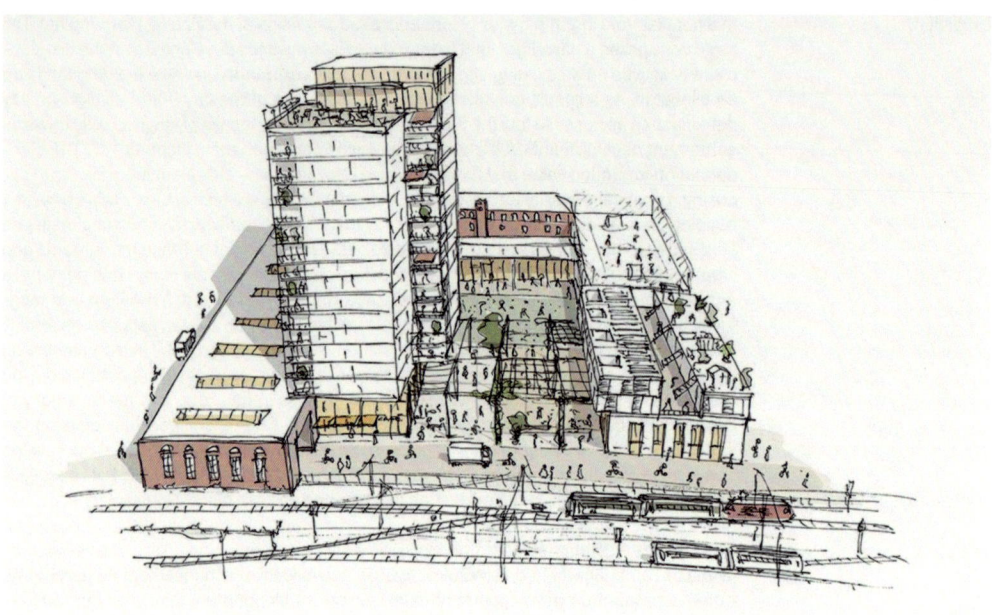

1

Abb. 1　Skizze aus dem Entwicklungsbericht zum SBB-Areal Neugasse mit den in den Workshops als Zentrum des Areals und Standort der Schule identifizierten Gebäuden.

2

3

Abb. 2　In ein Kulturzentrum umgenutzte ehemalige Lokremise in St. Gallen.

Abb. 3　Sulzer Areal Winterthur, Wohnumnutzung (Foto: Barbara Berger 2023).

Exkurs Arealentwicklung

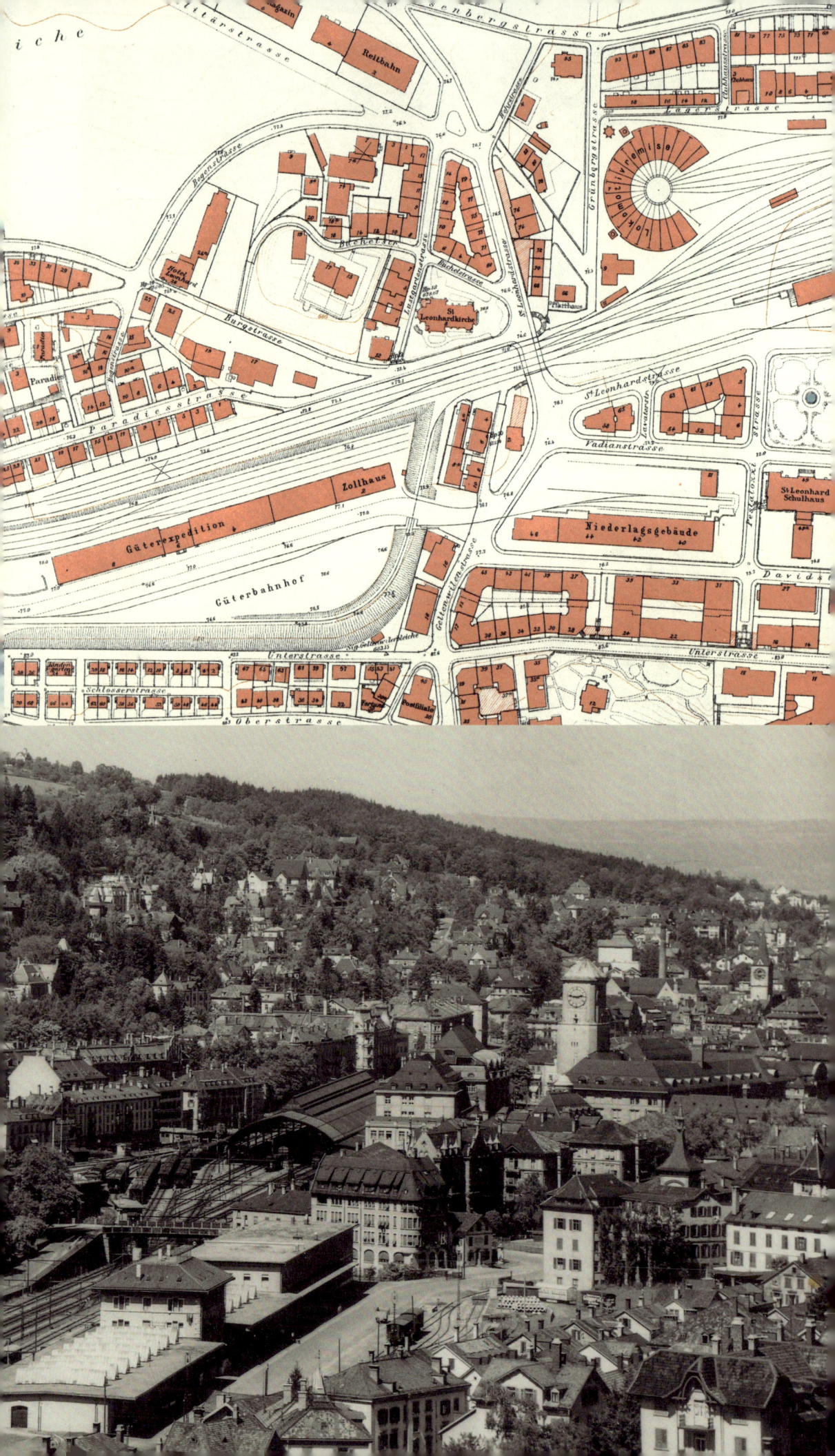

# Vom Zusammenspiel von Städtebau und Eisenbahn

Der Eisenbahnbau und seine Folgen für die Stadtentwicklung in St. Gallen
Matthias Fischer

Um 1800 präsentierte sich die Stadt St. Gallen als geschlossene, ummauerte Altstadt und nur vereinzelt ausserhalb davon liegender Bebauung. Westlich der Stadtmauer im Talboden lagen die Bleicheböden, welche die überregional führende Position der Stadt St. Gallen im Leinwandgewerbe vor Augen führten. Die topografische Lage im langgezogenen Tal mit Ost-West-Ausrichtung hat die Möglichkeiten der weiteren Ausbreitung der Stadt definiert.[1] Mit dem Niedergang des Leinwandgewerbes zu Beginn des 18. Jahrhunderts fand der Aufschwung der Baumwollindustrie statt. Somit verloren die Bleicheböden ihren ursprünglichen Zweck, und die grossen Landreserven im Besitz der Ortsbürgergemeinde wurden schrittweise für Überbauungen freigegeben. Begleitet wurden diese jeweils von einem Spezial-Baureglement, um eine symmetrische und regelmässige Bebauung zu gewährleisten. Diese Ausgangslage ermöglichte auf der grünen, ebenen Wiese eine Stadtplanung nach den Idealen des Städtebaus des 19. Jahrhunderts.[2]

Gleichzeitig mit dem Bau der ersten planmässig angelegten Quartiere ausserhalb der Altstadt hatte auch in St. Gallen die Planung für den Bau der Eisenbahn begonnen. Die Linienführung durch die Stadt St. Gallen war aus topografischen und städtebaulichen Gründen wenig verhandelbar. Die Stadt liegt in einem langgezogenen Hochtal, beidseits der schmalen Talsohle befinden sich die Hänge des Rosenbergs auf der Nordseite, der Bernegg und des Freudenbergs auf der Südseite. Ausgerechnet im schmalsten Talbereich erstreckt sich die Altstadt. Im Tal musste von Zürich herkommend der Büchel bei St. Leonhard südlich umfahren werden, während die Altstadt im Norden passiert werden sollte.[3] Daraus ergab sich die diagonale Linienführung, welche die künftige bauliche Entwicklung der Stadt mitprägte. Der Bau des Bahnhofs westlich der Altstadt war die massgebliche Voraussetzung für die weitere Siedlungsentwicklung der Stadt. Die Zentrumsfunktionen verlagerten sich aus der mittelalterlichen Altstadt hinaus und suchten die Nähe des Bahnhofs. Das 1885 bis 1887 durch die Berner Architekten Hirsbrunner & Baumgart erstellte Postgebäude war schweizweit das erste im Auftrag des Bundesstaates.[4] Gleichzeitig erstellte die 1867 gegründete Kantonalbank an der Schützengasse einen Neubau von Kantonsbaumeister Theodor Gohl. Mit diesen beiden prominenten öffentlichen Bauten endete die Epoche der vornehmen Zurückhaltung in biedermeierlich-klassizistischen Formen. Die neuen Bauaufgaben der Eidgenossenschaft und des Kantons entstanden bahnhofsnah und in entsprechend repräsentativer Architektur.

St. Gallen war bereits seit dem 16. Jahrhundert eine wichtige Textilstadt, zuerst mit dem Geschäft mit Leinwand, ab dem ausgehenden 18. Jahrhundert mit der Stickerei, und dies nach der Erfindung der Stickmaschine mit so grossem Erfolg, dass sie bald zum wichtigsten Schweizer Exportgut wurde. Die USA wurden zum wichtigsten Abnehmer der St. Galler Stickereien. Während sich die Stickereifabriken in den damals noch eigenständigen Gemeinden ausserhalb der Stadt ansiedelten, suchten die Firmen repräsentative Geschäftssitze in unmittelbarer Nähe des Bahnhofs und der Post. Dazu gesellten sich diverse Bankgebäude in deren direkter Nachbarschaft. So entwickelte sich südlich des Bahnhofs ein Geschäftsviertel entlang der parallelen, im Talboden verlaufenden Strassenachsen.[5] Der Bahnhof war also ein massgeblicher Katalysator der Stadtentwicklung, in dessen Umfeld neue, planmässig angelegte Stadtquartiere sowie zahlreiche Geschäftsbauten entstanden, die von der Nähe zum Bahnhof profitierten. Die Eisenbahn war nicht bloss augenscheinlichstes Zeichen des Fortschritts, sondern – neben technischen Errungenschaften wie der Stickmaschine, politischen Voraussetzungen und modischen Strömungen – einer der Faktoren für die starke wirtschaftliche Entwicklung und die Blüte der Textilindustrie in der Ostschweiz.

Wegen des grossen Wirtschaftswachstums zum Ende des 19. Jahrhunderts wurden sowohl das Post- wie auch das Bahnhofsgebäude schon bald zu klein. Nach langer Planung wurde die Bahninfrastruktur massgeblich erweitert. Es entstanden ab 1902 der neue Güterbahnhof westlich von St. Leonhard, die Lokomotiv-Remise mit Wasserturm und Wohn- und Badehaus hinter dem Bahnhof sowie 1913 ein neues Aufnahmegebäude zusammen mit einem neuen Postgebäude.[6] Das in dieser Vollständigkeit erhaltene Ensemble von Bauten der Bahninfrastruktur aus dem frühen 20. Jahrhundert stellt einen wichtigen wirtschafts- und eisenbahnhistorischen Zeugen im Allgemeinen und der wirtschaftlichen Blütezeit der Stickereiindustrie in St. Gallen im Besonderen dar und ist in diesem Umfang nicht nur in der Schweiz von grosser Seltenheit.

Die Entwicklung des Areals Güterbahnhof im 21. Jahrhundert

Der Güterbahnhof St. Gallen entstand wie erwähnt ab 1902 im Zuge der Erweiterung und Neugestaltung des ersten Bahnhofareals. Nach langandauernden Debatten entschied sich die damalige Bauherrin, die Vereinigten Schweizerbahnen VSB, auch auf Drängen der Stadt St. Gallen, aus Platzgründen für einen Standort losgelöst vom ursprünglichen Bahnhofsareal im damals freien Gebiet der Geltenwyler Bleiche. Er lag strategisch und funktional ausgezeichnet in der Verlängerung des damals entstehenden und florierenden Stickereihandelsquartiers. Bahngleise verbanden das Quartier, insbesondere die zeitgleich erstellten städtischen Lagerhäuser, direkt mit dem Güterbahnhof.

Mit den repräsentativen Gebäuden der Stickereiindustrie steht der Güterbahnhof räumlich als Verlängerung des Quartiers, funktional durch den direkten Schienenanschluss, aber auch architektonisch und stilistisch in Beziehung, was ihn innerhalb der Güterbahnhofsanlagen der Schweiz einzigartig und lokalhistorisch höchst bedeutsam macht. Hinzu kommt seine typologische Bedeutung innerhalb der Güterbahnhofsarchitektur der Schweiz zu Beginn des 20. Jahrhunderts. Vermutlich gehört er zu den wenigen noch erhaltenen Güterbahnhöfen, die aus einem Güterexpeditionsgebäude mit mittigem Abfertigungsgebäude und flankierenden Versand- und Empfangshallen bestehen und zudem auf einer Gebäudeachse organisiert sind. Das macht den zwar vergleichsweise kleinen Güterbahnhof nicht nur für den Bahnhof St. Gallen, sondern auch für die Schweizer Güterbahnhofsarchitektur bedeutsam.

Seit der Stilllegung des Güterbahnhofs in den 1990er Jahren wird an der Entwicklung des Areals als einer der grössten innerstädtischen Brachen in St. Gallen gearbeitet. Gleichzeitig ist in den letzten Jahren durch verschiedene Zwischennutzungen ein soziokulturell interessanter, pulsierender Raum entstanden. Trotz der bekannten und auch gutachterlich bestätigten Schutzwürdigkeit des Güterbahnhofs wurden die dortigen Gebäude – im Gegensatz etwa zur Lokomotivremise und dem Wasserturm – nicht in das im Jahr 2012 revidierte Inventar der schützenswerten Bauten der Stadt St. Gallen aufgenommen. Dabei ist gerade die im Jahr 2010 zum Kulturzentrum umgebaute Lokremise ein Vorzeigebeispiel für eine denkmalgerechte Umnutzung einer ehemaligen Bahninfrastruktur.[7]

Unterdessen hat sich die Diskussion um das Areal etwas verschoben. Im Vordergrund steht derzeit der Bau eines Autobahnanschlusses, der sogenannte «Zubringer Güterbahnhof im Rahmen der Engpassbeseitigung St. Gallen».[8] Dabei soll von einem unterirdischen Kreisel im Westen des Areals ein Zubringer an die Oberfläche und so in das städtische Strassennetz geführt werden. Diesem Vorhaben hat die Stadt-St. Galler Stimmbevölkerung 2016 im Grundsatz zugestimmt. Gleichzeitig soll aber auch das Areal baulich entwickelt werden. Damals gingen die Planenden noch davon aus, dass das Güterexpeditionsgebäude im Falle einer Realisierung des Autobahnanschlusses abgebrochen werden muss.

Über Sinn oder Unsinn eines zusätzlichen Autobahnanschlusses im Stadtzentrum in der heutigen Zeit kann man sich streiten – und das wird sicher auch noch geschehen. Aber im Wissen darum, dass es sich bei diesem Bauvorhaben um eine Bundesaufgabe im Sinne von Art. 2 des Natur- und Heimatschutzgesetzes (NHG) handelt, wurde von den Beteiligten – d. h. Kanton und Stadt St. Gallen sowie der SBB – eine Testplanung in Angriff genommen. Hierbei stand die Frage im Vordergrund, wie auf dem Areal ein Autobahnanschluss verwirklicht und gleichzeitig eine sinnvolle städtebauliche Entwicklung ermöglicht werden kann. Gemäss dem ersten Entwurf des Pflichtenhefts sollte die Testplanung Argumente liefern, um einen Abbruch des im ISOS mit Erhaltungsziel A klassierten Einzelobjekts «Güterexpeditionshalle» zu rechtfertigen. Auf Intervention der Denkmalpflege wurde die Aufgabe jedoch neutraler formuliert, es sollte das Potenzial ausgelotet werden, also das schützenswerte Güterexpeditionsgebäude in dieser Entwicklung nicht bloss als Klotz am Bein, sondern vor allem auch als Chance, als Potenzial verstanden werden – immerhin gilt das Gebot der grösstmöglichen Schonung des Ortsbilds von nationaler Bedeutung. Das Gebäude ist nicht bloss identitätsstiftend für das gesamte Areal und kann als Ankerbau in einem neuen Stadtteil dienen, es ist gleichzeitig die historisch und städtebaulich verbindende Komponente zum benachbarten Stickereiquartier.[9]

In der Testplanung haben schliesslich vier verschiedene Teams, mit Fachleuten aus den Bereichen Architektur und Städtebau, Verkehrsplanung und Freiraumplanung, mögliche Lösungen erarbeitet. Dabei war es für alle Teams schnell offensichtlich, dass mit der Arealentwicklung nicht bloss der Erhalt des Güterexpeditionsgebäudes, sondern gerade auch seine Stärkung im städtebaulichen Gefüge angestrebt werden muss. Die vom Beurteilungsgremium nach einer ersten

Zwischenbesprechung bei zwei Teams in Auftrag gegebenen Lösungen eines kompletten Tabula-Rasa fielen dagegen durch, sie konnten keinerlei Mehrwert für die städtebauliche Entwicklung aufzeigen, die den Verlust der identitätsstiftenden Bestandsbauten aufgewogen hätten.[10] Die als Bestvariante ausgezeichnete Lösung vom Team des Architekturbüros Andy Senn schaffte mit der Unterquerung des Güterexpeditionsgebäudes einen eigentlichen Befreiungsschlag – auch wenn diese Unterbauung in denkmalpflegerischer Hinsicht nicht vollständig befriedigt und auch nicht ohne Risiken bleibt. Auf diese Weise aber könnte das Areal optimal entwickelt werden, und gleichzeitig könnten dem schützenswerten Gebäude auch Freiräume angegliedert und vorgelagert werden, die es in seiner neuen städtebaulichen Situation stärken.

Der Schlussbericht der Testplanung hält schliesslich fest:

> «*Das Güterexpeditionsgebäude [hat] eine grosse Bedeutung für die räumliche Ordnung des Areals. Die Güterbahnhofstrasse wird im Areal durch die strassenbegleitende Ausrichtung des Güterexpeditionsgebäudes als zentrale und strukturgebende Freiraumachse des Areals gestärkt. [...] Der Erhalt des Güterexpeditionsgebäudes hat sich in der Testplanung nicht nur als möglich herausgestellt, sondern als richtig [...]. Das Gebäude dient in der Arealentwicklung als Identitätsträger und ermöglicht die Weiterführung des Areal-Spirits im Bestandsgebäude.*»[11]

## Zusammenfassung

Das Areal des Güterbahnhofs ist Zeuge der Stadtentwicklung aus der Zeit der Stickereiblüte und gleichzeitig Bestandteil des umfassend erhaltenen St. Galler Bahnhofsensembles. Das Güterexpeditionsgebäude wurde jedoch von den Beteiligten der Arealentwicklung lange als Hindernis betrachtet und sein Erhalt rückte zeitweise in weite Ferne. Die Testplanung im Areal Güterbahnhof hat aufgezeigt, dass die Bestandsgebäude einer städtebaulichen Entwicklung nicht im Wege stehen, sondern im Gegenteil diese bereichern, um dem Areal mithilfe einer hochwertigen Baukultur eine Zukunft zu ermöglichen. Ob es hierfür jedoch einen Autobahnzubringer braucht, steht auf einem anderen Blatt – die diesbezüglichen Herausforderungen verkehrlicher und gesellschaftspolitischer Natur sind ungleich grösser.

English

Given the location of the city of St. Gallen – in the narrow and long high-valley between Rosenberg in the north and Bernegg and Freudenberg in the south – few options were available for the construction of a railway line. The railway line runs diagonally across the valley floor and has had a significant influence on existing and subsequent urban developments, which can still be clearly seen in the structure of the city today. The flourishing embroidery industry led to an expansion of railway infrastructure at the beginning of the 20th century. In addition to a new station building (1913) and Switzerland's largest circular locomotive depot (1903), this expansion was also marked by the construction of a new freight station with a freight forwarding building and a customs building with a bonded warehouse (from 1902). The freight station had close links to the nearby business district for embroidery, both functionally and with regard to urban planning. Ever since the freight station was decommissioned in the 1990s, work on developing the area has been ongoing. After a complete overhaul was rejected by voters in 2007, the current test planning is focused on the question of how a connection to the motorway can be established on the site and how an appropriate urban development can be facilitated at the same time. The scenarios that have been developed demonstrate that the breaking away of important parts of the site represents a loss for railway heritage preservation while also damaging the architectural unity of the railway area and the business district. Simultaneously, the development represents an opportunity to strengthen the existing structures – taking into account the existing key buildings – and head towards the future with a high-quality Baukultur.

Français

La situation de la ville de Saint-Gall, enclavée dans la haute vallée étroite et étirée entre le Rosenberg au nord et le Bernegg et le Freudenberg au sud, ne laissait que peu de marge de manœuvre pour la construction de la ligne de chemin de fer. La ligne, qui traverse le fond de la vallée en diagonale, a exercé une influence considérable sur les développements urbains de l'époque et ultérieurs, comme cela se reflète encore aujourd'hui dans la structure de la ville. L'industrie florissante de la broderie a conduit à une extension des installations ferroviaires au début du XXe siècle. Outre un nouveau bâtiment voyageurs (1913) et le plus grand dépôt circulaire de locomotives de Suisse (1903), l'aménagement comprenait également la construction d'une nouvelle gare marchandises avec un bâtiment d'expédition et un bâtiment de douane et d'entrepôt (à partir de 1902). La gare marchandises n'était pas seulement fonctionnelle, mais aussi étroitement liée sur le plan urbanistique au quartier des broderies tout proche. Le développement du site est à l'étude depuis la fermeture de la gare marchandises dans les années 1990. Après le rejet d'un ensemble immobilier par les électeurs en 2007, la planification pilote en cours se concentre sur la réalisation d'une jonction autoroutière sur le site tout en permettant un développement urbanistique pertinent. Les scénarios élaborés dans ce cadre montrent que la disparition de parties importantes du site ne représente pas seulement une perte pour la conservation du patrimoine ferroviaire, mais porte également atteinte à l'unité urbanistique du site ferroviaire et du quartier commercial. Parallèlement, le développement offre l'opportunité de renforcer les structures existantes en tenant compte des principaux bâtiments en place et de les rendre pérennes à l'aide d'une culture du bâti de qualité.

Anmerkungen

1 Bucher, Silvio et al.: St. Gallen. Antlitz einer Stadt. Betrachtungen über Entwicklung und Eigenart. St .Gallen 1979, S. 41.
2 Röllin, Peter, Studer, Daniel: St. Gallen. Architektur und Städtebau 1850–1920. (INSA Inventar der neueren Schweizer Architektur, Bd. 8, Sonderpublikation.) St. Gallen 2003, S. 55.
3 Röllin, Peter: St. Gallen. Stadtveränderung und Stadterlebnis im 19. Jahrhundert. Stadt zwischen Heimat und Fremde, Tradition und Fortschritt. St. Gallen 1981, S. 56–58; Flury-Rova, Moritz: Der Bahnhof St. Gallen. (Schweizerische Kunstführer 950.) Bern 2014, S. 7–9.
4 Röllin (1981) (wie Anm. 3), S. 484 f.
5 Röllin, Studer (2003) (wie Anm. 2), S. 58–60.
6 Flury-Rova (2014) (wie Anm. 3), S. 9–26.
7 Vgl. Baudepartement des Kantons St. Gallen (Hg.): Lokremise St. Gallen. Sanierung 2010. St. Gallen 2011.
8 Kanton St. Gallen et al.: Zubringer Güterbahnhof im Rahmen der Engpassbeseitigung St. Gallen, https://zubringer-gueterbahnhof.ch, (zuletzt aufgerufen: 4.1.2023).
9 Kanton St. Gallen, Bau- und Umweltdepartement / Tiefbauamt: Stadt St. Gallen, Areal Güterbahnhof. Testplanung / Integrale Studie, Schlussbericht des Beurteilungsgremiums, 6.7.2022, download via https://zubringer-gueterbahnhof.ch/testplanung/ (zuletzt aufgerufen: 4.1.2023), S. 13 f.
10 Ebd., S. 24.
11 Ebd., S. 24 und 35.

Abbildungsnachweis

1 https://map.stadt.sg.ch.
2 ETH Bildarchiv online, LBS, MH01-005879.
3 Stadtarchiv der Ortsbürgergemeinde St.Gallen, Foto Gross, BA 20696.
4 https://map.stadt.sg.ch.
5 Stadtarchiv der Ortsbürgergemeinde St.Gallen, Foto Gross, BA 10717.
6 Foto Matthias Fischer, 2019.

Abb. 1 Stadtplan von 1860, Ausschnitt. Rot markiert die Neubauten seit 1830. Oberhalb der Bildmitte der Bahnhof. Rechts davon das «Quartier vor dem Schibenerthor» zwischen Altstadt und Bahnhof. Ganz llinks (grau markiert) die Geltenwylen Bleiche, wo ab 1902 der Güterbahnhof erbaut wurde.

Abb. 2 St.Gallen, Bahnhof, Rosenberg, v.N. aus 150 m. Geschäftsviertel zwischen Altstadt (linker Bildrand) und Güterbahnhof / St.Leonhard (Flugaufnahme: Walter Mittelholzer 1929, mit Blickrichtung Südwesten).

Abb. 3 Lokremise mit Wasserturm und Badhaus, im Hintergrund Hauptbahnhof mit Aufnahmegebäude und Perronhalle sowie neue Hauptpost (Postkarte 1937).

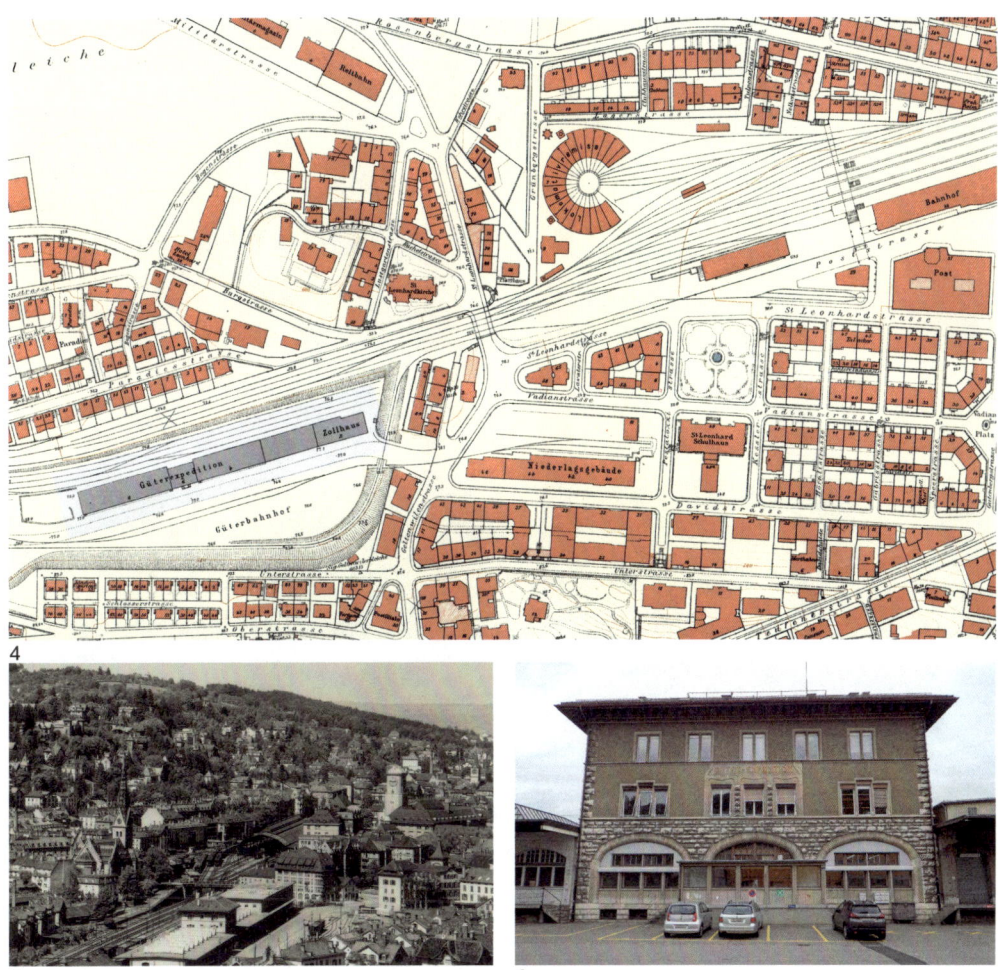

Abb. 4 Stadtplan 1913, Ausschnitt. Grau markiert das Güterexpeditionsgebäude (1902) im Westen, daran anschliessend das Stickereiviertel, das sich bis zur Altstadt erstreckt. Oben im Bild der neue Bahnhof (1911–13), die neue Hauptpost (1911–15) und die Lokomotivremise (1902/1911).

Abb. 5 Güterbahnhof mit Bahnhofquartier, im Vordergrund das Güterexpeditionsgebäude mit Zollhaus, von Südwesten (Postkarte 1934).

Abb. 6 Güterexpedition, Verwaltungstrakt (Foto: Matthias Fischer 2019).

# Welterbe

# World Heritage

# Patrimoine mondial

Das Panel

Moderation und Text
Günter Dinhobl

Der Block «Welterbe» im Rahmen der Fachtagung Eisenbahndenkmalpflege ist einem besonderen Themenbereich gewidmet: den vielfältigen und vielschichtigen Aspekten von Eisenbahnen als Welterbestätten. UNESCO-Welterbestätten versprechen Einzigartigkeit – und diese weltweit. Die UNESCO-Welterbekonvention als ein völkerrechtliches Vertragswerk besteht seit den 1970ern, der Erfolg dieses völkerverbindend eingesetzten kulturellen Engagements der UN erfolgte aber erst ab der Jahrtausendwende. Schon seit Beginn stehen als wesentlichste Kriterien für die Aufnahme als Welterbe die Trias «aussergewöhnlich universeller Wert», «Authentizität» und «Integrität». Im Laufe der Jahrzehnte wurden diese weiter elaboriert und detaillierter ausgearbeitet. Auch wurde das Welterbe in den Kontext anderer UN-Ziele gestellt, allen voran den Zielen der nachhaltigen Entwicklung.

Eisenbahnen als technische Ensembles wurden Ende der 1990er-Jahre in den Kreis der UNESCO-Welterbestätten aufgenommen, nicht ohne vorher dem Fragenkomplex nachzugehen, ob und unter welchen Kriterien Eisenbahnen in das UNESCO-Welterbe aufgenommen werden könnten. Diese Diskussionen haben bis heute nichts an Brisanz eingebüsst, vor allem angesichts von Instandhaltungs- und Instandsetzungsarbeiten aufgrund des regulären Eisenbahnbetriebs, als auch insbesondere des Anpassungsdrucks aufgrund der Erwartungshaltungen an die Eisenbahn als «grüne» Verkehrstechnologie und den damit prognostizierten massiven Verkehrssteigerungen.

Derzeit sind vier Eisenbahnstrecken als UNESCO-Welterbestätten ausgewiesen: die Semmeringeisenbahn in Österreich seit 1998, die indischen Bergbahnen seit 1999 mit Erweiterungen 2005 und 2008, die Rhätische Bahn in der Albula-Bernina-Landschaft in der Schweiz seit 2008 und jüngst seit 2021 die Transiranische Eisenbahn. Einzelne Eisenbahn-Bauwerke finden sich auch in der Welterbeliste: der Chhatrapati Shivaji Terminus (früher Victoria Station) in Mumbai in Indien wurde im Jahr 2004 in die Welterbeliste aufgenommen und die Eisenbahnbrücke über den Firth of Forth im Vereinigten Königreich ist seit 2015 als UNESCO-Welterbe ausgewiesen. Weiters finden sich Eisenbahnbauten innerhalb von meist städtischen Welterbestätten wie z. B. Roma Termini innerhalb der Welterbestätte «historisches Zentrum von Rom».

«Eisenbahnen als UNESCO-Welterbestätten» stehen im Spannungsfeld von Welterbe(kriterien) und Anpassung(sdruck): während beim Welterbe Konzepte wie «aussergewöhnlich universeller Wert» (OUV), Authentizität und Integrität im Zentrum stehen, aber auch nachhaltige Entwicklung als übergeordnetes UN-Ziel einzubeziehen ist, sind Eisenbahnen als Transportmittel seit jeher einem Anpassungsdruck in der Gesellschaft ausgesetzt: Verkehrs-/Leistungssteigerung, Modernisierung und (technische) Normen bilden den Rahmen der gegenwärtig zu konstatierenden Attraktivierung der Eisenbahn, wie sie beispielsweise durch die SDGs der UN oder dem «Green Deal» der Europäischen Kommission eingefordert werden. So könnte das vonseiten der Welterbe-Anforderungen gegenwärtig zu erstellende «attribute mapping» vom Gesichtspunkt Welterbe mit der Abstimmung des Anpassungsdruckes eine Möglichkeit bilden, denn schon im Rahmen der Aufnahme der ersten Eisenbahnstrecke als UNESCO Welterbe wurde konstatiert: «The key challenge is to identify just what it is about a railway location that makes it worthy of World Heritage status.»

Das genannte Konzept der «authenticity» einer Welterbestätte steht im Zusammenhang mit dem im Jahr 1994 veröffentlichten NARA-document von ICOMOS. Darin wird «authenticity» in Verbindung mit folgenden Informationsquellen gestellt: Gestalt und Form, Material und Substanz, Gebrauch und Funktion, Tradition und Techniken, Lage und Umfeld, Geist und Gefühl, ursprünglicher Zustand und historisches Werden. Die 2010 im Rahmen der Tampere TICCIH/ICOHTEC-Tagung aufgestellte Railway Heritage Matrix versucht, eine gesamthafte Zugangsweise der Eisenbahn-Denkmäler aufzustellen und die unterschiedlichen Ebenen der «authenticity» von Eisenbahn-Denkmälern aufzuzeigen:

|  | Handelnde | Ziel | Ziel | Konservierungsmethode |
|---|---|---|---|---|
| Gebrauch | Bahngesellschaften (IM and IRU) | Modernes öffentliches Verkehrssystem für den täglichen Gebrauch | Reisende, Unternehmen | Instandhaltung und Erhaltung für sicheren tätlichen Transport gemäss Eisenbahnnormen und -gesetzen – Funktionale Authentizität |
| Weiterverwendung | Museal/Historische Bahnen; Gemeinden und Investoren (für ehema- Bahngebäude) | Erfahrung mit der historischen Eisenbahn oder historischen Gebäuden | An Erlebnissen interessierte Menschen | Erhaltung und Instandhaltung mit dem Ziel eines ‹authentischen Betriebs› |
| Bewahren | Museen | Materielles Bewahren (konservieren) des Eisenbahn-Erbes | Besucher | Konservierung mit dem Ziel der Erhaltung von originaler Substanz |

Dies wiederum erfordert «Wissen, Wissen, Wissen», was anhand der Beispiele «historisches Wissen» mittels eines Inventars, praktisches Wissen bezüglich Techniken und kulturwissenschaftliches Wissen durch Repräsentationen gegeben wurde. Erst damit kann das schützenswerte Gut aus Welterbesicht – und dessen «attributes» – bestimmt und können Erhaltungsstrategien entwickelt werden.

Für eine künftige Auseinandersetzung im Themenfeld des UNESCO-Welterbes und Eisenbahnen können folgende drei Leitfragen identifiziert werden: (1) wie vertragen sich Massnahmen mit dem Thema der Authentizität und Integrität, (2) welcher Detaillierungsgrad ist beim «attribute mapping» erforderlich (bzw. schon gemacht worden) und (3) welche «attributes» sind unabdingbar für den OUV der (Eisenbahn-)Welterbestätte und welche (und in welchem Rahmen) weiterentwickelbar? Während «Railways as World Heritage Sites» die Fragestellung der Aufnahmekriterien thematisierte, wäre es nun nach einem Vierteljahrhundert Erfahrungen gewinnbringend, sich dem Fragenkomplex «Railways being World Heritage Sites» zuzuwenden und diesen systematisch aufzuarbeiten.

The Panel

Moderation and text
Günter Dinhobl

The World Heritage Block at the Railway Heritage Preservation Conference is dedicated to a special subject area: the diverse and multi-faceted aspects of railways as World Heritage Sites. There are currently four railway lines designated as UNESCO World Heritage Sites: the Semmering Railway in Austria since 1998, the Mountain Railways of India since 1999 with expansions in 2005 and 2008, the Rhaetian Railway in the Albula-Bernina landscape in Switzerland since 2008 and most recently the Trans-Iranian Railway since 2021. Individual railway structures can also be found on the World Heritage List: the Chhatrapati Shivaji Terminus (formerly Victoria Station) in Mumbai in India was added to the World Heritage List in 2004 and the railway bridge over the Firth of Forth in the UK has been a UNESCO World Heritage Site since 2015. In addition, railway structures feature within mostly urban World Heritage Sites, such as Roma Termini in the «Historic Centre of Rome».

UNESCO World Heritage Sites promise uniqueness – all over the world. The UNESCO World Heritage Convention has existed as a treaty under international law since the 1970s, but the success of this cultural commitment for the UN to unite nations did not become apparent until the turn of the millennium. From the outset, the triad of 'Outstanding Universal Value', 'Authenticity' and 'Integrity' have been the most important criteria for acceptance into World Heritage. Over the decades, these have been further developed and worked out in more detail. World Heritage has also been contextualised with other UN goals, above all the Sustainable Development Goals.

At the end of the 1990s, railways were included in UNESCO World Heritage as technical ensembles – not without first examining the question of whether and under what criteria railways could be included in UNESCO World Heritage. These discussions have lost none of their topicality to this day, especially given the maintenance and repair work required for regular railway operations and, in particular, the pressure to adapt to the expectations placed on the railway as a «green» transport technology and the massive increases in traffic forecast as a result.

'Railways as UNESCO World Heritage Sites' are at the intersection between World Heritage (criteria) and adaptation (pressure): while the focus for World Heritage is on concepts such as Outstanding Universal Value (OUV), Authenticity and Integrity, in addition to sustainable development as an overarching UN goal, railways as a mode of transport have always been subject to pressure from society to adapt: increased traffic/performance, modernisation and (technical) standards make up the framework of the current trend towards making the railways more attractive, as called for by the UN SDGs or the European Commission's «Green Deal», for example. UNESCO World Heritage is also currently calling for «attribute mapping» for existing World Heritage pages to identify a maximum of 15 attributes, which constitute 'Outstanding Universal Value' (OUV) for the respective World Heritage Site. Identifying these attributes might also integrate the railways' social demands to adapt. This was already identified as the main challenge when the first railway line was inscribed in the UNESCO World Heritage List: «The key challenge is to identify just what it is about a railway location that makes it worthy of World Heritage status.»

The concept of 'Authenticity' in relation to World Heritage is associated with the Nara Document on Authenticity from ICOMOS, published in 1994. In this document, 'Authenticity' is linked to the following source information: form and design, materials and substance, use and function, traditions and techniques, location and setting, spirit and feeling, original condition and historic development. The Railway Heritage Matrix, established at the Tampere TICCIH/ICOHTEC Conference in 2010, attempts to establish a holistic approach to railway monuments and to show the different levels of the authenticity of railway monuments:

|  | Actor | Aim | User | Preservation Method |
|---|---|---|---|---|
| Use | Railway companies (IM and IRU) | Offer a modern public transport system for daily use | Travellers, carriers | Maintenance and preservation to provide a safe and daily transportation according to the actual railway standards and – laws, ‹authenticity of function› |
| Re-use | Museum/ Heritage railways; cities and investors (former railway buildings) | Offer ‹experience› – either railway heritage experience or experience of historical buildings | People who are interested in experience and feelings | Preservation and maintenance with the aim to guarantee ‹authenticity of operation› |
| Preserve Conserve | Museums | Preserve (conserve) the (material) existence of Railway Heritage objects | Visitors | Conservation with the aim to guarantee ‹authenticity of material› |

This in turn requires «knowledge, knowledge, knowledge», which was provided based on examples of «historic knowledge» by means of an inventory, practical knowledge of technologies and cultural knowledge through representations. Only then can the assets worthy of protection from a World Heritage perspective – and its «attributes» – be determined and preservation strategies developed.

The following three key questions can be identified for future discussions in the area of UNESCO World Heritage and railways: (1) how are measures compatible with the ideas of authenticity and integrity (2) what level of detail is required for «attribute mapping» (or has already been done) and (3) which attributes are essential for the OUV of the (railway) World Heritage Site and which can be further developed (and within which framework)? While 'Railways as World Heritage Sites' focused on the question of inclusion criteria, after a quarter of a century of experience, it would now be productive to turn to the complex of questions relating to 'Railways be World Heritage Sites' and to work through this systematically.

Le panneau

Moderation et texte
Günter Dinhobl

Le bloc «Patrimoine mondial» de la Conférence spécialisée sur la préservation du patrimoine ferroviaire se consacre à un domaine thématique particulier: les aspects divers et variés des chemins de fer en tant que sites du patrimoine mondial. Actuellement, quatre lignes ferroviaires sont inscrites au patrimoine mondial de l'UNESCO: la ligne de chemin de fer autrichienne de Semmering depuis 1998, les chemins de fer de montagne indiens depuis 1999, avec extensions en 2005 et 2008, le chemin de fer rhétique dans le paysage suisse de l'Albula et de la Bernina depuis 2008 et le chemin de fer transiranien depuis 2021. Quelques ouvrages ferroviaires individuels figurent également sur la Liste des biens du patrimoine mondial: la gare «Chhatrapati Shivaji Terminus» (autrefois appelée gare Victoria) de Mumbai en Inde a été inscrite en 2004 et le pont du Forth au Royaume-Uni en 2015. On trouve également des ouvrages ferroviaires au sein de sites généralement urbains du patrimoine mondial, comme la gare Roma Termini, qui relève du «centre historique de Rome».

Les sites du patrimoine mondial de l'UNESCO revêtent un caractère unique au niveau mondial. La Convention du patrimoine mondial de l'UNESCO est un traité international établi dans les années soixante-dix. Néanmoins, le succès de cet engagement culturel de l'ONU en faveur du rapprochement des peuples ne s'est concrétisé qu'au tournant du millénaire. Depuis le début, les trois principaux critères permettant l'inscription au patrimoine mondial sont la «valeur universelle exceptionnelle», l'«authenticité» et l'«intégrité». Au fil des décennies, ceux-ci ont été complétés et détaillés. En outre, le patrimoine mondial a été placé dans le contexte d'autres objectifs des Nations Unies portant notamment sur le développement durable.

Les chemins de fer en tant qu'ensembles techniques ont été inscrits au patrimoine mondial de l'UNESCO à la fin des années 1990. Non sans avoir préalablement examiné la question de savoir si des chemins de fer pouvaient effectivement y figurer et selon quels critères. Ces discussions n'ont rien perdu de leur actualité, notamment en raison des travaux de maintenance et de remise en état liés à l'exploitation ferroviaire régulière et, notamment, à la pression au changement exercée par les attentes à l'égard du chemin de fer en tant que technologie de transport «écologique» ainsi que les prévisions d'envolée du trafic qui devrait en découler.

Les chemins de fer en tant que sites du patrimoine mondial de l'UNESCO doivent concilier deux forces divergentes: le patrimoine mondial et ses critères ainsi que le changement et la pression qu'il exerce. Le patrimoine mondial met l'accent sur des concepts tels que la valeur universelle exceptionnelle, l'authenticité et l'intégrité, en tenant compte de l'objectif prioritaire du développement durable défini par les Nations Unies. En tant que mode de transport, les chemins de fer ont toutefois été soumis dès leurs débuts à une pression au changement: l'augmentation du trafic et de la capacité, la modernisation et les normes (techniques), qui constituent les piliers de l'attrait actuel du rail, figurent ainsi parmi les prescriptions des objectifs de développement durable de Nations Unies ou du pacte vert de la Commission européenne. Le patrimoine mondial de l' UNESCO exige actuellement une «cartographie d'attributs» , y compris pour les sites existants, permettant d'identifier au maximum quinze critères représentant la valeur universelle exceptionnelle. L'identification de tels attributs pourrait également d'intégrer les exigences sociales des chemins de fer en matière d'adaptation. Ce défi s'est avéré déterminant dès l'inscription de la première ligne de chemin de fer au patrimoine mondial de l'UNESCO: «The key challenge is to identify just what it is about a railway location that makes it worthy of World Heritage status.»

Le concept d'authenticité d'un site du patrimoine mondial est lié au document de Nara publié par l'ICOMOS en 1994. La notion d'authenticité y est mise en relation avec les sources d'information suivantes: forme et conception, matériau et substance, utilisation et fonction, tradition et techniques, situation et environnement, esprit et perception, état originel et devenir historique. La matrice du patrimoine ferroviaire établie en 2010 dans le cadre du congrès TICCIH/ICOHTEC de Tampere tente d'établir une approche globale des monuments ferroviaires et de mettre en évidence les différents niveaux d'«authenticité» de ce patrimoine:

| | Acteur | Objectif | Utilisateur | Méthode de conservation |
|---|---|---|---|---|
| Utilisation | entreprises ferroviaires (IM et IRU) | Offrir un système de transport public moderne pour un usage quotidien | voyageurs, entreprises | Entretien et préservation pour assurer un transport sûr et quotidien conformément aux normes et lois ferroviaires en vigueur, ‹authenticité de la fonction› |
| Réutilisation | Musée/ chemin de fer historiques; communes et investisseurs (anciens bâtimens historiques) | Offrir de l'expérience soit dans le domaine du patrimoine ferroviaire, soit dans le domaine des bâtiments historiques | Personnes qui sont interessés à l'expérience et aux sentiments | Préservation et entretien dans le but de garantir l'authenticité du fonctionnement |
| Préserver Conserver | Musées | Préserver (conserver l'existence (matérielle) des objets du patrimoine ferroviaire | Visiteurs | Conservation dans le but de garantir l'authenticité des matériaux |

Cela requiert des connaissances dans de nombreux domaines comme l'histoire, grâce à un inventaire, la pratique concernant les techniques ou la culture, par le biais de représentations. On peut dès lors déterminer le bien à protéger du point de vue du patrimoine mondial ainsi que ses «attributs», et développer des stratégies de préservation correspondantes.

Les trois questions directrices ci-après pourront servir de guide lors d'une réflexion future sur le thème du patrimoine mondial de l'UNESCO et des chemins de fer: (1) Comment concilier mesures et critères d'authenticité et d'intégrité?, (2) Quel est le degré de précision nécessaire à la «cartographie des attributs» (ou déjà traité)? et (3) Quels sont les attributs indispensables pour garantir la valeur universelle exceptionnelle des sites (ferroviaires) du patrimoine mondial et quels sont ceux qui peuvent être développés (dans quel cadre)? Si «Railways as World Heritage Sites» abordait la question des critères d'inscription, il serait judicieux, un quart de siècle plus tard, de nous pencher sur la question «Railways be World Heritage Sites» et de la traiter de manière systématique.

# Une valeur universelle, exigence exceptionnelle

Benoît Dubosson

Avant que ne soit abordée la thématique du patrimoine mondial par le biais de cas concrets, de l'Inde à l'Autriche, de l'Iran à la Suisse, il nous paraît important de revenir sur le concept de patrimoine mondial, ce qu'il comprend, ce qu'il recouvre et ce qu'une inscription sur la Liste du patrimoine mondial signifie.

L'idée qu'il existerait un patrimoine mondial, dépassant les frontières des États nations, est relativement récente. Après quelques réflexions au sortir de la 1ère Guerre mondiale, cette idée se cristallise au cours des années 60, dans un contexte de croissance économique mondiale, de modernisation et de développement, contexte qui n'est pas dénué de pressions susceptibles de porter une atteinte irréversible à des biens culturels et des sites naturels considérés comme étant exceptionnels. En 1959, les gouvernements de l'Égypte et du Soudan demandent le soutien de l'UNESCO pour protéger et sauver les monuments de Nubie, alors menacés par la construction du barrage d'Assouan, sur le Nil. Un appel aux États membres est lancé par le Directeur général de l'UNESCO afin d'organiser une campagne internationale permettant notamment la sauvegarde des complexes antiques d'Abou Simbel et de Philae. C'est dans ce contexte que naît l'idée, novatrice et révolutionnaire, qu'il existe un patrimoine commun à l'ensemble de l'humanité, et que sa protection relève non pas de la responsabilité d'une personne ou d'une autorité régionale voire nationale, mais de l'humanité tout entière.[Fig. 1–4]

## La Convention du patrimoine mondial

Cet élan de collaboration multilatérale et de soutien international, notamment scientifique et financier, est à l'origine de l'élaboration de la «Convention internationale concernant la protection du patrimoine mondial culturel et naturel»,[1] adoptée par l'UNESCO en 1972. Cette convention acte notamment l'établissement d'un système de protection et de conservation collectif international d'un inventaire sous forme d'une liste de biens d'importance mondiale et enfin d'un fonds monétaire pour soutenir les États parties dans leur mission. À ce jour, cette convention a été ratifiée par 194 pays, soit la quasi-totalité des pays de la planète. C'est une convention quasi-universelle, et son succès est tel qu'il occulte parfois pour le grand public les autres activités de l'UNESCO.[Fig. 5]

En ratifiant la Convention du patrimoine mondial, les États parties prennent un engagement particulier, celui de protéger, d'entretenir et de sauvegarder les biens exceptionnels situés sur leur territoire, et ce pour les générations futures. Dès 1978, les premiers sites du patrimoine mondial sont identifiés et une première liste est élaborée. Depuis, ce sont 1 154 biens qui ont été inscrits et placés sous la surveillance de la communauté internationale. Ce chiffre illustre à lui seul l'incroyable succès de la convention: malgré des différences culturelles importantes, malgré des situations sociales, économiques et politiques très diverses, 194 pays sont parvenus à s'accorder sur ce qui fait un bien culturel, sur des valeurs naturelles à protéger, sur des méthodes de conservation à appliquer. Alors que nous célébrons les cinquante ans de son adoption, la Convention peut sembler évidente, son élaboration et son adoption relèvent toutefois d'un accomplissement remarquable.

### Une valeur universelle exceptionnelle

Pour qu'un bien puisse être inscrit sur la Liste du patrimoine mondial, il doit être porteur d'une «valeur universelle exceptionnelle», c'est-à-dire avoir une signification culturelle et/ou naturelle telle qu'elle transcende les frontières nationales et qu'elle présente le même caractère inestimable pour les générations actuelles et futures de l'ensemble de l'humanité. À ce titre, la préservation de ce patrimoine n'incombe plus seulement à l'État partie ou au gestionnaire du bien, mais à l'humanité tout entière.[2] Cette valeur universelle exceptionnelle, que ne partagent que les biens inscrits et reconnus par le Comité du patrimoine mondial, est au cœur du système du patrimoine mondial. Pour pouvoir y prétendre, un bien doit remplir certains critères et certaines conditions. Si le bien proposé à l'inscription doit évidemment remplir un des dix critères définis dans les directives du patrimoine mondial,[3] il doit également offrir les garanties nécessaires en termes de protection et de gestion et remplir des conditions d'intégrité et – pour les sites culturels uniquement – d'authenticité.

Ensemble, ces trois piliers confèrent la valeur universelle exceptionnelle au bien du patrimoine mondial. Que l'on ôte l'un de ces piliers et c'est la valeur universelle exceptionnelle du bien qui disparaît, avec pour conséquence la perte du statut de patrimoine mondial.[Fig. 6]

### Les conditions d'intégrité et d'authenticité

Les notions d'intégrité et d'authenticité sont ainsi essentielles pour définir la valeur universelle exceptionnelle d'un bien culturel et sont étroitement liées, au point même d'être parfois confondues. Ces notions ont fait et font d'ailleurs toujours l'objet de discussions et de débats au sein du milieu d'experts, en dépit de leur clarification dans les Orientations.[4]

Pour mieux les saisir, il importe de comprendre qu'un bien du patrimoine mondial est composé d'un certain nombre d'attributs, éléments physiques – configuration d'une ville historique, typologie architecturale, etc. – ou processus immatériels – traditions, pratiques sacrées et/ou rituelles, etc. – qui portent cette valeur universelle exceptionnelle. Dans ce contexte, *l'intégrité* se rapporte au caractère entier et intact du bien et de ses attributs alors que *l'authenticité* se rapporte à la façon véridique et crédible dont les attributs transmettent la valeur universelle exceptionnelle. Pour illustrer ces notions, prenons l'exemple d'un objet du fabricant suédois IKEA constitué d'un plateau en bois, de quatre pieds en bois et d'un système de fixation en métal.[Fig. 7-9] Chacun de ces éléments contribue à la définition de cet objet comme une table INGO, produite en série, au début du 21e siècle. L'objet comporte tous les attributs nécessaires à la définition de sa valeur, lesquels se trouvent être en bon état, il respecte les conditions d'intégrité et d'authenticité.

Mais quel impact la modification de cet objet pourrait avoir sur sa valeur? En cas de disparition d'un élément mineur, une rondelle de fixation par exemple, l'objet conserverait-il la valeur qu'on lui a conférée? Et comment considérer la disparition d'un élément plus signifiant, le plateau en bois par exemple? L'objet ne perdrait-il pas un attribut essentiel à la transmission de sa valeur? Serait-il alors possible de remplacer la pièce manquante par un élément distinct mais assurant une même fonction ou faudrait-il la remplacer par un élément parfaitement identique?

On constate par cet exemple volontairement simple que parmi les éléments composant un objet (ou un bien), certains – que l'on nommera attributs – sont plus signifiants que d'autres dans le sens où ils contribuent à la définition de la valeur de l'objet (ou du bien). Ce sont ces attributs qui confèrent à l'objet (ou au bien) son degré d'intégrité et d'authenticité. Il importe ainsi de prêter une attention particulière à leur identification et leur préservation, puisque si ces attributs venaient à disparaître ou être remplacés, c'est potentiellement la valeur de l'objet (ou du bien) qui en serait modifiée ou perdue.

## Conclusion

Un bien ferroviaire inscrit au patrimoine mondial présente évidemment une tout autre complexité, il doit toutefois répondre aux mêmes conditions d'intégrité et d'authenticité. Or comme le soulignait Anthony Coulls, «no operating railway can be wholly authentic from a strictly historical point of view»[5]. On pourrait y ajouter «ni strictement intègre». Un tel constat pourrait d'ailleurs être partagé par nombre de monuments historiques et sites patrimoniaux culturels, qu'ils soient ou non inscrits sur la Liste du patrimoine mondial. Cela ne signifie pas pour autant qu'aucun bien ferroviaire ne remplit les conditions requises pour être considéré comme bien du patrimoine mondial. Comme nous l'avons mentionné ci-dessus, l'enjeu porte ici en particulier sur l'identification claire et exhaustive des attributs essentiels, qui portent la valeur universelle exceptionnelle du bien, et sans lesquels ni l'intégrité ni l'authenticité ne pourraient être assurées. Ou pour reprendre Anthony Coulls: «The key challenge is to identify just what it is about a railway location that makes it worthy of World Heritage status»[6].

Deutsch            Durch die Aufnahme einer Kultur- oder Naturerbestätte in die Welterbeliste anerkennt die UNESCO deren «aussergewöhnlichen universellen Wert». Dieser grundlegende Begriff stützt sich auf die Einhaltung einer Reihe von spezifischen Kriterien und Bedingungen, insbesondere hinsichtlich der Integrität und – vor allem bei den Kulturerbestätten – der Authentizität. Im Nara-Dokument zur Echtheit / Authentizität von 1994 wurde die Bedeutung und Reichweite dieser Authentizität genauer festgelegt. In der Folge hat der ICOMOS die Anwendung der Authentizitätsbedingung auf Eisenbahnsysteme, die ein technisches Erbe darstellen, unter die Lupe genommen (Coulls, Anthony: Railways as World Heritage Sites, 1999). In diesem Vortrag werden die grundlegenden Begriffe des Welterbesystems in Erinnerung gerufen und auf deren Basis die Herausforderungen bei der Aufnahme eines Bahnbauwerks in die Welterbeliste sowie dessen Bewahrung für zukünftige Generationen beleuchtet.

English            The world heritage list includes the recognition by the UNESCO authorities of the «outstanding universal value» of a cultural and/or natural asset. This fundamental principle is based on compliance with a set of specific criteria and conditions concerning integrity and – for cultural assets in particular – authenticity. In 1994, the Nara Document on Authenticity further defined its meaning and scope. The application of the condition of authenticity to railway systems – part of technological heritage – was the subject of analysis by ICOMOS (Anthony Coulls, Railways as World Heritage Sites, 1999). By recapping the key principles of the world heritage system, this presentation aims to outline the challenges of including railway assets on the World Heritage List and of conserving them for future generations.

Notes              1  https://whc.unesco.org/archive/convention-fr.pdf.
                   2  Gérer le patrimoine mondial culturel, Manuel de référence,
                      UNESCO, 2013, en particulier pp. 31 ss.
                   3  Orientations devant guider la mise en œuvre du patrimoine mondial,
                      https://whc.unesco.org/fr/orientations/, ci-après Orientations.
                   4  Orientations. Voir également: Comité du patrimoine mondial.
                      Document de Nara sur l'authenticité 1994.
                   5  Coulls, Anthony: Railways as World Heritage Sites. Paris ICOMOS 1999.
                   6  Id.

Crédit d'images    1  UNESCO, http://en.unesco.org/mediabank/17206/ lizenziert unter CC BY-SA 3.0
                      (https://commons.wikimedia.org/wiki/File:Dismantling_of_one_of_the_Osiriac_
                      pillars_of_the_entrance_hall_of_the_Great_Temple.jpg).
                   2  UNESCO, http://en.unesco.org/mediabank/17123/ lizenziert unter CC BY-SA 3.0
                      (https://commons.wikimedia.org/wiki/File:Work_in_progress_of_the_re_-_
                      erection_of_the_Great_Temple_on_its_new_site.jpg).
                   3  Alexis N. Vorontzoff, UNESCO Archives, lizenziert unter CC BY-SA 3.0
                      (https://commons.wikimedia.org/wiki/File:International_cooperation,_Philae_-_
                      UNESCO_-_PHOTO0000003331_0001.tiff).
                   4  Roque Javier Laurenza, UNESCO Archives, lizenziert unter CC BY-SA 3.0
                      (https://commons.wikimedia.org/wiki/File:Temples,_Nubia,_Philae_Island_-_
                      UNESCO_-_PHOTO0000003348_0001.tiff).
                   5  © UNESCO.
                   6  Gérer le patrimoine mondial culturel, Manuel de référence, UNESCO, 2013. S. 37.
                 7–9  © IKEA.

Fig. 1    Travaux de reconstruction du Grand Temple d'Abou Simbel sur son nouveau site.

Fig. 2    Démontage d'une des statues colossales de Ramsès II à l'entrée du Grand Temple, le 2 janvier 1966.

Fig. 3    Au centre, les temples d'ISIS et le kiosque Trajan d'Auguste. En mai 1968, il fut décidé de démonter et de remonter les monuments sur l'île voisine d'Agilkia. Ici, travaux préliminaires.

Fig. 4    À la suite de la construction du haut barrage d'Assouan, les monuments de l'île de Philae ont été inondés de manière permanente sur un tiers de leur hauteur, avant d'être démontés et reconstruits sur l'île d'Agilkia.

Fig. 5   Signature de la Convention du patrimoine mondial par René Maheu, directeur général de l'UNESCO. Novembre 1972.

Fig. 6   Les trois piliers de la valeur universelle exceptionnelle.

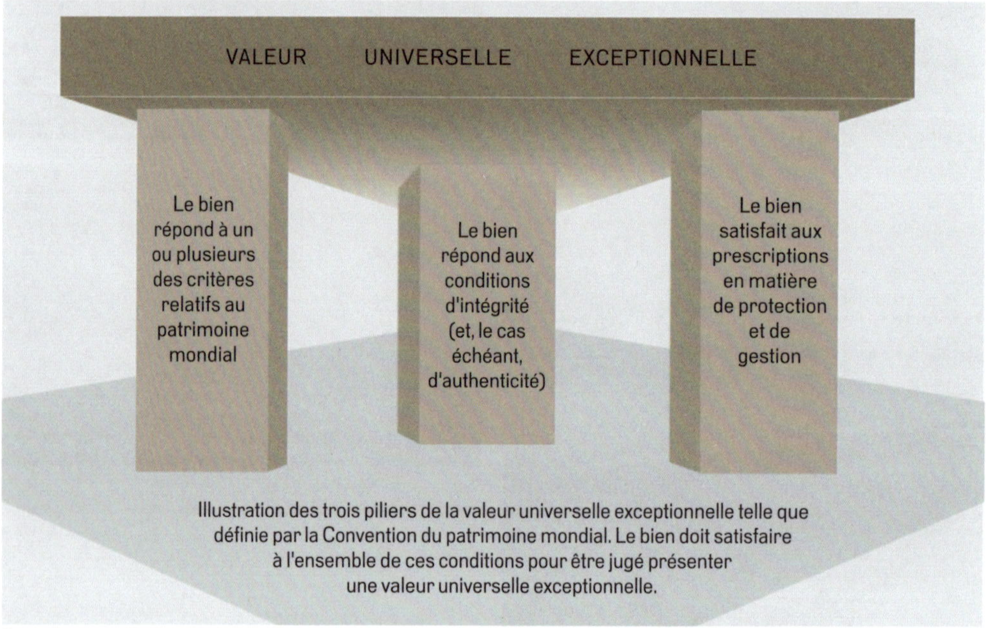

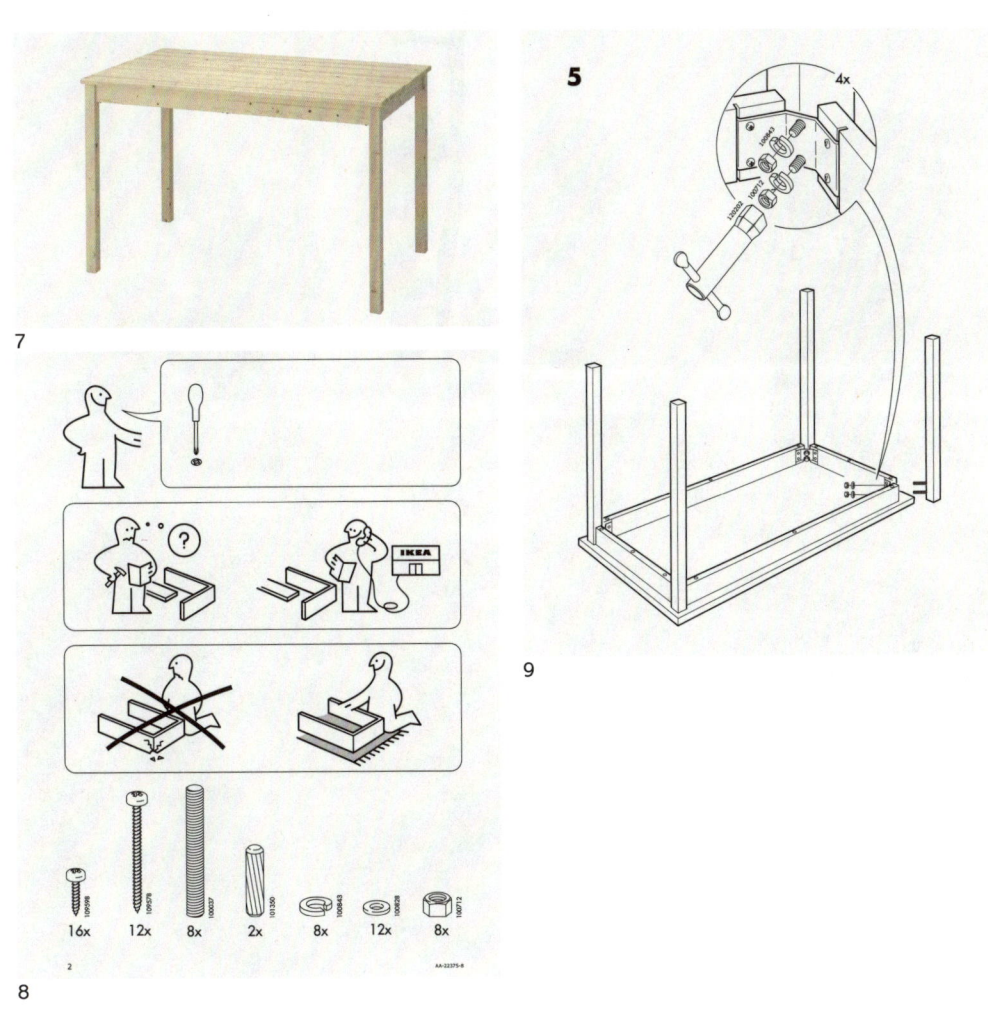

Fig. 7–9  Table INGO et instruction de montage.

# Where the Water Flows Fast and the Train is Slow

Urban Pressures and Railway Infrastructure in the Mountain Railways of India
Vinita Srivastava

The mountain railways in India are remnants of the colonial era, as a blissful escape for the British from the sweltering Indian summer. Built under a financial guarantee system, where finances from abroad helped to buy locomotives and tracks, these railways were often projects made on impossibly shoestring budgets and extremely arduous conditions. Their continued existence is a bit like time travel, back to a world that exists in imagination – in endless cups of tea, while watching sunrise sweep the mountain ranges. This story describes the unusual circumstances in which mountain railways of India originated and how they now operate.

The engineers who operate and maintain these mountain railway systems faced challenges of technology, society, and relevance. Industrial heritage is a dark and less understood subject for nations who experienced the ill-effects of the industrial age with its accompanying violent wars. The mountain railways of India have managed to fashion a new identity today – a tourist's delight where even the ordinary person can come close to the magnificent Himalayas and enjoy their beauty. The train makes this possible. The issues that complicate operations are many however, especially surrounding workshop maintenance of steam locomotives, vintage coaches and, most of all, the passenger's expectation of the systems.

Decisions and pressures of the present

Support from a government-controlled railway, with legal backing of the Railway Act in India, protects the route through the mountains to some extent. Land assets, old workshops, printing presses and a variety of buildings need adaptive reuse to conserve them properly. These and other strategies for asset monetisation to unlock the value of 150-year-old systems are actively being discussed today.

The discussions centre on three mountain railways of Darjeeling, Shimla and the Nilgiris, and their varied cultural approach toward the encroachment problem in different geographies of India. The continued existence of the mountain railways in the face of mounting urban pressures is a constant struggle for the Heritage Directorate of Indian Railways. Socio-economic pressures must be balanced and the contextual relevance of the railway as a transport system is in danger. The systems compare and contrast sharply to road connectivity making the balancing act delicate and difficult. Precedent is to be found in heritage railways across the world where solutions have been found allowing the railways to co-exist with roads, people, and ecology.

Understanding embodied mobilities of the mountain region

With growing urban pressure the trunk route of the road-rail path transformed into an artery for the region. Homes and businesses sprung up along the railroad as did taxi-stands and homestays. Tourism brings waves of floating populations that stress the already overstretched system beyond capacity. Water scarcity and the lifestyles of community are engulfed with the demands of catering to varieties of tourists – all looking for different experiences. Embodied mobilities of the region transformed from serving the movement of colonial troops and their families to catering holiday-makers and pleasure-seekers over time. Operating steam railways had their technical requirements of water-filling, fuel stops, crew relief, and shunting. These naturally require space and fixed installations including stations, workshops, water-tanks, housing, and offices. Bridges and tunnels ensure the right of way enjoyed by the train and need regular maintenance.

UNESCO protection to the heritage routes has ensured that the physical infrastructure has not changed much over time. The embargo on modernising the railway itself did not, however, freeze the changes of landscape, tree lines and water bodies along the route. Population growth did not slow down, rather tourist influx grew. The main features that are Outstanding Universal Values (OUV) for the heritage sites characteristic are mostly preserved and still point out the marvel of human engineering that made these systems possible.

Indian Railways continues to support and maintain other heritage stations and sites as well which are not UNESCO recognised. Locations in mountain regions of India are known for their scenic beauty and are home to high altitude railway stations which are located above 2000 meters from mean sea level. The Nilgiri Mountain Railway, Darjeeling Himalayan Railway, and Kalka Shimla Railway are listed as UNESCO Mountain Railways of India (World Heritage Sites).

Stations have locational importance from geographic, tourist, and socio-political perspectives. Some of the most important high-altitude railway locations are:

*Ghum 2257 m (7405 ft) – Darjeeling Himalayan Railway*
The Darjeeling Himalayan Railway or toy train runs between Jalpaiguri and Darjeeling in West Bengal. The Ghum station is famous as India's highest railway station at an altitude of 2257 m and covers a distance of 78 km.

*Ooty (for short) or Ootacamund 2210 m (7251 ft) – Nilgiri Mountain Railway*
Ooty is one the most popular railway destinations in India and is located in the Nilgiris district of Tamil Nadu. The Nilgiri Mountain Railway line runs between Mettupalayam or Coimbatore to Ooty. It covers a distance of 46 km. Popular film star Shah Rukh Khan's iconic song «Chaiyya Chaiyya» was shot on a train travelling on the Nilgiri Mountain Railway (NMR) route.

*Shimla 2086 m (6844 ft) – Kalka-Shimla Railway*
The Kalka-Shimla Railway is a narrow-gauge railway line from Kalka to Shimla. It covers a distance of 96 km and the route is complete with 806 bridges and 103 tunnels.

*Ahju 1291 m (4236 ft) – Kangra Valley Railway*
Ahju station is located at an elevation of 1210 m (3970 ft). The line lies between the Dhauladhar ranges of the Himalayas and the sub-Himalayan region and runs from Pathankot to Jogindernagar.

*Jogindernagar 1189 m (3901 ft) – Kangra Valley Railway*
Jogindernagar railway station is located in Himachal Pradesh. Kangra Valley Railway runs from Pathankot to Jogindernagar. It covers a distance of 164 km.

## Heritage assets and disappearing skills

Heritage lines of the railways in India are embedded in a larger broad gauge, nationwide network which has modernised railway workshops and trained staff to service its needs. The evolution of technology has seen days of steam, diesel, coal and oil fired locomotives go past, and the ageing technology is evidenced only on heritage systems or rail museums. The modern Vista dome coaches contrast sharply with vintage rolling stock. The latter comes in useful for joyrides, charter trains, rail bus and dining cars but these ageing assets and fast disappearing skills lead to the vital question: what to preserve and what to let go?

In dealing with the answers to this question a core understanding that emerges is that the Central government, just like pre-independence colonial administrations, controls the rail-«way» with emphasis on way, or more accurately the «right» of way. And heritage rail systems will sooner or later undergo the rites of passage – but will they have to give up the rights of way in this natural evolution? Time and heritage policy hold the answer.

## Conclusion

Local governments and public entities such as the Hill councils and State governments control the surrounding areas next to the heritage routes. The stakeholders are many and so are the plethora of laws and regulations related to land use. The Railway Act in India, protects the right of way to a certain extend. An authority set up under extant laws called the Railway Land Development Authority is continuously being vested with legal and policy control of all land assets, unused old workshops, printing presses and a variety of buildings need adaptive reuse.

Urban pressures along the route increase the tension between road, rail, and built environment continuously. The management of heritage sites of railways in India therefore becomes most of all a fine balance between tourism revenues, nostalgia for steam and careful operations, and maintenance practices to ensure adequate investment in the future rolling stock which will keep these systems alive. Timely route renewals, careful preservation, and thoughtful development of the heritage landscape and assets will ensure that future generations can enjoy the marvels of rail heritage.

**Deutsch**

Die indischen Bergbahnen sind ein Überbleibsel der Kolonialzeit: Die Briten nutzten sie, um der drückenden indischen Sommerhitze zu entkommen. Sie entstanden im Rahmen eines Finanzgarantiesystems, bei dem Lokomotiven und Schienen mit ausländischen Geldern gekauft wurden. Daher waren diese Bahnprojekte meist mit einem unglaublich knappen Budget ausgestattet und wurden unter äusserst schwierigen Bedingungen umgesetzt. Wer sie heutzutage nutzt, erlebt eine Zeitreise zurück in eine Welt, die nur noch in unserer Erinnerung existiert, in der man bei einer Tasse Tee beobachtet, wie hinter den Bergen die Sonne aufgeht. Dieser Vortrag beginnt mit einem kurzen geschichtlichen Einblick in die ungewöhnlichen Umstände, unter denen die indischen Bergbahnen entstanden. Die Lokführer, die diese alten Maschinen bedienen und warten, begegnen technischen und gesellschaftlichen Herausforderungen sowie der Frage nach ihrer Daseinsberechtigung. Das industrielle Erbe ist für Länder, welche die negativen Auswirkungen des Industriezeitalters mit den einhergehenden gewaltsamen Konflikten erfahren haben, ein undurchsichtiges Thema, dem sie wenig Verständnis entgegenbringen. Die indischen Bergbahnen haben es jedoch geschafft, sich eine neue Identität zu geben: ein Touristenhighlight, das auch gewöhnlichen Leuten ermöglicht, mit dem Himalaya auf Tuchfühlung zu gehen und seine Schönheit zu bewundern. Die Bahn macht es möglich. In diesem Beitrag werden Themen rund um den Werkstattunterhalt von Dampfloks, historischen Bahnwagen und vor allem die Erwartungen der Reisenden an das Bahnsystem behandelt. Die Strecke ist dank der Rückendeckung einer staatlich kontrollierten Bahn und der Absicherung durch das indische Eisenbahngesetz bis zu einem gewissen Grad geschützt. Grundstücke, alte Werkstätten, Druckerpressen und verschiedenartige Gebäude müssen umgenutzt werden, um angemessen erhalten werden zu können. In der Folge sollen diese und andere Strategien zur finanziellen Verwertung von Anlagen und damit zur Wertschöpfung dieser 150 Jahre alten Systeme aktiv diskutiert werden. Der Beitrag behandelt im Besonderen die drei indischen Bergbahnen, welche gemeinsam in die Liste des Weltkulturerbes eingeschrieben sind, sowie mögliche Kandidaten.

En Inde, les chemins de fer de montagne constituent les vestiges de l'époque coloniale. Ils offraient une paisible évasion aux Britanniques désireux de fuir la chaleur étouffante de l'été indien. Construits dans le cadre d'un système de garantie financière dont les fonds provenant de l'étranger permettaient l'achat de locomotives et de rails, ces chemins de fer relevaient généralement de projets aux budgets dérisoires et réalisés dans des conditions extrêmes. Ces témoins du passé nous plongent dans un autre temps, dans un monde imaginaire où l'on prend le thé en regardant le soleil levant balayer les chaînes de montagne. Le présent article commence par dresser un bref historique des circonstances insolites qui ont vu naître les chemins de fer des montagnes de l'Inde. Les ingénieurs qui exploitent et entretiennent ces anciens systèmes doivent relever les défis liés à la technologie, à la société et à la pertinence du projet. Le patrimoine industriel constitue un sujet méconnu pour les nations qui ont subi les effets délétères de l'ère industrielle et des guerres sanglantes qui l'ont accompagnée. Les chemins de fer des montagnes de l'Inde sont parvenus à se forger une nouvelle identité, pour le plus grand bonheur des touristes, permettant au commun des mortels d'approcher le toit du monde et de se laisser enivrer par sa beauté. Tout cela grâce au train. L'article s'attarde également sur l'entretien en atelier des locomotives à vapeur, des voitures d'époque et, surtout, sur les attentes des passagères et passagers vis-à-vis des différents systèmes. La ligne bénéficie dans une certaine mesure de l'appui apporté par une société de chemins de fer publique, reposant sur la base légale posée par la loi sur les chemins de fer en Inde. Les biens fonciers, les anciens ateliers, les presses à imprimer et autres bâtiments requièrent une réaffectation adaptative pour être conservés correctement. Ces stratégies, ainsi que d'autres stratégies de monétisation des actifs visant à libérer toute la valeur de systèmes âgés de 150 ans, sont actuellement passées au crible. L'article traite en particulier des trois chemins de fer de montagne indiens qui sont inscrits ensemble sur la Liste du patrimoine mondial et des candidats potentiels.

| | | |
|---|---|---|
| Literature | | Rai, Roshan P. et al.: Water Security in the Darjeeling Himalaya, unravelling the seen and unseen forces. Darjeeling Himalayan Initiative, September 2016.<br>Roy, Sujama, Hannam, Kevin: Embodying the Mobilities of the Darjeeling Himalayan Railway. In: Mobilities 8 (4)(2013) 580–594.<br>Coulls, Anthony, Lee, Robert: Railways as World Heritage Sites: Occasional Papers for the World Heritage. Paris 1999. |
| Image credits | 1 | Bourne and Shepherd, Public Domain (https://commons.wikimedia.org/wiki/File:The_Loop,_Agony_Point,_Darjeeling_-Hill_Railway-.jpg). |
| | 2 | Fotograf unbekannt, Public Domain (https://commons.wikimedia.org/wiki/File:Darjeeling_Hill_Train.jpg). |
| | 3 | https://commons.wikimedia.org/wiki/File:A_diesel_locomotive_toy_train_waiting_in_the_shades_of_Ghum_railway_station.jpg?uselang=de. |
| | 4 | Bernard Gagnon lizenziert unter CC BY-SA 4.0 (https://commons.wikimedia.org/wiki/File:Darjeeling_railway_station_02.jpg). |
| | 5 | Toni Häfliger |
| | 6 | https://commons.wikimedia.org/wiki/File:Darjeeling_Railway_Z_Reverse.JPG. |
| | 7 | https://himachalservices.nic.in/heritage/images/history1.jpg. |
| | 8 | https://en.wikipedia.org/wiki/Shimla_railway_station - Indian Railways. |
| | 9 | Andrew Gray - https://commons.wikimedia.org/w/index.php?curid=19748560. |
| | 10 | Richard Wallace, Hill Railways of the Indian Subcontinent (ISBN 978 1 78500 809 2), lizenziert unter CC BY-SA 4.0 (https://commons.wikimedia.org/wiki/File:Talara_Railway_station.jpg). |
| | 11 | https://commons.wikimedia.org/wiki/File:NMR_Train_on_viaduct_05-02-26_33.jpeg |
| | 12 | https://www.google.com/url?sa=t&source=web&rct=j&opi=89978449&url=http://t1.gstatic.com/licensed-image%3Fq%3Dtbn:ANd9GcQPtUAYFGr9oJZSxxQC7P0IMsEbb6KP2xq3S2sUonbE47pVEiFkEwqUADXcAk4tH5d2&ved=2ahUKEwibtdy7zKmlAxVZKBAIHfymKWMQh-wKegQIHRAC&usg=AOvVaw2iSHkxaJVsqKXFGK6PZkLP. |
| | 13 | author unknown - https://commons.wikimedia.org/wiki/Category:History_of_the_Nilgiri_Mountain_Railway?uselang=de#/media/File:Railway_to_Coonor_&_Ooty,_1900-01-02..jpg. |
| | 14 | https://commons.wikimedia.org/w/index.php?curid=123544309. |

1

3

2

4

| Fig. 1 | Darjeeling Himalayan Railway – The loop at 'Agony Point' at Tindharia, ca. 1880. | Fig. 2 | Train on the Darjeeling Himalayan Railway, ca. 1930. |
| Fig. 3 | Darjeeling Himalayan Railway – Ghum railway station. | Fig. 4 | Darjeeling railway station. |

Fig. 5   A locomotive of the Darjeeling Himalayan Railway at the Ghum railway station (Foto: Toni Häfliger).

Fig. 6   Darjeeling Himalayan Railway – A railway worker sets the points on a switchback.

7

8

9

10

| Fig. 7 | Kalka-Shimla-Railway – Train crossing the biggest viaduct on the route. |
| Fig. 8 | Kalka-Shimla Railway – Barog Station. |
| Fig. 9 | Shimla Railway Station. |
| Fig. 10 | Kalka-Shimla Railway Tunnel near Solan. |

Fig. 11  Nilgiri Mountain Railway – Train on the Adderley Viaduct, the largest bridge structure on the route.

Fig. 12  Nilgiri Mountain Railway – Train on the route.

Fig. 13  Nilgiry Mountain Railway – rails an rack in 1900.

Fig. 14  Nilgiri Moutnain Railway – Konoor station.

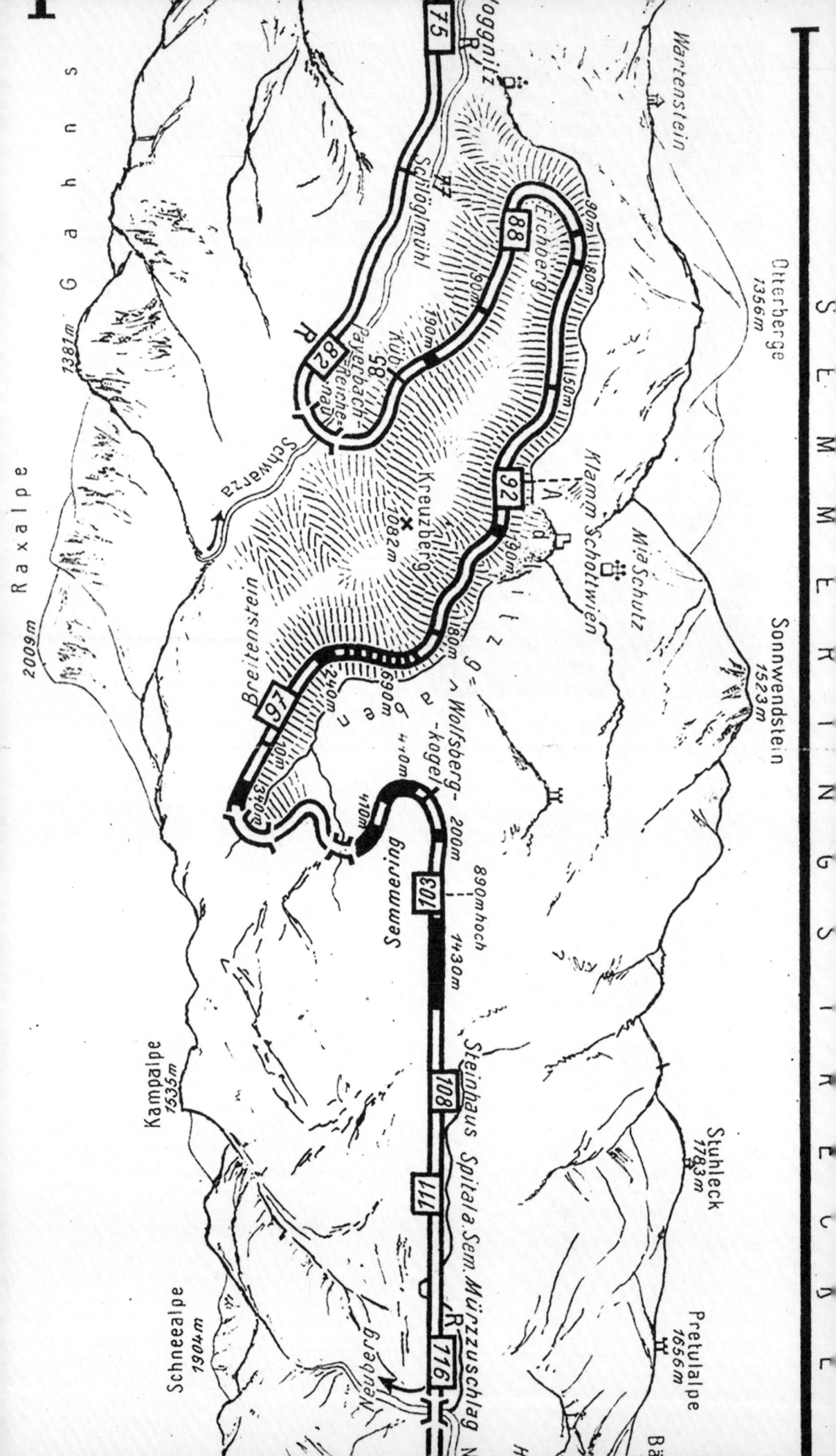

# «... in sinnlosen verlängernden Serpentinen»

Erfahrungen zur Semmeringeisenbahn als Welterbestätte
Günter Dinhobl

Bis in die heutige Zeit nimmt die Semmeringbahn in Österreich Pionierrollen ein: mit deren Bau in der Mitte des 19. Jahrhunderts wurde der weltweite Bau von Gebirgseisenbahnen eingeläutet, und zum Ende des 20. Jahrhunderts konnte sie als erste Eisenbahn in die UNESCO-Welterbeliste aufgenommen werden. Waren zunächst Fragen zur Technik des Eisenbahnbaues im Hochgebirge zu lösen, so wurden später Fragestellungen zur Vereinbarkeit von Welterbe und in Betrieb stehender Eisenbahn aufgeworfen. Diese lösten eine internationale Diskussion aus und mündeten in die bis heute wegweisende ICOMOS-Studie «Railways as World Heritage» aus dem Jahr 1998.[1]

Die Semmeringbahn entstand in der Frühzeit der Eisenbahnen und ist eine Teilstrecke der mehr als 500 km langen Südbahn von Wien, der damaligen Residenzstadt des Habsburger Kaiserreiches, zur Handelsstadt Triest mit damals nächstgelegenem Meereshafen. Bedeutung erlangte die 42 km lange Teilstrecke, weil in diesem Abschnitt das Hochgebirge der Alpen beim 985 m hohen Semmering-Pass überquert wird.[Abb. 1–3] Dies erforderte, einen Höhenunterschied von knapp 460 m zu bewältigen – wobei man wissen muss, dass die Trassierung in der Frühzeit der Eisenbahnen *an die Prinzipien* der Inlands-Kanäle angelehnt waren und bis dahin nur in ebenen Landstrichen errichtet wurden.[2]

      Die Lösung gelang dem Bauleiter Carl Ritter von Ghega (1802–1860), indem er sein Wissen von Tätigkeiten im Gebirgsstrassenbau in den 1830er-Jahren im Lombardo-Venezianischen Königreich, im Eisenbahnbau gegen Ende der 1830er-Jahre bei dem Bau der Kaiser Ferdinands-Nordbahn in Mähren sowie von einer Studienreise zu Eisenbahnen nach England und Nordamerika im Jahr 1842 kombinierte. Unter seiner Leitung wurden mehrere Varianten einer Eisenbahn über den Semmering geplant, wobei er den Grundsatz der ausschliesslichen Verwendung von Dampflokomotiven vertrat. Aus Überzeugung plante er keine Seilebenen mit ortsfesten Dampfmaschinen, wie es damals der Österreichische Ingenieursverein als «Stand der Technik» befürwortete. Dieser Grundsatz Ghegas erforderte ein Trassee mit keinen grösseren Neigungen als 20 bis 25 Promille, was wiederum eine künstliche Streckenverlängerung erforderte – die der Österreichische Ingenieursverein als «sinnlose verlängernde Serpentinen» öffentlichkeitswirksam kritisierte.[3] Die von Beginn an mit Lokomotiven betriebene Bahnstrecke ist bis heute als zweigleisige Hauptbahn mit durchschnittlich etwa 130 Zügen pro Tag, 365 Tage im Jahr in Betrieb.

Neben der Trassierung wurde am Semmering auch in anderen Bereichen Neuland betreten: Bei der Viaduktbautechnik wurden erstmals in der Geschichte der Eisenbahn in starken Krümmungen und Neigungen liegende Viadukte errichtet.[Abb. 4/9/11] Bis heute zeugen 16 grosse Viadukte mit Längen bis zu 228 m und Höhen bis zu 46 m sowie meist in Bögen bis herab zu 189 m Halbmesser liegend von den ingenieurtechnischen Herausforderungen.[4] Herausfordernd war auch die Tunnelbautechnik am Semmering, wo 15 Tunnelbauten bis 1500 m Länge erforderlich waren. Der Bau erfolgte damals – dem Zeitalter vor Tunnelbohrmaschinen und Dynamit – in Handarbeit und aufgeteilt in zahlreiche Abschnitte wie bei der «Quanatbauweise».[5, Abb. 5] Schliesslich bewirkte der Bau der Semmeringbahn auch eine sprunghafte Weiterentwicklung der Lokomotivbautechnik, indem vor Inbetriebnahme ein Lokomotivwettbewerb ausgeschrieben wurde. Vier Lokomotivhersteller aus Europa nahmen teil und das Ergebnis seien – so Carl Ghega – nun Lokomotiven, «welche stärker sind, als wir wirklich brauchen».[6] Für den Betrieb der Semmeringbahn ab 1854 wurden spezielle Semmering-Lokomotiven entwickelt, und diese Bauart «Engerth»[Abb. 6] fand wiederum in zahlreichen anderen Ländern Verwendung.

Seit der Inbetriebnahme steht die Semmeringbahn in täglichem Betrieb als Hauptbahn, zunächst mittels Dampflokomotiven und ab 1959 mit Elektrolokomotiven; die Güterverkehrsleistung stieg von 0.8 Mio. Tonnen im Jahr 1856 auf knapp 12 Mio. Tonnen im Jahr 2011. Diese hohe Belastung bewirkt auch einen hohen Instandhaltungsaufwand – so ist auch aufgrund der besonders geringen Halbmesser – weniger als 180 Meter – der Schienenverschleiss derart hoch, dass auch die heutigen Schienenwerkstoffe in einzelnen Abschnitten einen Schienenaustausch alle zwei bis drei Jahre erfordern.

Auf gesellschaftlicher Ebene bewirkte die Semmeringbahn ein gesteigertes Interesse und führte zur «Eroberung der Landschaft», wie Wolfgang Kos es in einer Ausstellung im Jahr 1992 titulierte.[7] Schon in der zweiten Hälfte des 19. Jahrhunderts setzte mittels Ausflugzügen das Interesse an der alpinen Region der Ausflugsverkehr im Nahbereich der Residenzstadt Wien ein und der Tourismus brachte die Errichtung von Hotels und Villen in der Region.[8] Dies wurde begleitet durch das Anlegen von Wanderwegen und Aussichtspunkten, die allesamt neue Elemente in der Kulturlandschaft darstellten. So führten die schon früh angebotenen speziellen Semmering-Fahrten zu einer «Erzeugung der Landschaft» aus dem Zugfenster, während die genannte Ausstellung zur «Wieder-Erzeugung» der Landschaft beitrug.[Abb. 1/7/8]

## Welterbestätte

Inzwischen kann am Semmering auf mehr als 20 Jahre Erfahrung als UNESCO Welterbestätte zurückgeblickt werden: Die Aufnahme auf der Basis des völkerrechtlichen Vertrages der Welterbekonvention erfolgte im Jahr 1998 und die Eintragung basiert gemäss den Vorgaben der Operational Guildelines auf den Kriterien ii und iv:[9]

*Kriterium ii:*
Die Semmeringbahn stellt eine herausragende technische Lösung eines grossen physischen Problems bei dem Bau von frühen Eisenbahnen dar.

*Kriterium iv:*
Mit dem Bau der Semmeringbahn wurden landschaftlich reizvolle Gebiete einfach erreichbar, welche in weiterer Folge durch Villen- und Hotelbauten als Erholungsgebiet entwickelt wurden sowie eine neue Art von Kulturlandschaft bewirkten.

Aufgrund der Weiterschreibung der Anforderungen in den Operational Guidelines erfolgte die Erstellung des Zonen- und Managementplans, der im Jahr 2008 an das UNESCO-Welterbezentrum übermittelt werden konnte. Ebenfalls im Jahr 2008 begann durch ICOMOS-Austria die Einrichtung eines kontinuierlichen Monitorings der österreichischen Welterbestätten in Form von jährlichen Monitoring-Berichten an das zuständige österreichische Kulturministerium. Die eisenbahntechnische Weiterentwicklung zielte auf den Neubau eines Semmering-Basistunnels und im Jahr 2010 fand auf Ansuchen der Republik Österreich an das UNESCO-Welterbezentrum eine ICOMOS-Mission zur Vereinbarkeit des Neubaus mit der Welterbestätte Semmeringeisenbahn statt. Das Ergebnis bestand aus sechs Empfehlungen, wie beispielsweise die Einrichtung eines Gestaltungbeirates für den Bau des Basistunnels, die Erstellung von Bauwerksrichtlinien sowie einem Inventar für die Bestandstrecke der Semmeringbahn.[10]

Auf nationaler Ebene wurde die eisenbahntechnische Bausubstanz der Semmeringbahn im Jahr 1997 (weitestgehend) unter nationalen Denkmalschutz gestellt. Zwischen 2013 und 2019 entstanden durch den Eigentümer ÖBB-Infrastruktur AG unter Mitwirkung des Bundesdenkmalamtes sieben «Leitfäden Bauwerke Semmering Eisenbahn» mit einem Umfang von insgesamt ca. 230 Seiten. Diese bilden den Rahmen der Erhaltung und Sanierung der Bauten der Welterbestätte. Ebenfalls wurde 2013 die Erstellung eines historischen Inventars der Welterbestrecke bei der ÖBB-Infrastruktur AG begonnen. Weitere begleitende Massnahmen im Bereich Öffentlichkeitsarbeit sind die Einrichtung eines Weltkulturerbe Informationszentrums in den Räumen des Bahnhofsgebäudes Semmering, die Eröffnung des Südbahnmuseums in Mürzzuschlag im Jahr 2004, das auch die Zusammenarbeit mit lokalen Schulen forciert. Weitere Einrichtungen, wie das Ghegamuseum in Breitenstein oder die Infobox Semmering-Basistunnel (Gloggnitz; Mürzzuschlag), dienen der öffentlichen Information zur Welterbestätte als auch den baulichen Massnahmen des Basistunnels und dessen Vereinbarkeit mit den Anforderungen des Welterbes.[11]

Publikationen und Broschüren zur Semmeringbahn und dem Welterbe wurden seit der Aufnahme in das Welterbe veröffentlicht und stärken sowohl das Bewusstsein als auch das Wissen um das Welterbe Semmeringeisenbahn beim Fachpublikum, innerhalb der Region sowie bei den Gästen. Quasi als «Begleitmassnahme» wurden die im Technischen Museum Wien verwahrten Unterlagen zur Semmeringbahn jüngst als «UNESCO-Weltdokumentenerbe» aufgenommen, wobei auch im Österreichischen Staatsarchiv zahlreiche Archivalien wie Pläne und Akten zum Bau und Betrieb der Semmeringbahn vorgehalten werden.[12] Öffentliche Bewusstseinsbildung findet in Form von Veranstaltungen wie z. B. dem jährlichen Welterbetag in der Semmeringbahn-Region statt.

Das Welterbe als «Zukunft mit Herkunft» muss sich künftig vielfältigen Aufgaben und Herausforderungen stellen. Dabei spannt sich der Bogen von der Fortführung der Viadukt- und Tunnelsanierung auf der Basis der Leitfäden bis zur Inbetriebnahme des Semmering Basistunnels im Jahr 2030 und dessen Integration in den Alltag der Welterbestätte. Vonseiten der sich weiterentwickeln den Anforderungen an das Welterbe wird auch das «attribute mapping» alle schon vor längerer Zeit eingetragenen Welterbestätten treffen – und damit auch die Semmeringbahn. Dies dient gleichzeitig der Präzisierung der Bedeutung der jeweiligen Welterbestätte, und damit in weiterer Folge der Erhaltung und dem Weg in die Zukunft. Auch werden künftig vermehrt Anstrengungen im Bereich der Regionalentwicklung erforderlich sein, denn Welterbe ist nicht nur ein touristisches Label (einige Welterbstätten setzen schon Massnahmen gegen den sog. «overtourism»). Welterbe soll auch als lebenswerte Region stehen, was wiederum im Fall der Semmeringbahn bedeutet, einen sensiblen und rechtlich verbindlichen Umgang mit allfälligen Veränderungen im (nahen) Umfeld der Bahn durch Gewerbe, Strassen oder erneuerbare Energien wie Photovoltaik- oder Windkraftanlagen zu verankern. Als künftige Herausforderungen werden allfällige Auswirkungen des Klimawandels auf die Welterbestätte wie z. B. Wasserhaushalt, Pflanzen, Naturgefahren identifiziert.

All dies zeigt, dass Welterbestätten als Orte mit besonderer Geschichte gelten sowie als Orte mit besonderer Verantwortung für die Zukunft: dies erfordert neben dem Erhalten insbesondere ein sensibeles, umsichtiges und sorgsames Gestalten.

English

The Semmering Railway continues to play a pioneering role today: its construction in the mid- 19th century heralded the construction of mountain railways all over the world, and at the end of the 20th century it became the first railway to be inscribed on the UNESCO World Heritage List. If at first it raised technical challenges about building a railway in the high mountains, it would later come to pose questions about the compatibility of a World Heritage Site with a functioning railway. This triggered an international discussion and led to the ICOMOS ‹Railways as World Heritage› study in 1998, which remains a guiding reference point to this day. Meanwhile, the Semmering Railway can now look back on 20 years of experience as a World Heritage Site. With a few serpentine twists and turns of its own, this presentation will outline the most significant waypoints from this experience, including the establishment of a continuous monitoring body for the Austrian World Heritage Site via ICOMOS-Austria, the creation of the zone and management plan and the ICOMOS mission to reconcile the new construction of a Semmering base tunnel with concrete recommendations. The railway engineering structures of the Semmering Railway have national listed status and are preserved and developed within the jointly defined framework of guidelines. The wide range of experiences are rounded off by supporting measures such as public relations work to improve awareness and knowledge of the Semmering Railway World Heritage Site among the profession, within the region and among visitors.

Français

Le chemin de fer du Semmering joue encore aujourd'hui un rôle de pionnier: son édification vers le milieu du XIXe siècle a marqué le début de la construction mondiale de chemins de fer de montagne et, à la fin du XXe siècle, il a été le premier chemin de fer à être inscrit sur la liste du patrimoine mondial de l'UNESCO. Si, dans un premier temps, il s'agissait de résoudre des questions relatives à la technique de construction des chemins de fer en haute montagne, des problématiques relatives à la compatibilité entre le patrimoine mondial et les chemins de fer en service ont été soulevées par la suite. Elles ont déclenché un débat international et ont abouti à l'étude de l'ICOMOS ‹Railways as World Heritage› de 1998, qui fait encore référence aujourd'hui. Aujourd'hui, le chemin de fer de Semmering peut s'enorgueillir de plus de 20 ans d'expérience en tant que site du patrimoine mondial. L'article suit le chemin, presque tortueux, des étapes intermédiaires les plus importantes, comme la mise en place d'un monitoring continu des sites autrichiens du patrimoine mondial par l'ICOMOS Autriche, l'élaboration du plan de zonage et de gestion, ainsi que la mission de l'ICOMOS sur la compatibilité de la construction d'un nouveau tunnel de base à Semmering avec des recommandations concrètes. La structure ferroviaire du chemin de fer du Semmering est classée monument historique national, et est conservée et développée dans le cadre de «lignes directrices» définies en commun. Des mesures d'accompagnement telles que le travail de relations publiques, visant à renforcer la conscience et les connaissances sur le patrimoine mondial du chemin de fer du Semmering auprès du public spécialisé, mais aussi de la région et des visiteurs, complètent les diverses expériences.t

| | | |
|---|---|---|
| Anmerkungen | 1 | ICOMOS, Coulls, Anthony: Railways as World Heritage Sites. Paris 1999. URL: http://www.international.icomos.org/studies/railways.pdf (zuletzt aufgerufen: 5.2.2023). |
| | 2 | Zur Baugeschichte der Semmeringbahn vgl. Dinhobl, Günter: Die Semmeringbahn. Wien 2018. |
| | 3 | Vgl. Dinhobl, Günter: Mythos Semmeringbahn revisited. Zur Innovationsneigung staatlicher und privater Institutionen. In: Pichler, Rupert (Hg.): Innovationsmuster in der österreichischen Wirtschaftsgeschichte. Innsbruck 2003, S. 230–242. |
| | 4 | Bundesdenkmalamt (Hg.): Welterbe Semmeringbahn. Zur Viaduktsanierung 2014–2019. (Fokus Denkmal 12.) Horn, Wien 2021. |
| | 5 | Qanatbauweise. (siehe https://de.wikipedia.org/wiki/Qanat, auch: https://www.ingenieur.de/technik/fachbereiche/bau/tunnelbau-in-der-antike-alles-eine-frage-der-richtigen-technik/). |
| | 6 | Ghega, Carl Ritter von: Uebersicht über die Hauptfortschritte des Eisenbahnwesens in dem Jahrzehende 1840–1850, und die Ergebnisse der Probefahrten auf einer Strecke der Staatsbahn ueber den Semmering. Wien 1854, limitierter Nachdruck Graz 1989, S. 121. |
| | 7 | Kos, Wolfgang (Hg.): Die Eroberung der Landschaft Semmering·Rax·Schneeberg. (Katalog zur Niederösterreichischen Landesausstellung im Schloss Gloggnitz 1992.) Wien 1992. |
| | 8 | Buchinger, Gunter: Villenarchitektur am Semmering. Wien 2006; Vasko-Juhasz, Desiree: Die Sudbahn. Ihre Kurorte und Hotels. Wien 2006. |
| | 9 | Operational Guildelines vgl. URL: https://whc.unesco.org/en/guidelines/ (zuletzt aufgerufen: 5.2.2023); zu Einschreibekriterien der Semmeringbahn vgl. URL: https://whc.unesco.org/en/list/785/ (zuletzt aufgerufen: 5.2.2023); sowie deutschsprachige Übersetzung vgl. Republik Osterreich (Hg.): Welterbe Semmeringbahn, Managementplan. Wien Juli 2010, URL: http://www.semmeringbahn.at/images/Semmeringbahn-Managementplan-Deutsch.pdf (zuletzt aufgerufen: 5.2.2023). |
| | 10 | ICOMOS: Report on the Semmering Railway (Austria) Mission, 20–23 April 2010. Paris 2010, vgl. URL: https://whc.unesco.org/document/127353 (zuletzt aufgerufen: 5.2.2023). |
| | 11 | Generell siehe dazu: Häfliger, Toni, Dinhobl, Günter (Hg.): Weltkulturerbe in Osterreich – die Semmeringeisenbahn: erhalten und gestalten (mit einem Fotoessay von Hertha Hurnaus). Basel 2021. |
| | 12 | Vgl. URL: https://www.technischesmuseum.at/semmeringbahn__eine_bahn_als_weltdokumentenerbe (zuletzt aufgerufen: 5.2.2023); zum Staatsarchiv vgl. URL: https://www.archivinformationssystem.at/ (zuletzt aufgerufen: 5.2.2023). |
| Abbildungsnachweis | 1 | https://bahnorama.com/die-verbindung-von-technik-und-natur/. |
| | 2–3 | Günter Dinhobl. |
| | 4 | Südbahnmuseum Mürzzuschlag. |
| | 5 | Sammlung Südbahn Museum Mürzzuschlag. |
| | 6 | https://de.wikipedia.org/wiki/Engerth-Lokomotive#/media/Datei:SB_610.jpg (zuletzt aufgerufen: 09.10.2024). |
| | 7–9 | Sammlung Günter Dinhobl. |
| | 10 | Urheber unbekannt, Kunstanstalt des Bibliographischen Instituts Hildburghausen, Public Domain (https://commons.wikimedia.org/wiki/File:Meyers_Universum_Band_16_23.jpg). |
| | 11 | Österreichisches Omnibusmuseum. |
| | 12–13 | Sammlung Günter Dinhobl. |
| | 14 | Südbahnmuseum Mürzzuschlag. |
| | 15 | https://aukro.cz/semmering-zeleznicni-tunel-80-sq57-6970630809. |

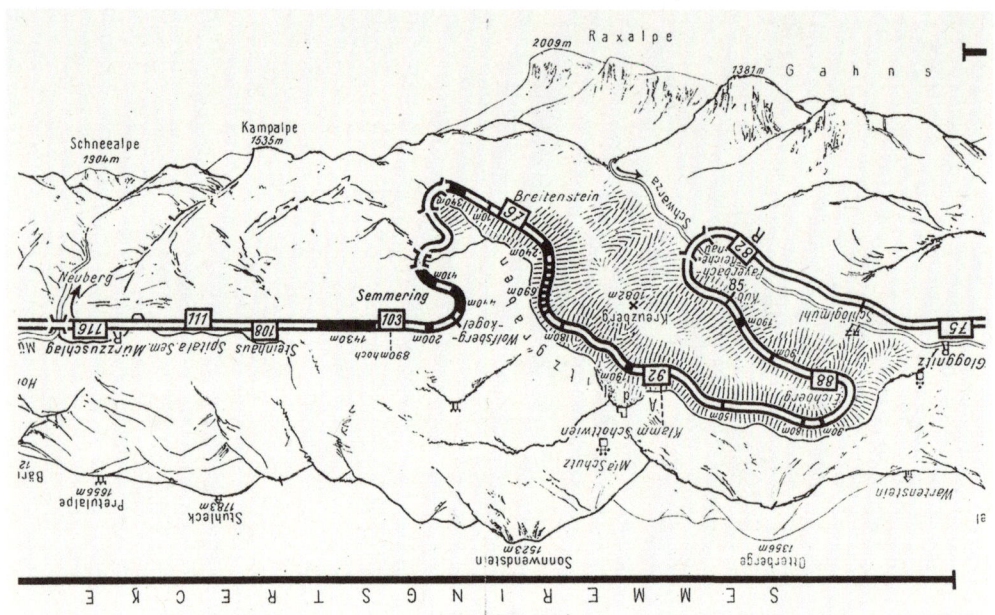

1

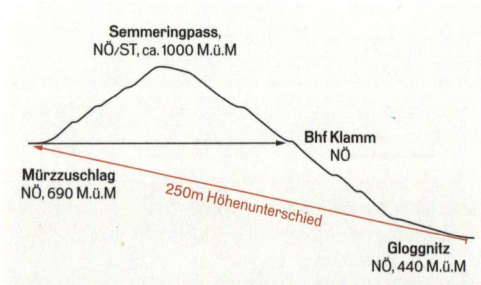

2

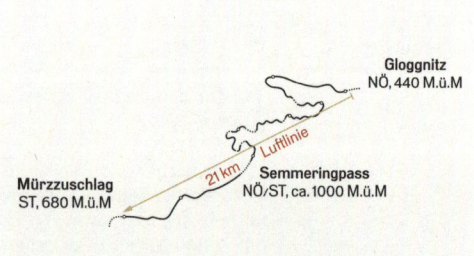

3

4

5

| | |
|---|---|
| Abb. 1 | Karte mit rechts- und linksseitigen Aussichten aus der Sudbahn von Wien nach Graz in Osterreich. Die jeweils günstigere Aussichtsseite ist auf dem Blattrande durch einen starken Strich gekennzeichnet (um 1930). |
| Abb. 2 | Hohenunterschied im Querprofil zwischen Murzzuschlag und Gloggnitz. |
| Abb. 4 | Gerüstkonstruktion beim Bau eines Bahnviadukts, Stich um 1853. |
| Abb. 3 | Tatsächlicher Streckenverlauf im Vergleich zur Luftlinie zwischen Gloggnitz und Murzzuschlag. |
| Abb. 5 | Gerüstung und Mauerungsarbeiten im Inneren des Semmering Haupttunnels (Gemälde von Alois Lahoda um 1851. |

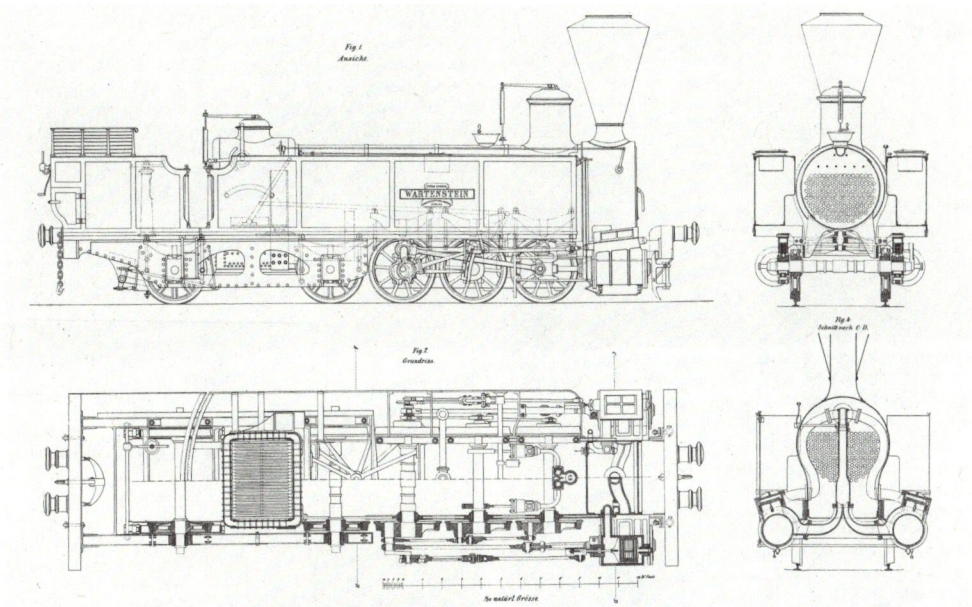

6

7

9

8

Abb. 6 Technische Planzeichnung der von Engerth entwickelten Semmering-Lokomotive ab 1854.

Abb. 7 Einbettung der Semmeringstrecke in die Landschaft (auf Wolfsbergkogel mit Südbahnhotel und Kurhaus, Polleroswand mit Krauselklause-Viadukt) (Foto: Günter Dinhobl).

Abb. 9 Viadukt über die Kalte Rinne (Photochrom um 1897).

Abb. 8 Südbahnhotel (Detail), Gemeinde Semmering, erbaut 1882.

Abb. 10  Panorama der Bahn Stahlstich 1854.

Abb. 11  Viadukt über den Gamplergraben (Foto um 1958).

Abb. 12  Sanierung des Wagnergraben-Viaduktes (Foto 2018).

13

14

15

Abb. 13  Semmeringgebiet aus der Vogelschau (Postkarte um 1900).

Abb. 14  Krauselklausetunnel (Foto: um 1880).

Abb. 15  Tunnelausfahrt Weinzettlwand (Postkarte um 1913).

# Zwischen Denkmalpflege und Erneuerung

Probleme und Erfahrungen zur Albula-Berninalinie
Christian Florin

Die Rhätische Bahn ist mit 385 km Streckenlänge die grösste Meterspurbahn in der Schweiz und verbindet die verschiedenen Talschaften im Kanton Graubünden, sowie drei verschiedene Sprachregionen. Der Bau der Rhätischen Bahn von 1898 bis 1913 fiel in die klassische Zeit des Steinbrückenbaus. Der Oberingenieur und spätere Direktor der RhB, Achilles Schucan und der Oberingenieur der Albulabahn, Friedrich Hennings setzten sich für den Mauerwerksbau ein. Sie stellten nicht nur technische, sondern auch ästhetische Anforderungen an die Kunstbauten. Unter Kunstbauten verstanden sie nicht nur Brücken, sondern auch Stützbauwerke, Tunnel und Galerien.

Dank der einmaligen Landschaft, der aussergewöhnlichen Streckenführung und der Authentizität der spektakulären Kunstbauten wurde die Albula- und Berninalinie im Jahr 2008 in die Liste der UNESCO Weltkulturerbe aufgenommen. In den letzten Jahren hat sich deshalb die RhB sehr stark mit dem Erhalt der Infrastrukturanlagen auseinandergesetzt und immer versucht einen Weg zwischen Bewahren und Weiterentwickeln zu finden. Am Beispiel der Albulalinie soll aufgezeigt werden, welche Erfahrungen die RhB dabei gemacht hat.

## Albulabahn

Die Albulabahn zwischen Thusis und St. Moritz hat eine Länge von 61'753 m und wurde in den Jahren 1898 bis 1904 gebaut. Sie ist eine typische Gebirgsbahn, die mit vielen Kunstbauten bestückt ist. 33.6 Prozent der Gesamtstrecke verlaufen in Tunneln und Galerien oder auf Brücken. Insgesamt erforderte der Bau fast 500 Kunstbauten (Brücken, Tunnel, Galerien, Stütz- und Wandmauern), mit einer totalen Länge von 20'755 m. Es ist das grosse Verdienst der beiden Herren

Achilles Schucan und Friedrich Hennings, dass die Albulabahn mit ganz wenigen Ausnahmen durchgehend aus steinernen Kunstbauten mit immer der gleichen Ausbildung besteht. Die Kunstbauten hatten neben technischen auch ästhetischen Ansprüchen zu genügen, mussten unempfindlich gegen steigende Verkehrslasten und einfach in der Herstellung sein und geringe Unterhaltskosten verursachen.

Mit den sorgfältig festgelegten Normalien [Abb. 1] lassen sich mit Ausnahme weniger Fälle alle Kunstbauten in Stein realisieren. Die Übergänge zwischen Brücken, Tunneln und Stützmauern sind logisch und formal einfach und ergeben eine gute Ordnung in den Strukturen. [Abb. 2-5] Die wichtigsten Bauwerke sind hohe Brücken im Bogenradius sowie grosse Brücken mit Spannweiten bis etwa 50 m. Die Normalien lassen sich sehr einfach und natürlich auf die örtlichen Verhältnisse anpassen und führen zu harmonischen Übergängen zwischen den einzelnen Bauteilen und einer sehr guten Einpassung in die Landschaft. Obwohl sehr einfach konstruiert, sind sie auch in technischer Hinsicht wegweisend für den zukünftigen Massivbau. [Abb. 6-7] Dauerhafte und unterhaltsarme Bauwerke werden heute möglichst fugenlos in Stahl- und Spannbeton hergestellt. [Abb. 8]

## Erneuerungskonzept Mauerwerksviadukte

Die Rhätische Bahn besitzt insgesamt 615 Brücken. Rund 60 Prozent, nämlich 331 Bauwerke, sind Mauerwerksviadukte, die in der Zeit von 1901 bis 1914 gebaut wurden. Auf der Albulalinie zwischen Thusis und St. Moritz ist der Anteil an Mauerwerksbrücken mit 85 Prozent sogar noch höher. Die über 100-jährigen Mauerwerksviadukte haben heute deutliche Schäden an den Mauerwerksfugen an der Gewölbeuntersicht. Das auf den Schottertrog fallende Regen- und Schmelzwasser versickert im erdgefüllten Viadukt-Körper zwischen den gemauerten Seitenwänden und gelangt auf das mit einem Zementüberzug geschützte Gewölbemauerwerk. Der Zementüberzug ist nach über 100 Jahren teilweise stark zersetzt und kann seine Schutzfunktion nicht mehr erfüllen. Auch die ursprüngliche Entwässerung des Schottertrogs funktioniert infolge Versinterung oftmals nur noch mangelhaft. Das eingedrungene Wasser wird an den Seitenwänden und an den Tiefpunkten zwischen zwei benachbarten Gewölben aufgestaut und dringt über örtliche Fehlstellen in die Mauerwerksfugen ein. Temperaturwechsel und Frostereignisse führen zu einer fortschreitenden Zerstörung des Fugenmörtels. Besonders betroffen von diesem Prozess sind die Fugen zwischen dem Gewölbekranz und der Gewölbeleibung sowie die Fugen an den Pfeilern, weil bei funktionsuntüchtiger Entwässerung viel Wasser ins Innere der Pfeiler gelangen kann. [Abb. 9]

Voraussetzung für die langfristige Substanzerhaltung von Mauerwerksviadukten ist der Einbau einer Fahrbahnabdichtung. Dabei werden gleichzeitig die heutigen Bedürfnisse an das Lichtraumprofil, an eine funktionierende und kontrollierbare Brückenentwässerung, an die Führung der Werkleitungen und an die Absturzsicherheit berücksichtigt. Mit dem Einbau eines Schottertroges in Stahlbeton können diese Anforderungen erfüllt werden. [Abb. 10] Der Schottertrog dient in erster Linie als Abdichtungsträger und hat keine eigentliche statische Funktion für die Ableitung der Bahnlasten. Letzteres ist bei den Natursteinviadukten der Rhätischen Bahn auch nicht notwendig.

Seit 2005 wurden bei der RhB über 100 Mauerwerksviadukte nach einer standardisierten Methode erneuert. Zentrale Aspekte dieser Bauweise sind die Aufrechterhaltung des Bahnbetriebs, der Einsatz von Hilfsbrücken, das Bestreben einer möglichst hohen Bauqualität und die Berücksichtigung von denkmalpflegerischen Grundsätzen. So wird insbesondere dem oberen Brückenabschluss mit den Konsolsteinen, den Abdeckplatten und der Anordnung des

Geländers Beachtung geschenkt.[Abb. 11] Der Schottertrog wird mit den bestehenden Steinen vorgemauert, so dass die Grundstruktur der Viadukte vollständig erhalten bleibt. Anpassungen ergeben sich nur in der Breite des Brückenabschlusses.[Abb. 12] Dieser wird den heutigen Sicherheitsbedürfnissen angepasst.

### Erneuerungskonzept Tunnel

Die RhB besitzt insgesamt 115 Tunnel mit einer totalen Länge von 58'704 m und einem Wiederbeschaffungswert von rund 2.8 Mia. Franken. Die meisten Tunnel wurden zwischen 1901 und 1914 gebaut. Es handelt sich um typisierte, einspurige Bauwerke, die mit Mauerwerk ausgekleidet oder auf Teilabschnitten unverkleidet sind. Der Querschnitt besteht aus einem Hufeisenprofil mit kreisförmigem Gewölbe und leicht nach innen geneigten Paramenten. Aus der Zustandsbewertung aller Tunnel geht hervor, dass 67 Prozent des gesamten Tunnelbestandes erheblich bis schwer beschädigt sind und innerhalb der nächsten 35 Jahre erneuert werden müssen.

Das Normalprofil der RhB-Tunnel wurde auf Dampfbetrieb ausgelegt und besteht aus einem Hufeisenprofil mit einer Gesamthöhe von 4.70 m. Die Paramente sind 2.55 m hoch und leicht gegen aussen geneigt. Sie stützen das kreisförmige Gewölbe, das seinerseits einen Radius von 2.15 m aufweist. Die Sohlbreite misst 4.0 m. Auch bei den Tunneln liegt die hauptsächliche Schadenursache darin, dass Wasser in die Tragstruktur eindringt. Zusammen mit Temperaturwechseln und Frost führt dies zu einer fortlaufenden Zerstörung und Zerrüttung des Mauerwerks.[Abb. 13] Für die langfristige Substanzerhaltung muss diese Ursache dauerhaft behoben werden. Tunnel können jedoch nicht wie Viadukte durch einen wasserdichten Trog abgedichtet werden. Das beim Bahnbau gewählte Hufeisenprofil ist ein herstellungstechnisch einfaches Profil. Diese Form hat aber den Nachteil, dass die Stabilität in Querrichtung wesentlich tiefer liegt als bei gewölbten Paramenten, was sich als Schwachstelle herausgestellt hat. Dies ist im Wesentlichen der einzige Mangel der durch Friedrich Hennings erarbeiteten Normalien.

### Normalbauweise Tunnel

Die Erneuerung der über 100-jährigen Tunnel für eine weitere Betriebsperiode stellt eine grosse Herausforderung dar. Dies insbesondere aufgrund des Mengengerüstes mit insgesamt 75 Tunneln mit einer Gesamtlänge von rund 25 km, die allesamt unter Aufrechterhaltung des Bahnbetriebs erneuert werden müssen. Ähnlich wie die Baunormalien von Friedrich Hennings hat die RhB eine Normalbauweise für die Erneuerung ihrer Tunnel entwickelt.

Die Kernelemente der Normalbauweise sind vollständig neue Paramente, eine Scheitelabdichtung sowie eine durchgehende Sohlplatte.[Abb. 14] Das Tunnelprofil wird seitlich aufgeweitet, um Raum für das normative Lichtraumprofil und die Sicherheitsräume zu schaffen. Das Normalprofil der Tunnel wurde so entwickelt, dass die bestehende Gleisachse in der Höhe unverändert übernommen werden kann. Die Gewölbesicherung besteht aus einem geschlossenen Ring aus fünf vorfabrizierten Betonelementen mit einer Länge von 1.50 m. Die Tunnelsohle wird abgesenkt und mit einer Betonplatte befestigt. Beidseitig werden Entwässerungsleitungen eingebaut.[Abb. 15]

### Denkmalpflegerische Aspekte

Im Gegensatz zu den Viadukten beschränken sich die denkmalpflegerischen Aspekte bei den Tunneln auf die Portale. Für die Tunnelröhre sind keine besonderen

Massnahmen erforderlich. Die Normalbauweise sieht vor, die Portale wiederum mit dem für RhB-Tunnel typischen Hufeisenprofil mit geraden Paramenten auszubilden und über einen Bereich von etwa 10 m auszumauern.

Die Gestaltung der Portale beruht auf der Idee, die Geometrie der bestehenden Bauwerke mit einem Faktor von 1.11 affin zu erweitern und im gleichen Stil wieder vorzumauern. Das Verhältnis ergibt sich aus der heute erforderlichen Breite von 4.45 m im Gegensatz zur Breite beim Bahnbau von 4.0 m. Das Gewölbemauerwerk des Stirnkranzes wird aus geometrischen Gründen teilweise mit neuen Steinen ergänzt. In den übrigen Bereichen können die bestehenden Mauersteine wiederverwendet werden. Als Resultat ergibt sich eine *authentische* Lösung, wie sie in den nachstehenden Bildern am Beispiel des Bergünersteintunnels dargestellt ist..[Abb. 16–17]

## Kritik Normalbauweise

Die gewählten Lösungsansätze mit den Normalbauweisen bei den Brücken und Tunneln sind aus Sicht der Rhätischen Bahn eine logische Antwort auf die Normalien der beiden Erbauer Achilles Schucan und Friedrich Hennings und setzen deren Überlegungen fort. Gleichzeitig erfüllen sie auch die Erwartungen der heutigen Gesellschaft und Gesetzgebung bezüglich Sicherheit, insbesondere bei den Tunneln. Die Authentizität der Albulalinie, die sich aus den drei Eckpfeilern steinerne Massivbauweise, Trassierungselemente und Einpassung in die Umgebung unter Einbezug der Geologie und der Naturgefahren auszeichnet, ist durch eine solche Konzeption in keiner Art und Weise beeinträchtigt.

Trotzdem beurteilen verschiedene denkmalpflegerische Fachgremien dieses Konzept mit dem Abbruch und dem Wiederaufbau der Portale im Hinblick auf die Authentizität der Welterbestrecke kritisch. Es wird von der RhB erwartet, dass möglichst viele Tunnelportale in der heutigen Form erhalten werden. Dies steht im Widerspruch zu den gesetzlichen Sicherheitsanforderungen, die bei umfassenden Erneuerungsmassnahmen heute umzusetzen sind. Die RhB steckt hier in einem grossen Zielkonflikt zwischen den gesetzlichen Vorgaben und den denkmalpflegerischen Erwartungen. Es ist zu hoffen, dass hier möglichst rasch eine Lösung gefunden werden kann, denn ohne diese hat die RhB zurzeit keine Erlaubnis, weitere dringend erforderliche Tunnelerneuerungen umzusetzen. Da der Zustand sehr schlecht ist, läuft allen Beteiligten die Zeit davon.

English
The pioneering lines of the Rhaetian Railway were built between 1888 and 1896. They were not uniform in their elements and they had not been designed to last in terms of quality. In the period from 1901 to 1914, six further lines were constructed and in 1914 the single-track narrow-gauge network was completed with a total length of 384 km. The most important line was the Albula railway. It was constructed according to new technical standards for train pathing and civil engineering construction. The construction of the Albula railway coincided with the heyday of masonry construction. Before the turn of the century, predominantly steel structures were produced, and after 1930 mostly concrete structures. It is therefore not surprising that natural stone was almost exclusively used for the construction of the Albula railway. Standards were developed that would subsequently be adopted for the construction of many other railways. They enabled the construction of large straight bridges with spans of up to 50 m and curved bridges on high piers. The standards enabled the construction of high-quality structures with an architecturally impressive use of form. Now, around 100 years after their construction, the emphasis is on renovating these structures. To that end, RhB has again developed a concept for the renovation of masonry viaducts, which is widely used. In the case of tunnels, deeper interventions into the supporting structure are required. This has recently led to conflicts between aspects of technical standards and heritage preservation perspectives, an example of this being the tunnel portals.

Français
Les lignes pionnières du Chemin de fer rhétique ont été construites entre 1888 et 1896. Leurs éléments n'étaient pas uniformes et leur qualité n'était pas encore conçue pour durer. Entre 1901 et 1914, la construction de six autres lignes a suivi et en 1914, le réseau à voie étroite et simple était achevé avec une longueur de 384 km. La ligne la plus importante était celle de l'Albula. Elle a été réalisée selon de nouvelles normes techniques en termes de planification des sillons et de construction d'ouvrages d'art. La construction de la ligne de l'Albula a coïncidé avec l'âge d'or de la construction en maçonnerie. Avant le tournant du siècle, on fabriquait surtout des structures en acier et après 1930, des structures en béton. Il n'est donc pas étonnant que la construction de la ligne de l'Albula ait été réalisée presque exclusivement en pierre naturelle. Des normes ont été élaborées, qui ont été reprises par la suite pour la construction de nombreux chemins de fer. Elles ont permis de construire de grands ponts droits avec des portées allant jusqu'à 50 m et des ponts courbes sur des piliers élevés. Les éléments normalisés ont permis de réaliser des ouvrages de grande qualité avec un langage formel convaincant sur le plan architectural. Une centaine d'années après leur construction, l'accent est mis aujourd'hui sur la rénovation de ces ouvrages. Pour ce faire, le RhB a à nouveau élaboré un concept de rénovation en maçonnerie des viaducs, qui est largement utilisé. Pour les tunnels, des interventions plus profondes dans la structure porteuse sont nécessaires. Cela a récemment entraîné des conflits entre les aspects techniques et normatifs, et les aspects liés à la conservation des monuments historiques. Les portails de tunnel illustrent bien cette problématique.

Abbildungsnachweis
1  Denkschrift zum Projekt und Bau der Albulabahn; Hennings 1908. Auszug aus Tafel 23.
2  Museum für Kommunikation Bern - bzw. Gion Caprez, Peter Pfeiffer, Albulabahn - Harmonie von Landschaft und Technik – S. 71, AS-Verlag 2003.
3  Archiv RhB – auch bei Gion Caprez, Peter Pfeiffer, Albulabahn - Harmonie von Landschaft und Technik – S. 30, AS-Verlag 2003.
4  Archiv RhB.
5  Archiv RhB – auch bei Gion Caprez/ Peter Pfeiffer, Albulabahn - Harmonie von Landschaft und Technik – S. 45, AS-Verlag 2003.
6–17  RhB.

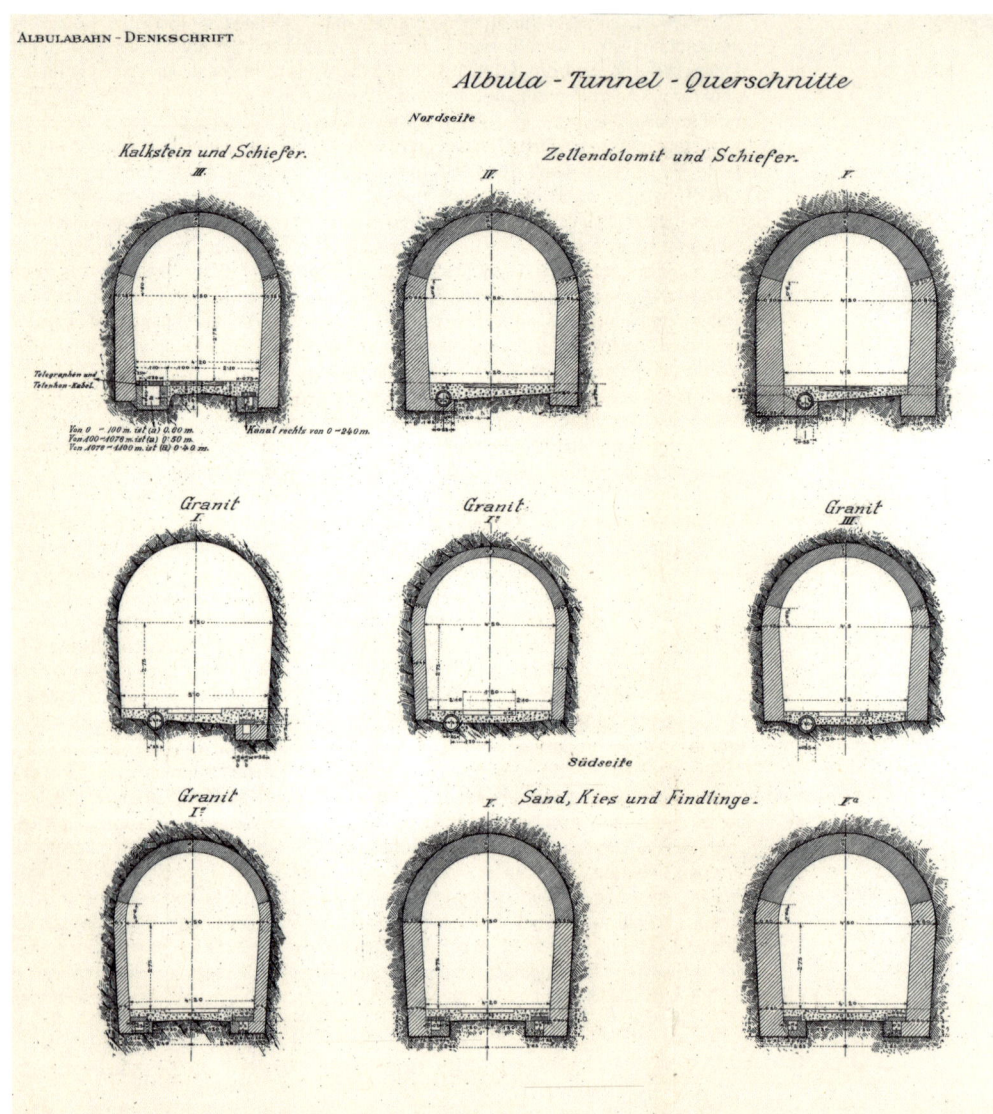

Abb. 1　Dokumentation der verschiedenen Bauweisen, hier am Beispiel von Tunnelprofilen, wie sie in den Normalien von 1908 zusammengefasst waren. (Hennings; Ausschnitt).

| Abb. 2 | Albulalinie Tunnelbaustelle Stulsertobel. | Abb. 3 | Albulalinie Lehrgerüst Solisviadukt 1901. |
| Abb. 4 | Albulalinie; Russeinerviadukt im Bau. | Abb. 5 | Albulalinie Landwasserviadukt (Datum der Aufnahme unbekannt). |
| Abb. 6 | Albulalinie; Randabschluss für Viadukte; Bauzeitliche Ausführung. | Abb. 7 | Querschnitt Tunnel (Historisches Profil nach Normalie). |
| Abb. 8 | Albulalinie Streckenbild. | | |

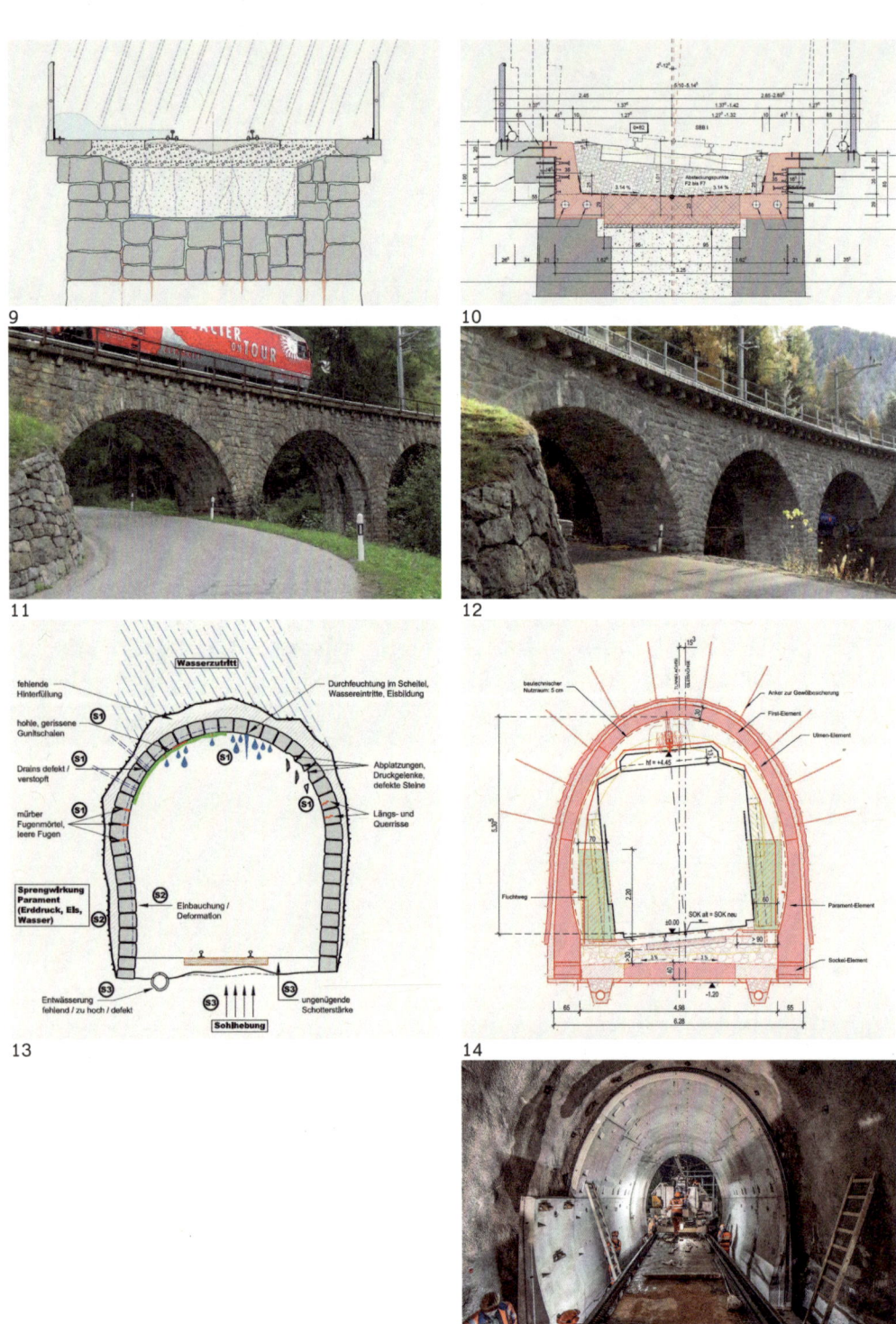

Abb. 9 Schadenmechanismus Brücken (Durch die Konstruktion sickerndes Wasser).

Abb. 10 Betontrog als Abdichtung (Sanierungslosung mit Wiederverwendung der Krag- und Randsteine).

Abb. 11 Val Tuors Viadukt vor Erneuerung.

Abb. 12 Val Tuors Viadukt nach Erneuerung.

Abb. 13 Schadenmechanismen Mauerwerkstunnels (Verformungen durch Bergdruck und Durchfeuchtung).

Abb. 14 Normalprofil Glatscherastunnel (Sanierung mit Tübbingen – ausgeweitetes Profl).

Abb. 15 Bauzustand Sanierung Glatscherastunnel.

16

17

Abb. 16   Bergünersteintunnel vor Erneuerung.

Abb. 17   Bergünersteintunnel nach Erneuerung
          Querschnitte Portal um ca. 11% vergrössert,
          teilweise Rekonstruktion Tunnelkranz und
          Stirnwand.

# Trans-Iranian Railway

Technical and Engineering Maintenance Experience
Vahid Alighardashi and Mohammad Nikaeen

On 25 July 2021, the Trans-Iranian Railway – TIR – was nominated to the United Nations Educational, Scientific and Cultural Organisation – UNESCO – heritage list so-called world outstanding historical railways. Here, we briefly present the main criteria of the inscription that led to the nomination. Furthermore, the paper discusses some methods currently used in Iran to preserve a dynamic world heritage site.[1] One of the main criteria is related to the vital location of the TIR. Iran has a critical strategic location in the Middle East as it is in a connecting corridor between Asia, former Soviet countries, and Europe. For over ninety years, the TIR has been running a distance of 1394 km, between the Caspian Sea in the north to the free waters in the Persian Gulf in the south of Iran. The TIR passes through eight different climates with various natural landscapes, increasing the project's complexity. Furthermore, it links different ethnicities and cultures around Iran – e. g. Torkaman, Mazan, Lor, Bakhtiari, Khuzi, and Arab communities – and many world heritage sites are located around the TIR route, such as ancient cities, castles, and palaces.[Fig. 1]

Due to the strategic location of TIR, during the years between World War I and II, many engineers from different countries were involved in the design and realisation of TIR. It is considered one of the most significant international cooperations of that era. Moreover, TIR is well known due to the uniqueness of engineering achievements implemented to construct it. Among them, the following should be mentioned in a brief description: The Veresk Bridge, as one of the highest railway bridges in its construction time, reaching over 110 Meters,[Fig. 2–3] the Three Golden Lines (Sekhat-e Tala), a unique spiral-shaped route with many tunnels, bridges, technical structures, and a beautiful landscape to cover the difference in height of 600 meters in a short horizontal distance of ten km in a rough and mountainous topography[Fig. 4,] the Shourab Loop, a lemniscuses-shaped route within and beneath a village called Shourab village[Fig. 5] and the Gaduk Tunnel: The longest tunnel of TIR among 224 tunnels with a length of 2887 m containing the highest point of TIR North-line in the middle of it (height of 2112 m above sea level).[Fig. 6–7] Currently, some methods are used in Iran to preserve such outstanding dynamic heritage, which can be improved by using the experience of other historical railways around the world.

## Preservation and maintenance experience

There are a few constraints to keep in mind for the preservation and maintenance of a historical railway, including originality, integrity, and authenticity, as well as structural adaptation, operational developments, and the expectations of the society. The preservation of a historical railway includes (a) the main properties and (b) the buffer and landscape zones. This paper is focused on the main properties of preservation. The main properties could be divided into five categories:

### Buildings
During the past decades, some buildings along the TIR have been abandoned. Such valuable architectural buildings could provide a variety of services if they are renovated. For example, in some cases, the existing buildings were transformed into accommodations like Shirgah and Veresk eco-tourism accommodations or traditional restaurants like Arak restaurant. The high number of passengers is another pressure on currently in-use historical railway station buildings. In the case of the Tehran railway station, an extra building had to be added to the existing historical one due to the high number of passengers. So, in order to highlight the architectural values of the old building, a modern architectural design has been used to construct the new building – by using glass facades with lower height.

### Bridges
Other structures that need preservation are bridges. Iran is an earthquake-prone country, and some bridges have been retrofitted to guarantee the safety of trains. Different methods have been used to strengthen and maintain such bridges, as indicated below: There are reinforced concrete jacketing around piers, and a few openings have been foreseen to show the original structures underneath.[Fig. 8] Other bridges have been strengthened via reinforced concrete and steel frames – for lower-height bridges.[Fig. 9] External post-tensioning has been implemented in other cases, which is less recommended due to its visual impact.[Fig. 10] Helibar and Helibond are other strengthening approaches with a lower visual impact.[Fig. 11] To increase the width of supports and strengthen the deck, FRP and Repointing have been applied. Moreover, some preventive methods such as implementing anti-corrosion materials have been combined. To repair the bridge cracks, renovating sub-grade, sub-ballast, and ballast on the bridge have been mended.[Fig. 12] Sensors have been implemented to monitor stress and displacement.

### Ancillary Structure
There are thousands of ancillary structures in TIR which have unique architecture. Such structures include retaining walls, panel walls, bulkheads, drainages, galleries, etc. The design of these structures was usually adapted to specific contexts and topography.[Fig. 13–15] Due to their unique architectural designs, special preservation methods are needed for them but usually less attention is paid to it.

*Tracks and Routes*
Some tracks and routes like Shourab Loop and Sekhat-e Tala are valuable engineering cases which make it necessary to guarantee the conservation of the original route by considering different solutions and approaches. Various operations have been done to maintain tracks and routes against natural hazards. The original route may be damaged by natural disasters such as flood, rockfall, earthquake, landslide, etc. Below are a few methods that have been adopted to prevent the loss of such historical engineering heritage. Embankments have been stabilised to prevent damages resulting from the flood. The wing walls and bulkhead have been constructed, and the bridge abutments have been consolidated with a different architecture and material to conserve the original peculiarity. The rockfall barriers, wire meshes, and stilling basins have been constructed to avoid the rockfall hazards.

*Other historical items*
In addition to the mentioned main structures, there are some valuable historical railway movable items such as wagons, locomotives, and railway tools. These items have been identified, collected, and maintained in museums. There are also some old signalling and communication equipment currently in use, and due to the development of rail transportation, it is necessary to replace them with new signalling and communication technologies. However, it has been decided to keep them in situ, like an open outdoor museum, to brighten up their historical values.

## Conclusion

To conclude, there are different features of historical railways as heritage that should be appropriately maintained. Furthermore, due to the high demands of passengers and freight customers, the development of railways is inevitable. Therefore, it is beneficial to establish an international technical committee to provide instructions with technical and historical heritage views and develop an online platform to share such experiments in maintenance and conservation of mentioned features which could lead to a conducive and applicable source for all historical railway conservation.

Deutsch

Normalerweise gibt es einen gewissen Austausch zwischen Bahnunternehmen und ihrer Umgebung. Manchmal hat dieser Austausch Auswirkungen auf die Entwicklung, Erweiterung, Sanierung, Verstärkung und den Geschäftszweck des Unternehmens. So ist im Laufe der Zeit die Rede von «Erhöhung des Frachtvolumens und der Passagierzahlen», «Doppelspurausbau», «Modernisierung und Temposteigerung» oder «Folgen von Naturereignissen». Infolgedessen wird die ursprüngliche Bausubstanz von Gebäuden, Bahnhofsgleisen, Brücken, Tunneln und anderen Infrastrukturanlagen verändert, was vor allem für alte und historische Bahnen zutrifft. Für Bahnen mit aussergewöhnlichem universellen Wert müssen jedoch spezifische Verfahren zum Erhalt und Schutz ihrer historischen Identität eingehalten werden. Bei der Planung solcher Denkmalschutzverfahren ist Folgendes zu beachten: 1. Erhaltung der historischen Identität der Bahn 2. Minimale Veränderung der Bausubstanz 3. Nachverfolgung der im Zeitverlauf erfolgten Änderungen Die seismische Nachverstärkung, der Schutz vor Naturereignissen sowie die Sanierung und Renovierung historischer Bahnanlagen werden im Iran immer wichtiger. Weiterhin gibt es Pläne zur Erhöhung der Achslast, um die Frachtkapazitäten zu erweitern. Hierzu ist eine ständige Überwachung des Anlagenverhaltens erforderlich. Die RAI hat diesbezügliche Erfahrung, die anhand der folgenden Beispiele veranschaulicht wird: 1) seismische Nachverstärkung von Eisenbahnbrücken, 2) ständige Überwachung wichtiger Brücken, 3) Massnahmen zum Schutz vor Steinschlag, Überflutung und Erdrutsch, 4) Umnutzung aufgegebener Gebäude als Freizeitkomplex und ihr Schutz vor Beschädigung und Erosion.

Français

En règle générale, les chemins de fer ont des interactions avec leurs régions environnantes. Parfois, ces interactions ont des conséquences sur le développement, l'amélioration, la réhabilitation, le renforcement et les objectifs commerciaux des sociétés de chemin de fer. Ainsi, on note de nombreux cas d'augmentation du tonnage de fret et du nombre de passagers, de doublement des voies, de construction de voies ferrées plus modernes autorisant des vitesses commerciales plus élevées et de marques laissées par des catastrophes naturelles au fil des ans. Par conséquent, de nombreux bâtiments, voies, ponts et tunnels voient leur structure d'origine modifiée, fait habituel pour les chemins de fer historiques et anciens. Cependant, en raison de leur valeur en tant que patrimoine universel, des procédures spécifiques ont été mises en place afin de protéger et conserver leur identité historique. Lorsque de telles mesures de protection sont envisagées, il est indispensable: 1. de préserver l'identité historique des chemins de fer; 2. de limiter les modifications structurelles; 3. de surveiller les changements au fil du temps. La remise à niveau antisismique, la protection contre les catastrophes naturelles, la réhabilitation et la rénovation des structures ferroviaires historiques gagnent en importance en Iran. Il est prévu d'augmenter la charge d'essieu pour accroître les capacités de fret. À cette fin, il est indispensable de surveiller en permanence le comportement de ces infrastructures. Les chemins de fer iraniens peuvent se targuer d'une certaine expérience dans ces domaines. Nous allons présenter cette expérience à la lumière des exemples suivants: 1) remise à niveau antisismique des ponts ferroviaires, 2) surveillance permanente de certains ponts vitaux, 3) procédures de protection contre les chutes de pierres, les inondations et les glissements de terrain et 4) rénovation de certains bâtiments abandonnés en vue de les réhabiliter en complexes récréatifs et de les protéger contre les détériorations et l'érosion.

| | | |
|---|---|---|
| Literature | | The Railways of Iran: Trans-Iranian Railway Report for Inscription on the World Heritage List. In: UNESCO's World Heritage List. France 2021, p. 1585. United Nations Educational, Scientific and Cultural Organization and Intergovernmental Committee for the Protection of the World Cultural and Natural Heritage: «The Operational Guidelines for the Implementation of the World Heritage Convention». UNESCO *word heritage center*, France 2019. Track and Related Structures Department: Annual Reports of the Railways Maintenance. Tehran 2012–2021. Public Relations Office of the Railways of Iran: Archive of the Trans-Iranian Railway Photos. Tehran 2017–2021. |
| Notes | 1 | The property is nominated under criteria (ii) & (iv): Criterion (ii): Exhibit an important interchange of human values, over a span of time or within a cultural area of the world, on developments in architecture or technology, monumental arts, town-planning or landscape design. Criterion (iv): Be an outstanding example of a type of building, architectural or technological ensemble or landscape which illustrates (a) significant stage(s) in human history; ensemble or landscape which illustrates (a) significant stage(s) in human history; virtue. |
| Image credits | 1–15 | Islamic Republic of Iran Railways. |

Fig. 1   Tschogha Zanbil (photo: Hamid Binaei Faal).
Fig. 2   Veresk bridge.
Fig. 3   Veresk bridge during construction.

Fig. 4     Three Golden Lines – Sekhat-e Tala.     Fig. 5     Shourab Loop.

Fig. 7     Aerial view of Gaduk tunnel.    Fig. 6     Gaduk tunnel.

Fig. 8   A bridge in Tehran-Qom Railway between Tehran and Qom.

Fig. 9   Some bridges retrofitted by reinforced concrete and steel frames in the railways of Iran.

Fig. 10  Shams bridge Retrofitting in Azarbayejan railway district.

Fig. 11  Qaflankouh Bridge reinforcing of intrados with helibar and helibond.

Fig. 12  A bridge renovation in North-Line of TIR.

Fig. 13–15  Samples of different protective walls in TIR.

# Planen und Bauen im Welterbegebiet

Hans Kordina

Der Beitrag behandelt die seit 2005 erfolgende fachliche bzw. gestalterische Begleitung des Neubaus einer HL-Trasse als Ergänzung und Entlastung der unter Denkmalschutz stehenden Semmeringbahntrasse. Ziel ist die Berücksichtigung wesentlicher Gestaltungskriterien, um die räumliche, bautechnische und landschaftsgestalterische Anpassung und Integration der Neubaumassnahmen der Bahnanlagen in den Landschaftsraum gegenüber der Bestandstrasse sicherzustellen. Grundlage der Planung und Umsetzung der neuen Bahntrasse ist das bereits im Jahr 2011 mit Bescheid des Bundesministeriums abgeschlossene UVP-Verfahren. Begleitet wurde dieses Genehmigungsverfahren durch ein Gutachten von ICOMOS, das von Toni Häfliger in Abstimmung mit den Sachverständigen des UVP-Verfahrens erstellt worden ist.

Sowohl von den Sachverständigen im UVP-Verfahren bzw. im Genehmigungsbescheid als auch im Gutachten von Häfliger wurde ein Gestaltungsbeirat mit Supervision gefordert, der zur fachlichen Begleitung der Neubaumassnahmen und deren Landschaftsintegration tätig sein soll.[Abb. 1] In Abstimmung mit der Genehmigungsbehörde wurden jene Sachverständige ausgewählt, die als Gestaltungsbeirat die Neubaumassnahmen der HL-Bahn begleiten sollen. Eingeladen und beauftragt wurden von der Projektwerberin ÖBB Fachleute aus der Schweiz und Österreich, die über entsprechende fachliche Erfahrungen im Bahnausbau bzw. in den Fachgebieten verfügen. Für die baulich-funktionellen Gestaltungsmassnahmen wurden Arch. Rolf Mühlethaler (CH), für Fragen der Architektur und des Denkmalschutzes Univ. Prof. Arch. Dr. Wilfried Posch (AT), für Bahnbautechnik Arch. Dr. Hannes Kary (AT) sowie für Landschaft und Integration DI Hans Kordina (AT) in den Beirat bestellt.

Dieses Team wurde seit dem Jahr 2012 – nach einer gemeinsamen Erarbeitung des Prüfungsprozesses und der Festlegung von Gestaltungsprinzipien/-kriterien der begleitenden Beratung des Projektwerbers ÖBB bzw. deren Planungsbüros beauftragt. Für die begleitende Supervision wurde vom Bundesministerium für Kunst, Kultur, öffentlicher Dienst und Sport (BMKOES) der Architekt Toni Häfliger beauftragt, der in Erfüllung der in seinem Gutachten bereits formulierten Zielsetzungen den Planungsprozess begleitet. [Abb. 2]

Der gesamte Prozess von der Planung bis zur Bauausführung und der Freigabe der Benutzung wurde gutachterlich begleitet, indem im Rahmen von mehreren Gesprächsterminen mit Standortbesichtigungen alle relevanten Details besprochen und festgelegt worden sind. Ausgegangen wurde immer von dem in der UVP mit Bescheid bereits festgelegten Entwurf der Hochbaumassnahmen, wobei allerdings aufgrund der konkretisierenden Planungen und Standortgegebenheiten Änderungen vorgenommen wurden. Natürlich wurden wesentliche Vorgaben der Genehmigung berücksichtigt – z. B. Lärmschutz, Abwasserregelung, Deponierung des Aushubes, landschaftliche Integration – Änderungen wurden aber vielfach vom Beirat angeregt und auch vollzogen, um eine bessere räumliche, funktionelle und gestalterische Integration zu sichern. In der Abbildung wird die Begleitung des Planungs- und Umsetzungsprozesses durch die Tätigkeit des Gestaltungsbeirates sowie auch die Supervision ersichtlich. Sichergestellt wird damit einerseits die bestmögliche Gestaltungskontrolle in der Umsetzung der Baumassnahmen und andererseits deren Prüfung entsprechend den ICOMOS-Kriterien eines umfassenden Denkmalschutzes innerhalb des Welterbegebietes. Die als Grundlage definierten Gestaltungsprinzipien wurden als Rahmen für alle Beurteilungserfordernisse formuliert, haben allerdings auch Gültigkeit für die historische Semmeringbahn, die gewissermassen als Vorlage und Beispiel gilt.

*Gestaltungsprinzip 1*
Thematisierung des Aufeinandertreffens von «Welterbe Semmeringbahn» und «Semmering Basistunnel»: Zeitaktuelle Interpretation der Gebäude und Anlagen mit Entsprechung der sparsamen räumlichen Integration der Welterbe Semmeringbahn in deren Landschaftsraum

*Gestaltungsprinzip 2*
Schaffen gestalterischer Verbindung zwischen den Bauwerken des «Semmering Basistunnel»: Umfassende und gestalterische Einheit aller Bauten in ihrer architektonischen Sprache

*Gestaltungsprinzip 3*
Schlichte, von der technischen Aufgabe des Bauwerkes getragene qualitätvolle Gestaltung: Konzentration der Architektur auf die Aufgabe und Funktion der Bauten

*Gestaltungsprinzip 4*
Umsetzung sehr hoher Material- und Ausführungsqualitäten am Stand der Technik: Hohe Material- und Verarbeitungsqualität für ein nachhaltiges und architektonisch hochwertiges Ergebnis analog der Tradition der «Welterbe Semmeringbahn»

*Gestaltungsprinzip 5*
Integration konstruktiver Elemente in die architektonische Gesamtkonzeption: Integration sekundärer Bauwerksteile und -anlagen in die Gesamtkomposition

*Gestaltungsprinzip 6*
Räumliche Integration und rücksichtsvolle Einbettung der Bauten und Anlagen in die Landschaft: Rücksichtsvolle Integration der neuen Bauwerke in den Landschaftsraum - analog der «Welterbe Semmeringbahn»

*Gestaltungsprinzip 7*
Berücksichtigung von Planungsstandards der ÖBB-Infrastruktur AG, insbesondere hinsichtlich Wirtschaftlichkeit, Nachhaltigkeit, Klimaschutz und Energieeffizienz: Einhaltung aktuell genereller und betrieblicher Anforderungen

*Gestaltungsprinzip 8*
Verwendung von Beton als Hauptmaterial für Bauwerke - als ergänzende Materialien werden Metall, Glas und Naturstein eingesetzt: Begrenzung auf wesentliche Baustoffe und Materialen mit regionalem Bezug

*Gestaltungsprinzip 9*
Die Farbgebung ergibt sich durch die Eigenfarben der Materialien, wobei in begründeten Fällen abweichende Regelungen getroffen werden können: Weitestgehendes Belassen der Baustoffe / Materialien in ihrer farblichen Wirkung

*Gestaltungsprinzip 10*
Umsetzung einer qualitativ hochwertigen Tages- und Kunstlichtplanung: Sicherung einer effektiven und wirkungsvollen Beleuchtung

Der Umfang der gesamten Beratungstätigkeit des Beirates ergibt sich aus den vielfältigen Massnahmen, die entweder als wesentliche Baumassnahmen zum Trassenausbau oder als Begleitmassnahmen erforderlich sind. Betrachtet werden müssen wesentliche Bauten:

- Tunnelportale und deren Vorplätze in Gloggnitz und Mürzzuschlag, wobei deren Anbindung an die Bestandsstrecke, die Integration in die Landschaft sowie auch die Einbindung der erforderlichen Servicebauten / Anlagen berücksichtigt werden müssen.
- Mit den Tunnelportalen müssen die zugehörigen Lüftungsbauwerke und auch Brücken gestalterisch begutachtet werden, die wesentliche landschaftsprägende Elemente in der Zone um die Tunnelöffnungen sind. Teilweise muss der gesamte begleitende Bereich neugestaltet werden, wenn der angrenzende städtische Raum mit seinen Strassen und Grünzonen unmittelbar betroffen ist.
- Vielfach gestalterisch unbefriedigend sind die erforderlichen Lärmschutzanlagen, die Einzelelemente neben der Trasse oder als in das Bauwerk im Bereich des Tunnelportals integriertes Element den Gesamteindruck der Bahnanlage prägt. Sowohl Dimension als auch Material und Montage stellen herausfordernde Anforderungen, die mit speziellen Planungen und auch Mustern geprüft und entschieden werden müssen.
- Sowohl bei den Bahntrassen sind Unter- und Überführungen wichtige Elemente, als auch für die trassenquerenden Strassen im Bereich der Tunnelportale. Diese erfordern spezielle Lösungen, um entweder die bauliche Anpassung an den Trassenverlauf oder die Integration in den Stadtraum zu sichern.

- Vor allem am Standort Mürzzuschlag wurden – neben dem unter Denkmalschutz stehenden Bahnhof – die umgebenden Bahnhofsanlagen mit deren Flugdächern und Freianlagen für den Busbahnhof, die Abstellanlagen für Räder und Motorräder wichtige Aufgaben. Beachtet werden müssen die gestalterischen Übergänge von den neuen Bauelementen zu dem Bahnhofsgebäude.
- Auch verschiedene Nebenanlagen (historische Verschiebeanlage und Drehscheibe beim Rundlockschuppen, Stützmauern, Park & Ride Anlage sowie auch Bepflanzungen) waren Thema der Beratungen und wurden als wesentliche Elemente der Gesamtkonzeption des Bahnhofsbereiches berücksichtigt.
- Um alle diese genannten baulichen Massnahmen wurde deren naturräumliche Integration geprüft und vielfach angepasst – die Gestaltung der unmittelbar umgebenden Landschaft war eine wesentliche Aufgabe, da im Rahmen der Bautätigkeit teilweise massiv in die Hangzonen um die Tunnelportale eingegriffen werden musste.[Abb. 3a–f]

Die folgenden Darstellungen zeigen beispielhaft Ausschnitte aus der Planung zu einzelnen baulichen Elementen (z. B.: Stiegenaufgang mit Dachstütze und Handlauf im Bahnhof Mürzzuschlag), errichtete Muster zur Festlegung von technischen Details (Stiegenaufgang und Bahnsteigdach) sowie die bereits realisierte Strassenbrücke (Zufahrt zur Firma Huyck) im Bereich des Tunnelportals in Gloggnitz und an gleicher Stelle die Unterführung der neuen Bahntrasse durch die Landesstrasse.[Abb. 4–5] Beispielgebend sind die bereits erfolgten Neubaumassnahmen, die Huyckbrücke sowie auch die Unterführung der Bahntrasse.[Abb. 6–7]

English

The object of this presentation is the particularity of the accompanying control of a railway expansion project in a World Heritage area in Austria, which not only achieves a higher design quality, but also secures the World Heritage status of the existing route. • Reference to the World Heritage site of the existing Semmering route • EIA for the new construction of a relief route as a basis for design control • Definition of a design advisory board for the assessment and professional support of the new buildings, as per the requirements of the approval notice with accompanying control of the implementation, including supervision • Design advice for essential accompanying buildings in the vicinity of the core zone of the existing Semmering route – especially tunnel portals with bridges and feeder and exit routes, ventilation structures, landscaping in the area of the train path, landfills, hydraulic engineering systems and roads • Selection of the advisory board members by the approval authority, the federal ministry responsible for World Heritage issues and the project promoter ÖBB • Technical independence of the advisory board, made up of experts from Austria and Switzerland with experience in railway expansion, design control in heritage protection and World Heritage issues, as well as official approval • Cost coverage according to expenditure for regular assessment of current construction measures by the project promoter ÖBB • Design principles and technical criteria/catalogue – with reference to the existing route under heritage protection/World Heritage status • Accompanying activity of the design advisory board for the framework planning, detailed planning as well as tendering and implementation through to the completion of the construction work, with regular involvement of the supervision of ICOMOS and their regular report on the results to the federal ministry responsible for the world heritage • Presentation of examples: tunnel portals, bridges, stairwells, flying roof ... • Presentation of samples for discussion and definitive definitions for windows, stairs, entrances/ exits, flying roofs, choice of colour, and shape of fastenings for noise protection elements, railings, etc.

Français

La contribution présente les spécificités du suivi d'un aménagement ferroviaire dans une région d'Autriche inscrite au patrimoine mondial, afin non seulement d'obtenir une meilleure qualité d'aménagement, mais aussi de préserver le statut de patrimoine mondial de la ligne existante. • Référence au bien du patrimoine mondial «Ligne de chemin de fer du Semmering» • EIE concernant la construction d'une nouvelle ligne de délestage comme base du contrôle de l'aménagement • Mise en place d'un comité consultatif d'aménagement pour l'expertise et le suivi technique des constructions nouvelles, conformément aux conditions de la décision d'autorisation, avec suivi de la mise en œuvre et supervision • Conseil en aménagement pour les constructions importantes situées à proximité de la zone centrale de la ligne de chemin de fer du Semmering, notamment les portails de tunnel avec les ponts et les routes d'accès et de sortie, les systèmes de ventilation, l'aménagement paysager dans la zone de la ligne, les décharges, les installations hydrauliques et les routes • Sélection des membres du comité consultatif par l'autorité d'approbation, le ministère fédéral chargé des questions du patrimoine mondial et le promoteur du projet ÖBB • Comité consultatif indépendant composé de spécialistes d'Autriche et de Suisse disposant d'une expérience en matière d'aménagement ferroviaire, de contrôle des aménagements lié à la protection des monuments et du patrimoine mondial et d'autorisations administratives • Couverture des frais engagés pour l'expertise régulière des mesures de construction actuelles par le promoteur du projet ÖBB • Principes d'aménagement et critères techniques / catalogue – en rapport avec la ligne existante classée / inscrite au patrimoine mondial • Suivi par le comité consultatif d'aménagement de la planification générale, la planification détaillée, l'appel d'offres et la mise en œuvre jusqu'à la fin des travaux de construction, avec implication régulière de la supervision de l'ICOMOS et rapport régulier sur les résultats au ministère fédéral compétent en matière de patrimoine mondial • Présentation d'exemples: portails de tunnel, pont, course d'escaliers, toit aérien ... &. Présentation de modèles pour discussion et de spécifications définitives pour les fenêtres, les escaliers, les montées / descentes, les toits aériens, les couleurs et la forme également des fixations des éléments de protection contre le bruit, des garde-corps, etc.

Abbildungsnachweis
1 Graphik Huber/Sterzinger nach Angaben Kordina ZT.
2 Graphik Huber/Sterzinger nach Vorlage Kordina ZT.
3 Darstellung Kordina ZT unter Verwendung von Visualisierungen RaumUmwelt Wien.
4 ÖBB Infrastruktur AG/Ebner.
5 ÖBB Infrastruktur AG.
6 ÖBB Infrastruktur AG/Ebner.
7 ÖBB Infrastruktur AG/Ebner.

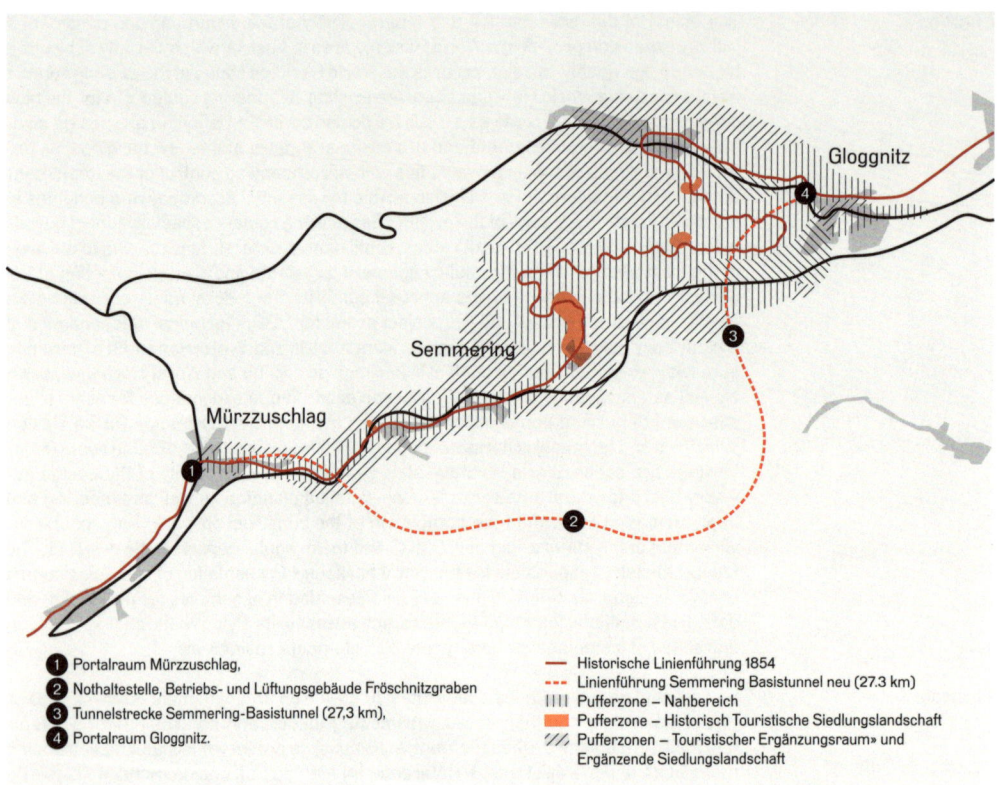

1. Portalraum Mürzzuschlag,
2. Nothaltestelle, Betriebs- und Lüftungsgebäude Fröschnitzgraben
3. Tunnelstrecke Semmering-Basistunnel (27,3 km),
4. Portalraum Gloggnitz.

— Historische Linienführung 1854
--- Linienführung Semmering Basistunnel neu (27.3 km)
|||| Pufferzone – Nahbereich
■ Pufferzone – Historisch Touristische Siedlungslandschaft
/// Pufferzonen – Touristischer Ergänzungsraum» und Ergänzende Siedlungslandschaft

Abb. 1   Wichtige Teilräume in der UNESCO Zone Welterbe Semmeringbahn.

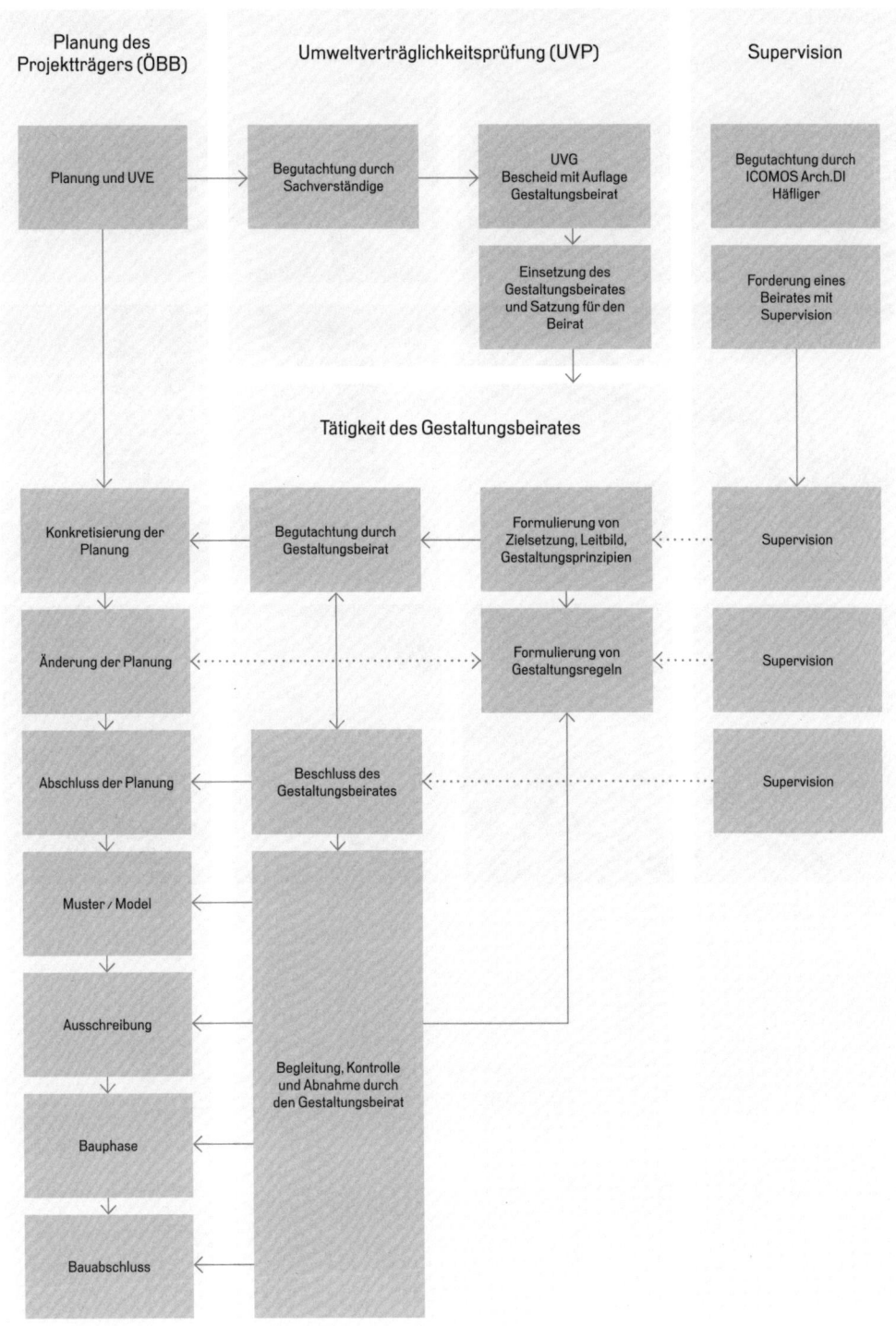

Abb. 2    Vernetzung des Gestaltungsbeirates mit dem Planungsprozess.

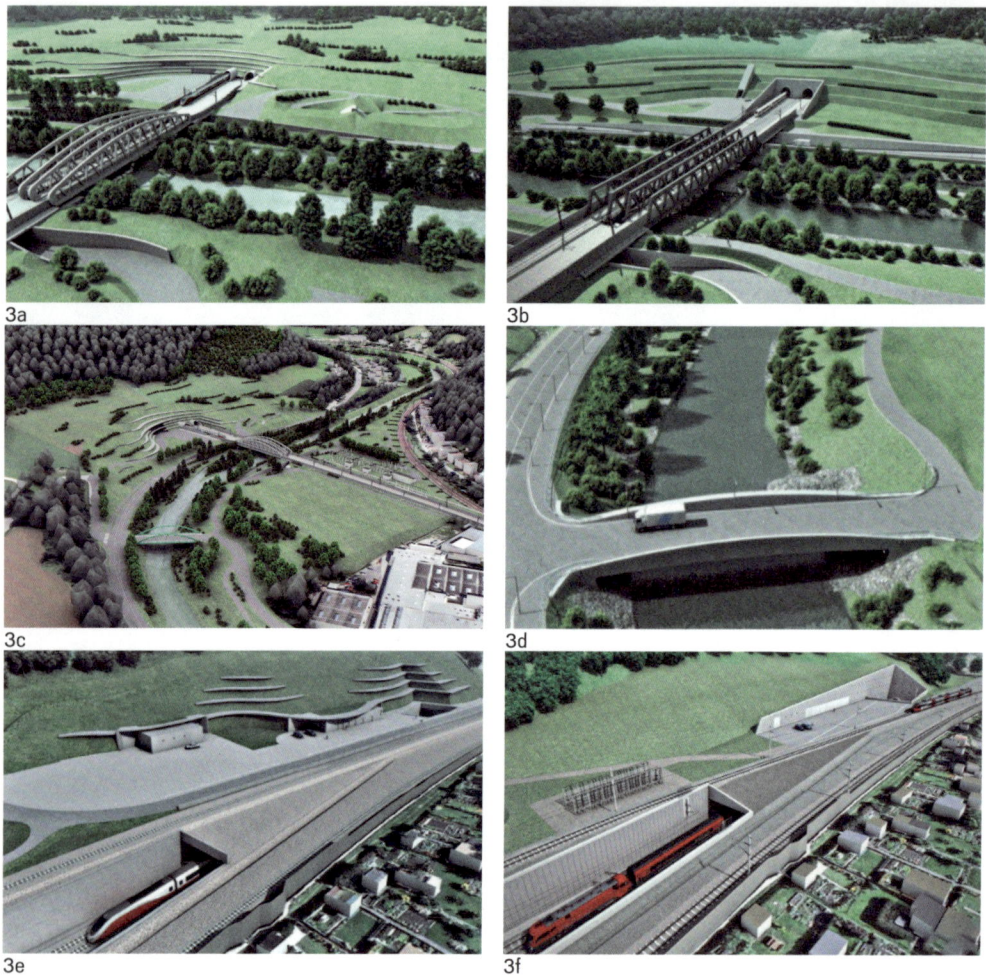

Abb. 3a–f  Beispiele der gestalterischen Optimierung gegenüber der Umweltverträglichkeitserklärung (UVE); Visualisierungen Raum Umwelt Wien
3a) Portalbereich Gloggnitz, UVE
3b) Portalbereich Gloggnitz, Ausfuhrung
3c) Huyckbrucke in Gloggnitz, UVE
3d) Huyckbrucke, Ausfuhrung
3e) Portalbereich Murzzuschlag, UVE
3f) Portalbereich Murzzuschlag, Ausfuhrung

4

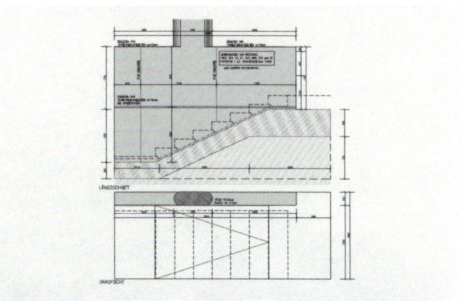
5

6

7

Abb. 4　Bemusterung in Form eines «1:1–Mock-up» des Stiegenaufgangs (Vordergrund) sowie Bahnsteigdachs (Hintergrund) im Bereich des Bahnhofs Mürzzuschlag, 2020.

Abb. 6　Neue Strassenbrücke für Zufahrt Firma Huyck (Ersatzbau 2021).

Abb. 5　Ausschnitt der Technischen Zeichnung zum Stiegenaufgang (Abb. 4) im Bahnhof Mürzzuschlag.

Abb. 7　Portalzone Gloggnitz: Wannenbauwerk für die Bundesstrasse B27 zur Unterquerung der neuen Eisenbahnbrücke.

# Die Donauuferbahn zwischen Entwicklung und Erhaltung

Zur Situation im UNESCO-Welterbe «Kulturlandschaft Wachau»
Christian Hanus

Die Donauuferbahn darf in ihrer Trassierung und Beschaffenheit in Bezug auf Denkmal- und Landschaftsschutz als eine Pionierleistung bezeichnet werden und führt auf dem Abschnitt Krems – Weitenegg durch das «UNESCO-Welterbe» der «Kulturlandschaft Wachau», deren integralen Bestandteil sie verkörpert. Auf den einzelnen Abschnitten der ursprünglich bis Grein und weiter bis St. Valentin führenden Strecke widerspiegeln sich die Verhältnisse zwischen Erhaltungsanspruch und Entwicklungsdruck in unterschiedlichster Weise.

Eine Bahn erbaut von einem Denkmalpfleger

Die Planung und der Bau der Bahnstrecke durch die malerische Tallandschaft der Wachau erfolgte zu Beginn des 20. Jahrhunderts unter der Leitung des Bauunternehmers Rudolf Mayreder und des Architekten und Landschaftsmalers Rudolf Pichler; Letzterer war Mitarbeiter der K. u. K. Zentralkommission für Kunst- und historische Denkmale.[1] Die konsequente Rücksichtnahme auf die sensible Kulturlandschaft beim Bau der Bahnstrecke war und ist bis heute beispiellos. So mussten nur vereinzelt Bauten dem Bahntrassee weichen und auf markante Kunstbauten wurde weitestgehend verzichtet. Die Bahnhofbauten wurden funktional und typologisiert ausgeführt, in ihrer Ausgestaltung aber stilistisch subtil, an lokalen Bauformen orientiert in die Landschaft eingefügt. Um die historischen Ortskerne in ihrer Uferlage an der Donau nicht zu beeinträchtigen, wurde die Bahnstrecke durch Tunnelbauwerke oder behutsam durch die Siedlungsstrukturen geführt. Selbst wenn die Bahnstrecke den Ortskern tangiert, liegt der Bahnhof in kurzer Gehdistanz davon entfernt. Dadurch sollen sich die Fahrgäste bei Ankunft am Bild der in sanfthügeliger Tallandschaft eingebetteten Ortschaften erfreuen und diesen flanierend nähern. Auch wurde beim Trassenvortrieb besondere Umsicht an den Tag gelegt. So wurden Arbeiten in Bereichen mit vermuteten archäologischen Schichten von entsprechenden Fachleuten begleitet. Dabei wurde auch die 30'000 Jahre alte Statue der Venus von Willendorf gefunden. Entgegen ihrem Namen wurde die Bahnlinie nicht als Uferbahn angelegt, sondern gewissermassen als Bergbahn landschaftsschonend in den Weinbergen trassiert.[Abb. 1] Noch heute verkörpert die Bahnstrecke die einzige im Ereignisfall des hundertjährigen Hochwassers funktionierende Verkehrserschliessung in der Wachau.[Abb. 2–3]

Die Donauuferbahn war von Beginn an als Lokalbahn ausgelegt und mit einfachen Anlagen ausgestattet. An den Stationen waren keinerlei Stellwerke oder Flügelsignale zu finden. Die Weichen wurden händisch vor Ort bedient und zur Fahrt freizugebende Streckenabschnitte wurden vom örtlichen Fahrdienstleiter dem Lokomotivführer übermittelt. Im Jahre 1983 wurde auf dieser Bahnlinie in Österreich erstmalig der sogenannte Zugleitbetrieb eingeführt. Die Kreuzungsbahnhöfe wurden mit Rückfallweichen ausgestattet und die zentral in Spitz an der Donau eingerichtete Zugleitung erteilte fortan allen Triebfahrzeugführern per Bahnfunk die Freigabe der zu befahrenden Abschnitte. Damit wurde das Personal an den übrigen Stationen eingespart. Im Jahre 2010 erfolgte die Einstellung des Planverkehrs auf der Donauuferbahn und die Strecke wurde von den Österreichischen Bundesbahnen an die Niederösterreichische Verkehrsorganisationsgesellschaft übertragen. Im Folgejahr wurde zwischen Krems und Emmersdorf von dieser ein saisonaler Ausflugsverkehr eingerichtet, der über die Jahre ausgebaut wurde.[Abb. 1, 4–6] Die Betriebsform des Zugleitbetriebs ist noch heute aufrecht, doch die Zugleitung ist nicht mehr an der Strecke stationiert.

### Plötzlich Welterbe

Nach der Ratifizierung des UNESCO-Übereinkommens zum Schutz des Kultur- und Naturerbes der Welt im Jahre 1992 wurden durch die Republik Österreich mehrere Nominierungen initiiert. Dazu zählte mitunter auch die Kulturlandschaft Wachau. Es folgte eine sehr profunde und umfassende, bis heute massstabssetzende Auseinandersetzung mit Kulturlandschaften.[2] Im Zuge des Nominierungsprozesses wurden auch Infrastrukturen der Wachaubahn unter Denkmalschutz gestellt, der später noch ausgeweitet wurde. Seit dem Jahr 2000 ist die Kulturlandschaft Wachau UNESCO-Welterbe und die durch die Tallandschaft führende Bahnstrecke ein integraler Bestandteil davon.[Abb. 7–8] Mit der Einstellung des Planbetriebs wurde vor Beeinträchtigung der künftigen Erhaltung und Entwicklung der Wachau gewarnt.[3] In der Kern- und Pufferzone des Welterbes wurde die Infrastruktur der Eisenbahn zwar erhalten und über weite Abschnitte gar der Oberbau erneuert, doch sind seitdem Fahrten über Weitenegg hinaus in Richtung Grein nicht mehr möglich, worin eine Beeinträchtigung der Wertigkeit einer integralen Infrastruktur des Welterbes erkannt wird.

### Unterschiedliche Streckenabschnitte, verschiedenste Rahmenbedingungen

Während der Streckenabschnitt der Donauuferbahn durch die Wachau einer umfassenden Sanierung unterzogen wurde und weiterhin wird, sind hier auch eine Vielzahl innovativer Umnutzungsformen der Stationsanlagen vorzufinden, die teilweise auch einem gewissen Entwicklungsdruck unterliegen. So ist auf dem ehemaligen Gütergelände von Stein-Mautern ein Gebäudekomplex einer privaten Zahnmedizinuniversität errichtet, das Aufnahmegebäude, das angrenzende Gasthaus und der Güterschuppen für deren Nutzung hergerichtet worden.

Im Aufnahmegebäude von Dürnstein-Oberloiben wurde eine Safranmanufaktur untergebracht und auf dem Areal der ehemaligen Freiverladeanlage eine ausgedehnte Parkplatzanlage eingerichtet. Andere Aufnahmegebäude entlang der Strecke dienen als Wohnbauten und in Spitz an der Donau werden die Räumlichkeiten für die Zugleitung vorgehalten. In der strukturschwächeren Region des Nibelungengaus zwischen Weitenegg und Weins-Isperdorf, ist die Strecke weitestgehend abgetragen, Brücken teilweise entfernt und Tunnel verschlossen worden. Zum Teil wurde der freizuhaltende Trassenkorridor mit Pflanzen oder baulichen Massnahmen beeinträchtigt, was zu öffentlichen Rechtsdebatten führt. Im anschliessenden Strudengau ist die Strecke für den Güterverkehr nutzbar und ab Sankt Nikola-Struden wird planmässiger Personenverkehr in Richtung St. Valentin und Linz abgewickelt. Auf diesem betrieblich intakten Abschnitt besteht vermehrt der Druck zur umfassenderen Einhaltung um Umsetzung der Technischen Spezifikationen (TSI) und anderen sicherheitstechnischen und betrieblichen Anforderungen.

## Wie weiter in der Zukunft?

Wie es mit der Donauuferbahn in Zukunft weitergehen wird, bleibt abzuwarten. Auf dem Streckenabschnitt durch die Wachau besteht ein erhebliches touristisches Potenzial, das sich bereits heute im Fahrgastaufkommen im eingerichteten Ausflugsverkehr erkennen lässt. Jährliche Frequenzspitzen sind bei Anlässen wie der Sonnwendfeier und dem Wachaumarathon auszumachen. Durch die weitere Erschliessung dieses touristischen Potenzials ist ein Konfliktpotenzial mit der weitestgehend originalen Erhaltung der Stationsanlagen durchaus gegeben. Ob jemals wieder ein Planverkehr auf diesem Abschnitt eingerichtet wird, bleibt abzuwarten. Im Nibelungengau bestehen Volksinitiativen zum Wiederaufbau der Bahnanlagen, doch finden diese von politischer Seite wenig Zuspruch. Auch bestehen Überlegungen nebst einem Ausflugsverkehr auch durchgehende Gütertransporte einzurichten. Der Aufwand für die Rekonstruktion und Reaktivierung dieses Abschnitts ist aber nicht unerheblich. Eine Reaktivierung des Streckenabschnitts ab Loja in Richtung Strudengau für den Güterverkehr ist dagegen leichter möglich. Im Strudengau, dem Einzugsgebiet von Linz, wird am ehesten mit infrastrukturellen Anpassungen für die Abwicklung des Planbetriebs zu rechnen sein.

Es mag erstaunen, welch unterschiedliche Entwicklungen Abschnitte einer ehemaligen, einheitlich durchgestalteten und betriebenen Streckeninfrastruktur über die Zeit zu nehmen vermögen, wobei die Wechselwirkung zwischen dem Welterbe der Tallandschaft und deren Bahnlinie besonders eindrücklich erscheint. Ob eines Tages wieder ein durchgehender Zug fahren wird, wird die Zukunft zeigen.

| | |
|---|---|
| English | The Danube River Railway leading through Wachau opened in 1909 and is completely unique in that Rudolf Matthias Pichler, an artist and conservationist (!), played a key role in its construction. This fact manifests itself in an extremely subtle route through the vineyards and villages, which hardly had to make way for existing buildings and in which the historical town centres along the Danube were able to retain their characteristic bank location. The railway line, which has been listed since the 1990s, has also constituted an integral element of the UNESCO World Heritage Site «Wachau Cultural Landscape» since the turn of the millennium. With the cancellation of scheduled traffic on the route in 2010, a heated debate arose about the impairment of the outstanding universal value of the World Heritage site as well as its sustainable development. The route was later disconnected and buildings and facilities that were not required for operation were sold. A private university, a saffron speciality shop or residential buildings – the railway buildings today are used for very different purposes. On the section of the line running through Wachau, rail services are now offered for tourists during the summer months, while the tracks were partially dismantled on the further route through the Nibelungengau and Strudengau. There are currently calls for the reactivation of continuous rail traffic in public debate. The conflict between the pressure to develop and the need to preserve is to be discussed here. |
| Français | Inaugurée en 1909, la ligne de chemin de fer Donauuferbahn, qui traverse la Wachau, présente une particularité notable. En effet, elle a été construite avec la participation de Rudolf Matthias Pichler, un artiste peintre et conservateur de monuments historiques (!), ce qui se traduit par un tracé extrêmement subtil à travers les vignobles et les localités, dans un souci de conservation des constructions existantes qui a permis de préserver la situation caractéristique des centres historiques sur les rives du Danube. Classée depuis les années 1990, la ligne ferroviaire fait également partie intégrante du patrimoine mondial de l'UNESCO «Paysage culturel de la Wachau» depuis le nouveau millénaire. La suspension du trafic sur la ligne en 2010 a déclenché un vif débat sur l'atteinte à la valeur universelle exceptionnelle du patrimoine mondial et sur le développement durable du patrimoine mondial. Par la suite, la ligne a été interrompue et les bâtiments et autres ouvrages non nécessaires à l'exploitation ont été vendus. Les bâtiments sont aujourd'hui utilisés à des fins très variées et hébergent une université privée, un magasin de spécialités au safran ou encore des habitations. Le tronçon à travers la Wachau sert désormais au transport des touristes durant la période estivale, tandis que les installations de voies à travers le Nibelungengau et le Strudengau ont été partiellement démantelées. Actuellement, la réactivation du trafic ferroviaire continu fait l'objet de débats publics. La contribution aborde l'équation à résoudre entre pression du développement et exigence de conservation. |

| | | |
|---|---|---|
| Anmerkungen | 1 | Wöginger, Ch.: Die Wachaubahn – 100 Jahre im Donautal. Spitz 2009. |
| | 2 | Bundesdenkmalamt (Hg.): Denkmal – Ensemble – Kulturlandschaft am Beispiel Wachau. Horn 2000. |
| | 3 | ICOMOS (Hg.): Heritage at Risk 2008–2010. Berlin 2010. |
| Abbildungsnachweis | 1 | Grafik Huber/Sterzinger. |
| | 2 | Christian Hanus. |
| | 3 | Niederösterreich Bahnen, Kerschbaummary. |
| | 4 | Pfeifferfranz, lizenziert unter CC BY-SA 3.0 (https://commons.wikimedia.org/wiki/File:Haltestelle_Auhof_Donauuferbahn_Perg.jpg). |
| | 5 | Peter Velthoen, https://flickr.com/photos/131021490@N02/25287469660 lizenziert unter CC BY-SA 2.0 (https://commons.wikimedia.org/wiki/File:%C3%96BB_5146_Sankt_Nikola_an_der_Donau,_Bahnviadukt_(25287469660).jpg). |
| | 6 | Herzi Pinki, lizenziert unter CC BY-SA 4.0 (https://commons.wikimedia.org/wiki/File:-Donauuferbahn_at_Persenbeug_01.jpg). |
| | 7 | Stefan.lefnaer, lizenziert unter CC BY-SA 3.0 (https://commons.wikimedia.org/wiki/File:N%C3%96-Naturdenkmal_KR-012_Teufelsmauer_sl1.jpg). |
| | 8 | Wolfgang Sauber, lizenziert unter CC BY-SA 4.0 (https://commons.wikimedia.org/wiki/File:1910_Wachauer_Bahn.png). |

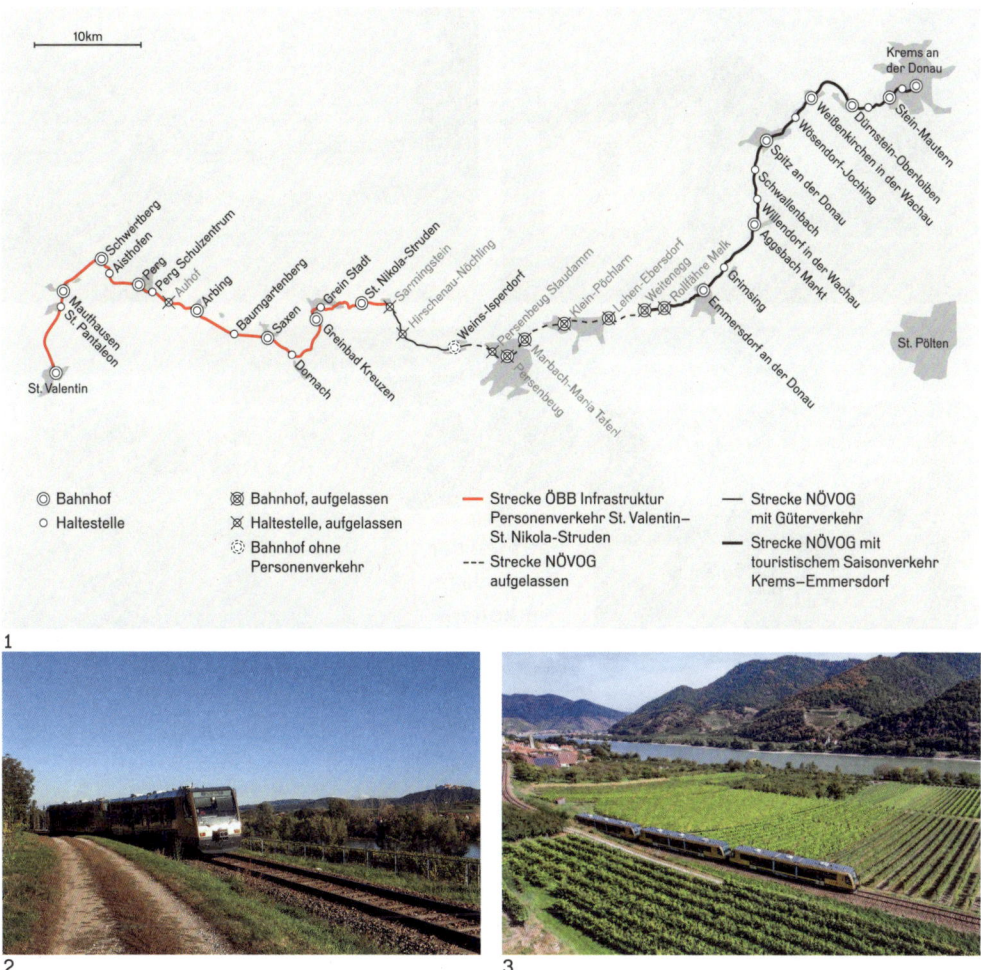

Abb. 1  Streckenverlauf der Donauuferbahn/ Wachaubahn mit aktuell genutzten und aufgelassenen Streckenabschnitten.

Abb. 2  Regionalzug 16956 von Krems nach Emmersdorf, bestehend aus zwei Regionsprintern der Niederösterreich Bahnen, kurz vor Unterloiben. Im Hintergrund erkennbar ist die Donau und auf dem Hügel das Benediktinerstift Göttweig (Foto: Christian Hanus).

Abb. 3  Drei Regiosprinter der Niederösterreich Bahnen auf der Durchfahrt in Schwallenbach. Im Hintergrund in der eindrücklichen Kulturlandschaft der Wachau sind linksseitig die Ortschaft Spitz an der Donau und rechtsseitig Oberarnsdorf zu erkennen.

Abb. 4  Aufgelassene Haltestelle der Donauuferbahn im Ortsteil Auhof. Restlos abgebrochen in den 2020er Jahren.

Abb. 5  Das Viadukt über den Dimbach in St. Nikola an der Donau.

Abb. 6  Stillgelegtes Gleis der Donauuferbahn in Persenbeug.

Abb. 7   «Teufelsmauer» Tunnel der Donauuferbahn bei der gleichnamigen Felsformation zwischen Spitz und St. Johann in der Wachau, wo es dem Teufel einer Sage nach nicht gelungen ist, eine Mauer quer über die Donau zu bauen.

Abb. 8   Streckenführung durch einen Felseinschnitt bei Aggsbach-Markt auf einer Postkarte von 1910.

# Monument and Landscape Conservation of Trans-Iranian Railway

Brief History and Description
Mohammad Hassan Talebian

Ancient Persia has a history of almost seven thousand years and is a land of unique geographical diversities due to the existence of Alborz and Zagros mountain ranges in this area. That leads to cultural diversities among different Iranian ethnic groups in various climatic regions, in which many of these diversities, communities, and settlements were not accessible before constructing the Trans-Iranian Railway. The interconnection was not only done hardly inside of Persia, but it also was difficult for the neighbouring countries north and south in both margins of Caspian Sea and Persian Gulf, and also the mentioned countries did not have a way to high seas.

Thus, in the second half of the 19th century and in Qajar era, the concept of constructing Trans-Iranian Railways (TIR) was initiated due to the development and transformation of cultural and political relations between Iran and Europe and it was considered a strategic decision for the country and even through the region. Although small parts of this rail routes, such as Shah Abdolazim, Rasht, Anzali, Jolfa, Mirjaveh, etc. were constructed in northern, central, and eastern points of Iran, in order to establish an internal and external communication, the concept of the construction of Trans-Iranian Railway for connecting two seas, which is crossing the country and through the mountainous, forest, desert, and coastal regions, was an incredible dream.

In 1907, an Iranian scholar, Sanie-Al-Doleh, published a book entitled «Rah-e-Nejat» (Way of Rescue) in which he explained his drawn map of Trans-Iranian Railway on a scale of 1:1'000'000 and considered its implementation through the contribution of local communities, in the way that the concept of the railway became accomplished in early 20th century.

In spite of all problems and complexities crossing the various geographical regions and geological formations, the TIR construction was initiated in 1927, and finished 1938 after eleven years, while after three years of its establishment it played a vital historical role in alliances' victory and in ending up World War II where it was considered the victory bridge. The TIR, alike other major railways, has not only affected the social, economic and cultural development of railways and its associated regions, but also, due to its ancient historical background coupled with important roads such as Silk Road and Spice Road, boosted the ancient roads and relations between Iranian ethnics groups with neighbouring countries.[1]

As mentioned, the 1394 km long TIR was able to connect the Caspian Sea in the north to the Persian Gulf and the Oman Sea in the south. It links the Iranian ports of Bandar-e Turkaman in the northeast to Bandar-e Imam in the southwest.[Fig.1]

The topography of Iran includes two major mountain ranges stretching across the country. These are continuations of the major Himalayan range. There also exists a large number of rivers, highlands, forests, seashores and plains. When the decision was made in 1925 to establish a national railway system and to build a north-south line across the mountains, the scale of this Iranian geomorphology became a defining factor. TIR, which was crossing along an impossible and inaccessible mountainous, forest and desert like route, has established the connection between rural and nomadic communities with other Iranian tribes which have not had any relationship before the construction of the mentioned railway, and that led to make eye-catching landscape accessible. Therefore, the railway itself could be considered an inseparable part of it.

Because of moving across, over or through deep valleys, high peaks and fast-flowing rivers in various geographical regions with different climates (including temperate, plain, mountainous and desert), the construction project faced many technical complications, especially in the Alborz and Zagros mountain ranges. This required special engineering arrangements as well as designing and building of several tunnels, viaducts, retaining walls, minor roads, buildings (in their original native pattern) and huge engineering structures. On the whole, the rail links pass through eight geographical regions and the above-said climates, which is a highly exceptional route.[Fig. 2–5] Fortunately, after more than eight decades of using this line, most of them have remained intact.

Today, the TIR remains a busy mainline railway operating almost in full capacity with passenger and freight trains. This continued use reflects its success as a railway and is part of its value. Despite earthquakes, all the original engineering features continue to be in use, reflecting the outstanding quality of their design and construction. The rich architectural legacy of 89 station buildings has also survived with remarkable authenticity and integrity. The magnificent Tehran station befits a capital city, as a world scale railway, it has outstanding values.

The TIR was included in the World Heritage List in 2022 due to its outstanding universal values and preservation of its authenticity and integrity in line with criteria II[2] and IV[3]. To follow, various aspects of conservation and management are briefly mentioned.

## Management and Conservation

Since its inauguration, the Trans-Iranian Railway has been governed by master plans of conservation and management due to the sensitivity of transportation in long routes, presence of various natural barriers, the large number of train passengers and the high volume of goods transferred. Management and conservation plans for the proposed property have been formulated in the fields of planning, execution, restoration, reconstruction, supervision, evaluation, and feedback. Also, formulation and enforcement of special programs and regulations including modern conservation and management plans resulting from the expansion of transport systems and progress in technical and engineering sciences as well as related administrative methods have led to an improvement of the conservation and management process of the railway; these kinds of conservation and management plans are ongoing. Simultaneous with the construction of the railroad, its regular conservation, maintenance, and repair began immediately. On the other hand, regulatory guidelines help the inspecting authorities to manage the line in an optimal manner. Moreover, the guidelines present a standard format for submitting inspection reports which makes management results harmonious and integrated.

For integrated management and conservation, a special management structure has been defined for the TIR, enabling the implementation of all aspects related to research, monitoring, maintenance, restoration, conservation, capacity building, and interpretation. The type of activities conducted by the Infrastructure engineering and supervision office has a direct relationship with the TIR Base. Aimed at the conservation and management of outstanding values of the property and in line with approved national and international conventions and bylaws, this Base, in addition to supervision and monitoring of all affairs related to the TIR, acts with added emphasis on cultural heritage issues such as: introduction, education, and tourism as well as issues related to the cultural heritage. Its tasks have been defined in the Coordination office and include: preparing and preserving the archives, preparing relevant reports and necessary coordination.

Protecting the TIR in its capacity as an industrial living heritage differs from the conservation of a historical site. Dynamic protection together with continuity of values and maintaining authenticity and integrity of the property is of prime importance. To achieve this goal, services offered to the passengers follow modern systems and methods, while the technical sections linked with the trains' passage and security are managed under a dynamic conservation programme. The bridges, tunnels, historical buildings of the stations and other relevant buildings located in the property follow technical regulations set by the Iranian Ministry of Cultural Heritage, Tourism and Handicrafts. As for the buffer, the rules applied to its protection are set by the Islamic Republic of Iran Railway, the Ministry of Roads and Urban Development, the Ministry of Cultural Heritage, Tourism and Handicrafts, the Forest, Range and Watershed Management Organization and the Department of Environment. Some aspects of Conservation will be further considered.

## Legal protection

The buffer and property of the TIR World Heritage Site follow diverse legal protection regulations. This is because in addition to the technical buffer of the TIR, which enjoys a good status of conservation since its inception, a buffer area in the form of a landscape comprised of all historical and natural sites is considered for the TIR. The latter is important due to the significance attached to the spectators' vision corridor when traveling by train. The importance of the natural and historical landscape of the TIR also lies in the need to maintain its historical heritage and natural values, to retain the integrity of the property as a whole. To achieve this goal, various national entities including the Iranian Ministry of Cultural Heritage, Tourism and Handicrafts, the Ministry of Road and Urban Development, the Forest, Range and Watershed Management Organization, and the Department of Environment, all with regulations older than a century, cooperate with the TIR.

According to the legal system of Iran, the railway company (Base of TIR) has responsibility for protection, conservation, repair, and maintenance of the Trans-Iranian Railway. Various rules, guidelines, and regulations of the Islamic

Republic of Iran Railway support this property. From a technical aspect, from the very beginning of construction, the Trans-Iranian Railway is supported by the protective and technical rights of Islamic Republic of Iran Railway. Considering that the Trans-Iranian Railway covers a long distance of the Iranian environment and geographical points and according to its outstanding historical, natural, social, technical, and technological values, is supported by other protective measures besides those adopted by the railway company.

From a cultural and historical values point of view, the TIR is also protected by the rules and regulations applied to national cultural heritage including historical monuments. In the geographical and natural category, considering that the TIR passes through outstanding natural areas of Iran, such as national parks or protected areas, it is thus also under the protection of rights and laws of the Forest, Range and Watershed Management Organization and the Iranian Department of Environment. Given that the railway crosses different cities and villages, the Ministry of Road and Urban Development also has protective laws to preserve the Railway's social interactions and cultural values.[Fig. 6–7]

## Technical Conservation

Inventorying, documentation, and monitoring are necessary for the pathology and for analysing the wellbeing of the various structures of the TIR. As such, inventorying, documentation, and monitoring are of top priority in the conservation of the TIR. Thus, they are carried out in various forms along the TIR, at different times and places. Supervision over the status of integrity and authenticity of the TIR is carried out based on the documents thus provided as well as field visits. A multidisciplinary committee is in charge of technical decision-making and related consultation activities.

## Inventorying and Documentation

There exists a large list and documents on the machinery, equipment, station information, railroad items and objects at the archives of the Islamic Republic of Iran Railway and the Trans-Iranian Railway Base (office). Inventory forms are listed and archived in the following categories.[Fig. 8–9]

- Machinery (locomotives, machines, tools, and rolling stock)
- Architecture (the railway stations, workshops, and other related buildings)
- Documents (historical archives and information)
- Objects (related items).

## Monitoring

The TIR Base is in charge of monitoring and is entrusted with the task of seeing to the maintenance of TIR in the IR of Iran Railway Company. The various influential factors such as controlling the architectural conditions, technical control, environmental and other Trans-Iranian Railway-related factors are among the assessment and monitoring parameters. Key elements considered in the Trans-Iranian Railway assessment are based on cultural-historical and technological values. An integrated monitoring system controls all the railway activities. Some key factors affecting maintenance efforts are as follows: preservation and maintaining engineering structures (bridges, tunnels, railway and tracks, and protective structures), fleet (freight, passenger, and locomotive), buildings (stations and facilities), railway infrastructures, publicity and training, tourism, natural elements, and environment.[Fig. 10–11]

Like technical structures, buildings are also exposed to periodic and visual inspection. If inspections reveal defects or failure in the buildings such as cracks, settlement, breakdown of utilities, safety equipment, vulnerability to earthquake, malformation in the appearance etc., necessary countermeasures would be taken. Making use of advanced technology, the given building is simulated and the cheapest and most efficient solutions for it are selected.

## Conclusion

More than eight decades have passed since the birth of the TIR and today it has become a busy mainline with full capacity and potential for the transfer of large numbers of passengers. As such, the qualitative and quantitative improvement of the TIR is mostly in demand. This demand is not only for the electrification of the TIR and the addition of a parallel direction to it, but it is also for the development and improvement of its historical stations.

In view of the above, the TIR is subject to a challenge of development and conservation at the same time. Although any positive actions have been undertaken to respect its authenticity and integrity, conservation of the TIR still requires multidisciplinary consultation. In this trend, international experience is of utmost importance, especially in view of the fact that the TIR is the first industrial heritage of Iran that is included on the World Heritage List.

How the aforementioned challenge is dealt with, and the solutions reached in this respect can well serve to better meet the conservation objectives of other similar industrial heritages in Iran. From this point of view, cultural and technical cooperation between the world heritage railways is very important and highly in demand.

Deutsch

Die 1394 Kilometer lange Transiranische Eisenbahn (TIE) verbindet das Kaspische Meer im Norden mit dem Persischen Golf und dem Golf von Oman im Süden, die iranischen Häfen Bandar-e Torkaman im Nordwesten und Bandar-e Imam Khomeini im Südwesten. Sie wurde 1938 in Betrieb genommen und wird seither rege genutzt. Die TIE verläuft durch tiefe Täler, über hohe Berge und wasserreiche Flüsse in acht unterschiedlichen geografischen Regionen mit gemässigtem, Tiefland-, Gebirgs- oder Wüstenklima. Damit kann die TIE nicht nur als ingenieurtechnische Meisterleistung, sondern auch als Beispiel gelten, wie sich die Natur zähmen lässt sowie sich Industrie- und Kulturlandschaften schaffen lassen. Aufgrund der Bedeutung ihres Korridors, der mit bemerkenswerten prähistorischen und historischen Kulturstätten sowie mit Naturstätten aufwartet, ist die TIE im iranischen Kulturerberegister eingetragen. Die Verwaltung des TIE-Weltkulturerbes arbeitet mit dem iranischen Ministerium für Kulturerbe, Tourismus und Kunsthandwerk, dem Umweltdepartement sowie dem Amt für Wald, Weiden und Gewässereinzugsgebiete zusammen, um den TIE-Korridor mithilfe eines Management- und Organisationsplans zu schützen und zu überwachen. In diesem Beitrag wird anhand von anschaulichen Beispielen der aussergewöhnliche universelle Wert der TIE aufgezeigt, ihr Erhaltungszustand, ihre Authentizität und ihre Integrität analysiert sowie weitere einschlägige Tätigkeiten vorgestellt.

Français

Le chemin de fer transiranien (CFT), long de 1394 kilomètres, relie la mer Caspienne au nord, le golfe Persique et le golfe d'Oman au sud, les ports iraniens de Bandar-e Torkaman au nord-ouest et Bandar-e Imam Khomeini au sud-ouest. Il a été mis en service en 1938 et est très utilisé depuis. L'CFT traverse des vallées profondes, de hautes montagnes et des rivières riches en eau dans huit régions géographiques différentes au climat tempéré, de plaine, de montagne ou désertique. L'CFT peut ainsi être considéré non seulement comme une prouesse d'ingénierie, mais aussi comme un exemple de la manière dont la nature peut être apprivoisée et dont des paysages industriels et culturels peuvent être créés. En raison de l'importance de son corridor, qui comporte des sites culturels préhistoriques et historiques remarquables ainsi que des sites naturels, l'CFT est inscrit au registre du patrimoine culturel iranien. L'administration du patrimoine mondial de l'CFT collabore avec le ministère iranien du patrimoine culturel, du tourisme et de l'artisanat, le département de l'environnement et l'Office des forêts, des pâturages et des bassins versants pour protéger et surveiller le corridor de l'CFT à l'aide d'un plan de gestion et d'organisation. Cet article présente des exemples concrets de la valeur universelle exceptionnelle du CFT, analyse leur état de conservation, leur authenticité et leur intégrité, et présente d'autres activités pertinentes.

| | | |
|---|---|---|
| Literature | | Trans-Iranian Railway Nomination Dossier for Inscription on the World Heritage List, 2021. https://whc.unesco.org/en/list/1585/documents/. |
| | | Boisen, I.: Iran and Denmark through the ages. Copenhagen 1965. |
| | | Malakouti, M.: History of the 20th anniversary celebration of the railway. Tehran 1948. |
| | | Mohseni, A. A.: Railway track. Educational booklet 1991. |
| | | Mokameli, M. K.: Comprehensive history of Iran railway. Tehran 1998. |
| | | Salahshur, N.: Architectural design of urban train stations. Tehran 1975. |
| | | Sanie-Al-Doleh: Way of Rescue. Tehran 1905. |
| | | Public Relations Office of the Railways of Iran. Archive of the Trans-Iranian Railway Photos. Tehran 2017–2021. |
| | | Track and Related Structures Department. Annual Reports of the Railways Maintenance. Tehran 2012–2021. |
| Notes | 1 | Trans-Iranian Railway Nomination Dossier for Inscription on the World Heritage List, 2021, pp. 19 and 147–179. https://whc.unesco.org/en/list/1585/documents/ |
| | 2 | Criterion (ii):The TIR serves as a living manifestation of multi-faceted interchange of human values, modern and innovative mountain railway skills and experience for its construction, emergence of a mixture of Iranian-western architectural style as well as new structures, boosting the economy and trade by speeding up transportation which led in reviving cultural-historical routes such as the Silk Road and the Spice Route at a specific period of the contemporary history in central and western Asia during the early 20th century and later on with the European countries. In addition, at the time it was opened, the TIR drew global acclaim for the exemplary project management achieved by the successful working relationship between the Iranian Government, the project managers and the 43 construction contractors from many countries. |
| | 3 | Criterion (iv): The Trans-Iranian railway is a fine example of a technological and architectural ensemble representing major stages of long-term development of human, technical and economic activities early in the 20th century in the western Asia. It has resulted in the formation of varied landscapes in relation to the assimilation and interaction of railway with natural landscapes on one hand and overcoming natural obstacles on the other hand. It has also caused a huge increase in trade, cultural and economic relations between Iran and other countries of the region; thus it has marked a significant and decisive stage in the process of historical development of Iran, regional states and consequently other countries of the world so that later on has played a key role in relations between Iran and European countries. Consequently, not only this railway played a pivotal role in later architectural and technological development of the country and the region but it also had profound effect on the countries beyond. |
| Image credits | 1–2 | Mohammad Hassan Talebian, Hamid Baini Faal. |
| | 2 | UNESCO website, World Heritage List, Trans-Iranian Railway File. |
| | 3 | Hossein Javadi, UNESCO, lizenziert unter CC BY-ND 3.0 (https://whc.unesco.org/fr/documents/1723629). |
| | 4–5 | UNESCO website, World Heritage List, Trans- Iranian Railway File. |
| | 6–7 | Mohammad Hassan Talebian, Hamid Baini Faal. |
| | 8–9 | UNESCO website, World Heritage List, Trans-Iranian Railway File. |
| | 10 | Mohammad Hassan Talebian, Hammid Baini Faal. |
| | 11 | UNESCO website, World Heritage List, Trans-Iranian Railway File. |

Fig. 1    Location of Climatic Zoning of the Trans-Iranian Railway: (1) Length 127 km, 9 Stations, (2) Length 115 km, 8 Stations, (3) Length 104 km, 7 Stations, (4) Length 439 km, 26 Stations, (5) Length 147 km, 9 Stations, (6) Length 138 km, 9 Stations, (7) Length 74 km, 5 Stations, (8) Length 250 km, 16 Stations.

Fig. 2–5    Diversity of Landscape and architectural values in line of Trans-Iranian Railway.

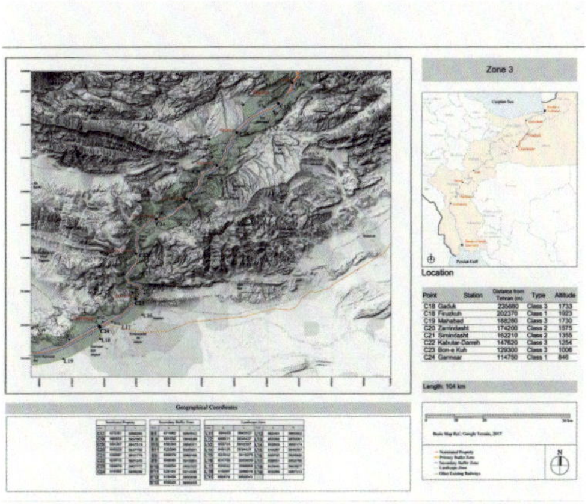


6

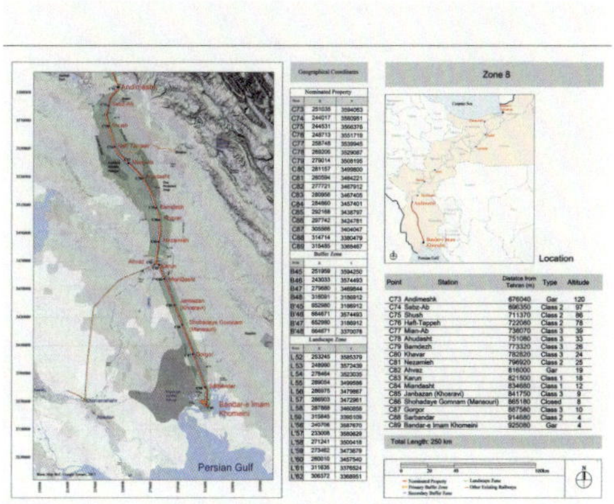


7

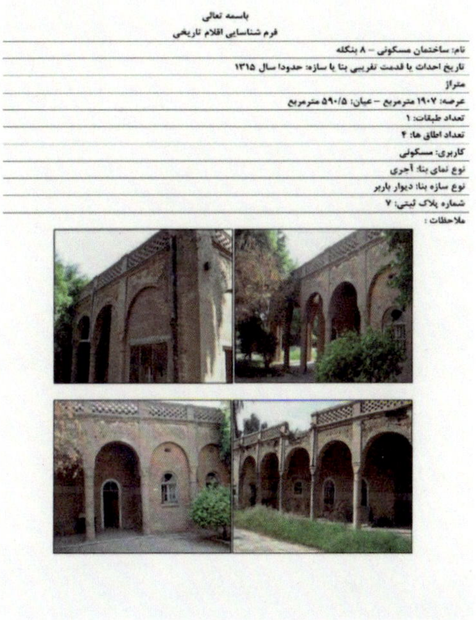

باسمه تعالی
فرم شناسایی اقلام تاریخی
نام: ساختمان مسکونی – ۸ بنگله
تاریخ احداث یا قدمت تقریبی بنا یا سازه: حدودا سال ۱۳۱۵
متراژ
عرصه: ۱۹۰۷ مترمربع – عیان: ۵۹۰/۵ مترمربع
تعداد طبقات: ۱
تعداد اطاق ها: ۴
کاربری: مسکونی
نوع نمای بنا: آجری
نوع سازه بنا: دیوار باربر
شماره پلاک ثبتی: ۷
ملاحظات:

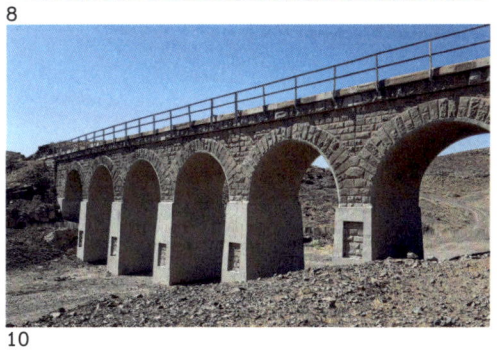

8

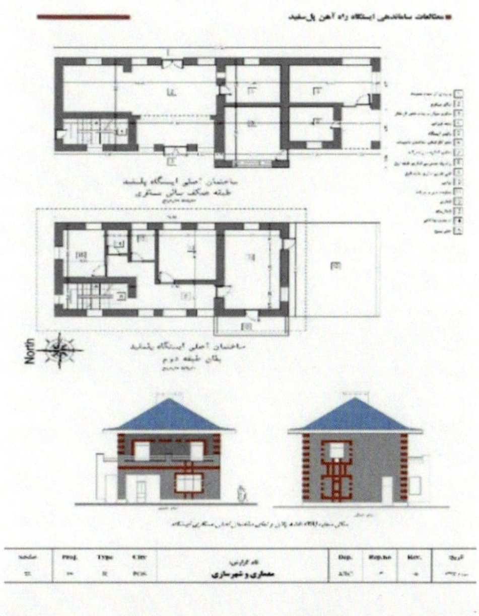

9

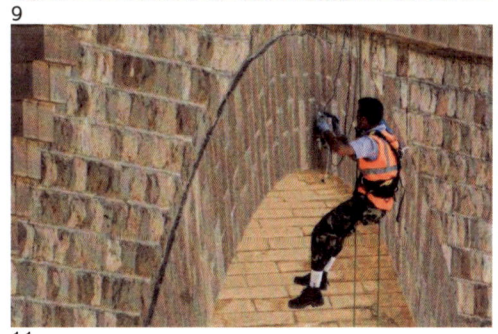

10

11

Fig. 6–7 Some Boundaries of the Property, on Buffer and landscape zones and related legislation.

Fig. 8–9 Examples of inventory and documentation (Machinery and Buildings).

Fig. 10–11 An example of a reinforced bridge. It is restored by concrete Jacketing in order to reinforce it against earthquakes. The method applied in the restoration of the bridge is such that the original structure of the bridge and interventions undertaken are identifiable, and other images show some the use of modern tools to monitor bridges.

# Abendvortrag

# Evening Lecture

# Conférence du soir

# Der «Westbalkan-Transportkorridor»

Vom Habsburger und Osmanischen Reich in die Zukunft
Helmut Adelsberger

Gemäss dem aktuellen Vorschlag der EU-Kommission für die Revision der TEN-T-Verordnung, erstreckt sich der «Westbalkan-Transportkorridor», von Salzburg und Linz über Zagreb, Belgrad nach Niš, wo er sich zur bulgarisch-türkischen Grenze und über Skopje, Athen und Piräus bis Zypern verzweigt, mit zusätzlichen Zweiglinien nach Montenegro, Albanien, in den Kosovo sowie in Griechenland. Dies ist der vorgeschlagenen Fusion mit den südöstlichen Abschnitten des bisherigen «Orient-Ostmittelmeer-Transportkorridors» geschuldet. (Dementsprechend wird dieser Korridor in der zwischenzeitlich am 13. Juni 2024 beschlossenen neuen TEN-T-Verordnung endgültig als «Westbalkan-Ostmittelmeer-Transportkorridor» bezeichnet.)

Diesem neuen Transportkorridor ging der Vorschlag des Autors voraus, einen neuen TEN-Kernnetzkorridor, den «Alpen-Südost-Kernnetzkorridor», über die Ostalpen (Tauern- und Pyhrnachse) in südöstliche Richtung entlang der Save und Morava, dem Verlauf der römischen «Via Militaris» folgend über Sofia in Richtung Istanbul, bzw. über Skopje nach Thessaloniki und Athen bis Piräus einzurichten.[Abb. 1] Piräus und Istanbul sind auch Schnittstellen mit der «neuen Seidenstrasse» (Belt & Road Initiative Chinas).

Wie im gleich betitelten Vortrag des Autors vom 24. Juni 2022 in Zürich beschränkt sich die vorliegende Zusammenfassung auf die historischen und architektonischen Aspekte des «Alpen-Südost-Kernnetzkorridors».

Die «Via Militaris» geht auf das Jahr 50 n. Chr. zurück. Die Eisenbahnstrecken des «Westbalkan-Transportkorridors» bestehen seit Mitte bis Ende des 19. Jahrhunderts, die alpenquerenden Abschnitte erst seit Anfang des 20. Jahrhunderts:

- Tauernbahn Salzburg-Villach: 1909
- Karawankenbahn Villach-Laibach: 1906
- Pyhrnbahn Linz-Selzthal (-Bruck/Mur): 1907
- K.u.k. Südbahn Wien-Bruck/Mur-Graz-Laibach-Triest: 1857
- Zagreb-Belgrad (Zemun): 1883
- Belgrad-Niš-Sofia-Istanbul («Orientbahn»): 1888
- «Marmaray-Projekt»: 2013
- Niš-Skopje-Thessaloniki: 1873/1888
- Thessaloniki-Athen (Piräus): 1916

Erst nach dem Fall des Eisernen Vorhangs 1989 setzte unter der Ägide der Europäischen Union die Definition von konkreten Verkehrskorridoren ein, vornehmlich mit dem Ziel, die Länder Ost- und Südosteuropas geostrategisch und wirtschaftlich für einen EU-Beitritt vorzubereiten:

- Paneuropäischer Korridor X (Salzburg/Graz- 1997–2013
  Zagreb-Belgrad-Niš-Sofia/Thessaloniki)
- «Tauern-Pyhrn-Konzept» seit 2011
- LoI für den Alpen-Westbalkan-Schienengüterverkehrskorridor 2015
- LoI für den Alpen-SO-Kernnetzkorridor 2021

### Alpenquerende Abschnitte

Salzburg Hauptbahnhof ist der prominente Anfang des Korridors, im Schnittpunkt mit der historischen «Kaiserin Elisabeth-Westbahn» Wien-München, der aktuellen «Weststrecke». Das Empfangsgebäude und die Bahnhofshalle über dem ehemaligen Zentralperron, auf dem sich auch der berühmte Marmorsaal der Bahnhofsrestauration befand, stehen unter Denkmalschutz und wurden 2009 bis 2013 beim Umbau zum aktuellen Durchgangsbahnhof erhalten bzw. in die neue Bahnsteigüberdachung integriert.[Abb. 2] Die Einrichtungselemente des genannten Marmorsaals wurden im Augustinerbräu im Stadtteil Mülln eingebaut.

Die Tauernbahn Salzburg-Villach führt durch den Salzachdurchbruch (Pass Lueg) und durchquert den Alpenhauptkamm durch das Gasteiner Tal, den Tauerntunnel und über die spektakulär angelegte Südrampe zum Drautal. Bemerkenswert ist die Überbrückung der Bahn durch die Rohrbrücke der Druckrohrleitung Malta.

In Villach kreuzt die «Tauernachse» die «Südstrecke» Wien-Bruck an der Mur (künftig mit der Koralmbahn über Graz)-Klagenfurt-Udine-Venedig und setzt sich über die Karawankenbahn ins Savetal bis Ljubljana und weiter über Zidani Most nach Zagreb fort.

Parallel zur «Tauernachse» setzt die «Pyhrnachse» die Strecke Nürnberg-Regensburg-Passau-Wels die Summerauer Bahn Prag-Budweis-Linz nach Süden fort. Dabei führt sie durch den Bosrucktunnel und über den Schoberpass und mündet in Bruck an der Mur in die ehemalige «K.u.K. Südbahn» in Richtung Graz ein.

Seit deren Eröffnung 1844 hat Graz bereits das dritte Empfangsgebäude: 1876 wurde das erste im Stil des Historismus umgebaut und erweitert. Dieses wurde im Zweiten Weltkrieg zerbombt. Der Wiederaufbau in schlichtem Nachkriegsstil wurde 1956 eröffnet und steht heute unter Denkmalschutz. [Abb. 3] Im Kulturhauptstadtjahr 2003 wurde die Bahnhofshalle von Peter Kogler künstlerisch ausgestaltet. Um den Anforderungen durch die Koralmbahn Graz-Klagenfurt zu genügen, wurden die Gleisanlagen 2010 bis 2015 erweitert und teilweise überdacht.

Die «Pyhrnachse» setzt sich über Maribor fort und vereinigt sich in Zidani Most mit der «Tauernachse» in Richtung Zagreb. Dieser Verlauf bedingt allerdings einen Umweg von ca. 60 km, der die Verkehrswirksamkeit der «Pyhrnachse» beeinträchtigt.

### Abschnitt Zagreb-Belgrad-Niš

Das Empfangsgebäude des Bahnhofs Zagreb Glavni Kolodvor (Hauptbahnhof) wurde 1892 im historisierenden Stil der Gründerzeit («Ringstrassenstil») errichtet und ist nach wie vor, ohne wesentliche Veränderung der Bausubstanz, in Betrieb.
Der Korridorabschnitt Zagreb-Belgrad folgt dem flachen, breiten Savetal und weist keine Besonderheiten auf. Obwohl die Strecke seinerzeit das Schienenrückgrat Jugoslawiens war, weist sie heute einen beträchtlichen Investitionsrückstand auf.

In Belgrad bestand bis 2018 ein zentraler Kopfbahnhof, der erst in jüngster Zeit durch einen modernen, teilweise überdachten Durchgangsbahnhof etwas südlich des Stadtzentrums ersetzt wurde. Der Kopfbahnhof wurde abgetragen, um zwischen Stadtzentrum und Save einem neuen Stadtteil Platz zu machen. [Abb. 4]

Zwischen Belgrad und Niš besteht der Korridor im nördlichen Teilabschnitt aus zwei getrennten, vorwiegend eingleisigen Strecken, die sich in Velika Plana zu einer zweigleisigen Strecke vereinen.

In Niš verzweigt sich der Korridor in zwei Äste:
- über Sofia in Richtung Istanbul und
- über Skopje, Thessaloniki nach Athen und Piräus.

### Abschnitt Niš-Sofia-Istanbul

Die Strecke Niš-Sofia ist eingleisig, der einzige noch nicht elektrifizierte Abschnitt des gesamten Korridors, und in eher schlechtem Zustand.

Nachdem der alte, aus dem Jahr 1888 stammende Bahnhof in Sofia den Anforderungen nicht mehr entsprach, wurde 1974 ein grosses neues Empfangsgebäude im Stil des Brutalismus errichtet, in dem der Geist der kommunistischen Diktatur zu erkennen ist, insbesondere in der künstlerischen Ausgestaltung der Empfangshalle.

Formell endet der Korridor aus politischen Gründen an der bulgarisch-türkischen Grenze bei Svilengrad/Kapikule, doch soll aus funktionalen Gründen Istanbul als Endpunkt betrachtet werden, zumal hier die in der Folge des Krimkriegs realisierte «Orientbahn» von 1888 endet.

Funktionell setzt sich der Korridor jenseits des Bosporus vom Bahnhof Haydarpaşa auf der asiatischen Seite in Richtung Bagdad und Teheran und in der «neuen

Seidenstrasse» bis China fort. Seit 2013 ersetzt bzw. ergänzt der Bosporustunnel («Marmaray-Projekt») die Fährverbindung über den Bosporus. Er dient hauptsächlich dem Nah- und Regionalverkehr, verbindet aber auch das europäische mit dem asiatischen Schienennetz.

Architektonisch interessant ist der 1890 als eines der bedeutendsten Beispiele des «europäischen Orientalismus» fertiggestellte Endbahnhof Istanbul-Sirkeci der alten «Orientbahn».[Abb. 5]

## Abschnitt Niš-Skopje-Thessaloniki-Athen-Piräus

Auch zwischen Niš und Thessaloniki ist die Strecke eingleisig, aber elektrifiziert. Das kleine alte Bahnhofsgebäude von Thessaloniki aus aus dem Jahr 1872 hat traurige Berühmtheit erlangt, weil im Zweiten Weltkrieg von dort zahlreiche Juden in die Vernichtungslager deportiert wurden. 1962 wurde ein neuer, moderner Bahnhof eröffnet, zunächst nur für den Fernverkehr, nach einem Umbau seit 2007 auch für den Regional- und Nahverkehr in Betrieb.

Schon vor 1916 gab es im Abschnitt Thessaloniki-Athen nur Teilabschnitte auf osmanischem Territorium, seit 1904 auch auf griechischer Seite. Erst nach dem grenzüberschreitenden Lückenschluss 1916 wurde auf einer eingleisigen, nicht elektrifizierten Strecke ein durchgehender Betrieb Thessaloniki-Athen aufgenommen. Seit 1960 erfolgt ein zweigleisiger Ausbau für höhere Geschwindigkeiten[Abb. 6], aber erst seit 2019 wird die Strecke durchgehend elektrisch und weitgehend mit 160 bis 200 km/h befahren.

Seit 1904 besteht in Athen ein kleiner Bahnhof, der nach der damaligen Endstation südlich der osmanischen Grenze «Larissa-Bahnhof» genannt wurde. Etwas südlich davon gab es schon in den 1880er Jahren den «Peloponnes-Bahnhof», der im Zuge der Umspurung aufgelassen wurde. In Piräus endet der Korridor; im Hafen Piräus ist er mit der «maritimen Seidenstrasse» verknüpft, die Europa und China durch den Suezkanal verbindet.

## Schlussbetrachtung

Der «Alpen-Südost-Kernnetzkorridor», der nach den Plänen der EU-Kommission im künftigen «Westbalkan-Transportkorridor» aufgehen soll, ist ein sehr komplexer Korridor mit bis zu zweitausendjähriger Tradition. Als Schienenkorridor ist er seit Mitte des 19. Jahrhunderts in vielen Schritten aus vielen, ursprünglich voneinander unabhängigen Teilabschnitten entstanden. Diese sind erst allmählich über wechselnde Grenzen zusammengewachsen und wurden auch wieder durch neue Grenzen getrennt: die Grenzen zwischen der Habsburger Monarchie, Serbien, dem osmanischen Reich und Griechenland, später Österreich, Jugoslawien, Bulgarien, Türkei und Griechenland.

Seit 1989 gibt es zwar keinen Eisernen Vorhang mehr, doch sind auf dem Territorium des ehemaligen Jugoslawiens neue Grenzen entstanden, die zur Fragmentierung des Korridors beigetragen haben. Erst mit der Perspektive eines künftigen EU-Beitritts der Staaten des Westbalkans sollte der Korridor eine nachhaltige Renaissance erleben, mit einem durchgehend abgestimmten Infrastrukturausbau und einem den Anforderungen des 21. Jahrhunderts entsprechenden Betrieb.

Mit der Schiene als funktionalem Rückgrat wird der «Westbalkan-Transportkorridor» (nunmehr "Westbalkan-Ostmittelmeer-Transportkorridor") auch zur Verringerung der $CO_2$-Emissionen und somit zu einem effektiven Klimaschutz beitragen.

Die Bauwerke, die entlang des Korridors zu sehen sind, spiegeln die wechselvolle, bewegte Geschichte Südosteuropas wider. Sie sind es wert, besichtigt und vor diesem historischen Hintergrund gewürdigt zu werden.

English    It took a long time to create a plan for an «Alpine-Western Balkans Core Network Corridor», leading from Salzburg and Linz in the northwest across the Eastern Alps via Slovenia, Croatia, and Serbia and branching out in two directions at Niš: towards Istanbul via Bulgaria and to Piraeus via North Macedonia. At the end of 2021, the EU Commission presented nine future European transport corridors as part of its proposal for the revision of the TEN Regulation: the new «Western Balkans transport corridor» includes the «Alpine Southeast Core Network Corridor» but also comprises other branches in the Western Balkans and in Greece and continues across the sea to Cyprus. This historic connection of the old Danubian monarchy and the Ottoman Empire has grown together from different sections over the decades. As the backbone of south-eastern Europe, following its coordinated expansion, this connection will be an axis of economic development, social peace and political stability. The presentation is a hypothetical journey of discovery along this corridor: numerous photos of train stations, bridges and tunnels from times gone by reveal remnants of the past, but also how much still needs to be done to fully integrate the southeast of Europe into the EU, including its rail network, and without erasing valuable memories.

Français    La mise en place d'un «corridor du réseau central Alpes-Balkans occidentaux» est le fruit d'efforts considérables. Le corridor part de Salzbourg et Linz au nord-ouest, traverse les Alpes orientales, la Slovénie, la Croatie et la Serbie et se ramifie à Niš via la Bulgarie en direction d'Istanbul ou via le nord de la Macédoine jusqu'au Pirée. Fin 2021, la Commission européenne a présenté neuf futurs corridors de transport européens dans sa proposition de révision du règlement RTE: le nouveau «corridor de transport des Balkans occidentaux» inclut le «corridor central du réseau Alpes-sud-est», comprend d'autres ramifications dans les Balkans occidentaux et en Grèce et se poursuit par la mer jusqu'à Chypre. Cette liaison historique entre l'ancienne monarchie danubienne et l'Empire ottoman s'est développée au fil des décennies à partir de différents tronçons. Véritable épine dorsale de l'Europe du Sud-Est, elle deviendra, après un développement coordonné, un axe de développement économique, de paix sociale et de stabilité politique. La présente intervention est un voyage fictif à la découverte de ce corridor: de nombreuses images de gares, de ponts et de tunnels de différentes époques montrent des vestiges du passé mais aussi le chemin restant à parcourir pour que le sud-est de l'Europe soit pleinement intégré à l'UE, y compris dans le réseau ferroviaire, sans pour autant supprimer de précieux souvenirs.

Abbildungsnachweis    1   Grafik Huber/Sterzinger.
2   Michael Fritscher.
3   Parmenides Ansichtskarten.
4   Bahnbilder.
5   Istanbul Tourist Information.
6   https://commons.wikimedia.org/wiki/File:OSE_220_029_Kifera.jpg.

Abb. 1    Alpen-Südost-Kernnetzkorridor.

Abb. 2    Salzburg Hauptbahnhof.

Abb. 3    Graz Hauptbahnhof 1963.

Abb. 4    Beograd Glavni 1884–2018.

Abb. 5    Istanbul Sirkeci gari.

Abb. 6    Thessaloniki – Athen: Zug auf der alten Trasse auf dem Kifera-Viadukt, im Hintergrund die neue Brücke.

# Autorenliste

# List of Authors

# Liste d'auteurs

| | | | |
|---|---|---|---|
| Adelsberger, Helmut | DI Dr., Verkehrsplaner, selbstständiger Konsulent, ehem. Abteilungsleiter für Generalverkehrsplanung und internationale Verkehrskorridore im Verkehrsministerium Wien und nationaler Experte in der EU-Kommission (DG MOVE) in Brüssel, seit 2013 im Ruhestand, Österreich | DI Dr., Traffic planner, now an independent consultant. Former Head of Unit «General Transport Planning and International Transport Networks» at the Federal Ministry of Transport in Vienna and National Expert at the EU Commission (DG MOVE) in Brussels; retired since 2013, Austria | DI Dr., Planificateur des transports, actuellement consultant indépendant. Ancien chef du service de planification générale des transports et des corridors de transport internationaux au ministère fédéral des Transports de Vienne et expert national auprès de la Commission européenne (DG MOVE) à Bruxelles, à la retraite depuis 2013, Autriche |
| Aiche, Boussad | Maître de Conférences, Lab. ETAP, Department of Architecture, Université Mouloud Mammeri, Tizi-Ouzou, Algerien | Senior Lecturer, Lab. ETAP, Department of Architecture, Université Mouloud Mammeri, Tizi-Ouzou, Algeria | Maître de Conférences, Lab. ETAP, Département d'Architecture, Université Mouloud Mammeri, Tizi-Ouzou, Algérie |
| Alighardashi, Vahid | Direktor des «General Infrastructure Engineering and Supervision Department» der Railways of Iran (RAI), Iran | Director of the General Infrastructure Engineering and Supervision Bureau of the Iranian Railway (RAI), Iran | Directeur général, Bureau de supervision et d'ingénierie des infrastructures des Chemins de fer iraniens (RAI), Iran |
| Aróstegui Chapa, Borja | Dr., Leitender Architekt des Projekts für den Bahnhof am Spencer Dock und den Ausbau des Connolly Bahnhofs in Dublin, Dozent im Architektur-Masterstudiengang (Máster Universitario en Arquitectura, MUA) der Technischen Hochschule für Architektur der Universität von Navarra in Madrid und London (2018 bis 2020), Spanien | Dr., lead architect for the design of Spencer Dock Station and the enhancements of Connolly Station in Dublin Teacher at the MUA (Máster Universitario en Arquitectura) in the University of Navarra's Higher Technical School of Architecture. Madrid and London, 2018–2020, Spain | Dr., Architecte principal chargé de la conception de la gare de Spencer Dock et des améliorations de la gare de Connolly à Dublin. Enseignant en MUA (Máster Universitario en Arquitectura) à l'école technique supérieure d'architecture de l'université de Navarre. Madrid et Londres, 2018–2020, Espagne |
| Berger, Barbara | Dr., Architektin, wissenschaftliche Mitarbeiterin SBB Fachstelle Denkmalpflege, Schweiz | Dr., Architect, Research Asisstant, SBB Specialist Service for the Preservation of Historical Monuments, Switzerland | Dr., Architecte, Assistante de recherche, Service de la protection des monuments historiques des CFF, Suisse |
| Brühwiler, Eugen | Prof. Dr. dipl. Ing. ETH / SIA, Ecole Polytechnique Fédérale de Lausanne (EPFL), Lehrstuhl für Bauwerkserhaltung (MCS-IIC-ENAC), emeritierter Professor seit 2024, Schweiz | Prof. Dr. Civil Engineer ETH/SIA, Swiss Federal Institute of Technology Lausanne (EPFL), Head of the Structural Maintenance and Safety Laboratory (MCS-IIC-ENAC), honorary professor since 2024, Switzerland | Prof. Dr. Ingénieur civil dipl. EPF/SIA, École Polytechnique Fédérale de Lausanne, Chaire de conservation des ouvrages (MCS-IIC-ENAC), professeur honoraire depuis 2024, Suisse |
| Bühlmann, Lukas | Dr. h.c., Jurist und Raumplaner, Bellaria Raumentwicklung, Schweiz | Dr. h.c., Lawyer and spatial planner. Bellaria Raumentwicklung, Switzerland | Dr. h.c., Juriste et urbaniste, Bellaria Raumentwicklung, Suisse |
| Conti, Aldo | Dr., SBB Infrastruktur, Projekt- und Teamleiter, Schweiz | Dr. SBB Infrastructure, Project and Team Manager, Switzerland | Dr., SBB Infrastructure, Chef de projet et d'équipe, Suisse |
| Conzett, Jürg | Dipl. Bauing. ETH/SIA, Conzett Bronzini Partner AG Chur, Schweiz | Civil Engineer ETH/SIA, Conzett Bronzini Partner AG Chur, Switzerland | Ingénieur civil dipl. EPF/SIA, Conzett Bronzini Partner AG Coire, Suisse |

| | | | |
|---|---|---|---|
| Cordes, Martin | Bis Juni 2022 Leiter des Bereichs Archive und Mitglied der Geschäftsleitung bei SBB Historic (Stiftung Historisches Erbe der SBB), Schweiz | Head of Archives and member of the Management Board for SBB Historic (SBB Heritage Foundation) until june 2022, Switzerland | Jusqu'en juin 2022, responsable de l'unité Archives et membre de la Direction du groupe chez CFF Historic (Fondation pour le patrimoine historique des CFF), Suisse |
| Dabanli, Ömer | Ausserordentlicher Professor, Technische Universität Istanbul, Fakultät für Architektur und Design, Mitglied des ICOMOS Türkiye, Präsident von Blue Shield Türkiye, Türkei | Associate Professor, Istanbul Technical University, Faculty of Architecture, member of ICOMOS Turkey, president of Blue Shield Turkiye, Turkey | Professeur associé, Université technique d'Istanbul, Faculté d'Architecture, membre d'ICOMOS Turkey, président fondateur de Blue Shield Turkiye, Turquie |
| Detavernier, Pauline | Dr. Architekt, LIAT (ENSA Paris-Malaquais), FuE-Projektleiter - PCA-STREAM, Frankreich | Dr. architect, LIAT (ENSA Paris-Malaquais), R&D Project Director - PCA-STREAM, France | Dr. en architecture, LIAT (ENSA Paris-Malaquais), Directrice de projets R&D - PCA-STREAM, France |
| Dinhobl, Günter | Mag. Dr., Mitarbeiter der ÖBB-Infrastruktur AG, Monitoringbeauftragter von ICOMOS Austria für das Welterbe Semmeringeisenbahn, Österreich | Mag. Dr., Research & Development team member at ÖBB-Infrastruktur Bau AG. Monitoring Agent of ICOMOS Austria for the Semmering Railway World Heritage Site, Austria | Mag. Dr., Collaborateur au sein de l'état-major Recherche & Développement d'ÖBB-Infrastruktur Bau AG. Chargé de monitoring de l'ICOMOS Autriche pour le patrimoine mondial du chemin de fer du Semmering, Autriche |
| Dubosson, Benoit | Bundesamt für Kultur, Leiter der Abteilung Beratung und Gutachten (Kulturerbe), Schweiz | Federal Office of Culture, Head of the Advice and Expertise Department (Cultural Heritage), Switzerland | Office fédérale de la culture, Chef Conseil et expertises (patrimoine culturel), Suisse |
| Emini, Besnik | Dr., Historiker, Forscher am Institut für das kulturelle und geistige Erbe der Albanerinnen und Albaner in Skopje, Nordmazedonien | Dr., Historian; Researcher at the Institute of Cultural and Spiritual Heritage of the Albanians in Skopje, North Macedonia | Dr., Historien; Chercheur à l'institut du patrimoine culturel et spirituel albanais de Skopje, Macédoine du Nord |
| Engeler, Walter | Dr. jur. und Dipl. Ing. SIA, Engeler BDS AG Bütschwil, Verwaltungsrichter Kanton St. Gallen, Schweiz | Dr. jur. und Dipl. Ing. SIA, Engeler BDS AG Bütschwil, Administrative judge Canton of St. Gallen, Switzerland | Dr. jur. und Dipl. Ing. SIA, Engeler BDS AG Bütschwil, Juge administratif du canton de Saint-Gall, Suisse |
| Fischer, Matthias | Historiker, Leiter der Denkmalpflege Stadt St. Gallen, Schweiz | Historian, Head City of St. Gallen Heritage Preservation, Switzerland | Historien, Directeur de la Conservation des monuments historiques de la ville de Saint-Gall, Suisse |
| Florin, Christian | Rhätische Bahn, Leiter Infrastruktur, Schweiz | Rhaetian Railway, Head of Infrastructure, Switzerland | Chemin de fer rhétique, Directeur Infrastructure, Suisse |

| | | | |
|---|---|---|---|
| Franz, Hannah et al. | Doktorandin, Universität Gustave Eiffel in Nantes, Frankreich | PhD student, Université Gustave Eiffel in Nantes, France | Doctorante, Université Gustave Eiffel de Nantes, France |
| | Sylvain Chataigner, Universität Gustave Eiffel, Frankreich; Jean-Luc Martin, AREP, Frankreich, Mario Rinke, Universität Antwerpen, Belgien | Sylvain Chataigner, University Gustav Eiffel, France; Jean-Luc Martin, AREP, France; Mario Rinke, University of Antwerp Belgium | Sylvain Chataigner, University Gustav Eiffel, France; Jean-Luc Martin, AREP, France; Mario Rinke, Université d'Anvers, Belgique |
| Häfliger, Toni | Architekt SIA BSA (ass), Planer FSU, ehem. Denkmalpfleger SBB, Schweiz | Architect BSA SIA, FSU planner, former Heritage Officer at SBB, Switzerland | Architecte FAS SIA Planificateur FSU, ancien conservateur des monuments historiques CFF, Suisse |
| Hanus, Christian | Univ.-Prof. Dr. sc. techn. Dipl. Arch. ETH, FEng., Wissenschaftliche Leitung Research Lab Nachhaltiges Baukulturelles Erbe, Universität für Weiterbildung Krems - Donau-Universität Krems, Österreich | Univ.-Prof. Dr. sc. techn. Dipl. Arch. ETH, FEng., Scientific Director Research Lab Sustainable Cultural Heritage, University for Continuing Education Krems - Danube University Krems, Austria | Univ.-Prof. Dr. sc. techn. Dipl. Arch. ETH, FEng., Directeur scientifique Laboratoire de recherche sur le patrimoine culturel durable, Université de formation continue de Krems - Université du Danube Krems, Autriche |
| Hascher, Michael | Dr. phil., Referent für Kulturdenkmale der Industrie und Technik am Landesamt für Denkmalpflege im Regierungspräsidium Stuttgart, ICOMOS-Monitor für die Welterbestätte Erzgebirge, Sprecher der Arbeitsgruppe Industriedenkmalpflege der Vereinigung der Landesdenkmalpfleger, Deutschland | Dr. phil., Consultant for industrial and technological cultural monuments at the State Office for Heritage Preservation at the Regional Council of Stuttgart, ICOMOS monitor for the Ore Mountains World Heritage Site, speaker for the working group on the preservation of industrial monuments at the Association of State Heritage Officers, Germany | Dr. phil., Spécialiste des monuments historiques industriels et techniques auprès de l'Office fédéral de protection des monuments historiques du Regierungspräsidium de Stuttgart, chargé de la surveillance ICOMOS pour le site du patrimoine mondial des Monts Métallifères, porte-parole du groupe de travail sur la conservation des monuments industriels de l'association allemande des conservateurs, Allemagne |
| Höhmann, Rolf | Dipl.-Ing. für Architektur und Stadtplanung, Büro für Industrie-Archäologie Darmstadt, bis 2023 Sprecher der AG Industriedenkmalpflege ICOMOS, Deutschland | Dipl.-Ing. for architecture and urban planning Büro für Industrie-Archäologie Darmstadt, speaker of the ICOMOS working group on industrial heritage preservation until 2023, Germany | Dipl.-Ing. d'architecture et d'urbanisme Büro für Industrie-Archäologie Darmstadt, jusqu'en 2023, porte-parole du groupe de travail sur le patrimoine industriel de l'ICOMOS, Allemagne |
| Huvila, Pirjo | Architektin der Finnischen Bahn 1985-2017, Mitglied ICOMOS Finnland 2000–2021, Finnland | Railway Architect 1985–2017, Member of ICOMOS Finland 2000–2021, Finland | Architecte ferroviaire 1985–2017, Membre d'ICOMOS Finlande 2000–2021, Finlande |
| Jenzer, Martina | Dr. sc. ETH Zürich, Leiterin Inventarisation Denkmalpflege, Stadt Zürich, Schweiz | Dr. sc. ETH Zürich, Head of Heritage Inventory, City of Zurich, Switzerland | Dr. sc. EPF Zurich, Chef de l'Inventaire des monuments historiques, ville de Zurich, Suisse |
| Kordina, Hans | Dipl.-Ing. Architekt, Ingenieurkonsulent für Raumplanung und Raumordnung, Kordina und Riedmann ZT GmbH, Österreich | Dipl.-Ing. Architect, Engineering Consultant for spatial planning and development planning Kordina und Riedmann ZT GmbH, Austria | Dipl.-Ing. Architecte, Ingénieur-Conseil en aménagement du territoire et planification territoriale. Kordina und Riedmann ZT GmbH, Autriche |

| | | | |
|---|---|---|---|
| Krafczyk, Christina | Dr.-Ing., Präsidentin des Niedersächsischen Landesamts für Denkmalpflege, Deutschland | Dr.-Ing., Chair of the Lower Saxony State Office for Heritage Preservation, Germany | Dr.-Ing., Présidente de l'Office régional de Basse-Saxe pour la conservation des monuments historiques, Allemagne |
| Lampl, Thomas | DI, ÖBB-Infrastruktur AG, Streckenmanagement und Anlagenentwicklung, Österreich | DI, ÖBB-Infrastructure AG, Line Management and Facility Development, Austria | DI, ÖBB-Infrastructure AG, gestion des lignes et développement des installations, Autriche |
| Lehner, Daniela | DI, Institut für Landschaftsarchitektur der Universität für Bodenkultur Wien (BOKU), Österreich | DI, Institute of Landscape Architecture at the University of Natural Resources and Life Sciences, Vienna (BOKU), Austria | DI, Institut d'architecture paysagère de l'Université der Bodenkultur de Vienne (BOKU), Autriche |
| Listl, Tobias | Architekt, SBB Fachstelle für Denkmalpflege, Schweiz | Architect, SBB Specialist, Service for the Preservation of Historical Monuments, Switzerland | Architect, spécialist, Service de la protection des monuments historiques des CFF, Suisse |
| Loos, Miguel | Architekt und Berater für Architektur und Städtebau, Bureau Spoorbouwmeester, Niederlande | Architect and Advisor for Architecture and Urbanism, Bureau Spoorbouwmeester, Netherlands | Architecte et Conseiller d'Architecture et d'Urbanisme, Bureau Spoorbouwmeester, Pays-Bas |
| Lorenz, Werner | Prof. Dr.-Ing., Brandenburgische Technische Universität (BTU) Cottbus-Senftenberg, Koordinator DFG-SPP Kulturerbe Konstruktion, Deutschland | Prof. Dr.-Ing., Brandenburg University of Technology Cottbus-Senftenberg, Coordinator of DFG Priority Programme Construction as Cultural Heritage, Germany | Prof. Dr.-Ing., Université technique de Brandebourg (BTU) Cottbus-Senftenberg, coordinateur DFG-SPP Construction du patrimoine culturel, Allemagne |
| Maissen, Manuel | Dr. sc. ETH Zürich, wissenschaftlicher Referent Schweizerischer Nationalfonds (SNF), Schweiz | Dr. sc. ETH Zurich, Scientific Officer Swiss National Science Foundation (SNSF), Switzerland | Dr. sc. EPF Zurich, Collaborateur Scientifique Fonds national suisse (FNS), Suisse |
| Monka-Birkner, Johanna | Doktorandin, TU Dresden, wissenschaftliche Mitarbeiterin am Institut für Massivbau, Deutschland | PhD student, TU Dresden, Research assistant at the Institute of Concrete Structures, Germany | Doctorante, TU Dresden, Assistante de recherche à l'Institut de Construction Massive, Allemagne |
| Mohsenian, Mohammad | Historiker, wissenschaftlicher Mitarbeiter der Trans-Iranian Railway, Iran | Historian, History Researcher of Trans-Iranian Railway, Iran | Historien, Chercheur en histoire du chemin de fer transiranien, Iran |
| Müller, Eduard | Dr. phil., Denkmalpfleger, Konsulent Eidg. Natur- und Heimatschutzkommission ENHK, Schweiz | Dr. phil., Curator of Monuments, Consultant FCNC, Switzerland | Dr. phil., Conservateur de Monuments, Conseiller CFNP, Suisse |
| Müller, Florian | AFRY Schweiz AG, Projektleiter Werterhaltung Infrastruktur, Schweiz | AFRY Schweiz AG, Projektleiter Werterhaltung Infrastruktur, Schweiz | AFRY Schweiz AG, Projektleiter Werterhaltung Infrastruktur, Schweiz |
| Nikaeen, Seyed Mohammad | Ehemaliger Leiter Infrastrukturprojekte der RAI (Railways of Iran), SBB Fachstelle für Denkmalpflege, Schweiz | Former Head of Infrastructure Projects of the Iranian Railway, SBB Specialist Service for the Preservation of Historical Monuments, Switzerland | Ancien Responsable des projets d'infrastructure des Chemins de fer iraniens, Service de la protection des monuments historiques des CFF, Suisse |

| | | | |
|---|---|---|---|
| Özkazanc, Elif | Doktorandin, Technische Universität Istanbul, wissenschaftliche Mitarbeiterin Fatih Sultan Mehmet Vakif Universität, Fakultät für Architektur und Design, Türkei | Graduate Student, Istanbul Technical University, research assistant Fatih Sultan Mehmet Vakif University, Faculty of Architecture and Design, Turkey | Doctorante, Université technique d'Istandbul, assistante de recherche Université Fatih Sultan Mehmet Vakif, Faculté d'Architecture et de Design |
| Reinäcker, Moritz | Dr. Ing., wissenschaftlicher Mitarbeiter bei der Stiftung Braunschweigischer Kulturbesitz, Deutschland | Dr. Ing. Research Assistant at the foundation Braunschweigischer Kulturbesitz, Germany | Dr. Ing., Assistante de recherche auprès de la fondation Braunschweigischer Kulturbesitz, Allemagne |
| Riediker, Jakob | Dipl.-Bauing. ETH/SIA, SBB Fachexperte Ingenieurbau, Ausbau und Erneuerungsprojekte (AEP), Projektmanagement, Schweiz | Civil Engineer ETH/SIA, SBB expert for civil engineering, expansion and renewal projects, project management, Switzerland | Ingénieur civil dipl. EPF/SIA, CFF, expert ingénieur civil, aménagement et projets de renouvèlement, gestion de projets, Suisse |
| Rosenberg, Dorothea | Doktorandin der Brandenburgisch Technischen Universität Cottbus-Senftenberg, Lehrstuhl Eisenbahnwesen, Deutschland | Doctoral candidate at the Brandenburg Technical University Cottbus-Senftenberg, Chair of Railway Engineering, Germany | Doctorante à l'Université technique brandebourgeoise de Cottbus-Senftenberg, Chaire du secteur ferroviaire, Allemagne |
| Rück, Philipp | Dr. sc. nat. ETH, dipl. Geologe ETH/SIA, Gründer der Firma Materialtechnik am Bau AG, Vorsitz Arbeitsgruppe SIA 266/2, Neubau Natursteinmauerwerk und SIA 269/6, Erhaltung, Natursteinmauerwerk, Mitglied Kantonale Kommission für Denkmalpflege und Archäologie Kanton Aargau, Schweiz | Dr. sc. nat. ETH, dipl. Geologe ETH/SIA, Founder of Materialtechnik am Bau AG; Chair of the working groups SIA 266/2 (new construction of natural stone masonry) and SIA 269/6 (maintenance of natural stone masonry); member of the Cantonal Commission for Heritage and Archaeology Canton of Aargau, Switzerland | Dr. sc. nat. EPF, dipl. géologue EPF SIA, Fondateur de l'entreprise Materialtechnik am Bau AG; président du groupe de travail SIA 266/2, Nouvelle construction en maçonnerie en pierre naturelle, et SIA 269/6, Maintenance de la maçonnerie en pierre naturelle, membre de la commission cantonale pour la conservation des monuments historiques et l'archéologie canton d'Argovie, Suisse |
| Savage, Andrew | Geschäftsführer von Railway Heritage Trust (RHT) von 2010 bis April 2022, aktuell nicht geschäftsführender Direktor und Vorsitzender des RHT, Grossbritannien | Executive Director of the RHT from 2010 to April 2022, up to date non-executive Director and Chair of the RHT, Great Britain | Directeur exécutif du RHT de 2010 à avril 2022, jusqu'à présent directeur non exécutif et président de la RHT, Grande-Bretagne |
| Schallow-Gröne, Bärbel | Dr. phil., Historikerin, Kunsthistorikerin, wissenschaftliche Mitarbeiterin SBB Fachstelle Denkmalpflege, Schweiz | Dr. phil., Historian, Art Historian, Research Assistant SBB Specialist Service for the Preservation of Historical Monuments, Switzerland | Dr. phil., Historienne, Historienne de l'art, Assistante de recherche, Service de la protection des monuments historiques des CFF, Suisse Suisse |
| Schicht, Patrick | DI, Dr. Dr., Bundesdenkmalamt, Landeskonservator für Niederösterreich, seit 2007 Gebietsreferent des Bundes für die Semmeringbahn, Österreich | DI, Dr. Dr., Federal Monuments Office, State Curation Office for Lower Austria, responsible for the Semmering Railway as area expert since 2007, Austria | DI, Dr. Dr., Office fédéral des monuments historiques, Conservatoire régional de Basse-Autriche, responsable de la ligne du chemin de fer du Semmering depuis 2007 en tant qu'agent territorial, Autriche |

| | | | |
|---|---|---|---|
| Slimani, Chahineze | Doktorandin, Labor ETAP, Institut für Architektur und Städtebau, Universität Saad Dahleb, Blida 1, Algerien | Doctoral student, ETAP lab, Institute of Architecture and Urbanism, University of Saad Dahleb, Blida 1, Algeria | Doctorante, Lab. ETAP, Institut d'Architecture et d'Urbanisme, Université Saad Dahleb, Blida 1, Algérie |
| Srivastava, Vinita | Exekutivdirektor für die Erhaltung des kulturellen Erbes der Eisenbahn, Eisenbahnbehörde, Ministerium für Eisenbahnen, Regierung von Indien, Indien | Executive Director Railway Heritage Preservation, Railway Board, Ministry of Railways, Government of India | Directeur exécutif de la préservation du patrimoine ferroviaire, Conseil des chemins de fer, ministère des chemins de fer, gouvernement de l'Inde, Inde |
| Striffling-Marcu, Alexandrina | Architekturdoktorandin, IPRAUS (ENSA Paris-Belleville), AREP, Frankreich | Doctoral student in architecture, IPRAUS (ENSA Paris-Belleville), AREP, France | Doctorante en architecture, IPRAUS (ENSA Paris-Belleville), AREP, France |
| Suter, Thomas | Bereichsleiter Ingenieurbau, A. Aegerter & Dr. Bosshardt AG, Schweiz | Head of Civil Engineering Division, A. Aegerter & Dr. Bosshardt AG, Switzerland | Responsable du domaine de l'ingénierie, A. Aegerter & Dr. Bosshardt AG, Suisse |
| Talebian, Mohammad Hassan | Prof., Universität Teheran, Berater des Ministeriums für Kulturerbe, Tourismus und Kunsthandwerk, Iran | Prof., University of Tehran, Advisor to the Ministry of Cultural Heritage, Tourism and Handicrafts, Iran | Prof., Université de Téhéran, Conseiller du Ministère du Patrimoine Culturel, du Tourisme et de l'Artisanat, Iran |
| Tropeano, Ruggero | Dipl. Architekt ETH/BSA/SIA, ICOMOS Suisse, Schweiz | Dipl. Architect ETH/BSA/SIA, ICOMOS Suisse, Switzerland | Dipl. Arch. EPF/FAS/SIA ICOMOS Suisse, Suisse |
| Tusch, Roland | DI Dr., Architekt, Senior Scientist, Institut für Landschaftsarchitektur der Universität für Bodenkultur Wien (BOKU), Mitglied des Gestaltungsbeirates für den Semmering-Basistunnel, Monitoring-Beauftragter von ICOMOS Austria für die Semmeringbahn, Österreich | DI, Dr., Architect, Senior Scientist, Institute of Landscape Architecture at the University of Natural Resources and Life Sciences, Vienna (BOKU). Member of the Planning Board for the Semmering Base Tunnel. Monitoring Agent of ICOMOS Austria for the Semmering Railway, Austria | DI, Dr., Architecte, scientifique sénior, Institut d'architecture paysagère de l'Universität der Bodenkultur de Vienne (BOKU). Membre du comité consultatif d'aménagement du tunnel de base du Semmering. Chargé de la surveillance ICOMOS Austria pour la ligne du chemin de fer du Semmering, Autriche |
| Vass, Andreas | Mag. Arch., Architekt, Vorsitzender der österreichischen Gesellschaft für Architektur ÖGFA Wien, Österreich | Mag. Arch., Architect, Chairman of the Austrian Society for Architecture ÖGFA Vienna, Austria | Mag. Arch., Architecte, Président de la Société autrichienne d'architecture ÖGFA Vienne, Autriche |
| Vollmer, Gisela | Architektin, Raumplanerin ETH Zürich, Präsidentin minimuseummürren.ch, Schweiz | Architect, spatial planner ETHZ. President of minimuseummürren.ch, Switzerland | Architecte, aménageuse du territoire EPFZ. Présidente de minimuseummürren.ch, Suisse |
| Wanderley Ferreira-Lopes, Patricia | Dr. Architekt, Postdoctoral Researcher Ramón y Cajal, Forschungsgruppe HUM799, Abt. Architektonischer grafischer Ausdruck, IUACC, ETSA Sevilla, Expertin der Europäischen Kommission, Spanien | Dr. Architect, Postdoctoral Researcher Ramón y Cajal, Research Group HUM799, Dep. Architectural Graphic Expression, IUACC, ETSA Sevilla, European Commission Expert, Spain | Dr. Architecte, Chercheur postdoctoral Ramón y Cajal, Groupe de recherche HUM799, Dép. expression graphique architecturale, IUACC, ETSA Sevilla, Expert de la Commission européenne, Espagne |

| | | | |
|---|---|---|---|
| Wohlwend Piai | Lic. phil. I, stellvertretende Leiterin Inventarisation Denkmalpflege Stadt Zürich, Schweiz | Lic. phil. I, Head of Heritage Inventory (Deputy) City of Zurich, Switzerland | Lic. phil., Chef adjointe de l'Inventaire des monuments historiques ville de Zurich, Suisse |
| Zahnd, Marion | Dipl. Architektin ETH / SIA, architectum gmbh Montreux, Schweiz | Dipl. Architect ETH/SIA, architecum sàrl Montreux, Switzerland | Dipl. Architecte EPF/SIA, architecum sàrl Montreux, Suisse |

# Impressum

# Imprint

# Impressum

Dank	Häusler+Weidmann für die Tagungsorganisation und das Projektoffice.
Orkun Kasap (Oberassistent am Lehrstuhl für Konstruktionserbe und
Denkmalpflege ETHZ) für die organisatorische Unterstützung.
Peter König (Bundesamt für Verkehr (BAV)), Stefan Wuelfert (Eidg.
Kommission für Denkmalpflege (EKD)) und Susanne Zenker (SBB-Immobilien)
für die Mitwirkung in Panels.
Barbara Zeleny (SBB Immobilien) und Barbara Buser (Baubüro in situ)
für die Führung durch die «Werkstadt Zürich».
SBB Sprachdienst für die Übersetzungen.
Agentur DÜV (Jaime Calvé, Max Haverkamp, Valerie Gautierch,
Meret Gregoris, Jenny Slot, Amber Williamson) für die Simultanübersetzung.
Onstage Showtechnik (David Sievers) für die Veranstaltungstechnik und Videoaufnahmen.
Designline c/o ALRAS GmbH (Alicia Segurado, Raphael Schmitt)
für die Graphische Gestaltung und Produktionsleitung Drucksachen.
Pointbreak Events GmbH/ SVAG/ Catering ETHZ für das Catering.
Finanzielle Administration der ETHZ (Nadia Göntem-Wachtel).
Studentische Hilfskräfte (Elischa Bischof, Leo Filser, Mattea Furler,
Kelly Meng, Senia Mischler, Fabio Neuhaus).

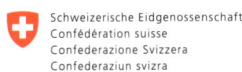 

Impressum

Dokumentation zur Fachtagung Eisenbahndenkmalpflege 23.–25. Juni 2022 «Erkenntnisse, Positionen und Methoden» an der Eidgenössischen Technischen Hochschule ETH in Zürich

Open Access
Wo nicht anders festgehalten, ist diese Publikation lizenziert unter der Creative-Commons-Lizenz Namensnennung, keine kommerzielle Nutzung, keine Bearbeitung 4.0 International (CC BY-NC-ND 4.0)
Jede kommerzielle Verwertung durch andere bedarf der vorherigen Einwilligung des Verlages.

Bibliografische Information der Deutschen Nationalbibliothek
Die Deutsche Nationalbibliothek verzeichnet diese Publikation in der Deutschen Nationalbibliografie; detaillierte bibliografische Daten sind im Internet über http://dnb.dnb.de abrufbar.

© 2024 bei den Autor:innen; Zusammenstellung © 2024 SBB-Fachstelle für Denkmalpflege, Lehrstuhl ETHZ für Konstruktionserbe und Denkmalpflege, veröffentlicht durch Schwabe Verlag Basel, Schwabe Verlagsgruppe AG, Basel, Schweiz

Trotz sorgfältiger Recherche war es nicht in allen Fällen möglich, die Rechteinhaber der Abbildungen zu ermitteln. Berechtigte Ansprüche sind den AutorInnen gegenüber geltend zu machen.

Projektleitung und Lektorat
Bärbel Schallow-Gröne, Toni Häfliger

Korrektorat
Ricarda Berthold, Freiburg i. Br.

Gestaltung
Huber/Sterzinger & Miloš Gavrić, Zürich

Druck
merkur medien ag, Langenthal

Schrift
Neue Moderne Grotesk
(forgotten-shapes.com)

Printed in Switzerland
ISBN Printausgabe 978-3-7965-4960-1
ISBN eBook (PDF) 978-3-7965-5130-7
DOI 10.24894/978-3-7965-5130-7
Das eBook ist seitenidentisch mit der gedruckten Ausgabe und erlaubt Volltextsuche. Zudem sind Inhaltsverzeichnis und Überschriften verlinkt.

rights@schwabe.ch
www.schwabe.ch

Das Signet des Schwabe Verlags
ist die Druckermarke der 1488 in
Basel gegründeten Offizin Petri,
des Ursprungs des heutigen Verlagshauses. Das Signet verweist auf
die Anfänge des Buchdrucks und
stammt aus dem Umkreis von
Hans Holbein. Es illustriert die
Bibelstelle Jeremia 23,29:
«Ist mein Wort nicht wie Feuer,
spricht der Herr, und wie ein
Hammer, der Felsen zerschmeisst?»